中国国家标准汇编

2009年修订-9

中国标准出版社　编

中国标准出版社
北京

图书在版编目（CIP）数据

中国国家标准汇编：2009年修订.9/中国标准出版社编.—北京：中国标准出版社，2010
ISBN 978-7-5066-6043-3

Ⅰ.①中…　Ⅱ.①中…　Ⅲ.①国家标准-汇编-中国-2009　Ⅳ.①T-652.1

中国版本图书馆CIP数据核字（2010）第170324号

中国标准出版社出版发行
北京复兴门外三里河北街16号
邮政编码：100045
网址 www.spc.net.cn
电话：68523946　68517548
中国标准出版社秦皇岛印刷厂印刷
各地新华书店经销
*
开本 880×1230　1/16　印张 26.25　字数 795 千字
2010年10月第一版　2010年10月第一次印刷
*
定价 220.00 元

ISBN 978-7-5066-6043-3

出 版 说 明

1.《中国国家标准汇编》是一部大型综合性国家标准全集。自1983年起，按国家标准顺序号以精装本、平装本两种装帧形式陆续分册汇编出版。它在一定程度上反映了我国建国以来标准化事业发展的基本情况和主要成就，是各级标准化管理机构，工矿企事业单位，农林牧副渔系统，科研、设计、教学等部门必不可少的工具书。

2.《中国国家标准汇编》收入我国每年正式发布的全部国家标准，分为"制定"卷和"修订"卷两种编辑版本。

"制定"卷收入上一年度我国发布的、新制定的国家标准，顺延前年度标准编号分成若干分册，封面和书脊上注明"20××年制定"字样及分册号，分册号一直连续。各分册中的标准是按照标准编号顺序连续排列的，如有标准顺序号缺号的，除特殊情况注明外，暂为空号。

"修订"卷收入上一年度我国发布的、修订的国家标准，视篇幅分设若干分册，但与"制定"卷分册号无关联，仅在封面和书脊上注明"20××年修订-1，-2，-3，……"字样。"修订"卷各分册中的标准，仍按标准编号顺序排列(但不连续)；如有遗漏的，均在当年最后一分册中补齐。需提请读者注意的是，个别非顺延前年度标准编号的新制定的国家标准没有收入在"制定"卷中，而是收入在"修订"卷中。

读者配套购买《中国国家标准汇编》"制定"卷和"修订"卷则可收齐上一年度我国制定和修订的全部国家标准。

3. 由于读者需求的变化，自1996年起，《中国国家标准汇编》仅出版精装本。

4. 2009年我国制修订国家标准共3158项。本分册为"2009年修订-9"，收入新制修订的国家标准9项。

中国标准出版社

2010年8月

目　　录

GB 5768.1—2009　道路交通标志和标线　第1部分:总则 …… 1
GB 5768.2—2009　道路交通标志和标线　第2部分:道路交通标志 …… 16
GB 5768.3—2009　道路交通标志和标线　第3部分:道路交通标线 …… 211
GB/T 5817—2009　粉尘作业场所危害程度分级 …… 333
GB/T 5835—2009　干制红枣 …… 337
GB/T 5909—2009　商用车辆车轮性能要求和试验方法 …… 347
GB/T 5953.1—2009　冷镦钢丝　第1部分:热处理型冷镦钢丝 …… 355
GB/T 5953.2—2009　冷镦钢丝　第2部分:非热处理型冷镦钢丝 …… 365
GB/T 5972—2009　起重机　钢丝绳　保养、维护、安装、检验和报废 …… 373

ICS 03.220.20
R 80

中华人民共和国国家标准

GB 5768.1—2009
部分代替 GB 5768—1999

道路交通标志和标线
第1部分：总则

Road traffic signs and markings—
Part 1:General

2009-05-25 发布 2009-07-01 实施

中华人民共和国国家质量监督检验检疫总局
中国国家标准化管理委员会 发布

前　言

GB 5768 的本部分全部技术内容为强制性。

GB 5768《道路交通标志和标线》分为八个部分：

——第 1 部分：总则

——第 2 部分：道路交通标志

——第 3 部分：道路交通标线

——第 4 部分：作业区

——第 5 部分：速度管理

——第 6 部分：铁路平交口

——第 7 部分：自行车和行人控制

——第 8 部分：学校区域

本部分为 GB 5768 的第 1 部分。

本部分代替 GB 5768—1999《道路交通标志和标线》的一般规定、相应部分及 1999 年的 1 号修改单、2005 年的 2 号修改单。本部分与 GB 5768—1999 对应部分及修改单相比，主要变化如下：

——增加了附录 A(规范性附录)“GB 5768 规定以外的道路交通标志和标线的应用程序”；

——增加了附录 B(规范性附录)“道路交通标志和标线基本图形”；

——增加了道路交通标志和标线使用的原则(见第 3 章)。

本部分的附录 A 和附录 B 为规范性附录。

本部分自实施之日起，凡新设(改设)的交通标志和标线应按新的规定实施，已按老标准设置的交通标志和标线应在其使用期限内逐步更换。

本部分由中华人民共和国交通运输部、中华人民共和国公安部提出。

本部分由全国交通工程设施(公路)标准化技术委员会(SAC/TC 223)归口。

本部分起草单位：交通部公路科学研究院。

本部分主要起草人：唐琤琤、何勇、高海龙、姜明、王超、侯德藻、张帆、杨文静、郭艳。

本部分所代替标准的历次版本发布情况为：

——GB 5768—1986、GB 5768—1999。

引　言

道路交通标志和标线是引导道路使用者有秩序地使用道路，以促进道路交通安全、提高道路运行效率的基础设施，用于告知道路使用者道路通行权力，明示道路交通禁止、限制、遵行状况，告示道路状况和交通状况等信息。

道路交通标志和标线
第1部分：总则

1 范围

GB 5768的本部分规定了道路交通标志和标线的原则和一般规定。

本部分适用于公路、城市道路和虽在单位管辖范围但允许社会机动车通行的地方，包括广场、公共停车场等用于公众通行的场所等各类道路上设置的交通标志和标线。其他机动车通行的地方、停车场等设置的交通标志和标线可参照执行。

2 规范性引用文件

下列文件中的条款通过GB 5768的本部分的引用而成为本部分的条款。凡是注日期的引用文件，其随后所有的修改单(不包括勘误的内容)或修订版均不适用于本部分，然而，鼓励根据本部分达成协议的各方研究是否可使用这些文件的最新版本。凡是不注日期的引用文件，其最新版本适用于本部分。

GB 5768(所有部分) 道路交通标志和标线

GB/T 16311 道路交通标线质量要求和检测方法

GB/T 18833 公路交通标志反光膜

GB/T 23828 高速公路LED可变信息标志

3 原则

3.1 道路交通标志和标线应传递信息清晰、明确、简洁的信息，以引起道路使用者的注意，并使其具有足够的发现、认读和反应时间。

3.2 道路交通标志和标线不应传递与道路交通无关的信息，如广告信息等。

3.3 道路交通标志和标线传递的信息不应相互矛盾，应互为补充。

4 一般规定

4.1 基本要求

4.1.1 交通标志和标线的颜色、形状、线条、字符、图形、尺寸应按GB 5768(所有部分)规定执行。

4.1.2 在实际应用中，如需使用GB 5768(所有部分)规定以外的道路交通标志和标线，宜遵循本部分附录A的要求。

4.1.3 道路交通标志的颜色指标应符合GB/T 18833和GB/T 23828的具体规定。道路交通标线的颜色指标应符合GB/T 16311的具体规定。

4.1.4 道路交通标志和标线用基本图形见附录B。

4.2 使用

4.2.1 道路交通标志和标线应维护良好，以保持交通标志和标线的完整、清晰、有效。

4.2.2 当道路临时交通组织或维护等原因标志与标线信息含义不一致时，应以标志传递的信息为主。

4.2.3 道路交通标志和标线的成品和(或)材料，应由国家认可的检测机构依据相关法律法规和标准规范检测合格后，方可使用。

附 录 A
（规范性附录）
GB 5768 规定以外的道路交通标志和标线的应用程序

在实际应用中，如需使用 GB 5768（所有部分）规定以外的道路交通标志和标线，应符合以下程序：

a） 提出方将研究申请报备全国交通工程设施（公路）标准化技术委员会（以下简称标委会）。报告应说明特殊使用需求、新标志和（或）标线研究的必要性、研究方法等；同时承诺研究成果不受专利、知识产权保护。

b） 研究过程中与标委会保持必要的联系，使标委会能够了解研究的进展及情况。

c） 研究完成后研究结果以研究报告形式报备标委会。研究报告包含以下内容：新标志标线产生的背景、研究过程及结论；并在研究报告报备后的一定时间内保持试验研究场地。

d） 标委会组织对研究结果的评议，根据需要实地考察试验场地。

e） 标委会根据评议结果，通知提出方是否可以在一定区域试用。

f） 如果可以试用，标委会通知若干地区试用新标志和（或）标线，并请各试用方提供试用评价。

g） 标委会根据试用评价，决定新标志和（或）标线是否纳入条文修改，如果纳入修改，则进行标准条文修改的程序。

附 录 B
（规范性附录）
道路交通标志和标线基本图形

B.1 道路交通标志和标线基本图形

道路交通标志和标线基本图形见表 B.1。

表 B.1 道路交通标志和标线基本图形

序号	图 形	说 明
1		直行，车道或道路的行驶方向
2		向左，车道或道路的行驶方向
3		向右，车道或道路的行驶方向
4		车道指示，正对车道，指明车道属性或目的地

表 B.1（续）

序号	图 形	说 明
5		向左转弯方向，车道或道路的行驶方向，可反向
6		掉头
7		道路作业区绕行指引箭头（橙色）
8		机动车
9		小客车
10		客车、公共汽车；标识长途汽车时见下图：  长途汽车
11		校车，也可以表示为：  校车
12		载货汽车，表示大、中、小型载货汽车时见下图：  大型 中型 小型
13		超限超载车

表 B.1（续）

序号	图　形	说　　明
14		挂车、半挂车
15		机动旅居车或由机动车拉的旅居篷
16		厢式货车
17		三轮汽车、低速货车
18		拖拉机
19		危险品车
20		轮式专用机械车
21		电动自行车
22		电动三轮车

表 B.1（续）

序号	图　　形	说　　明
23		摩托车
24		非机动车
25		非机动车骑行
26		非机动车推行
27		人力客运三轮车
28		人力货运三轮车
29		人力车
30		畜力车
31		行人

表 B.1（续）

序号	图　形	说　明
32		残疾人，残疾人轮椅车
33		残疾人机动轮椅车
34		汽车站
35		火车站
36		飞机场，机头方向指向飞机场出口方向
37		港口
38		轨道交通
39		换乘中心
40		客轮码头

表 B.1（续）

序号	图　形	说　明
41		轮渡
42		停车场、停放处
43		室内停车场
44		急救站
45		医院
46		汽车修理
47		洗车
48		出租车
49		加油站

表 B.1（续）

序号	图　形	说　明
50		服务区住宿
51		餐厅
52		快餐
53		喝咖啡和其他饮料的场所
54		信息服务
55		钓鱼
56		划船
57		骑马
58		狩猎

表 B.1（续）

序号	图　形	说　明
59		射击
60		高尔夫
61		游泳
62		潜水
63		徒步
64		索道
65		野营地
66		营火
67		游戏场

表 B.1（续）

序号	图　　形	说　　明
68		游乐场
69		紧急避难设施（可反向）
70		公安机关
71		动植物检疫
72		禁止
73		解除、终止、结束
74	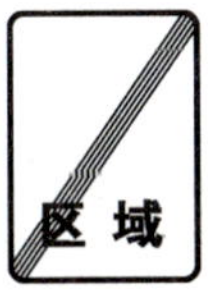	区域解除、终止、结束
75	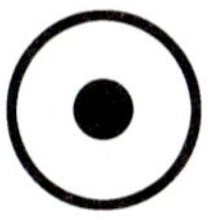	中心区

B.2　图形使用

B.2.1　图形可单独或组合使用作为标志或标线，也可用于其他标志上。

B.2.2　除 GB 5768.2 已规定的标志外，图形用于指路标志上一般为蓝或绿底白图案，用在旅游标志上为棕底白图案。

B.2.3　应按照表 B.1 中的图形等比例放大或缩小。

ICS 03.220.20
R 80

中华人民共和国国家标准

GB 5768.2—2009
部分代替 GB 5768—1999

道路交通标志和标线
第2部分：道路交通标志

Road traffic signs and markings—
Part 2：Road traffic signs

2009-05-25 发布　　2009-07-01 实施

中华人民共和国国家质量监督检验检疫总局
中国国家标准化管理委员会　发布

前　言

GB 5768 的本部分全部技术内容为强制性。

GB 5768《道路交通标志和标线》分为八个部分：

——第 1 部分：总则；

——第 2 部分：道路交通标志；

——第 3 部分：道路交通标线；

——第 4 部分：作业区；

——第 5 部分：速度管理；

——第 6 部分：铁路平交口；

——第 7 部分：自行车和行人控制；

——第 8 部分：学校区域。

本部分为 GB 5768 的第 2 部分。

本部分代替 GB 5768—1999《道路交通标志和标线》的一般规定、相应部分及 1999 年的 1 号修改单、2005 年的 2 号修改单。本部分与 GB 5768—1999 对应部分及修改单相比，主要变化如下：

——"施工区标志"改为"作业区标志"，增加告示标志(见 3.3.1，9.3)；

——增加橙色、荧光橙色、荧光黄色、荧光黄绿色(见 3.4)；

——规定标志套用时的边框要求(见 3.6.2)；

——明确道路编号标志、出口编号标志的字高(见 3.7.4)；

——调整汉字笔画粗细的规定(见 3.7.5)；

——规定辅助标志和告示标志的字高的一般值和最小值(见 3.7.7)；

——规定警告、禁令、指示标志尺寸的一般值和最小值(见 3.8)；

——细化警告标志的前置距离(见 3.10.1)；

——增加标志结构的路侧安全性要求(见 3.12.5)；

——增加标志的使用和维护要求(见 3.13)；

——删除标志底板材料的要求，具体要求按照相关标准(见 3.15)；

——规定可变信息标志的颜色(见 3.17.3)；

——减小了急弯标志、反向弯路标志、连续弯路标志的设置依据之一——圆曲线半径，并明确了反向圆曲线间距离值(见 4.3，4.4，4.5)；

——细化陡坡标志的坡度值(见 4.6)；

——增加连续下坡标志(见 4.7)；

——明确窄路、窄桥标志是指路面宽度在 6 m 以下的路和桥(见 4.8，4.9)；

——增加荧光黄绿色用于注意行人、注意儿童警告标志(见 4.11，4.12)；

——增加警告标志：注意野生动物、路面高突、路面低洼、注意残疾人、建议速度、隧道开车灯、注意潮汐车道、注意保持车距、注意分离式道路、避险车道(见 4.14，4.26，4.27，4.31，4.37，4.38，4.39，4.40，4.41，4.43)；

——原合流诱导标改为注意合流标志(见 4.42)，删除分流诱导标；

——增加用于可变信息标志的注意路面结冰、注意雨(雪)天、注意雾天、注意不利气象条件，注意前方车辆排队等警告标志(见 4.44，4.45)；

——增加海关、区域禁止及解除等禁令标志(见 5.39，5.40)；

——增加部分专用道路和专用车道标志，如快速公交系统(BRT)专用车道、多乘员车辆(HOV)专用车道(见 6.17)；

——细化停车位指示标志(见 6.18)；

——明确指路标志的设置目的、信息分层与选取原则(见 7.1.1,7.1.5,7.1.6)；

——明确指路标志中图形选取原则及信息的含义(见 7.1.7,7.1.8)；

——明确指路标志上距离的数值确定(见 7.1.9)；

——明确一般道路指路标志的分类(见 7.2.1)；

——明确一般道路路径指引标志体系构成(见 7.2.2.1)；

——细化交叉路口预告标志、交叉路口告知标志、确认标志的形式及设置方法(见 7.2.2.2,7.2.2.3,7.2.2.4)；

——增加街道名称标志、路名牌，地点识别标志，室内停车场标志，观景台标志，应急避难设施标志，休息区标志，车道数变少标志，车道数增加标志，交通监控设备标志等一般道路指路标志(见 7.2.2.4,7.2.3.4,7.2.4.1,7.2.4.5,7.2.4.6,7.2.4.7,7.2.5.3,7.2.5.4,7.2.5.5)；

——增加高速公路及城市快速路指路标志的分类(见 7.3.1)；

——细化高速公路入口预告标志及入口标志(见 7.3.2.1,7.3.2.2)；

——增加编号标志、命名编号标志、路名标志、出口编号标志(左侧出口)、停车领卡标志、特殊天气建议速度标志、救援电话标志、ETC 车道指示标志、计重收费标志、超限检测站标志等(见 7.3.2.3,7.3.2.4,7.3.2.5,7.3.2.8, 7.3.3.7,7.3.3.9,7.3.4.2,7.3.4.4,7.3.4.5,7.3.4.12)；

——细化收费站标志(见 7.3.4.3)；

——删除除大型车靠右标志外的其他告示牌；

——增加附录 B(规范性附录)高速公路编号标志字高(见附录 B)；

——增加附录 C(资料性附录)交通标志和标线配合建议(见附录 C)；

——增加附录 E(资料性附录)停车让行标志和减速让行标志设置条件(见附录 E)；

——增加附录 F(资料性附录)一般道路路径指引标志设置示例(见附录 F)；

——删除 GB 5768—1999 附录 A (资料性附录) 交通标志颜色规定及参考色样；

——删除 GB 5768—1999 附录 B (规范性附录) 交通标志汉字示例；

——删除 GB 5768—1999 附录 C (规范性附录) 交通标志用阿拉伯数字示例；

——删除 GB 5768—1999 附录 D (规范性附录) 交通标志用拉丁字大、小写字母示例；

——删除 GB 5768—1999 附录 E(资料性附录)交通标志的构造和结构设计。

本部分的附录 B 是规范性附录，附录 A、附录 C、附录 D、附录 E、附录 F 是资料性附录。

本部分自实施之日起，凡新设(改设)的交通标志应按本部分规定实施，已按老标准设置的交通标志应在其使用期限内逐步更换。

本部分由中华人民共和国交通运输部、中华人民共和国公安部提出。

本部分由全国交通工程设施(公路)标准化技术委员会(SAC/TC 223)归口。

本部分起草单位：交通部公路科学研究院。

本部分主要起草人：何勇、唐琤琤、姜明、高海龙、王超、侯德藻、张帆、韩文元、黄凯、狄胜德、刘会学、吴玲涛、张巍汉、吴京梅、刘洪启、杨峰、郭艳、杨文静。

本部分所代替部分的历次版本发布情况为：

——GB 5768—1986、GB 5768—1999。

道路交通标志和标线
第2部分：道路交通标志

1 范围

GB 5768 的本部分规定了道路交通标志的分类、颜色、形状、字符、尺寸、图形等一般要求，以及设计、制造、设置、施工的要求。

本部分适用于公路、城市道路和虽在单位管辖范围但允许社会机动车通行的场所，广场、公共停车场等用于公众通行的场所等各类道路上交通标志的制作、检测和设置。其他机动车通行的地方、停车场等设置的交通标志可参照执行。

2 规范性引用文件

下列文件中的条款通过 GB 5768 的本部分的引用而成为本部分的条款。凡是注日期的引用文件，其随后所有的修改单(不包括勘误的内容)或修订版均不适用于本部分。然而，鼓励根据本部分达成协议的各方研究是否可使用这些文件的最新版本。凡是不注日期的引用文件，其最新版本适用于本部分。

GB 5768.1—2009 道路交通标志和标线 第1部分 总则

GB 17733 地名 标志

GB/T 18833 公路交通标志反光膜

GB/T 23827 道路交通标志板及支撑件

3 基本规定

3.1 功能

道路交通标志是以颜色、形状、字符、图形等向道路使用者传递信息，用于管理交通的设施。

交通标志应结合道路及交通情况设置。通过交通标志提供准确及时的信息和引导，使道路使用者顺利快捷地抵达目的地，促进交通畅通和行车安全。

3.2 基本要求

3.2.1 交通标志的设置应综合考虑，布局合理，防止出现信息不足或过载的现象。信息应连续，重要的信息宜重复显示。

3.2.2 交通标志一般情况下应设置在道路行进方向右侧或车行道上方；也可根据具体情况设置在左侧，或左右两侧同时设置。

3.2.3 为保证视认性，同一地点需要设置两个以上标志时，可安装在一个支撑结构(支撑)上，但最多不应超过四个；分开设置的标志，应先满足禁令、指示和警告标志的设置空间。

3.2.4 原则上要避免不同种类的标志并设。解除限制速度标志、解除禁止超车标志、路口优先通行标志、会车先行标志、会车让行标志、停车让行标志、减速让行标志应单独设置；如条件受限制无法单独设置时，一个支撑结构(支撑)上最多不应超过两种标志。标志板在一个支撑结构(支撑)上并设时，应按禁令、指示、警告的顺序，先上后下，先左后右地排列。

3.2.5 警告标志不宜多设。同一地点需要设置两个以上警告标志时，原则上只设置其中最需要的一个。

3.3 分类

3.3.1 交通标志按其作用分类，分为主标志和辅助标志两大类：

a) 主标志：
   1) 警告标志：警告车辆、行人注意道路交通的标志；
   2) 禁令标志：禁止或限制车辆、行人交通行为的标志；
   3) 指示标志：指示车辆、行人应遵循的标志；
   4) 指路标志：传递道路方向、地点、距离信息的标志；
   5) 旅游区标志：提供旅游景点方向、距离的标志；
   6) 作业区标志：告知道路作业区通行的标志；
   7) 告示标志：告知路外设施、安全行驶信息以及其他信息的标志。
b) 辅助标志：附设在主标志下，对其进行辅助说明的标志。

3.3.2 交通标志按显示位置分类，分为路侧和车行道上方两种，对应的支撑结构形式为柱式、路侧附着式，悬臂式、门架式、车行道上方附着式。

3.3.3 交通标志按光学特性分类，分为逆反射式、照明式和发光式三种，其中照明式又分为内部照明式和外部照明式。

3.3.4 交通标志按版面内容显示方式分类，分为静态标志和可变信息标志。

3.3.5 交通标志按设置的时效分类，分为永久性标志和临时性标志。

3.3.6 按标志传递信息的强制性程度分类，分为必须遵守标志和非必须遵守标志。禁令标志和指示标志为道路使用者必须遵守标志；其他标志仅提供信息，如指路标志、旅游区标志；禁令、指示标志套用于无边框的白色底板上，为必须遵守标志；停车让行、减速让行标志不得套用于无边框的白色底板上；禁令、指示标志套用于指路标志上，仅表示提供相关禁止、限制和遵行信息，只能作为补充说明或预告方式，并应在必要位置设置相应的禁令、指示标志。

3.4 颜色

一般情况下交通标志颜色的基本含义如下：

a) 红色：表示禁止、停止、危险，用于禁令标志的边框、底色、斜杠，也用于叉形符号和斜杠符号、警告性线形诱导标的底色等。
b) 黄色或荧光黄色：表示警告，用于警告标志的底色。
c) 蓝色：表示指令、遵循，用于指示标志的底色；表示地名、路线、方向等的行车信息，用于一般道路指路标志的底色。
d) 绿色：表示地名、路线、方向等的行车信息，用于高速公路和城市快速路指路标志的底色。
e) 棕色：表示旅游区及景点项目的指示，用于旅游区标志的底色。
f) 黑色：用于标志的文字、图形符号和部分标志的边框。
g) 白色：用于标志的底色、文字和图形符号以及部分标志的边框。
h) 橙色或荧光橙色：用于道路作业区的警告、指路标志。
i) 荧光黄绿色：表示警告，用于注意行人、注意儿童警告标志。

3.5 形状

交通标志形状的一般使用规则如下：

a) 正等边三角形：用于警告标志；
b) 圆形：用于禁令和指示标志；
c) 倒等边三角形：用于“减速让行”禁令标志；
d) 八角形：用于“停车让行”禁令标志；
e) 叉形：用于“铁路平交道口叉形符号”警告标志；
f) 方形：用于指路标志，部分警告、禁令和指示标志，旅游区标志，辅助标志，告示标志等。

3.6 边框和衬边

3.6.1 除个别标志外，标志边框的颜色应与标志的图形或字符的颜色一致，除指示标志外标志衬边的颜色应与标志底色一致。个别标志除外。各类标志的边框和衬边如表1所示。

表 1　各类标志边框和衬边

标志类别	边　框	衬　边	备　　注
警告	黑色	黄色	叉形符号和斜杠符号除外
禁令	红色	白色	个别标志除外
指示	—	白色	白色衬边外无蓝色
指路	白色	蓝色或绿色	
旅游区	白色	棕色	
道路作业区	黑色	橙色	道路作业区所用禁令、指示等标志不变，只对警告、绕行等标志
辅助	黑色	白色	
告示	黑色	白色	

3.6.2　相同底色标志套用时，应使用边框；不同底色标志套用时，套用的禁令标志一般不使用衬边，套用的指路标志一般不使用边框，道路编号标志套用于指路标志上，也可使用边框，如图 1 所示。

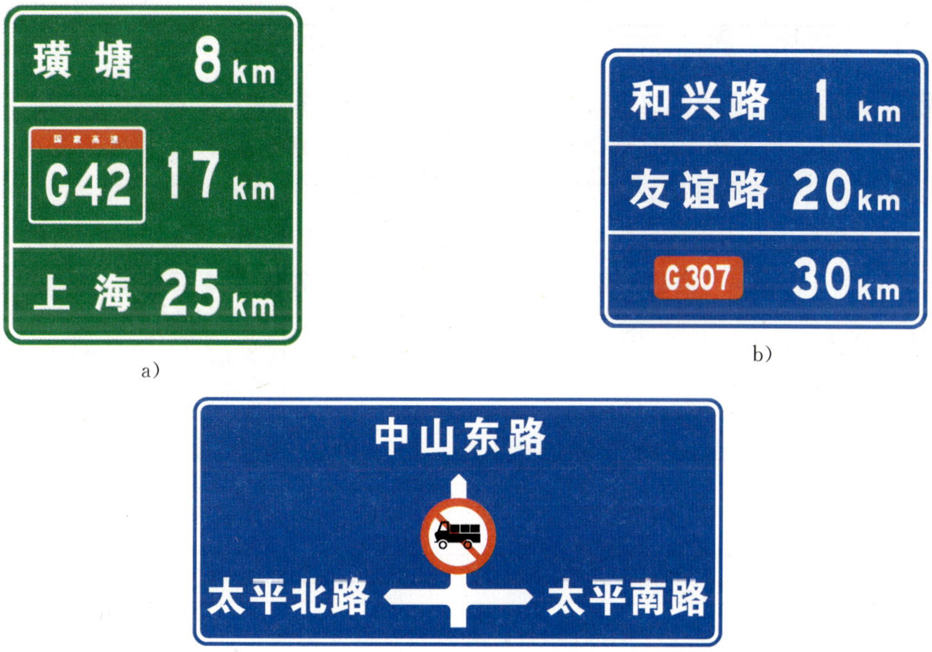

a)　b)　c)

图 1　标志套用示例

3.7　字符

3.7.1　道路交通标志的字符应规范、正确、工整。按从左至右、从上至下顺序排列。一般一个地名不写成两行或两列。

根据需要，可并用汉字和其他文字。标志上的汉字应使用规范汉字，除有特殊规定之外，汉字应排在其他文字上方。

如果标志上使用英文，地名用汉语拼音，相关规定按照 GB 17733，第一个字母大写，其余小写；专用名词用英文，第一个字母大写，其余小写，根据需要也可全部大写。交通标志常用名词的中英对照参见附录 A。

3.7.2　除特殊规定外，指路标志汉字高度一般值应根据设计速度，按表 2 选取。汉字字宽和字高相等。字高可考虑设置路段的运行速度(V85)进行调整。

表 2 汉字高度与速度的关系

速度/(km/h)	100～120	71～99	40～70	＜40
汉字高度/cm	60～70	50～60	35～50	25～30

3.7.3 指路标志的阿拉伯数字和其他文字的高度应根据汉字高度确定，其与汉字高度的关系宜符合表 3 的规定。在特殊情况下，由于具体原因不能满足要求时，经论证字符高度最小不应低于规定值的 0.8 倍。

表 3 其他文字与汉字高度的关系

其他文字		与汉字高度(h)的关系
拼音字母、拉丁字母或少数民族文字	大小写	$\frac{1}{3}h \sim \frac{1}{2}h$
阿拉伯数字	字高	h
	字宽	$\frac{1}{2}h \sim \frac{4}{5}h$
	笔划粗	$\frac{1}{6}h \sim \frac{1}{5}h$

3.7.4 道路编号标识中的字母标识符、数字等高，出口编号标志中的数字、字母高度不等，其高度应根据设计速度，按表 4 选取。国家高速公路的编号标识的字母标识符、数字字高具体规定符合附录 B。标识在一般道路指路标志箭头杆中的公路编号或道路名称，字高可适当减小，一般取表 2 规定值的 0.5～0.7 倍，但公路编号或道路名称的汉字高度不应小于 20 cm，英文字母和阿拉伯数字高度不应小于 15 cm。设置在指路标志版面中的方向标志的字高可适当减小，但不应小于表 2 规定值的 0.5 倍。

表 4 道路编号标志和出口编号标志的字母、数字高度

速度/(km/h)		100～120	71～99	40～70	＜40
道路编号/cm	字母	40～50	35～40	25～30	15～20
	数字				
出口编号/cm	数字	40～50	35～40	25～30	—
	字母	约数字字高的 2/3			
	“出口”	25 或 30			

3.7.5 指路标志的汉字或其他文字的间隔、行距等宜符合表 5 的规定。

表 5 文字的间隔、行距等的规定

文字设置	与汉字高度(h)关系
字间隔	$\frac{1}{10}h$ 以上
笔划粗	$\frac{1}{14}h \sim \frac{1}{10}h$
字行距	$\frac{1}{5}h \sim \frac{1}{3}h$
距标志边缘最小距离	$\frac{2}{5}h$

3.7.6 文字性警告、禁令标志的字高按表 2 确定。特殊情况下，经论证文字性警告标志的字高可以适当降低，但最小不应小于表 2 字高下限值的 0.6 倍。

3.7.7　辅助标志、告示标志的字高一般值可按照表2规定值的一半确定，但最小值不应小于10 cm。

3.7.8　标志的汉字、拼音字母、拉丁字母、数字等采用道路交通标志字体(简体)。

3.8　尺寸

3.8.1　警告标志的尺寸代号，如图2所示。其边长、边宽的一般值应根据设计速度，按表6选取。可考虑设置路段的运行速度(V85)进行调整。设置在胡同、隔离带的警告标志，设置空间受限制时，如果采用柱式标志可采用最小值，三角形的边长最小值不应小于60 cm。

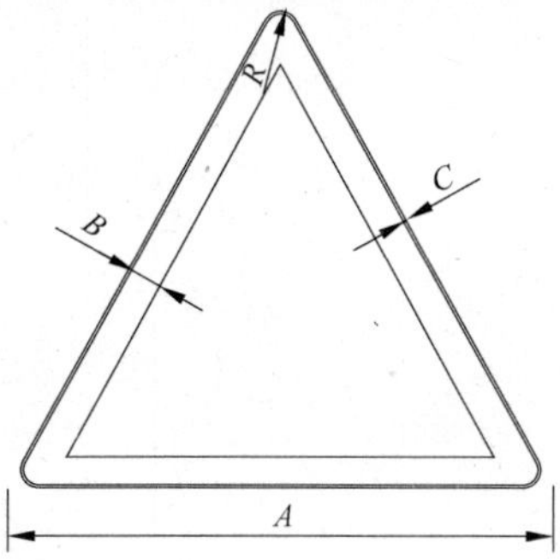

图2　警告标志尺寸代号

表6　警告标志尺寸与速度的关系

速度/(km/h)	100～120	71～99	40～70	<40
三角形边长(A)/cm	130	110	90	70
黑边宽度(B)/cm	9	8	6.5	5
黑边圆角半径(R)/cm	6	5	4	3
衬边宽度(C)/cm	1.0	0.8	0.6	0.4

3.8.2　禁令标志的尺寸代号，如图3所示。其各部分尺寸的一般值应根据设计速度，按表7选取。可考虑设置路段的运行速度(V85)进行调整。设置在胡同、隔离带的禁令标志，设置空间受限制时，如果采用柱式标志可采用最小值。圆形禁令标志的直径最小不应小于50 cm，三角形禁令标志的边长最小不应小于60 cm，八角形对角线长度最小不应小于50 cm。

单位为厘米

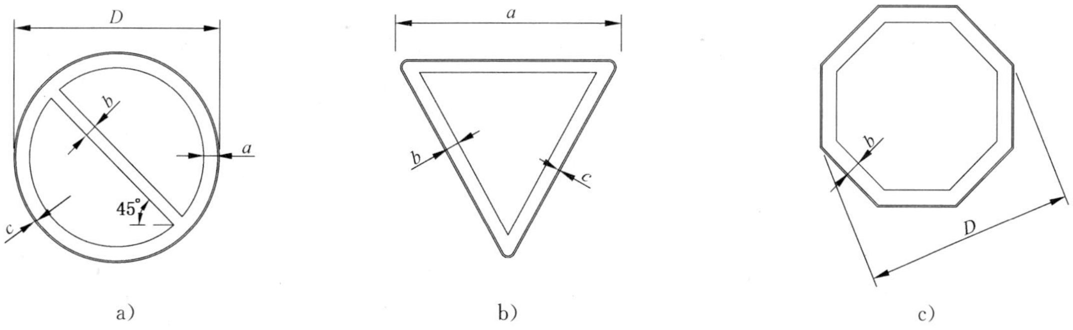

图3　禁令标志各部分尺寸代号

单位为厘米

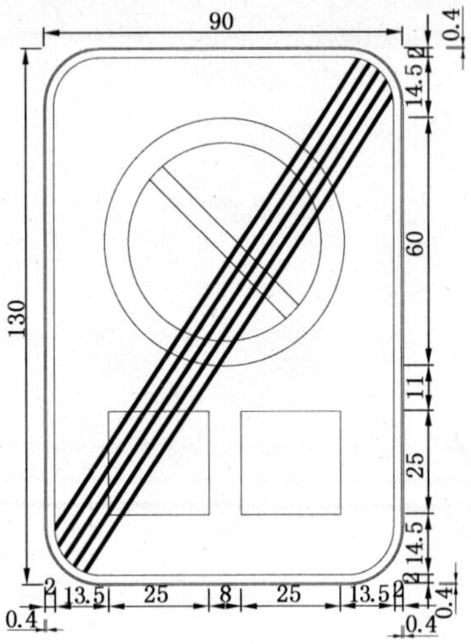

d)

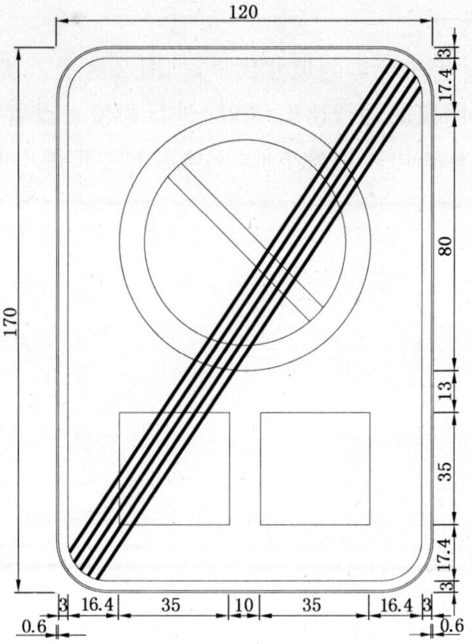

e)

图 3（续）

表 7　禁令标志尺寸与速度的关系

速度/(km/h)		100～120	71～99	40～70	<40
圆形标志/cm	标志外径(D)	120	100	80	60
	红边宽度(a)	12	10	8	6
	红杠宽度(b)	9	7.5	6	4.5
	衬边宽度(c)	1.0	0.8	0.6	0.4
三角形标志（减速让行标志）/cm	三角形边长(a)	—	—	90	70
	红边宽度(b)	—	—	9	7
	衬边宽度(c)	—	—	0.6	0.4
八角形标志（停车让行标志）/cm	标志外径(D)	—	—	80	60
	白边宽度(b)	—	—	3.0	2.0
矩形标志（区域限制和解除标志）/cm	长(a)	—	—	120	90
	宽(b)	—	—	170	130
	黑边框宽度	—	—	3	2
	衬边宽度(d)	—	—	0.6	0.4

3.8.3　指示标志的尺寸代号如图 4 所示，其各部分尺寸的一般值应根据设计速度，按表 8 选取。可考虑设置路段的运行速度(V85)进行调整。设置在胡同、隔离带的指示标志，设置空间受限制时，如果采用柱式标志可采用最小值，指示标志的直径(或短边边长)最小不应小于 50 cm。

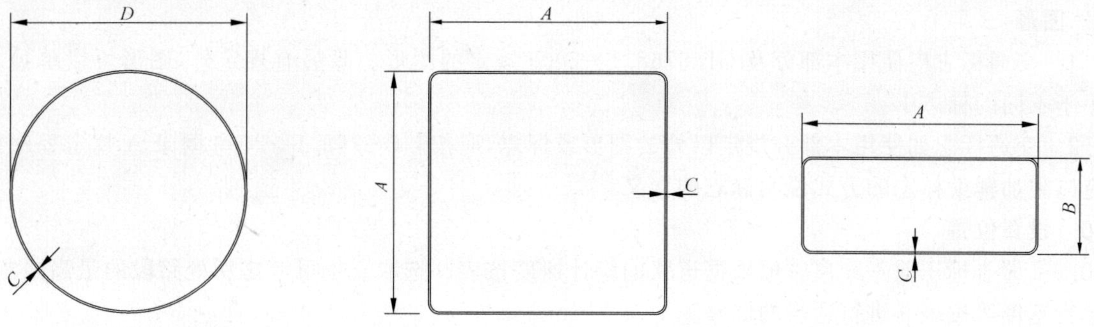

图 4　指示标志各部分尺寸代号

表 8　指示标志尺寸与速度的关系

速度/(km/h)	100～120	71～99	40～70	<40
圆形(直径 D)/cm	120	100	80	60
正方形(边长 A)/cm	120	100	80	60
长方形(边长 $A\times B$)/cm	190×140	160×120	140×100	—
单行线标志(长方形 $A\times B$)/cm	120×60	100×50	80×40	60×30
会车先行标志(正方形 A)/cm	—	—	80	60
衬边宽度 C/cm	1.0	0.8	0.6	0.4

3.8.4　指路标志的大小，除另有规定外，应根据字数、文字高度及排列情况确定。

3.8.5　指路标志外边框和衬边的尺寸，见图 5 所示。

图 5　外边框和衬边尺寸

3.8.6　其他规定如下：

a）警告、禁令、指示标志最小尺寸仅适用于城市里狭窄道路、分隔交通的隔离栏上，并应采用柱式支撑形式。

b）用于城市里狭窄道路、分隔交通的隔离栏上的禁令、指示标志小于最小尺寸时，其他禁令、指示标志小于表 7、表 8 规定的一般值时，仅表示信息告知。

3.8.7　旅游指引标志尺寸由字高、字数和图形确定。旅游符号标志尺寸一般宜采用 60 cm×60 cm。

3.8.8　作业区标志一般为警告、禁令、指示、指路标志用于作业区的临时标志，尺寸根据作业区限制速度按照相应标志尺寸的规定确定。

3.8.9　辅助标志、告示标志的尺寸由字高、字数确定。字间隔、行距等按表 5 的规定执行。如有需要可增加辅助标志板的尺寸。

3.8.10　3.8.1～3.8.9 规定的尺寸基本上按设计速度选取，可考虑根据运行速度或限制速度进行调整。标志尺寸及字高根据需要可增加。

3.9 图形

3.9.1 交通标志应使用本部分及 GB 5768.1—2009 规定的图形。除另有规定外，图形可以单独、组合使用于不同的标志中。

3.9.2 交通标志如使用本部分规定以外的图形或标志，应按 GB 5768.1—2009 附录 A 规定程序执行，并应以附加辅助标志的方式说明标志的含义。

3.10 设置位置

3.10.1 警告标志前置距离一般根据道路的设计速度按表 9 选取。也可考虑所处路段的最高限制速度或运行速度等按表 9 进行适当的调整。

表 9 警告标志前置距离一般值

单位为米

速度/(km/h)	减速到下列速度/(km/h)											
	条件 A	条件 B										
	0	10	20	30	40	50	60	70	80	90	100	110
40	*	*	*	*								
50	*	*	*	*	*							
60	30	*	*	*	*							
70	50	40	30	*	*	*	*					
80	80	60	55	50	40	30	*	*				
90	110	90	80	70	60	40	*	*	*			
100	130	120	115	110	100	90	70	60	40	*		
110	170	160	150	140	130	120	110	90	70	50	*	
120	200	190	185	180	170	160	140	130	110	90	60	40

注：条件 A—道路使用者有可能停车后通过警告地点，典型的标志如注意信号灯标志、交叉口警告标志、铁路道口标志等。

条件 B—道路使用者应减速后通过警告地点，典型的标志如急弯路标志、连续弯路标志、陡坡标志等。

*—不提供具体建议值，视当地具体条件确定。

3.10.2 禁令、指示标志应设置在禁止、限制或遵循路段开始的位置。部分禁令、指示标志开始路段的路口前适当位置应设置相应的指路标志提示，使被限制车辆能够提前绕道行驶。

3.10.3 指路标志设置位置应符合每一指路标志的具体规定。

3.10.4 除另有规定外，标志安装应使标志面垂直于行车方向，视实际情况调整其水平或俯仰角度：

a) 标志安装应尽量减少标志面对驾驶员的眩光；

b) 标志安装角度宜根据设置地点道路的平、竖曲线线形进行调整；

c) 路侧标志应尽可能与道路中线垂直或成一定角度。其中，禁令和指示标志为 0°～45°，如图 6a) 所示；指路和警告标志为 0°～10°，如图 6b) 所示；

d) 门架、悬臂、车行道上方附着式标志的板面应垂直于道路行车方向，并且板面宜倾斜 0°～15°，如图 6c) 所示。

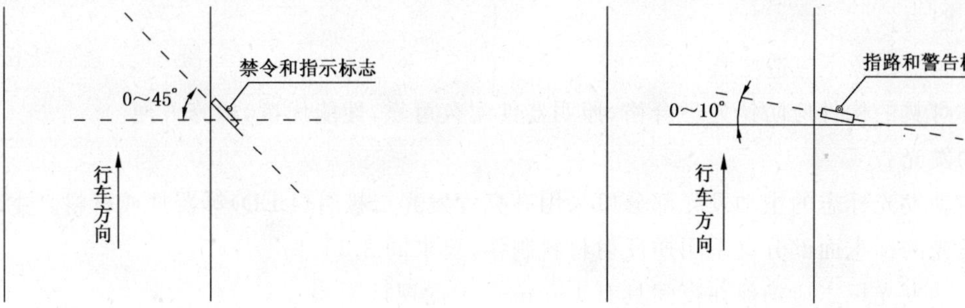

a）路侧禁令和指示标志　　　　b）路侧指路和警告标志

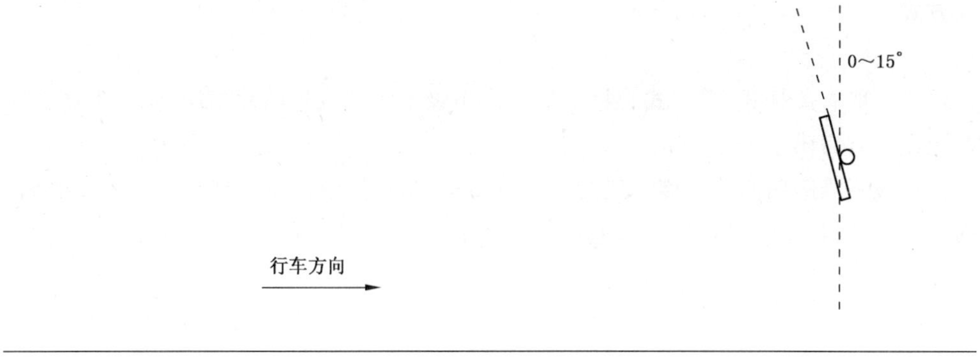

c）门架、悬臂、车行道上方附着式标志

图 6　标志安装角度示意

3.11　逆反射材料及照明

3.11.1　一般要求

除另有规定外，标志应采用逆反射材料制作标志面或安装照明设施，也可以根据地形、日照情况采用发光式。标志在白天和夜间的颜色应满足 GB 5768.1 的规定。

3.11.2　逆反射材料

3.11.2.1　用于标志面的逆反射材料主要为反光膜。反光膜的逆反射性能应符合 GB/T 18833 的规定。

3.11.2.2　选择逆反射材料应综合考虑以下原则或因素：

a）标志背景环境影响大、行驶速度快、交通量大的道路宜选用逆反射性能好的材料；

b）门架式标志、悬臂式标志和车行道上方附着式标志宜选用比路侧柱式标志和路侧附着式标志逆反射性能好的材料；

c）四级及以下公路、交通量很小的道路，根据实际情况可选用较其他道路逆反射性能低的材料。

3.11.3　照明

3.11.3.1　交通标志的照明应采用白色光源，安装于标志板结构内部或上方或其他适当位置。

3.11.3.2　内部照明为将光源安装于标志板结构内部的照明方式，分单面显示和两面显示两种，要求如下：

a）内部照明标志应根据板面大小、所受风力等进行结构设计；

b）确保标志面照度均匀，在夜间具有 150 m 以上的视认距离；

c）金属构件应经防腐处理合格，防雨防尘，电器元件耐久可靠，检修方便。

3.11.3.3　外部照明为将光源安装于标志板上部，照亮标志面的照明方式，要求如下：

a）所选用的外部照明光源的显色指数 Ra 一般不应低于 80，光源应进行专门设计，照明灯具及其阴影不能影响标志认读；

b）光源在标志面上的照度应均匀，最大照度与最小照度之比应小于 4，在夜间具有 150 m 以上的视认距离；

c) 外部照明光源不应造成眩目；

d) 支撑灯具的构件应防锈处理合格，照明器件耐久可靠，性能优良，检修方便。

3.11.4 主动发光

3.11.4.1 主动发光标志的主动发光部分可采用高亮度发光二极管（LED）等器件或材料。主动发光标志的非主动发光的标志面部分宜采用逆反射材料制作，要求同 3.11.2。

3.11.4.2 主动发光标志应确保在夜间具有 150 m 以上的视认距离。

3.11.4.3 主动发光标志的频闪应同步。

3.12 支撑方式

3.12.1 柱式

3.12.1.1 柱式一般有单柱式、多柱式。柱式标志内边缘不应侵入道路建筑限界，一般距车行道或人行道的外侧边缘或土路肩不小于 25 cm。

3.12.1.2 标志板下缘距路面的高度一般为 150 cm～250 cm。设置在小型车比例较大的城市道路时，下缘距地面的高度可根据实际情况减小，但不宜小于 120 cm。设置在有行人、非机动车的路侧时，设置高度应大于 180 cm。

3.12.1.3 单柱式是标志板安装在一根立柱上，如图 7a）所示。适用于中、小型尺寸的警告、禁令、指示标志和小型指路标志。

3.12.1.4 多柱式是标志板安装在两根及两根以上立柱上，如图 7b）所示。适用于长方形的指示或指路标志。

单位为厘米

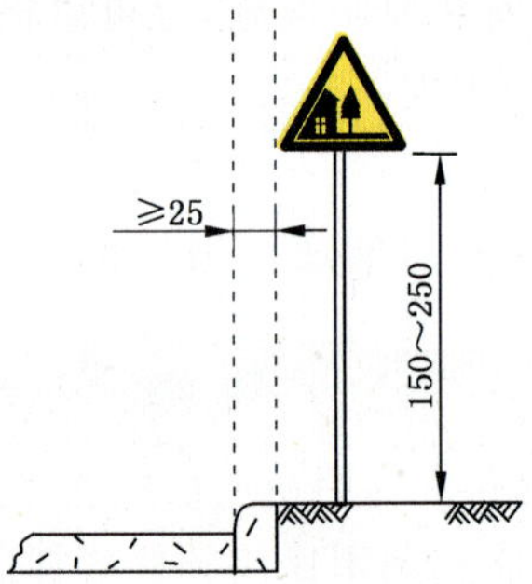

a）单柱式

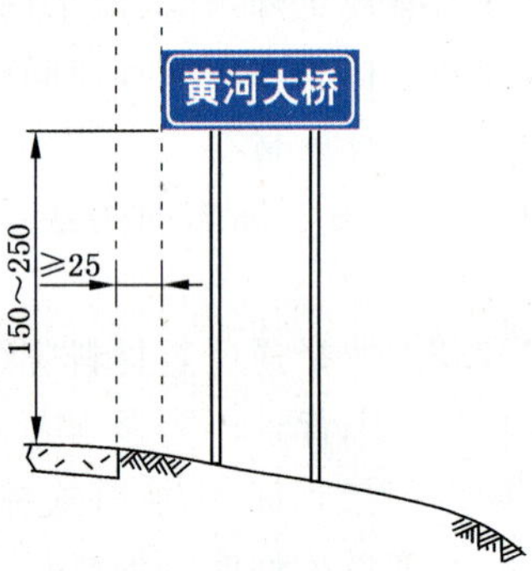

b）多柱式

图 7 柱式

3.12.2 悬臂式

3.12.2.1 悬臂式是标志板安装于悬臂上，如图 8 所示。标志下缘离地面的高度应大于该道路规定的净空高度。

3.12.2.2 悬臂式适用于以下情况：

a) 柱式安装有困难；

b) 道路较宽、交通量较大、外侧车道大型车辆阻挡内侧车道小型车辆视线；

c) 视距或视线受限制；

d) 景观上有要求。

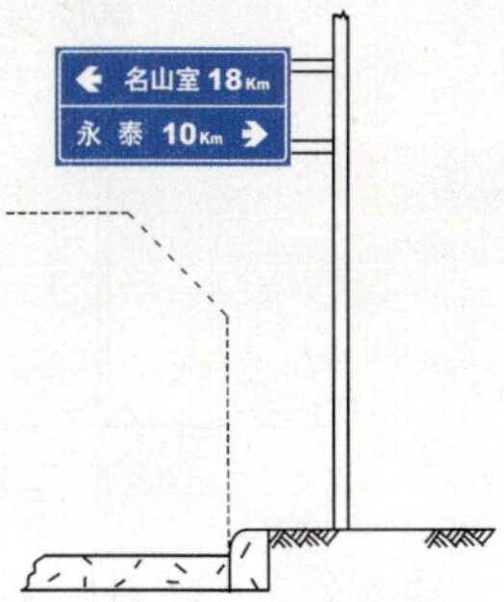

a）单悬臂式

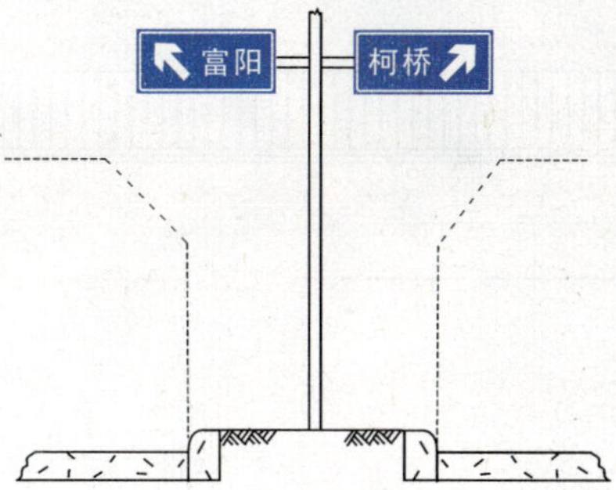

b）双悬臂式

图 8　悬臂式

3.12.3　门架式

3.12.3.1　门架式是标志安装在门架上，如图 9 所示。标志下缘离地面的高度应大于该道路规定的净空高度。

3.12.3.2　门架式标志适用于以下情况：

a）多车道道路（同向三车道以上）需要分别指示各车道去向；

b）交通量较大、外侧车道大型车辆阻挡内侧车道小型车辆视线；

c）交通流在较高运行速度下发生交织、分流和合流的路段，如：互通式立体交叉间隔距离较近标志设置较密处、高速公路与高速公路相交的互通立体交叉主线区域等；

d）受空间限制，柱式、悬臂式安装有困难；

e）出口匝道在行车方向的左侧；

f）景观上有要求。

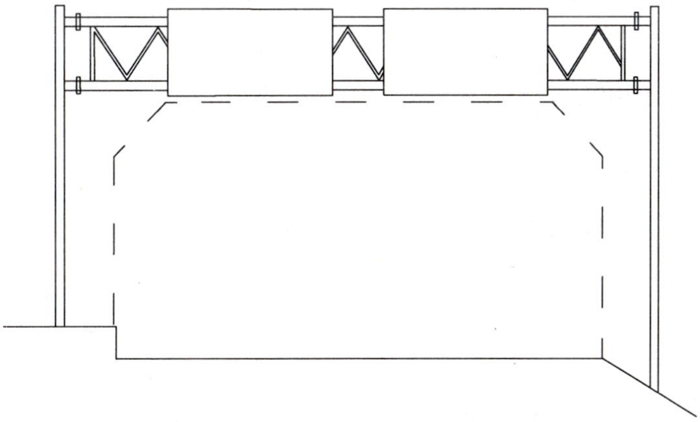

图 9　门架式

3.12.4　附着式

3.12.4.1　标志附着安装在上跨桥和附近构造物上，如图 10 所示。按附着板面所处位置不同分车行道上方附着式、路侧附着式两种。

3.12.4.2　附着式标志的安装高度应符合 3.12.1 和 3.12.3 的规定。

单位为厘米

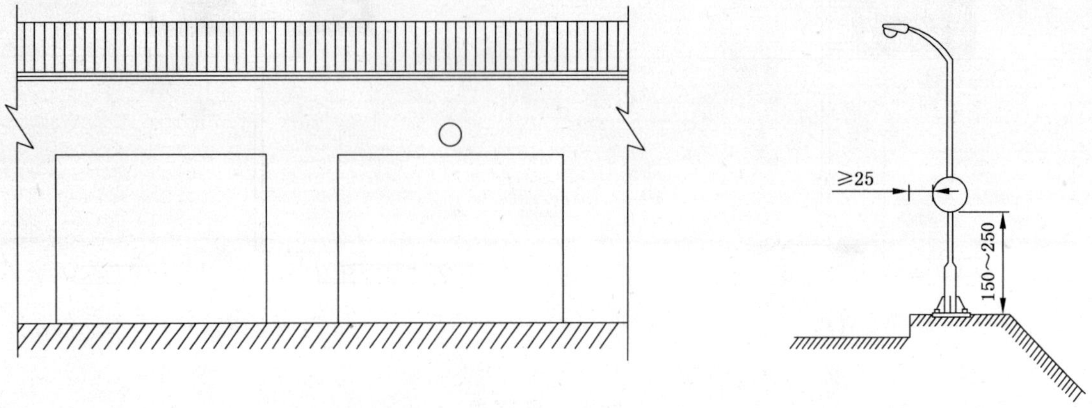

a) 车行道上方附着式　　b) 路侧附着式

图 10　附着式

3.12.5　如果标志支撑结构位于路侧净区内应确保其不对驶离道路的车辆构成危害，否则宜采用解体消能结构或设置相应的防护、警告设施。

3.13　使用和维护

3.13.1　道路交通标志设置(调整)应在新(改、扩)建道路建成通车前完成，路网中与此新(改、扩)建道路相关的道路上与其相关的标志也应同步调整，完善设置。

3.13.2　当道路交通条件发生变化时，应及时调整相关标志的设置。

3.13.3　应尽量使用公路编号、城市道路名称标志，以使道路使用者了解其所在路线和位置。

3.13.4　标志应经常清洁、维护，保持足够的逆反射性能，保证视认性。标志使用中还应避免其被树木遮挡、被路灯照明影响视认。

3.13.5　标志的形状、颜色在其使用期内应符合本部分的规定。

3.14　标志与标线的配合

3.14.1　除特别规定之外，标志可单独使用，也可以和标线配合使用。具体的交通标志和标线的配合建议参见附录 C。

3.14.2　标志和标线配合使用时，应互为补充或一致，不应产生歧义。

3.15　构造

3.15.1　标志底板及支撑结构宜选用轻型材料和结构，并因地制宜采用经济、适用的材料和结构。

3.15.2　标志底板可用铝合金板、薄钢板、合成树脂类板材、木板及其他板材制作。板材的相关指标应符合 GB/T 23827 和国家相关标准的规定。标志板背面宜选用美观大方的颜色，铝合金板可采用原色。

3.15.3　矩形标志板的四个端角宜为圆弧形端角，除指路标志外的标志板圆弧半径为 4 cm，指路标志板的圆弧半径如图 5 所示。

3.15.4　标志结构设计基本风速应采用当地空旷平坦地面上离地 10 m 高，重现期为 50 年 10 min 平均最大风速值，并不得小于 22 m/s。

3.15.5　标志立柱可选用 H 型钢、槽钢、钢管、木材、合成材料及钢筋混凝土管等制作。标志立柱也可选用钢桁架。各种标志立柱的断面尺寸、连接方式、基础大小等，应根据设置地点的风力、板面大小及支撑方式计算确定。标志立柱应考虑与基础的连接方式。

3.15.6　标志板和立柱的连接应根据板面大小、连接方式选用多种方法。在设计连接部件时，应保证安装方便、连接牢固、板面平整。

3.15.7　各种标志立柱的埋设深度，根据板面承受外力的大小及地基的承载力计算确定。

3.16　标志的制作

3.16.1　交通标志的图形应遵照本部分的规定按比例放大制作，不应任意修改。

3.16.2 标志板的制作及技术要求应符合GB/T 23827的有关规定。

3.16.3 交通标志的制作图例参见附录D。

3.17 可变信息标志

3.17.1 用途

可变信息标志是一种因交通、道路、气候等状况的变化而改变显示内容的标志。一般可用作速度控制、车道控制、道路状况、气象状况及其他内容的显示。可变信息标志不宜显示和交通无关的信息。

3.17.2 显示方式

可变信息标志的显示方式有多种，如：高亮度发光二极管(LED)、翻板式、字幕式、光纤式等。可根据标志的功能要求、显示内容、控制方式、环保节能、经济性等进行选择。

3.17.3 板面

可变信息标志显示的警告、禁令、指示等标志的图形、字符、形状等应符合本部分的规定，显示的文字的字体、字高、间距等按照清晰、易辨、安全的原则确定。主动发光可变信息标志的颜色可按本部分标志颜色的规定执行，也可按表10的规定执行。可变信息标志各部分颜色的色品坐标应符合相关国家标准的规定。

表10 主动发光可变信息标志的颜色

类别	显示内容	底色	边框	图形、符号、文字
文字标志	道路一般信息	黑色	—	绿色
	道路警告信息		—	黄色
	道路禁令信息		—	红色
图形标志	警告标志	黑色	黄色	黄色
	禁令标志	黑色	红色	黄色
	指示标志	黑色	蓝色	绿色
	指路标志	黑色	绿色	绿色
	作业区标志	黑色	随类型	黄色
	辅助标志	黑色	—	绿色
	潮汐车道标志	黑色	—	红色×、绿色↓
	可变导向车道	蓝色[a]	—	绿色或黄色
	交通状况	蓝色或绿色[a]	—	红、黄、绿等色
	其他信息	视需要		

[a] 为不可变部分的颜色。

3.17.4 设置

符合下列情况之一者，可设置可变信息标志：

a) 结合路网交通管理需求，高速公路或城市快速路出入口前合适路段；

b) 长隧道入口前；

c) 潮汐车道起始路段和可变导向车道进入路口前；

d) 有其他特殊要求的路段。

4 警告标志

4.1 一般规定

4.1.1 警告标志警告车辆驾驶人、行人前方有危险的标志，道路使用者需谨慎行动。

4.1.2 警告标志的颜色为黄底、黑边、黑图形。“注意信号灯”标志的图形为红、黄、绿、黑四色。“叉形符号”、“斜杠符号”为白底红图形。

4.1.3 警告标志的形状为等边三角形或矩形，三角形的顶角朝上。

4.1.4 警告标志的尺寸见3.8.1规定。

4.1.5 警告标志的前置距离见3.10.1规定。应考虑道路的限速、运行速度等实际情况适当调整。

4.1.6 当需要使用本部分规定以外的警告标志时，除了执行GB 5768.1—2009附录A的建议程序外，应遵循以下一般原则：

a) 符合第3章的规定；

b) 标志内容尽量采用图形方式，并应辅以文字说明；

c) 文字类警告标志为黄底、黑边、黑文字，形状为三角形或矩形。

4.2 交叉路口标志(图11)

用以警告车辆驾驶人谨慎慢行，注意横向来车。设在平面交叉路口驶入路段的适当位置。根据实际道路交叉的形式尽量选用图11的图形。

a)

b)

c)

d)

e)

f)

图11 警1 交叉路口

g)

h)

i)

j)

图 11（续）

如果两相邻平面交叉路口中心点的距离小于该道路的限速值对应的安全停车视距，则两平面交叉路口宜合并为一个图形，并根据道路的实际情况可以将标志的尺寸适当放大。

经评估，下列情况如安全状况良好且设置了相应设施情况下，可不设此标志：

a) 视线良好，易于观察相交道路来车的平面交叉口；

b) 设有信号控制的平面交叉口；

c) 设有“停车让行”、“减速让行”、“路口预告和告知”、“地点、方向”等标志，并且这些标志很容易被看到的平面交叉口；

d) 相交道路的交通流互不干扰的平面交叉口；

e) 相交道路的任一道路的交通量（ADT）小于 50 辆/h 的平面交叉口；

f) 市区道路的限速值低于 40 km/h 路段上的平面交叉口。

4.3 急弯路标志（图 12）

用以警告车辆驾驶人减速慢行。设计车速小于 60 km/h 的道路上，平曲线半径小于表 11 规定且停车视距小于表 11 规定时应设急弯路标志。设置位置为曲线起点的外面，但不应进入相邻的圆曲线内。

a) 向左急弯路

b) 向右急弯路

图 12 警 2 急弯路

表 11　平曲线和停车视距值

设计速度/(km/h)	20	30	40
平曲线半径/m	20	45	80
停车视距/m	20	30	40

可以和"限制速度"标志(禁 38)或"建议速度"标志(警 39)联合使用,见图 13a)、图 13b);也可以和说明急弯半径的辅助标志共同使用,见图 13c)。

a) 和限制速度标志(禁 38)联合使用　b) 和建议速度标志(警 39)联合使用　c) 附加说明急弯半径的辅助标志

图 13　示例

4.4　反向弯路标志(图 14)

用以警告车辆驾驶人减速慢行。设计车速小于 60 km/h 的道路上,两相邻反向平曲线半径均小于或其中一个半径小于表 11 规定,且圆曲线间的距离小于或等于表 12 规定时应设置反向弯路标志。设置位置为两反向圆曲线起点的外面,但不应进入相邻的圆曲线内。

表 12　两反向圆曲线间距离值

设计速度/(km/h)	20	30	40
两反向圆曲线间距离/m	40	60	80

a)　b)

图 14　警 3　反向弯路

此标志可以和"限制速度"标志(禁 38)"建议速度"标志(警 39)联合使用,见图 15。

a）和限制速度标志（禁 38）联合使用

b）和建议速度标志（警 39）联合使用

c）反向弯路标志设置位置示例

图 15　示例

4.5　连续弯路标志（图 16）

用以警告车辆驾驶人减速慢行。设计车速小于 60 km/h 的道路上，连续有三个或三个以上反向平曲线，其平曲线半径均小于或有两个半径小于表 11 规定，且各圆曲线间的距离均小于或等于表 12 规定时设置连续弯路标志。设置位置为连续弯路起点的外面，当连续弯路总长度大于 500 m 时，应重复设置。可在此标志下附加说明连续弯路长度的辅助标志。

图 16　警 4　连续弯路

此标志可以和“限制速度”标志（禁 38）“建议速度”标志（警 39）联合使用，见图 17a）、图 17b）；也可以和说明连续弯路长度的辅助标志共同使用，见图 17c）。

a）和限制速度标志(禁 38)联合使用　b）和建议速度标志(警 39)联合使用　c）附加说明连续弯路长度的辅助标志

图 17　示例

4.6　陡坡标志(图 18)

用以提醒车辆驾驶人小心驾驶。当纵坡坡度大于表 13 规定时，在纵坡坡脚或坡顶以前适当位置设置。纵坡坡度小于表 13 规定，经常发生制动失效事故的下坡路段也可以根据现场条件设置"下陡坡标志"。

表 13　纵坡坡度值

设计速度/(km/h)			20	30	40	60	80	100	120
纵坡坡度/%	上坡	海拔 3 000 m 以下	7	7	7	6	5	4	3
		海拔 3 000～4 000 m	7	7	6	5	4		
		海拔 4 000～5 000 m	7	6	5	4	4		
		海拔 5 000 m 以上	6	5	4	4	4		
	下坡		7	7	7	6	5	4	3

a)上陡坡　b）下陡坡

图 18　警 5　陡坡

可用辅助标志说明陡坡的坡度和坡长，也可将坡度值标在警告标志图形上，见图 19。

图 19　示例

4.7　连续下坡标志(图 20)

用以提醒车辆驾驶人小心驾驶。设在连续两个及以上纵坡坡度大于表 13 规定且连续下坡长度超过 3 km 的坡顶以前适当位置。如果纵坡坡度小于表 13 规定,但是经常发生制动失效事故的连续下坡路段也可以根据现场条件设置“连续下坡”标志。当连续下坡总长大于 3 km 后,应重复设置。可以辅助标志表示连续下坡的坡长,见图 21。

图 20　警 6　连续下坡

图 21　示例

4.8　窄路标志(图 22)

用以警告车辆驾驶人注意前方车行道或路面狭窄情况,遇有来车应予减速避让。设在双车道路面宽度缩减为 6 m 以下的路段起点前方。

a) 两侧变窄

b) 右侧变窄

c) 左侧变窄

图 22　警 7　窄路

可用辅助标志说明窄路的长度,见图 23a);可与“建议速度”标志(警 39)联合使用,见图 23b)。

a) 附加说明窄路长度的辅助标志

b) 和建议速度标志(警 39)联合使用

图 23　示例

4.9 窄桥标志(图 24)

用以警告车辆驾驶人注意前方桥面宽度变窄,应谨慎驾驶。设在桥面净宽较两端路面宽度变窄,且桥的净宽小于 6 m 的桥梁以前适当位置。

图 24 警 8 窄桥

4.10 双向交通标志(图 25)

用以提醒车辆驾驶人注意会车。设在由双向分离行驶,因某种原因出现临时性或永久性的不分离双向行驶的路段,或由单向行驶进入双向行驶的路段以前适当位置。

图 25 警 9 双向交通

4.11 注意行人标志(图 26)

用以警告车辆驾驶人减速慢行,注意行人。设在行人密集,或不易被驾驶员发现的人行横道线以前适当位置。城市中心区街道或设有信号灯处可不设。标志底色可采用荧光黄绿色。

图 26 警 10 注意行人

4.12 注意儿童标志(图 27)

用以警告车辆驾驶人减速慢行,注意儿童。设在小学、幼儿园、少年宫等儿童经常出入地点前适当位置。标志底色可采用荧光黄绿色。

图 27 警 11 注意儿童

4.13 注意牲畜标志(图 28)

用以提醒车辆驾驶人注意慢行。设在经过放牧区、畜牧场等区域的公路上,经常有牲畜横穿、出入的地点前适当位置。

图 28 警 12 注意牲畜

4.14 注意野生动物标志(图 29)

用以提醒车辆驾驶人注意慢行。设在经过野生动物保护区的公路上,经常有野生动物横穿、出入的地点前适当位置。标志上的动物图形可用该地区最常出现的野生动物种类适当调整,见图 30。

图 29 警 13 注意野生动物

图 30 示例

4.15 注意信号灯标志(图 31)

用以警告车辆驾驶人注意前方路段设有信号灯,应依信号灯指示行车。

图 31 警 14 注意信号灯

有以下情况之一者，应设置此标志：

a） 因受地形或其他因素影响，驾驶员不易发现前方为信号灯控制路口；

b） 由高速公路驶入一般道路的第一个信号灯控制路口；

c） 因临时交通管制或其他特殊状况设置活动信号灯的路口。

4.16 注意落石标志(图 32)

用以提醒车辆驾驶人注意落石。设在有落石危险的傍山路段以前适当位置。使用时应根据落石的不同方向选择图 32a)或图 32b)。

a)

b)

图 32 警 15 注意落石

4.17 注意横风标志(图 33)

用以提醒车辆驾驶人小心驾驶。设在经常有很强的侧向风的路段以前适当位置。设置了横风风向标的可以不设此标志。

图 33 警 16 注意横风

4.18 易滑标志(图 34)

用以促使车辆驾驶人注意慢行。设在路滑容易发生事故的路段以前适当位置。

图 34 警 17 易滑

4.19 傍山险路标志(图 35)

用以提醒车辆驾驶人小心驾驶。设在傍山险路路段以前适当位置。使用时应根据傍山险路的不同朝向选择图 35a)或图 35b)。

a)

b)

图 35　警 18　傍山险路

4.20　堤坝路标志(图 36)

用以提醒车辆驾驶人小心驾驶,设在沿水库、湖泊、河流等堤坝道路以前适当位置。使用时应根据水库、湖泊等位于堤坝路的不同位置选择图 36a)或图 36b)。

a)

b)

图 36　警 19　堤坝路

4.21　村庄标志(图 37)

用以提醒车辆驾驶人小心驾驶。设在紧靠村庄、集镇且视线不良的路段以前适当位置。

图 37　警 20　村庄

4.22　隧道标志(图 38)

用以提醒车辆驾驶人注意慢行。设在双向行驶并且照明不好的隧道口前适当位置。

图 38　警 21　隧道

4.23　渡口标志(图 39)

用以提醒车辆驾驶人谨慎驾驶。设在车辆渡口以前适当位置。

图 39　警 22　渡口

4.24　驼峰桥标志(图 40)

用以提醒车辆驾驶人谨慎驾驶。设在拱度很大,影响视距的驼峰桥以前适当位置。

图 40　警 23　驼峰桥

4.25　路面不平标志(图 41)

用以提醒车辆驾驶人减速慢行。设在路面颠簸路段或桥头跳车较严重的地点以前适当位置。该标志可作临时标志使用。

图 41　警 24　路面不平

使用此标志时,应注意:

a)　路面颠簸或桥头跳车的情况修复改善后,应及时拆除此标志;

b)　通车路面存在坍塌、坑槽、水毁、隆起等病害,可设置此警告标志,但路面状况修复改善后应及时拆除;

c)　块石路面、铺砌路面路段,应设置此警告标志,并在标志下方设置辅助标志说明,见图 42。

图 42 示例

4.26 路面高突标志(图 43)

用以提醒车辆驾驶人减速慢行。设在路面突然高突以前适当位置。减速丘前适当位置应设置此标志,必要时可附加辅助标志说明。

图 43 警 25 路面高突

4.27 路面低洼标志(图 44)

用以提醒车辆驾驶人减速慢行。设在路面突然低洼以前适当位置。

图 44 警 26 路面低洼

4.28 过水路面(或漫水桥)标志(图 45)

用以提醒车辆驾驶人谨慎慢行。设在过水路面或漫水桥路段以前适当位置。

图 45 警 27 过水路面

4.29　铁路道口标志(图46、图47、图48、图49)

用以警告车辆驾驶人注意慢行或及时停车。警28为有人看守铁路道口标志，设在车辆驾驶人不易发现的道口以前适当位置；警29为无人看守铁路道口标志，设在无人看守铁路道口以前适当位置。

如果多股铁路与道路相交，则应在铁路道口标志上方设置叉形符号(警30)。叉形符号交叉点到警告标志三角形顶点的距离为40 cm。

无人看守铁路道口应设置“铁路平交道口标线”见图50a)示例。如果未设置此标线，则需要在“无人看守铁路道口”标志下设置“斜杠符号”(警31)，表示距铁路道口的距离。应设置的斜杠符号共有三块，一道斜杠标志设在距铁路道口50 m的位置，二道、三道斜杠标志分别设在距铁路道口100 m和150 m位置，见图50b)示例。城市道路与铁路相交的无人看守铁路道口，如果未设置“铁路平交道口标线”，可以不设置“斜杠符号”，但需要根据实际道路环境增设一块预告标志，见图50c)示例。

图46　警28　有人看守铁路道口

图47　警29　无人看守铁路道口

单位为厘米

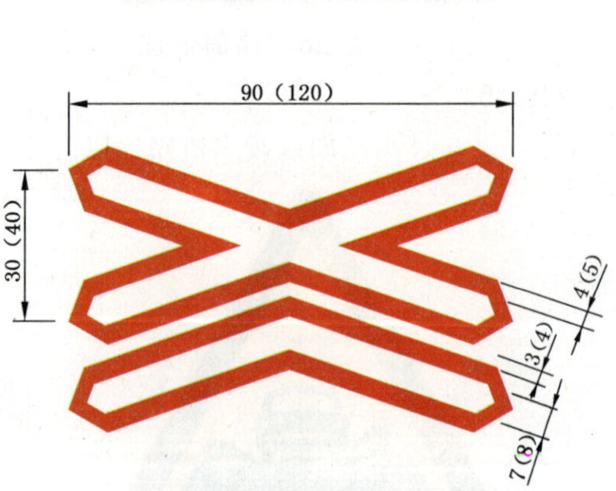

图48　警30　叉形符号

单位为厘米

a）　　　　b）　　　　c）

图 49　警 31　斜杠符号

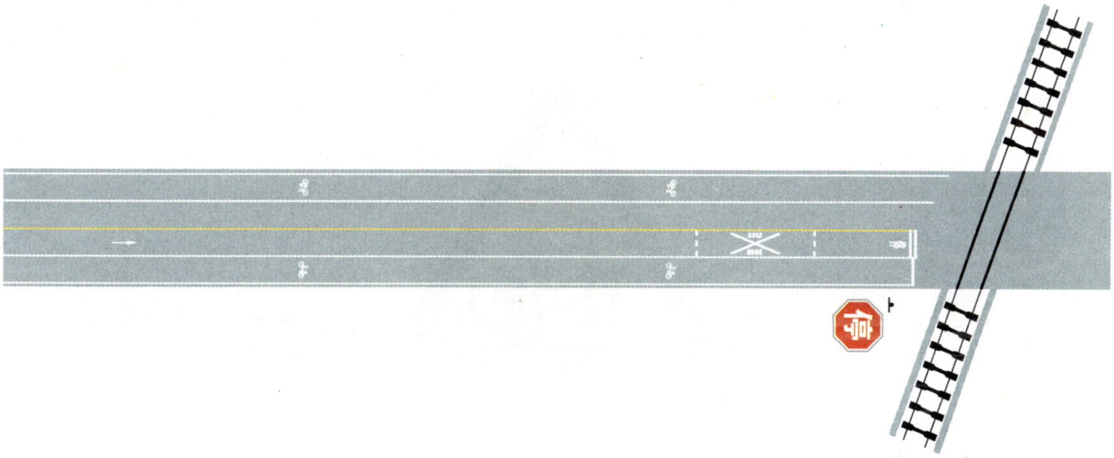

a）

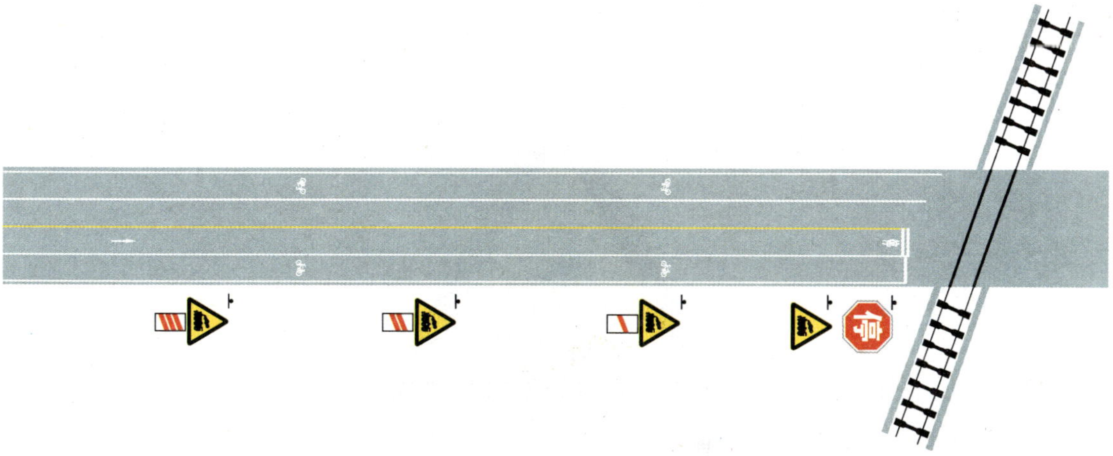

b）

图 50　无人看守铁路道口标志设置示例

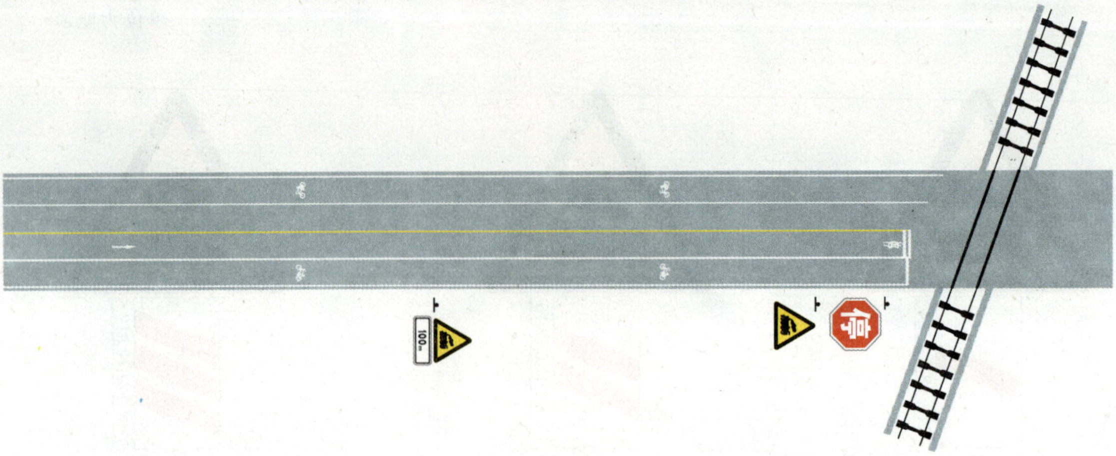

c)

图 50（续）

4.30 注意非机动车标志（图 51）

用以提醒车辆驾驶人注意慢行。设在经常有非机动车横穿、出入的地点前适当位置。

图 51 警 32 注意非机动车

4.31 注意残疾人标志（图 52）

用以提醒车辆驾驶人减速慢行，注意残疾人。设在康复医院、残疾人学校等残疾人经常出入地点前适当位置。

图 52 警 33 注意残疾人

4.32 事故易发路段标志（图 53）

用以告示前方道路为事故易发路段，谨慎驾驶。设在交通事故易发路段以前适当位置。

图 53　警 34　事故易发路段

4.33　慢行标志(图 54)

用以提醒车辆驾驶人减速慢行。设在前方道路发生特殊情况,影响行车安全的路段以前适当位置。例如:教练车行驶路线、驾驶考试路线等。示例见图 55。

图 54　警 35　慢行

a)　　　　b)

图 55　教练车行驶路线、驾驶考试路线慢行示例

4.34　注意障碍物标志(图 56)

用以告示前方道路有障碍物,车辆应按标志指示减速慢行。设在道路障碍物前适当位置,视具体情况选用下列标志。

a) 左右绕行　　b) 左侧绕行　　c) 右侧绕行

图 56　警 36　注意障碍物

4.35 注意危险标志(图57)

用以提醒车辆驾驶人谨慎驾驶。设在以上标志不能包括的其他危险路段以前适当位置。本标志一般不单独使用,其下应设辅助标志,说明危险原因。

图57 警37 注意危险

4.36 施工标志(图58)

用以告示前方道路施工,车辆应减速慢行或绕道行驶。该标志可以作为临时标志支设在施工路段以前适当位置。

图58 警38 施工

4.37 建议速度标志(图59)

用以提醒车辆驾驶人以建议的速度行驶,设在弯道、出口、匝道的适当位置。此标志一般不单独使用,宜与其他警告标志联合使用或附加辅助标志,以说明建议速度的原因或路段位置、长度,见图60。

出口处设置的建议速度标志应设置在减速车道的适当位置;匝道建议速度标志设置在匝道的适当位置。

建议速度和限制速度不同,仅表示警告和建议。

图59 警39 建议速度

a) 出口建议速度

b) 弯道建议速度

图60 示例

4.38 隧道开车灯标志(图 61)

用以警告车辆驾驶人进入隧道打开前照灯,注意行驶。设在无照明或照明不足的隧道洞口前适当位置。隧道标志(警 21)和隧道开车灯标志(警 40)只需设置一个。

图 61 警 40 隧道开车灯

4.39 注意潮汐车道标志(图 62)

用以警告车辆驾驶人注意前方为潮汐车道。设在潮汐车道路段起点前适当位置。示例见图 63。

注:潮汐车道设置位置、行驶方向变换时间等,需提前向社会告知。

图 62 警 41 注意潮汐车道

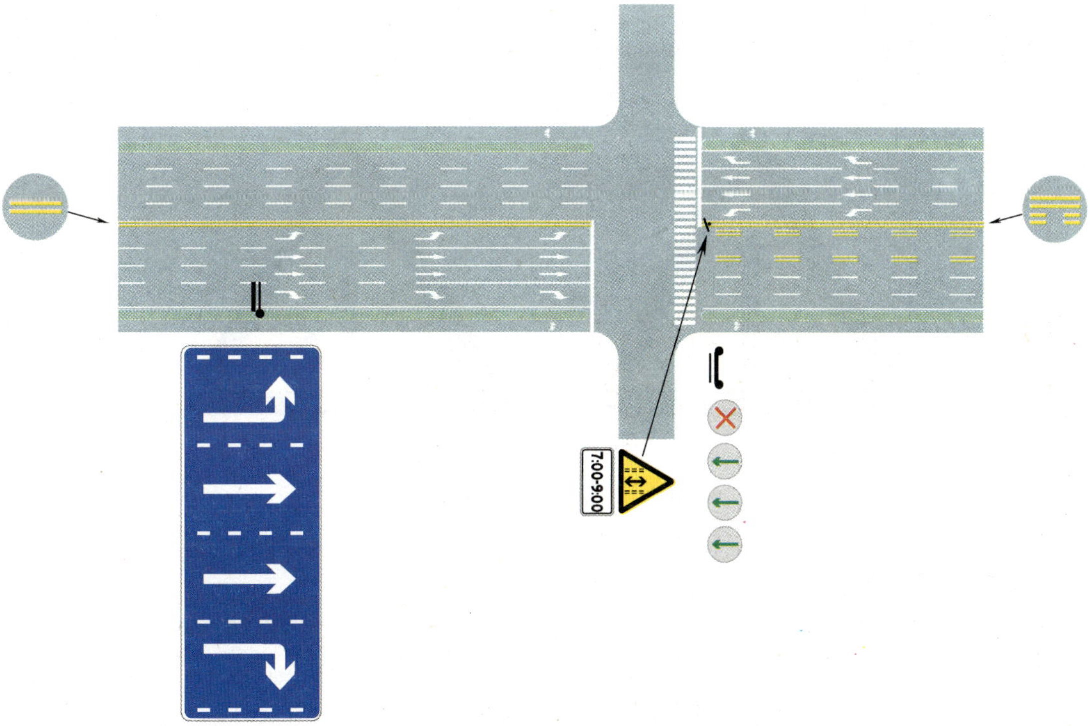

图 63 示例

4.40 注意保持车距标志(图 64)

用以警告车辆驾驶人注意和前车保持安全距离。设在经常发生车辆追尾事故路段前适当位置。

图 64 警 42 注意保持车距

4.41 注意分离式道路标志(图 65)

用以警告车辆驾驶人注意前方平面交叉的被交道路是分离式道路。设在被交道路是分离式路基且分离距离较宽、车辆驶入平面交叉易发生错向行驶的平面交叉前适当位置。

a) 十字平面交叉　　b) 丁字平面交叉

图 65 警 43 注意分离式道路

4.42 注意合流标志(图 66)

用以警告车辆驾驶人注意前方有车辆汇合进来。

图 66 警 44 注意合流

4.43 避险车道标志(图 67)

设置了避险车道的道路上,在其前方适当位置应至少设置一块避险车道[警 45a)]标志。用以提醒货车驾驶人注意是否使用避险车道。如果条件允许,宜在避险车道前 2 km、1 km、500 m 左右及其他适宜位置分别设置预告标志[警 45b)],在避险车道的入口处设置指示的警告标志[警 45c)]。

a）

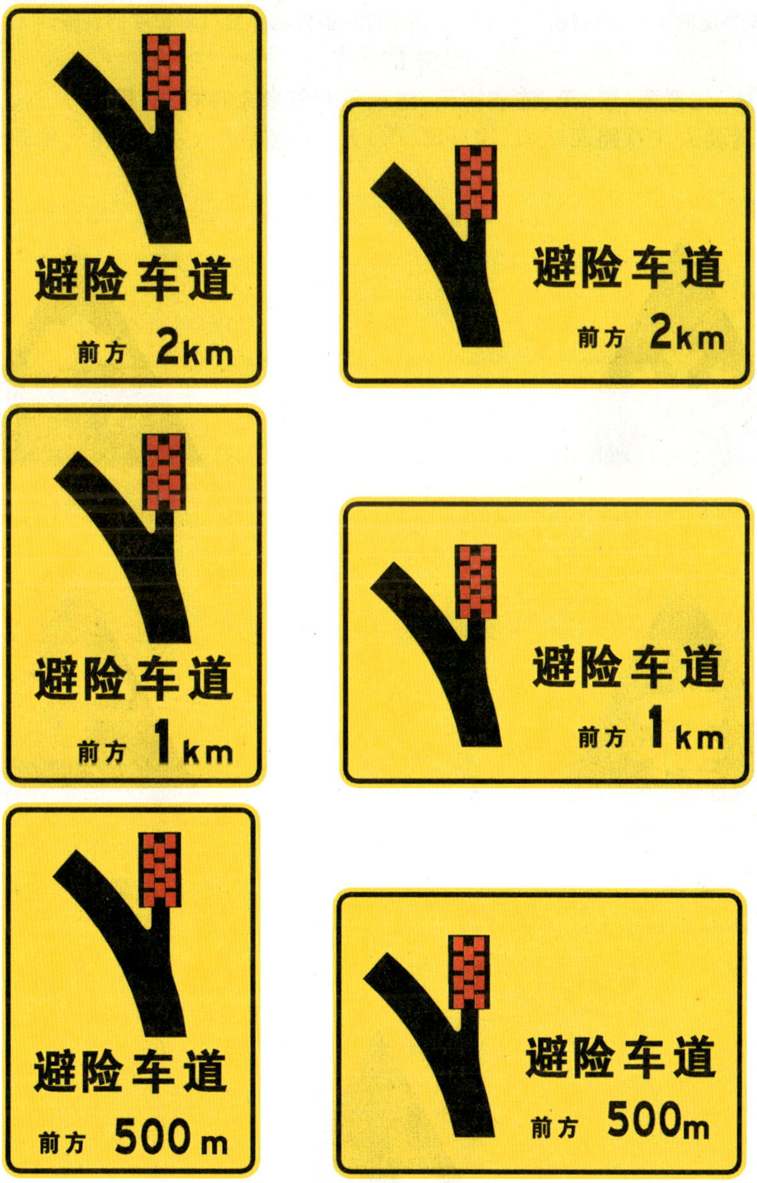

b）

图 67　警 45　避险车道

c)

注：避险车道是设置在连续下坡路段路侧，主要利用制动床材料的滚动阻力逐渐降低失控车辆动能的原理或者利用动能转化成势能的原理，为制动失效货车提供消能从而降低事故严重程度的设施。

图 67（续）

4.44　注意路面结冰、注意雨（雪）天、注意雾天、注意不利气象条件标志（图 68）

用以警告车辆驾驶人注意路面结冰、注意雨（雪）天、注意雾天、注意不利气象条件等谨慎驾驶。用于可变信息标志上。

a）注意路面结冰

b）注意雨（雪）天

c）注意雾天

d）注意不利气象条件

图 68　警 46　注意路面结冰、注意雨（雪）天、注意雾天、注意不利气象条件

4.45　注意前方车辆排队标志（图 69）

用以警告车辆驾驶人注意前方车辆排队。用于可变信息标志上。

图 69　警 47　注意前方车辆排队

5 禁令标志

5.1 一般规定

5.1.1 禁令标志表示禁止、限制及相应解除的含义，道路使用者应严格遵守。

5.1.2 禁令标志的颜色，除个别标志外，为白底，红圈，红杠，黑图形。图形压杠。

5.1.3 禁令标志的形状为圆形，但“停车让行标志”为八角形，“减速让行标志”为顶角向下的倒等边三角形。

5.1.4 禁令标志的尺寸见 3.8.2 规定。

5.1.5 禁令标志设置于禁止、限制及相应解除开始路段的起点附近。

5.1.6 对于车辆如未提前绕行则无法通行的禁令标志设置的路段，应在进入禁令路段的路口前或适当位置设置相应的预告或绕行标志。见图 70 示例。

5.1.7 除特别说明外，禁令标志上不允许附加图形、文字。

5.1.8 当需要使用本部分规定以外的禁令标志，除了执行 GB 5768.1—2009 的附录 A 的建议程序外，应遵循以下一般原则：

a） 符合第 3 章的规定；

b） 标志内容尽量采用图形方式，并应辅以文字说明；

c） 仅采用文字时，标志为白底、红圈、红杠、黑文字，形状为圆形或矩形。

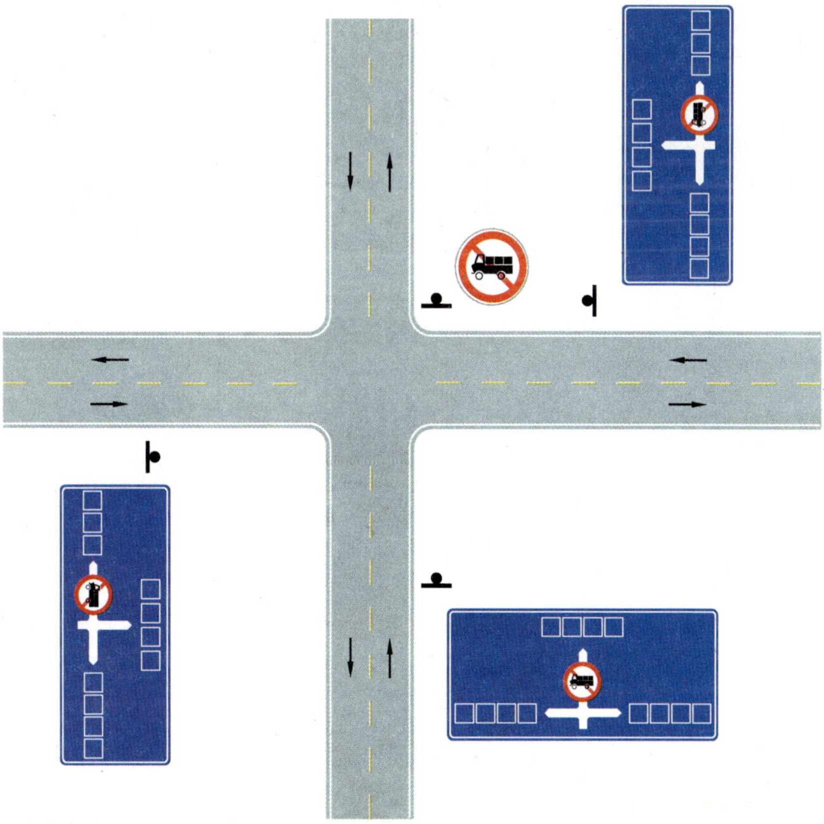

注：地面黑色箭头仅表示行车方向，以下同。

图 70 示例

5.2 停车让行标志（图 71）

表示车辆应在停止线前停车瞭望，确认安全后，方可通行。标志形状为八角形，颜色为红底白字，尺寸见表7。参照附录E宜设置停车让行标志,示例见图72。

图71 禁1 停车让行

图72 示例

5.3 减速让行标志(图73)

表示车辆应减速让行,告示车辆驾驶人应慢行或停车,观察干道行车情况,在确保干道车辆优先,确保安全的前提下,方可进入路口。设于交叉口次要道路路口。

标志的形状为倒三角形,颜色为白底,红边,黑字。参照附录E宜设置减速让行标志,示例见图74a)和图74b)。

图73 禁2 减速让行

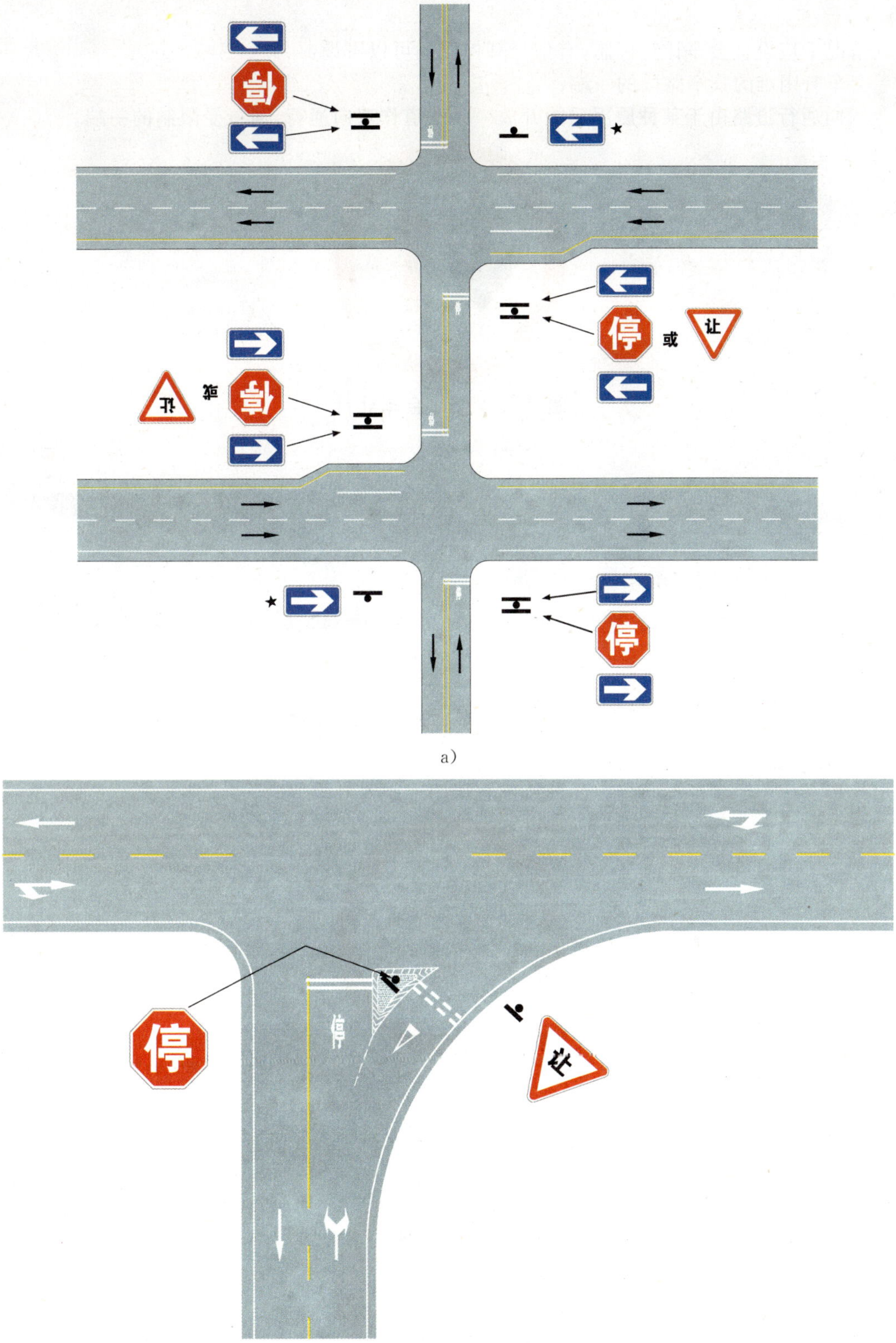

a)

b)

注 1：▬表示是两面都是标志面，跟支撑形式无关。

注 2：★表示可选。

图 74 示例

5.4 会车让行标志(图 75)

表示车辆会车时，应停车让对方车先行。标志形状为圆形，颜色为白底红圈，红黑两种箭头。示例见图76。

下列情况下应设置会车让行标志,有信号灯控制的可以不设:

a) 会车有困难的狭窄路段的一端;

b) 双向通行道路由于某种原因只能开放一条车道作双向通行,通行受限制的一端。

图75 禁3 会车让行

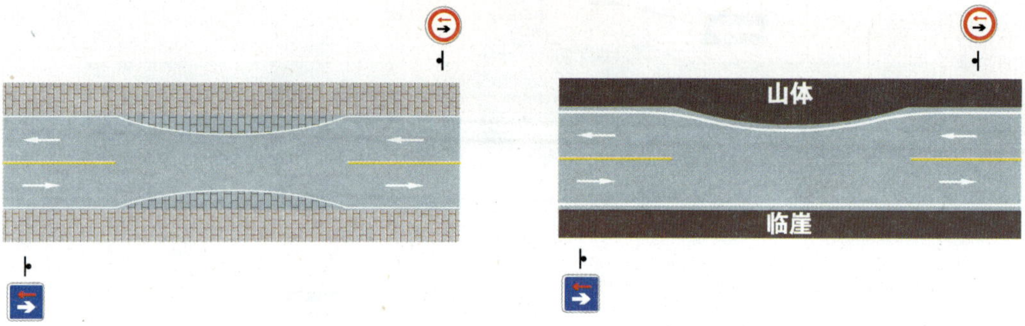

图76 示例

5.5 禁止通行标志(图77)

表示禁止一切车辆和行人通行。设在禁止通行的道路入口附近。

图77 禁4 禁止通行

5.6 禁止驶入标志(图78)

表示禁止一切车辆驶入。设在禁止驶入的路段入口明显之处。其颜色为红底中间一道白横杠。

图78 禁5 禁止驶入

5.7 禁止机动车驶入标志(图79)

表示禁止各类机动车驶入。设在禁止机动车驶入路段的入口处。对时间或某一类机动车有禁止规定时,应用辅助标志说明,见图80a),使用见图80b)。

图 79　禁 6　禁止机动车驶入

a) 6:00～20:00 禁止机动车驶入

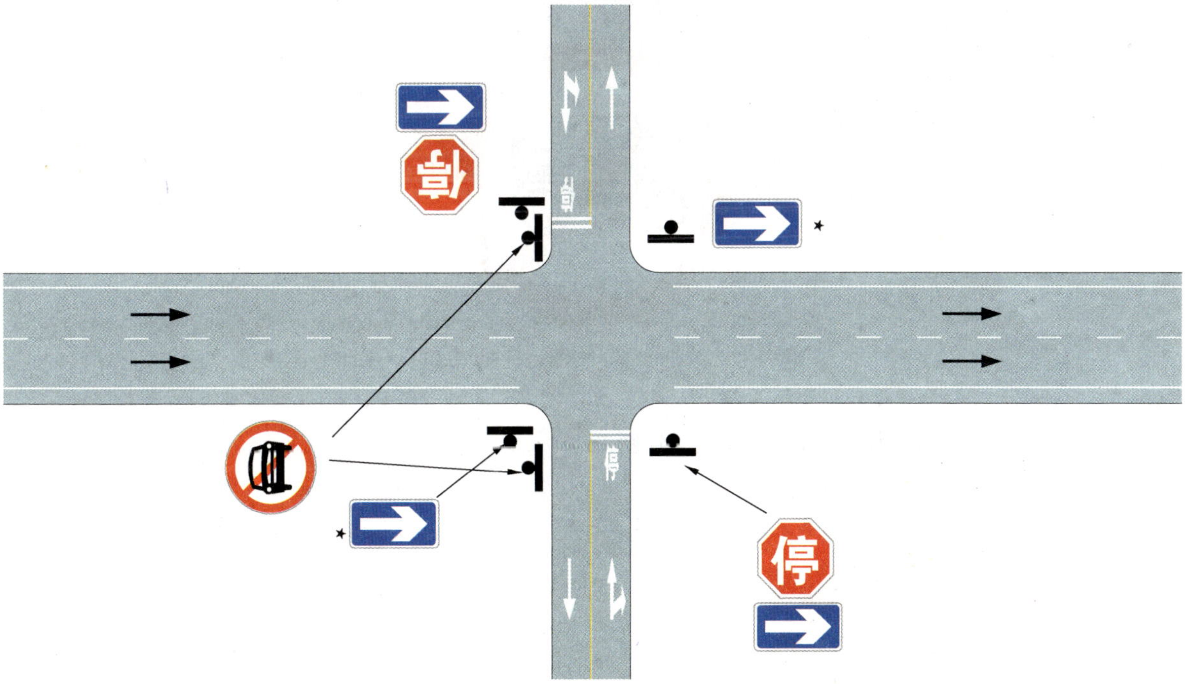

注：★表示可选。

b)

图 80　示例

5.8　禁止载货汽车驶入标志(图 81)

表示禁止载货汽车驶入。设在禁止载货汽车驶入路段的入口处。对驶入的载货汽车有载重重量限制或其他限制时，应用辅助标志说明，见图 82 示例。

图 81　禁 7　禁止载货汽车驶入

a) 禁止一定吨位的载货汽车驶入示例

b) 某一时段禁止载货汽车驶入示例

图 82　示例

5.9　禁止电动三轮车驶入标志(图 83)

表示禁止电动三轮车驶入。设在禁止电动三轮车驶入路段的入口处。

图 83　禁 8　禁止电动三轮车驶入

5.10　禁止大型(或小型)客车驶入标志(图 84、图 85)

表示禁止大型(或小型)客车驶入。设在禁止大型(或小型)客车驶入路段的入口处。

注：小型客车含十一座以下面包车、七座以下商务车及小轿车。

图 84　禁 9　禁止大型客车驶入

图 85　禁 10　禁止小型客车驶入

5.11　禁止挂车、半挂车驶入标志(图 86)

表示禁止挂车、半挂车驶入。设在禁止挂车、半挂车驶入路段的入口处。

图 86　禁 11　禁止挂车、半挂车驶入

5.12　禁止拖拉机驶入标志(图 87)

表示前方禁止各类拖拉机驶入。设在禁止各类拖拉机驶入路段的入口处。

图 87　禁 12　禁止拖拉机驶入

5.13　禁止三轮汽车、低速货车驶入标志(图 88)

表示禁止三轮汽车、低速货车驶入。设在禁止三轮汽车、低速货车驶入路段的入口处。

图 88　禁 13　禁止三轮汽车、低速货车驶入

5.14　禁止摩托车驶入标志(图 89)

表示禁止摩托车驶入。设在禁止摩托车驶入路段的入口处。

图 89　禁 14　禁止摩托车驶入

5.15　禁止某两种车辆驶入标志(图 90)

表示禁止标志上所示的两种车辆驶入。设在禁止某两种车驶入路段的入口处。禁 15 为示例,表示禁止载货汽车和各类拖拉机通行。此标志版面上不应多于两种车辆图形。

图 90　禁 15　禁止某两种车驶入

5.16　禁止非机动车进入标志(图 91)

表示禁止各类非机动车进入。设在禁止非机动车进入路段的入口处。

图 91　禁 16　禁止非机动车进入

5.17　禁止畜力车进入标志(图 92)

表示禁止畜力车进入。设在禁止畜力车进入路段的入口处。

图 92　禁 17　禁止畜力车进入

5.18　禁止人力(客、货)三轮车进入标志(图 93、图 94)

表示禁止人力(客、货)三轮车进入。设在禁止人力(客、货)三轮车进入路段的入口处。

图 93　禁 18　禁止人力客运三轮车进入

图 94　禁 19　禁止人力货运三轮车进入

5.19　禁止人力车进入标志(图 95)

表示禁止人力车进入。设在禁止人力车进入路段的入口处。

图 95 禁 20 禁止人力车进入

5.20 禁止行人进入标志(图 96)

表示禁止行人进入。设在禁止行人进入的地方。

图 96 禁 21 禁止行人进入

5.21 禁止向左(或向右)转弯标志(图 97、图 98)

表示前方路口禁止一切车辆向左(或向右)转弯。设在禁止向左(或向右)转弯的路口以前适当位置。有时间、车种等特殊规定时,应用辅助标志说明或附加图形。附加图形时,保持箭头的位置不变,见图 99。如果禁止两种以上(含两种)车辆时,宜用辅助标志说明,见图 99。

图 97 禁 22 禁止向左转弯

图 98 禁 23 禁止向右转弯

a) 禁止载货汽车左转

b) 禁止小客车右转

图 99 示例

c) 禁止载货货车及拖拉机左转弯

图 99（续）

5.22 **禁止直行标志**(图 100)

表示前方路口禁止一切车辆直行。设在禁止直行的路口以前适当位置。有时间、车种等特殊规定时,应用辅助标志说明或附加图形。附加图形时,保持箭头的位置不变。如果禁止两种以上(含两种)车辆时,宜用辅助标志说明。见图 101。

图 100 禁 24 禁止直行

禁止货车及小客车直行

图 101 示例

5.23 **禁止向左向右转弯标志**(图 102)

表示前方路口禁止一切车辆向左向右转弯。设在禁止向左向右转弯的路口以前适当位置。有时间、车种等特殊规定时,应用辅助标志说明或附加图形。附加图形时,保持箭头的位置不变。如果禁止两种以上(含两种)车辆时,宜用辅助标志说明,见图 103。

图 102 禁 25 禁止向左向右转弯

禁止载货汽车和拖拉机向左向右转弯

图 103 示例

5.24 禁止直行和向左转弯(或直行和向右转弯)标志(图 104、图 105)

表示前方路口禁止一切车辆直行和向左转弯(或直行和向右转弯)。设在禁止直行和向左转弯(或直行和向右转弯)的路口以前适当位置。有时间、车种等特殊规定时,应用辅助标志说明或附加图形。附加图形时,保持箭头的位置不变。如果禁止两种以上(含两种)车辆时,宜用辅助标志说明,见图 106。

图 104 禁 26 禁止直行和向左转弯

图 105 禁 27 禁止直行和向右转弯

a)

b)

图 106 示例

5.25 禁止掉头标志(图 107)

表示禁止机动车掉头。设在禁止机动车掉头路段的起点和路口以前适当位置。

图 107 禁 28 禁止掉头

5.26 禁止超车标志(图 108)

表示该标志至前方解除禁止超车标志的路段内,不允许机动车超车。设在禁止超车路段的起点。已设有道路中心实线和车道实线的可不设此标志。

图 108 禁 29 禁止超车

5.27 解除禁止超车标志(图 109)

表示禁止超车路段结束。设在禁止超车路段的终点,标志颜色为白底、黑圈、黑细斜杠、黑图形。此标志应和禁止超车标志(禁 30)成对使用。

图 109 禁 30 解除禁止超车

5.28 禁止停车标志(图 110)

表示在限定的范围内,禁止一切车辆停、放。设在禁止车辆停、放的地方。该标志为蓝底红圈红斜杠。禁止车辆停放的时间、车种和范围可用辅助标志说明。

禁止停放的范围也可以用图 111a)、图 111b)、图 111c)所示形式。其中图 111a)和图 111c)设在禁止停放路段的两端,如果路段较长,可以根据需要重复设置图 111b)。另外,也可以在图 110 标志下设置辅助标志表示禁止停车路段区域。见图 111d)、图 111e)、图 111f)示例。

设置了"禁止停车标线"可不设禁 31。如标线有可能被积雪覆盖,宜同时设置此标志。设置了此标志可不设"禁止停车标线"。

图 110 禁 31 禁止停车

a)

b)

c)

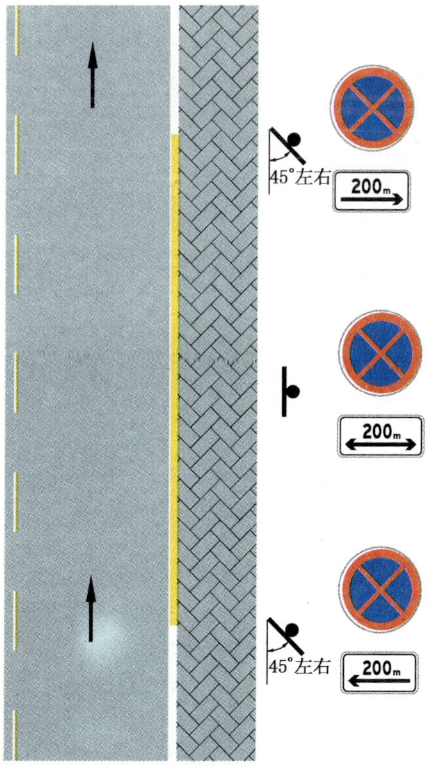

d)

图 111 示例

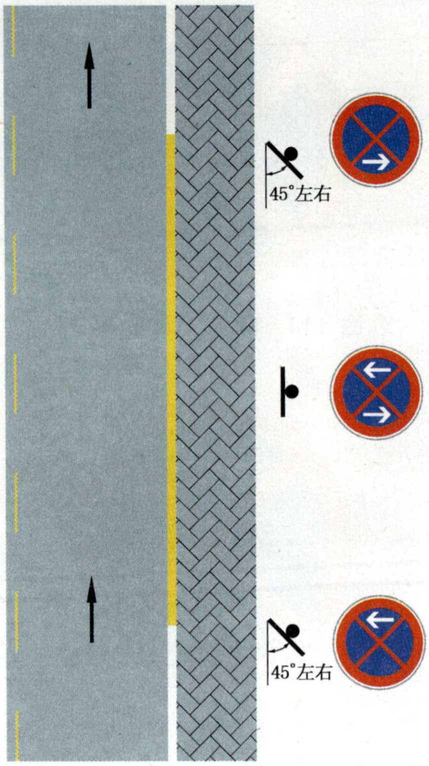

e)

f)

图 111（续）

5.29 禁止长时停车标志(图 112)

表示在限定的范围内,禁止一切车辆长时停、放,临时停车不受限制。设在禁止车辆长时停、放的地方。该标志为蓝底红圈红斜杠。临时停车指车辆停车上下客或装卸货等,且驾驶人在车内或车旁守候。禁止车辆停、放的时间、车种和范围可用辅助标志说明。

禁止停放的范围也可参见图 111 所示形式。

设置了“禁止路边长时停车标线”可不设禁 32。如标线有可能被积雪覆盖,宜同时设置此标志。设置了此标志可不设“禁止路边长时停车标线”。

图 112　禁 32　禁止长时停车

5.30 禁止鸣喇叭标志(图 113)

表示禁止车辆鸣喇叭。设在需要禁止车辆鸣喇叭的地方。禁止鸣喇叭的时间和范围可用辅助标志说明。

图 113　禁 33　禁止鸣喇叭

5.31 限制宽度标志(图 114)

表示禁止装载宽度超过标志所示数值的车辆通行。设在最大容许宽度受限制的地方。禁 34 中的数字为示例,表示禁止装载宽度超过 3 m 的车辆进入。道路净宽符合相关法律法规和标准规范规定的道路不需设此标志;设置此标志的路段,在进入此路段前的路口适当位置应设置相应的指路标志提示,使装载宽度超过标志所示数值的车辆能够提前绕道行驶。

图 114　禁 34　限制宽度

5.32 限制高度标志(图 115)

表示禁止装载高度超过标志所示数值的车辆通行。设在最大容许高度受限制的地方。禁 35 数字为示例,表示禁止装载高度超过 3.5 m 的车辆进入。道路净高符合相关法律法规和标准规范规定的道路不需设此标志;设置此标志的路段,在进入此路段前的路口适当位置要设置相应的指路标志提示,使装载高度超过标志所示数值的车辆能够提前绕道行驶。

在最大容许高度受限制的地方，如果易发生车辆碰撞事故、碰撞可能导致结构安全时，除了设置限制高度的禁令标志外，可在标志处设置立面标记和其他防护设施，见图 116。

图 115　禁 35　限制高度

图 116　示例

5.33　限制质量标志(图 117)

表示禁止总质量超过标志所示数值的车辆通行。设在需要限制车辆质量的桥梁两端。禁 36 中数字为示例，表示禁止装载总质量超过 10 t 的车辆通过。设置此标志的路段，在进入此路段前的路口适当位置要设置相应的指路标志提示，使总质量超过标志所示数值的车辆能够提前绕道行驶。

在经检查、检测和加固后的桥梁如果不能满足桥涵设计规范的要求，需要在桥梁的两端设置此标志，数值根据检测、评估等的结果确定。

以下情况可以不设此标志：

a)　法律规定禁止的车辆载重；

b)　桥梁符合相应的设计规范。

图 117　禁 36　限制质量

5.34　限制轴重标志(图 118)

表示禁止轴重超过标志所示数值的车辆通行。设在需要限制车辆轴重的桥梁两端。禁 37 中数字为示例，表示禁止轴重超过 10 t 的车辆通过。设置此标志的路段，在进入此路段前的路口适当位置要设置相应的指路标志提示，使轴重超过标志所示数值的车辆能够提前绕道行驶。

在经检查、检测和加固后的桥梁如果不能满足桥涵设计规范的要求，需要在桥梁的两端设置此标志，数值根据检测、评估等的结果确定。

以下情况可以不设此标志：

a) 法律规定禁止的车辆轴重；

b) 桥梁符合相应的设计规范。

图 118 禁 37 限制轴重

5.35 限制速度标志(图 119)

表示该标志至前方解除限制速度标志或另一块不同限速值的限制速度标志的路段内，机动车行驶速度(单位为 km/h)不准超过标志所示数值。限制速度标志设在需要限制车辆速度的路段的起点，其限速值不宜低于 20 km/h。禁 38 中数字为示例，表示限制速度为 40 km/h。

图 119 禁 38 限制速度

5.36 解除限制速度标志(图 120)

表示限制速度路段结束。设在限制车辆速度路段的终点。标志颜色为白底、黑圈、黑细斜杠、黑字。禁 39 为示例，表示限制速度为 40 km/h 的路段结束。解除限制速度标志应和限制速度标志(禁 38)配合使用。以另一块不同限速值的限制速度标志表示前一限速路段结束时，可不设此标志。

图 120 禁 39 解除限制速度

5.37 停车检查标志(图 121)

表示机动车应停车接受检查。设在需要机动车停车接受检查的地点。有车种规定时，应用辅助标志说明。

图 121 禁 40 停车检查

5.38 禁止运输危险物品车辆驶入标志(图 122)

表示禁止运输危险物品车辆驶入。设在禁止运输危险物品车辆驶入路段的入口处。

图 122 禁 41 禁止运输危险物品车辆驶入

5.39 海关标志(图 123)

表示道路前方是海关,所有机动车应停车后方可通过。设在道路上机动车需停车接受海关检查方可通过的地点。

图 123 禁 42 海关

5.40 区域禁止及解除标志(图 124、图 125、图 126、图 127、图 128、图 129)

表示区域内禁止车辆的某种行为。设在禁止区域的所有入口处(禁止)及出口处(禁止解除)。

区域限速及解除标志主要用于城市中心区、居民聚居区,版面上的数值一般为 30 km/h、40 km/h 或 20 km/h。示例见图 130。

图 124 禁 43 区域限制速度

图 125 禁 44 区域限制速度解除

图 126　禁 45　区域禁止长时停车

图 127　禁 46　区域禁止长时停车解除

图 128　禁 47　区域禁止停车

图 129　禁 48　区域禁止停车解除

图 130　示例

6　指示标志

6.1　一般规定

6.1.1　指示标志表示指示车辆、行人行进的含义，道路使用者应遵循。

6.1.2　指示标志的颜色，除个别标志外，为蓝底、白图形。

6.1.3　指示标志的形状分为圆形、长方形和正方形。

6.1.4　指示标志的尺寸见 3.8.3 规定。

6.1.5　指示标志设置于指示开始路段的起点附近。

6.1.6　有时间、车种等规定时，应用辅助标志说明。除特别说明外，指示标志上不允许附加图形。附加图形时，原指示标志的图形位置不变。

6.1.7　当需要使用本部分规定以外的指示标志，除了执行 GB 5768.1—2009 的附录 A 的建议程序外，应遵循以下一般原则：

a）　符合第 3 章的规定；

b）　标志内容尽量采用图形方式，并应辅以文字说明。

6.2　直行标志(图 131)

表示一切车辆只准直行。设在应直行的路口以前适当位置。有时间、车种等规定时，应用辅助标志说明或附加图形。版面附加图形时，保持箭头的位置不变；如果指示两种以上(含两种)车辆时，宜用辅助标志说明。图 132a)表示载货汽车应直行，图 132b)表示小客车应直行。

图 131　示 1　直行

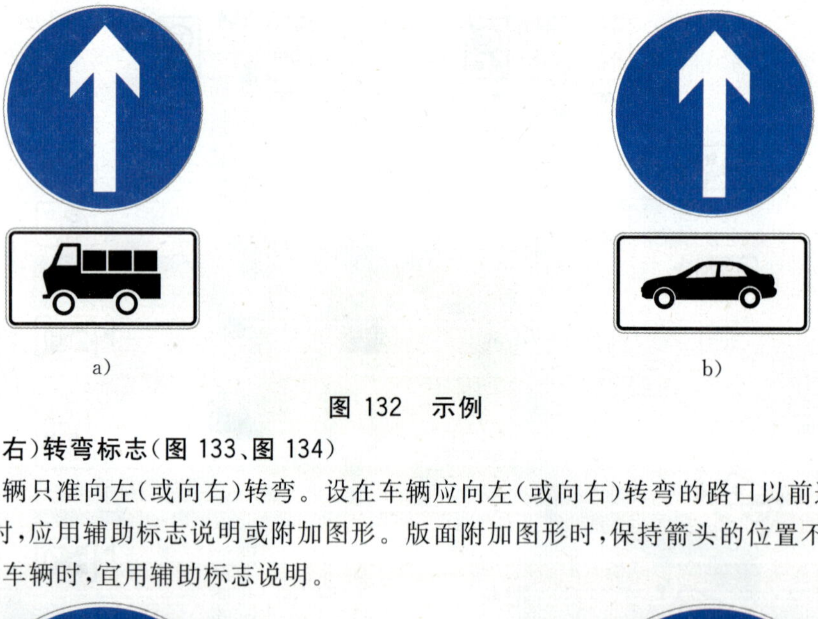

a)　　　　b)

图 132　示例

6.3　向左(或向右)转弯标志(图 133、图 134)

表示一切车辆只准向左(或向右)转弯。设在车辆应向左(或向右)转弯的路口以前适当位置。有时间、车种等规定时，应用辅助标志说明或附加图形。版面附加图形时，保持箭头的位置不变；如果指示两种以上(含两种)车辆时，宜用辅助标志说明。

图 133　示 2　向左转弯

图 134　示 3　向右转弯

6.4 直行和向左转弯(或直行和向右转弯)标志(图 135、图 136)

表示一切车辆只准直行和向左转弯(或直行和向右转弯)。设在车辆应直行和向左转弯(或直行和向右转弯)的路口以前适当位置。有时间、车种等规定时,应用辅助标志说明或附加图形。版面附加图形时,保持箭头的位置不变;如果指示两种以上(含两种)车辆时,宜用辅助标志说明。

示 5 和禁 22 含义和作用相同。如禁令标志套用于指示标志上时,还应单独设置相应的禁令标志或指示标志,见图 137 例。

图 135　示 4　直行和向左转弯

图 136　示 5　直行和向右转弯

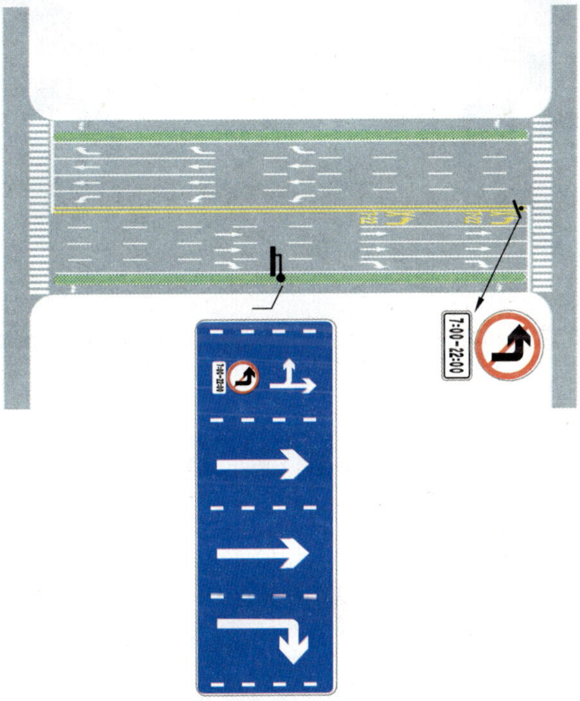

图 137　示例

6.5　向左和向右转弯标志(图 138)

表示一切车辆只准向左和向右转弯。设在车辆应向左和向右转弯的路口以前适当位置。有时间、车种等规定时,应用辅助标志说明或附加图形。

图 138　示 6　向左和向右转弯

6.6 靠右侧(或靠左侧)道路行驶标志(图 139、示图 140)

表示一切车辆只准靠右侧(或靠左侧)行驶。设在车辆应靠右侧(或靠左侧)道路行驶的地方。

图 139 示 7 靠右侧道路行驶

图 140 示 8 靠左侧道路行驶

6.7 立体交叉行驶路线标志(图 141、图 142)

表示一切车辆在立体交叉处可以直行和按图示路线左转弯(或直行和右转弯)行驶。设在立体交叉左转弯(或右转弯)出口处适当位置。

图 141 示 9 立体交叉直行和左转弯行驶

图 142 示 10 立体交叉直行和右转弯行驶

6.8 环岛行驶标志(图 143)

表示一切车辆只准靠右环行,设在环岛面向路口来车方向的适当位置。环内驶出车辆和环行车辆具有优先权,车辆进入环岛时应让环内车辆优先通行。

图 143 示 11 环岛行驶

6.9 单行路标志(图 144、图 145)

表示该道路为单向行驶,已进入车辆应依标志指示方向行车。设在单行路入口起点处的适当位置。有时间、车种等规定时,应用辅助标志说明或附加图形。标志板面与单行道平行的用示 12,板面与单行道垂直的用示 13。单行路标志需结合其他标志共同设置,见图 146。

图 144　示 12　单行路(向左或向右)

图 145　示 13　单行路(直行)

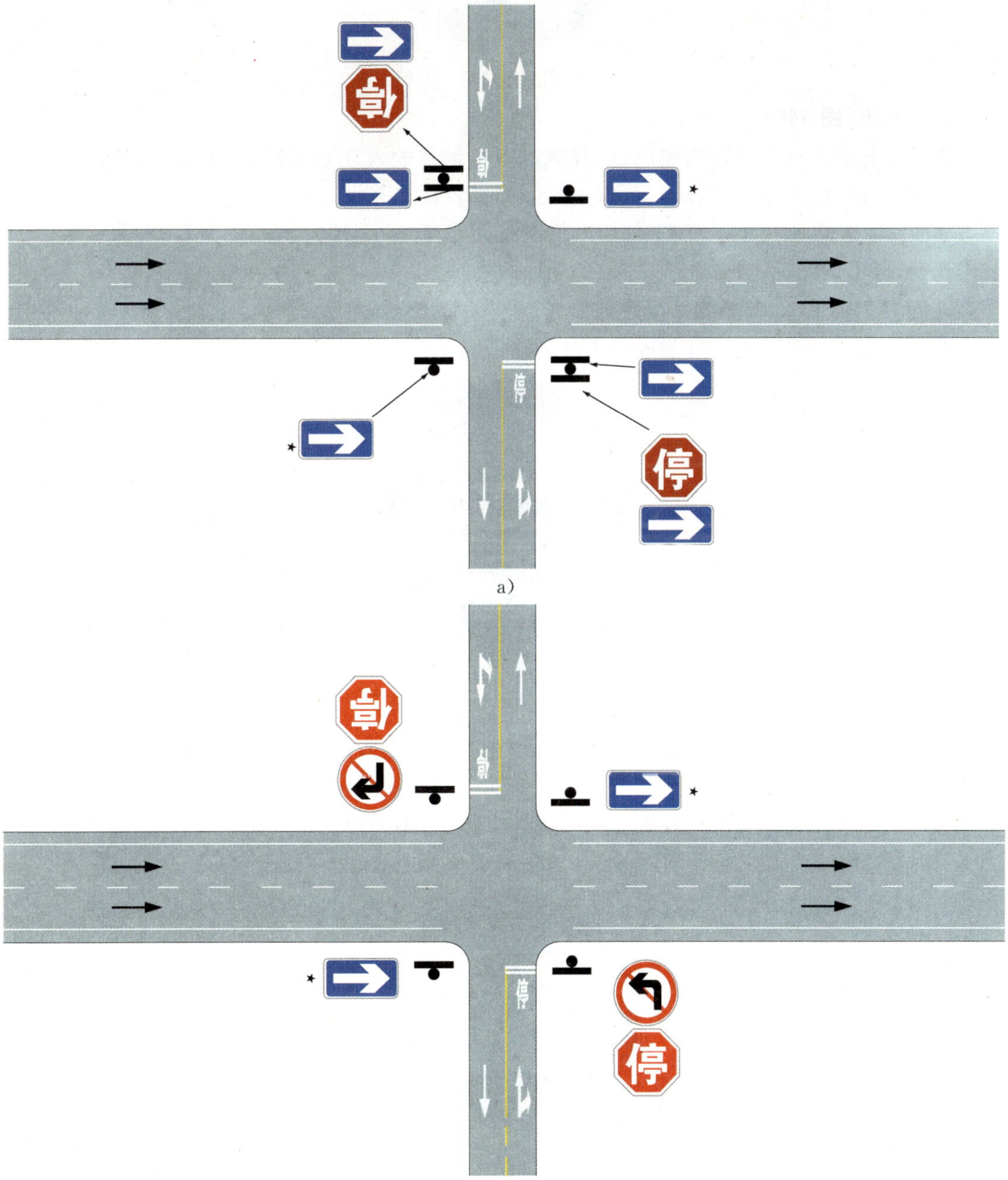

a)

b)

注 1：单行路上黑色箭头仅表示行车方向，非地面导向箭头。

注 2：★表示可选。

图 146　示例

6.10　**步行标志(图 147)**

表示该段道路只供步行,任何车辆不准进入。设在步行街的两端。有时间规定时,应用辅助标志说明。

图 147　示 14　步行

6.11　**鸣喇叭标志(图 148)**

表示机动车行至该标志处应鸣喇叭,以提醒对向车辆驾驶人注意并减速慢行。以下路段应结合事故情况考虑是否在对向上设置此标志,可以和相关的警告标志并设。

a)　平曲线半径等于或小于表 11 规定及停车视距小于表 11 规定的曲线路段;如果设置了凸面反光镜,可不设此标志;

b)　坡度大于表 13 的上陡坡且视距低于表 11 规定的路段;

c)　二级及以下公路隧道入口前视距不良的路段。

图 148　示 15　鸣喇叭

6.12　**最低限速标志(图 149)**

表示机动车驶入前方道路的最低时速限制。设在高速公路或其他道路限速路段的起点及各立交入口后的适当位置。

本标志应与最高限速标志配合设置在同一标志支撑上,不单独使用。路侧安装时,最高限速标志居上,最低限速标志居下;门架式或悬臂式安装时,最高限速标志居左,最低限速标志居右。

图 149　示 16　最低限速

6.13　**路口优先通行标志(图 150)**

表示交叉口主要道路上车辆享有优先通行权利。设在交叉口主要道路的路口以前适当位置。

交叉口次要道路路口设停车让行或减速让行标志的,可在主要道路路口设路口优先通行标志;如果主要道路上设了路口优先通行标志，则次要道路上应设停车让行或减速让行的标志，见图 151。

主要道路上的路口设置了路口优先通行标志(示 17)时，则不应设交叉路口标志(警 1)。

图 150　示 17　路口优先通行

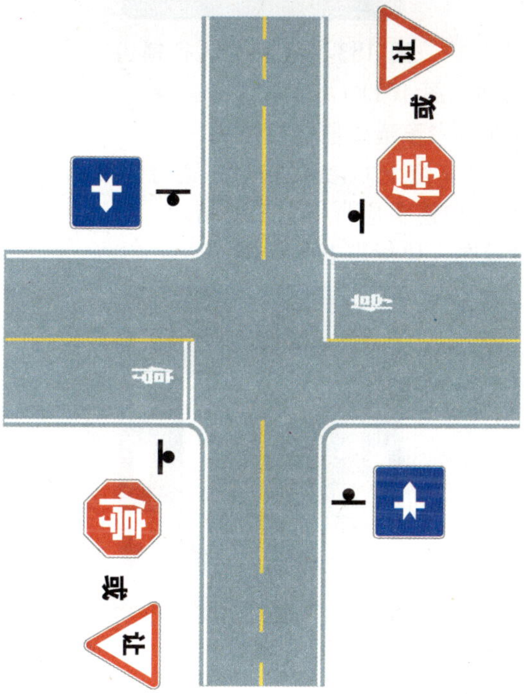

图 151　示例

6.14　会车先行标志(图 152)

表示车辆在会车时享有优先通行权利，与禁 3 会车让行标志配合使用。设在有会车让行标志路段的另一端。标志颜色为蓝底，对向来车为红色箭头，优先行进方向为白色箭头。

设置了会车先行标志的道路另一端应设置“会车让行”标志；设置了“会车让行”标志的道路另一端不一定应设置“会车先行”标志；设有“会车让行”标志的一端的车辆驾驶人应减速，避让对向来车。

图 152　示 18　会车先行

6.15 人行横道标志(图 153)

表示该处为人行横道。标志颜色为:蓝底、白三角形、黑图形。设在人行横道两端适当位置,并面向来车方向。该标志应与人行横道线同时使用。

设置了信号灯的路段或路口,可以不设此标志。根据需要可以提前设置“注意行人”的警告标志。

图 153　示 19　人行横道

6.16 车道行驶方向标志(图 154～图 161)

表示车道的行驶方向。设在导向车道以前适当位置。

示 20～示 26 宜设在所指示的车道上方,无法正对车道时宜以示 27 表示,同时,车道路面需施划直行、转弯、掉头等导向箭头,地面导向箭头应与标志上的指示一致。图 162 所示为前置的掉头专用车道和其他车道的行驶方向合并设置在一块标志上的示例。

图 154　示 20　右转车道

图 155　示 21　左转车道

图 156　示 22　直行车道

图 157　示 23　直行和右转合用车道

图 158　示 24　直行和左转合用车道

图 159　示 25　掉头车道

图 160　示 26　掉头和左转合用车道

图 161　示 27　分向行驶车道

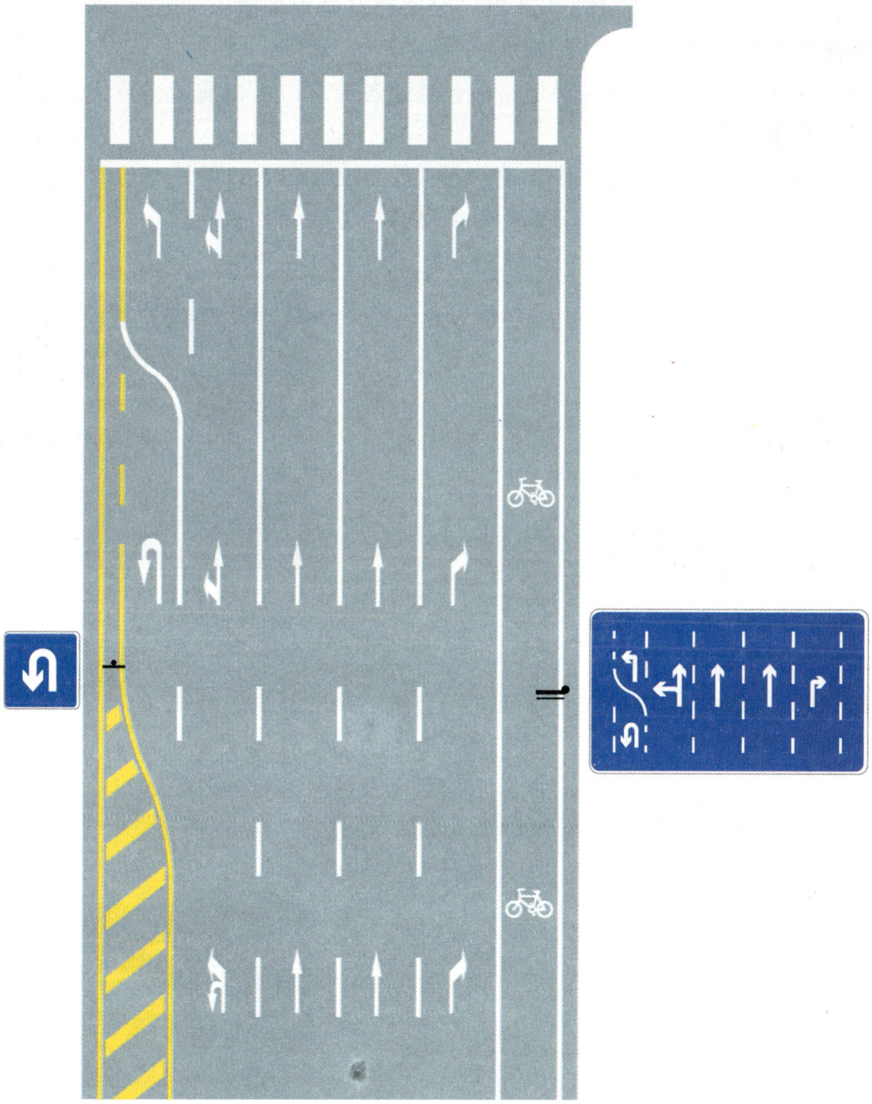

图 162　示例

6.17　专用道路和车道标志(图 163～图 169)

用以告示前方道路或车道专供指定车辆通行,不准其他车辆及行人进入。

6.17.1　公交线路专用车道标志(图 163)

表示该车道专供本线路行驶的公交车辆行驶。设在进入该车道的起点及各交叉口入口前适当位置。版面上箭头应正对车道,箭头方向向下。标志无法正对车道时,可以不标注箭头。有时间规定时,应以辅助标志表示。

该标志应与公交专用车道标线配合使用。公交专用车道施划了标线,在起始点、大型路口及其他易引起误判的地方应设置该标志，其他小路口可酌情减少设置该标志。

图 163　示 28　公交线路专用车道

6.17.2　**机动车行驶标志**(图 164)

表示该道路只供机动车行驶。设在该道路的起点及各交叉口入口前适当位置。

6.17.3　**机动车车道标志**(图 165)

表示该车道只供机动车行驶。设在该车道的起点及各交叉口入口前适当位置。版面上箭头应正对车道，箭头方向向下。在标志无法正对车道时，可调整箭头方向，指向车道。

图 164　示 29　机动车行驶

图 165　示 30　机动车车道

6.17.4　**非机动车行驶标志**(图 166)

表示该道路只供非机动车行驶。设在非机动车行驶道路的起点及各交叉口入口前适当位置。

6.17.5　**非机动车车道标志**(图 167)

表示该车道只供非机动车行驶。设在该车道的起点及各交叉口入口前适当位置。版面上箭头应正对车道，箭头方向向下。在标志无法正对车道时，可调整箭头方向，指向车道。

图 166　示 31　非机动车行驶

图 167　示 32　非机动车车道

6.17.6　**快速公交系统(BRT)专用车道标志**(图 168)

表示该车道专供 BRT 车辆行驶。设在进入该车道的起点及各交叉口入口前适当位置。有时间规定时，应以辅助标志表示。

本标志应与公交专用车道标线配合使用。

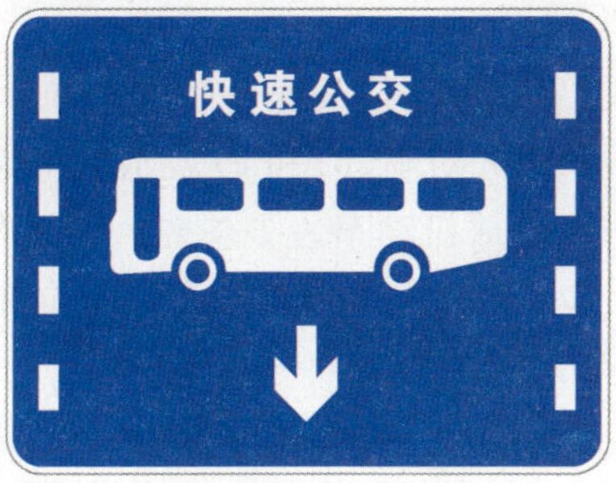

图 168　示 33　快速公交系统专用车道

6.17.7　多乘员车辆(HOV)专用车道标志(图 169)

表示该车道只供多乘员的车辆行驶。设在进入该车道的起点及各交叉口入口前适当位置。有人数规定时,可以在标志右上角表示,见图 170,图上数字为示例;有时间、车型规定时,应以辅助标志表示。

本标志应与多乘员车辆专用车道标线配合使用。

注:HOV 专用车道的设置、允许使用 HOV 专用车道的多乘员车辆的定义,需提前向社会告知。

图 169　示 34　多乘员车辆专用车道

图 170　示例

6.17.8　不同的专用车道标志并设

不同的专用车道标志可以并设在同一块标志上。示例见图 171。

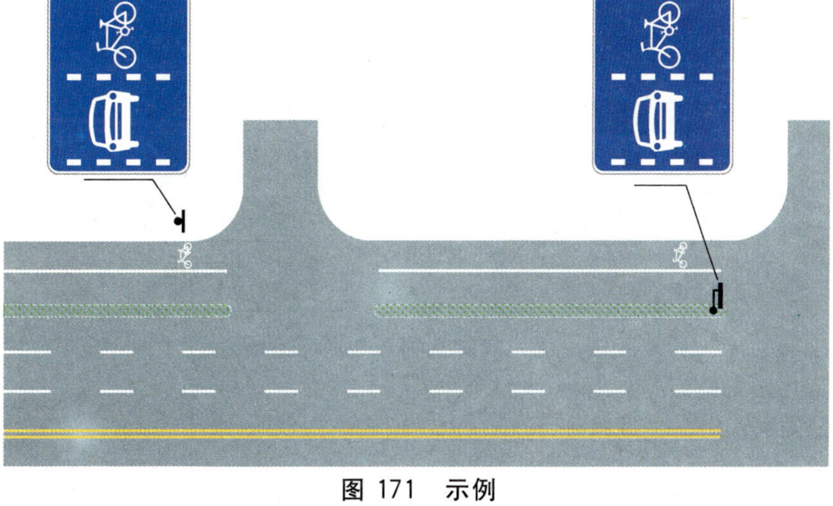

图 171　示例

6.18 停车位标志(图 172)

表示机动车允许停放的区域。需要和停车位线配合使用。有车种专用、时段或时长限制时,可用辅助标志表示。图 172 中 a)表示可以停放机动车,b)和 c)表示从标志处向箭头指示方向机动车可以停放,d)表示按图示占用部分人行道边缘停放机动车。

机动车停车位标志的短边边长不小于 60 cm,非机动车停车位标志的短边边长不小于 30 cm。

停车位标志设置时一般朝向来车。

a)　　b)　　c)　　d)

图 172　示 35　停车位

不同性质停车位标志规定如下:

a) 限时段停车位标志;表示此处机动车只能在标志准许的时段停放,其他时段禁止停放。需要和机动车限时停车位标线配合使用。见图 173。

图 173　限时段停车位标志示例

b) 限时长停车位标志;表示此处车辆停放的时长不应超过标志表示的时间。见图 174。这种情况下可以不划停车位线。

图 174　限时长停车位标志示例

c) 残疾人专用停车位标志;表示此处仅允许残疾人驾驶的车辆停放。需配合残疾人专用停车位线使用。有时段或时长限制时,可用辅助标志表示。见图 175。

图 175 残疾人专用停车位标志示例

d) 校车专用停车位标志、校车停靠站点标志：表示此处仅允许校车停放。需配合校车专用停车位线或校车停靠站标线使用。有时段限制时，可用辅助标志表示。此标志可以和注意儿童(警 11)标志合用。见图 176。

a) b) c) d)

图 176 校车专用停车位标志、校车停靠站点标志示例

e) 出租车专用停车位标志：表示此处仅允许出租车停放。需配合出租车专用停车位线使用。有时段或时长限制时，可用辅助标志表示。见图 177。

图 177 出租车专用停车位标志示例

f) 非机动车专用停车位标志：表示此处仅允许非机动车停放。需配合非机动车专用停车位线使用。有时段或时长限制时，可用辅助标志表示。见图 178。

图 178　非机动车专用停车位标志示例

g) 公交车专用停车位标志;表示此处仅允许公交车停放。需配合公交车专用停车位线使用。见图 179。

图 179　公交车专用停车位标志示例

h) 专属停车位标志;表示此处车位为专属(单位或个人)车辆停放。需配合专属停车位线使用。见图 180。

图 180　专属停车位标志示例

6.19　允许掉头标志(图 181)

表示该处允许机动车掉头。设在允许机动车掉头的地点。有时间、车种等特殊规定时,应用辅助标志说明,见图 182。

图 181　示 36　允许掉头

图 182　限时段允许掉头示例

7　指路标志

7.1　一般规定

7.1.1　指路标志表示道路信息的指引，为驾驶者提供去往目的地所经过的道路、沿途相关城镇、重要公共设施、服务设施、地点、距离和行车方向等信息。

7.1.2　指路标志的颜色，除特别说明外，一般道路指路标志为蓝底、白图形、白边框、蓝色衬边；高速公路和城市快速路指路标志为绿底、白图形、白边框、绿色衬边。

7.1.3　指路标志的形状，除个别标志外，为长方形和正方形。

7.1.4　指路标志的尺寸见 3.8.4、3.8.5 规定。

7.1.5　指路标志信息依据重要程度、道路等级、服务功能等因素分层：

a)　A 层信息：指高速公路、国道、城市快速路，直辖市、省会、自治区首府等控制性城市，及其他本区域内相对重要的信息；

b)　B 层信息：指省道、城市主干道路，县及县级市，及其他本区域内相对较重要的信息；

c)　C 层信息：指县道、乡道、城市次干道路、支路，乡、镇、村，及其他本区域内的一般信息；

d)　根据地区特点，可继续下分。

7.1.6　指路标志信息选取应遵循以下原则：

a)　关联、有序；

b)　便于不熟悉路网的道路使用者顺利到达目的地；

c)　信息量适中：一块指路标志版面中，各方向指示的目的地信息数量之和不宜超过六个；一般道路交叉路口预告标志和交叉路口告知标志版面中，同一方向指示的目的地信息数量不应超过两个，同一方向需选取两个信息时，应在一行或两行内按照信息由近到远的顺序由左至右或由上至下排列，见图 183 示例。

图 183　标志版面信息排列例

7.1.7　图形选取原则

指路标志的图形选取应简洁、清晰、明了。

7.1.8　信息含义

不同类型指路标志中信息的含义应遵循以下原则：

a)　如图 184 所示类型的指路标志，其中信息的含义应遵循以下原则：

1)　标识在箭头中的信息为交叉口交叉道路的编号或名称；

2） 标识在箭头外，箭头所指向的信息为交叉口各交叉道路所能通达的地点，公路或道路的编号或名称。

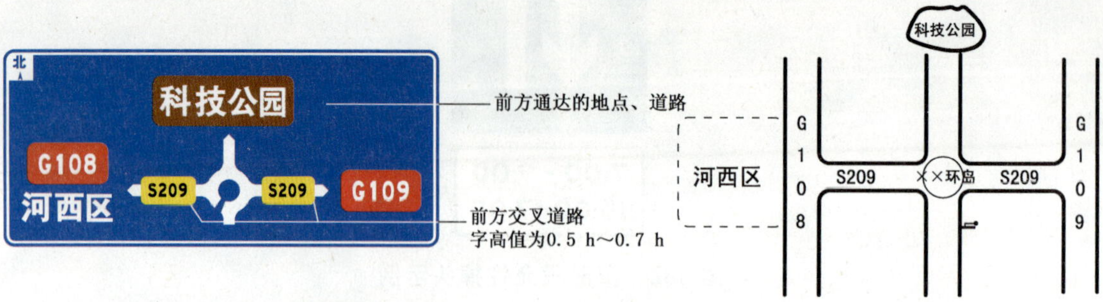

a）

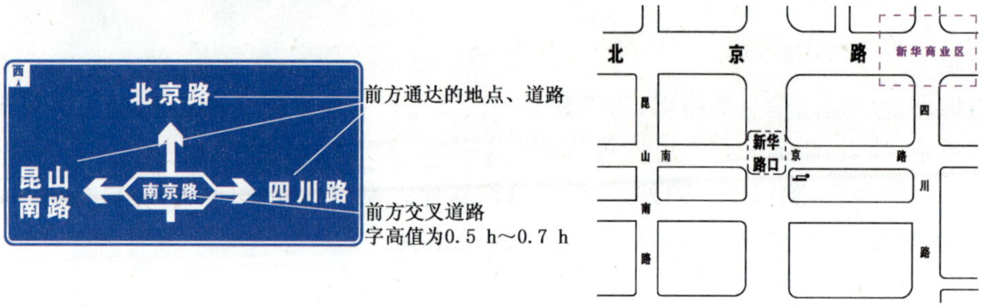

b）

图 184 标志信息示例

b） 如图 185 所示类型的指路标志，版面中的箭头表示路径方向。

图 185 表示路径方向的箭头示例

c） 箭头的使用

指路标志中的箭头包括 6 种方向指示，如图 186。其中 a 表示向右方向；b 表示右侧出口方向或斜向右方向；c 表示前进方向；d 表示左侧出口方向或斜向左方向；e 表示向左方向；f 指示当前车道并仅应用于门架或悬臂标志中，此时箭头朝下对准指示车道的中心。

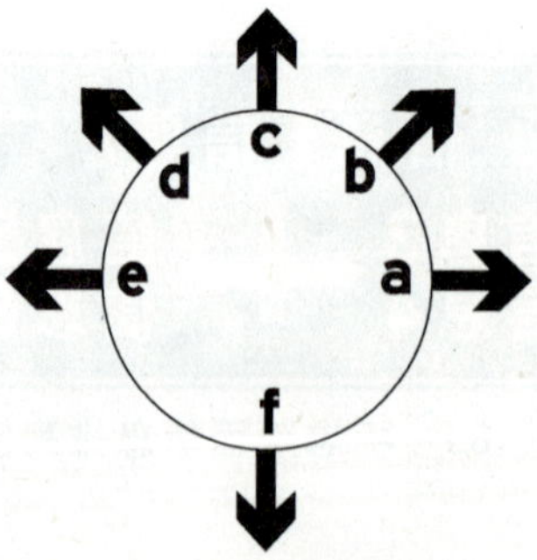

图 186 箭头方向示意图

7.1.9 指路标志上距离的数值确定

7.1.9.1 计算基准点选取

a） 一般道路指路标志：

1） 指示信息为一般道路时，若所指示道路与当前道路直接相交，则以平面交叉口作为计算基准点；若通过其他道路相连，则以连接道路与所指示道路的平面交叉口作为计算基准点；

2) 指示信息为高速公路或城市快速路时，以一般道路与高速公路、城市快速路的连接线平面交叉口或减速车道渐变段起点作为计算基准点；

3) 指示信息为地区信息时，若为有环线的特大城市或大城市，以中心环线的入口作为计算基准点；若为无环线的特大城市或大城市，中、小城市（区、县），或乡村，以中心区（老城区）或政府所在地作为计算基准点；

4) 指示信息为旅游景区、交通枢纽等较大型重要地物时，以距其建筑物本身或外围大门最近的平面交叉口作为计算基准点。

b) 高速公路和城市快速路指路标志：

1) 入口预告标志及入口标志中指示的距离，以被交道路与高速公路或城市快速路连接线平面交叉口或减速车道渐变段起点作为计算基准点；

2) 出口预告标志及出口标志中指示的距离，以高速公路或城市快速路出口的减速车道渐变段起点作为计算基准点，见图 187。

3) 指示服务区、停车区、停车场等沿线设施信息时，均以通往相关信息出口的减速车道渐变段起点作为计算基准点，见图 187；

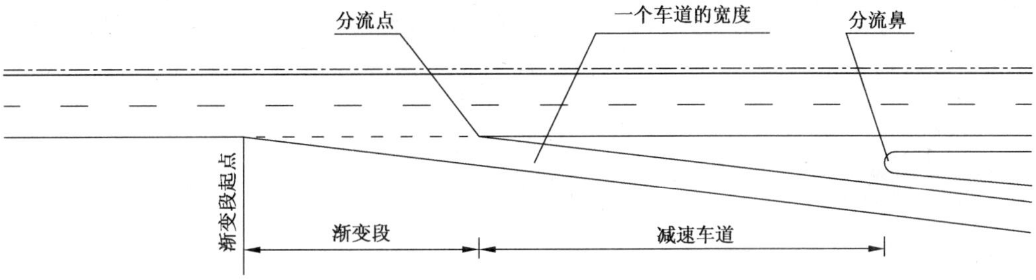

a) 直接式单车道

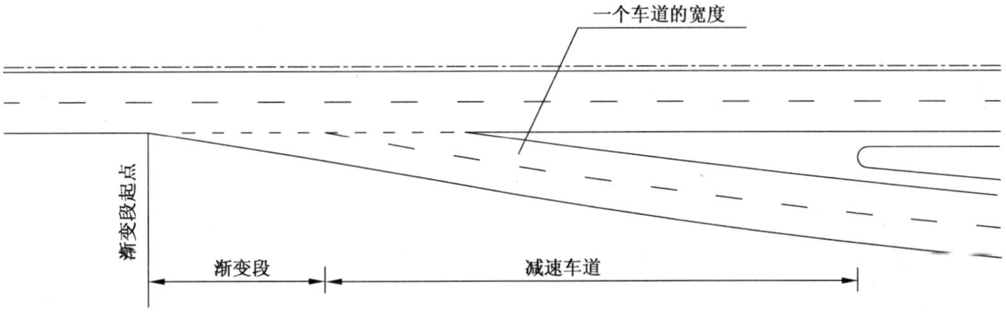

b) 直接式双车道

图 187 不同形式减速车道渐变段起点

7.1.9.2 数值的确定

距离的数值为标志设置点与相关信息的计算基准点的间距。标志设置点与计算基准点间存在多条路径时，以习惯路径计算距离，所选取的习惯路径应统一。

距离的数值一般以公里为单位，并四舍五入取整，距离不足 1 km 的以 1 km 计。城市道路可以百米为单位计，但整个城市的表示方法宜统一。

7.2 一般道路指路标志

7.2.1 分类

一般道路指路标志按标志的功能分为路径指引标志、地点指引标志、道路沿线设施指引标志、其他道路信息指引标志。其中路径指引标志设置在一般道路交叉口前后，其他类型指路标志设置在一般道路路段上。

7.2.1.1 路径指引标志如下：

a) 交叉路口预告标志；

b) 交叉路口告知标志；

c) 确认标志。

7.2.1.2 地点指引标志如下：

a) 地名标志；

b) 著名地点标志；

c) 分界标志；

d) 地点识别标志。

7.2.1.3 道路沿线设施指引标志如下：

a) 停车场(区)标志；

b) 错车道标志；

c) 人行天桥标志和人行地下通道标志；

d) 残疾人专用设施标志；

e) 观景台标志；

f) 应急避难设施(场所)标志；

g) 休息区标志。

7.2.1.4 其他道路信息指引标志如下：

a) 绕行标志；

b) 此路不通标志；

c) 车道数变少标志；

d) 车道数增加标志；

e) 交通监控设备标志；

f) 隧道出口距离预告标志；

g) 线形诱导标；

h) 里程碑、里程牌；

i) 百米桩；

j) 公路界碑。

7.2.2 路径指引标志

7.2.2.1 路径指引标志配置

一般公路路径指引标志使用方法见表14。城市道路可参照执行，如条件所限，城市道路可降低路径指引标志配置要求，但应设置必要的交叉路口告知标志。

表14 一般公路路径指引标志

主线公路	被交公路			
	国道	省道	县道	乡道
国道	预、告、确	预、告、确	预、告、确	(告)
省道	预、告、确	预、告、确	(预)、告、确	(告)
县道	(预)、告、确	(预)、告、(确)	(预)、告、(确)	(告)
乡道	(预)、(告)、(确)	(预)、(告)、(确)	(告)	(告)

注：预——交叉路口预告标志，详见本部分7.2.2.2；

告——交叉路口告知标志，详见本部分7.2.2.3；

确——确认标志，包括地点距离标志、公路编号标志、道路名称标志，详见本部分7.2.2.4；

( )——可根据需要设置的交通标志。

7.2.2.2　**交叉路口预告标志**(图 188～图 190)

用以预告前方交叉路口形式、交叉公路的编号或交叉道路的名称、通往方向信息、地理方向信息以及距前方交叉路口的距离。设在交叉路口告知标志前 150 m～500 m 处,设置在城市道路上时,如条件所限,可向交叉路口适当前移,但距交叉路口不应少于 100 m 且不应遮挡交叉路口告知标志。双车道公路可采用单柱标志预告前方交叉公路编号信息,见图 191 示例。

a)

b)

图 188　路 1　四车道及以上公路交叉路口预告

a)

b)

图 189　路 2　大交通量的四车道以上公路交叉路口预告

a)

b)

图 190　路 3　箭头杆上标识公路编号、道路名称的公路交叉路口预告

a)

b)

图 191　预告前方交叉公路编号的预告标志例

7.2.2.3　交叉路口告知标志(图 192、图 193、图 194、图 196、图 198、图 199)

用以告知前方交叉路口形式、交叉公路的编号或交叉道路的名称、通往方向信息、地理方向信息。设在距交叉路口前 30 m～80 m 处。该标志一般不标示距离，县乡公路上的交叉路口后未设地点距离标志时，交叉路口告知标志可指示目的地信息的距离。

不同形式交叉路口告知标志如下所示：

a)　十字交叉路口标志见图 192。

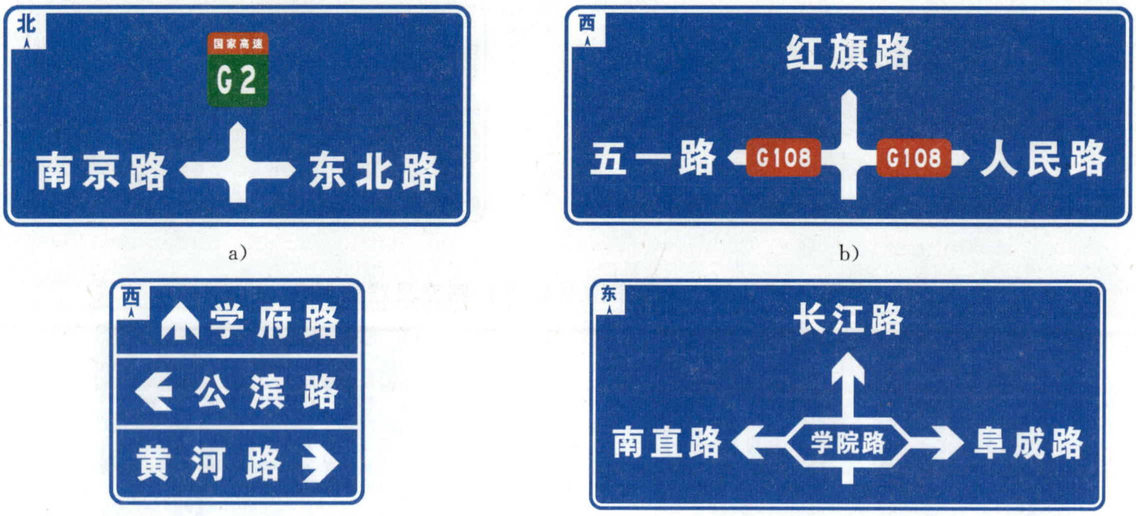

a)　b)　c)　d)

图 192　路 4　十字交叉路口

b)　丁字交叉路口标志见图 193。

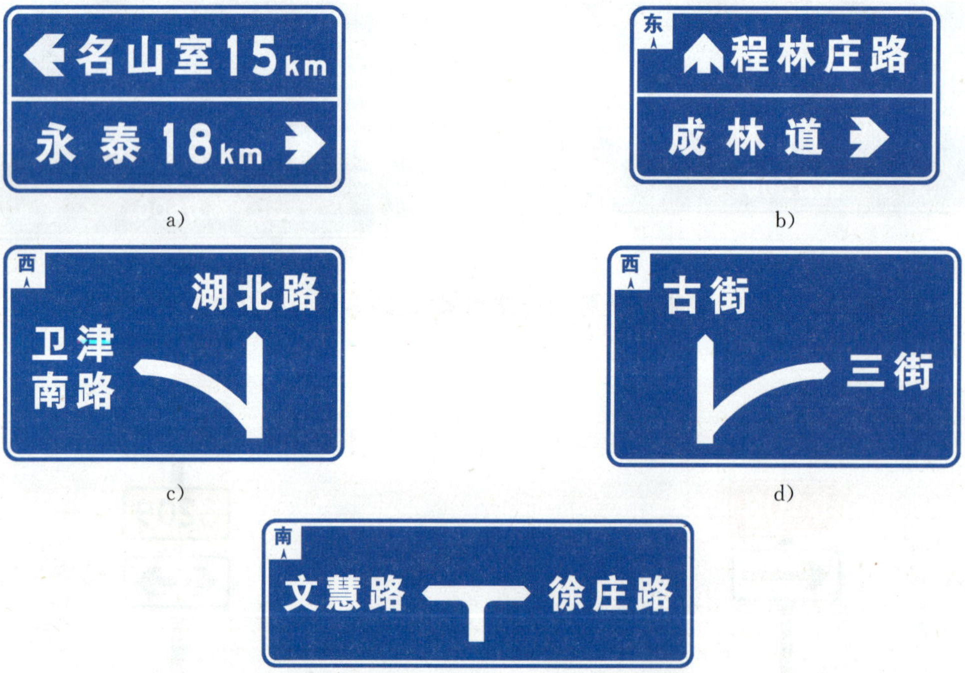

a)　b)　c)　d)　e)

图 193　路 5　丁字交叉路口

c)　Y 型交叉路口标志见图 194。

面积较大的 Y 型交叉口，宜同时在分岔点处设置指引路线或方向的标志，起到辅助指引作用，见图 195 示例。

图 194　路 6　Y 型交叉路口

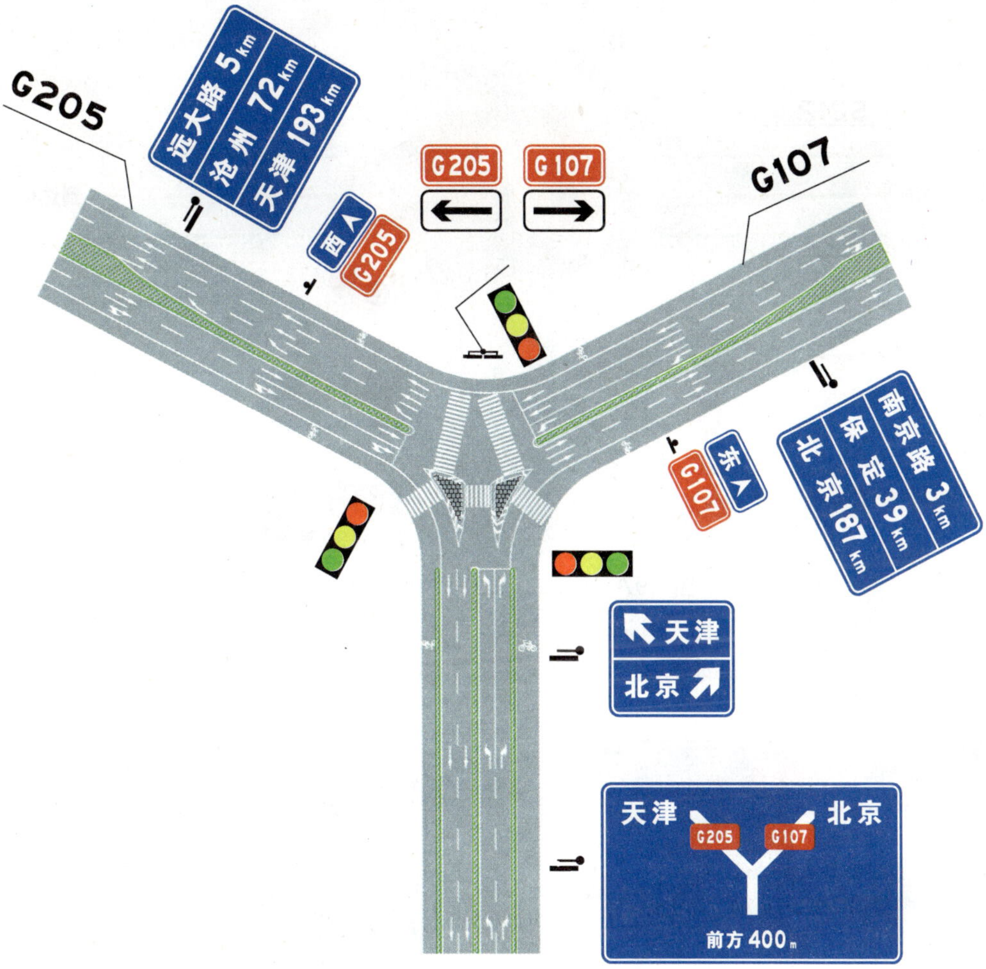

图 195　Y 型交叉路口标志设置例

d) 环形交叉路口标志见图 196。

面积较大或形式复杂的环岛，可在环岛的各个出口设置指示出口方向信息的标志，见图 197 示例。

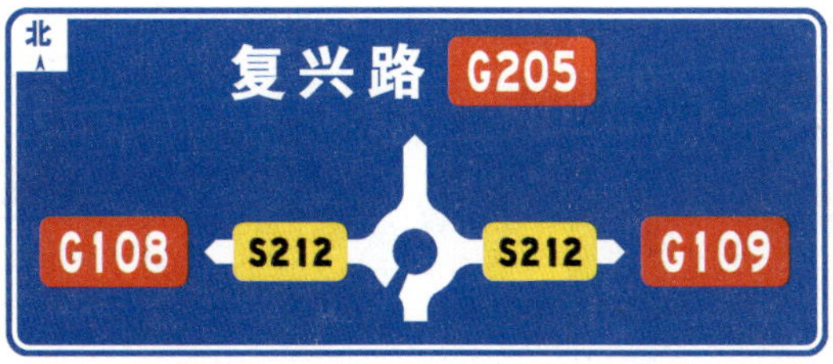

图 196　路 7　环形交叉路口

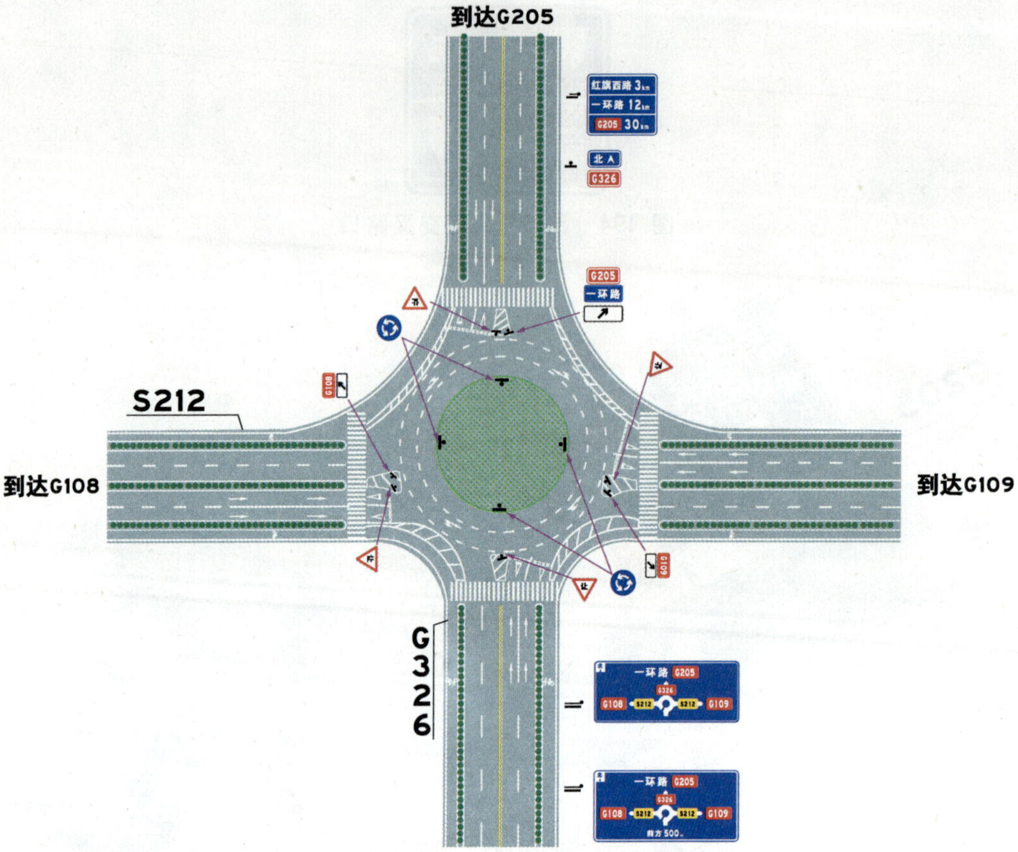

图 197 环形交叉路口标志设置例

e) 互通式立体交叉标志见图 198。

设在互通式立体交叉以前的适当位置。复杂立体交叉或连续立体交叉，可将标志信息分解，逐步指引。

a) b)

图 198 路 8 互通式立体交叉

f) 分岔处标志见图 199。

设在互通式立体交叉匝道处。一般采用双悬臂式结构。宜在该标志支撑结构前设置一定的缓冲装置或警示性标志、标线。见图 200 示例。

a) b)

图 199 路 9 分岔处

图 200　分岔处标志设置例

7.2.2.4　**确认标志**(图 201、图 202、图 203、图 204、图 206、图 207、图 208)

用以确认当前所行驶的道路信息及前方通往方向信息。不同类型确认标志应遵循以下原则:

a)　公路编号标志(图 201～图 204)

指示当前公路编号,设在国道、省道、县道、乡道上交叉路口后 30 m～50 m 的位置。两交叉路口间距较大时,可重复设置。图 201 为国道编号标志,颜色为红底白字白边框红色衬边。图 202 为省道编号标志,颜色为黄底黑字黑边框黄色衬边。图 203 为县道编号标志,颜色为白底黑字黑边框白色衬边。图 204 为乡道编号标志,颜色为白底黑字黑边框白色衬边。如果需要同时说明公路名称的,以辅助标志表示,见图 205 示例。

图 201　路 10　国道编号

图 202　路 11　省道编号

图 203　路 12　县道编号

图 204　路 13　乡道编号

图 205　示例

b)　街道名称标志(图 206)

指示当前街道名称,设在城市道路交叉口后临近交叉口的地方。两交叉路口间距较大时,可重复设置。标志板面应面对行车方向。标志版面中的文字应按自左至右或自上而下的方式排列,文字排列应科学,保证路名易于识认。

a) b) c) d)

图 206 路 14 街道名称

c) 路名牌(图 207)

指示城市道路名称、地理方向、道路沿线门牌号码,设在城市道路街角处,一般设置在人行道边,标志板面与行车方向平行。

路名牌的文字高度可适当减小,但路名信息的字高不应小于 10 cm,方向信息的字高不应小于 5 cm。在城市主要商业区,路名标志应成对设置在相对的街角处。

图 207 路 15 路名牌

d) 地点距离标志(图 208)

指示前方所要经过的重要公路编号、道路名、地名和距离。设在交叉路口后 300 m～400 m 处。两交叉路口间距较大时,可重复设置。地点信息应由近及远,按自上而下的顺序排列。

地点距离标志指示信息中至少有一个信息应与交叉路口告知标志中的信息相呼应。国、省道或城市主干道上的地点距离标志宜设置三行地点距离信息,并宜含有 A 层信息;县、乡公路或城市支路上的地点距离标志可根据需要设置两行或三行地点距离信息。

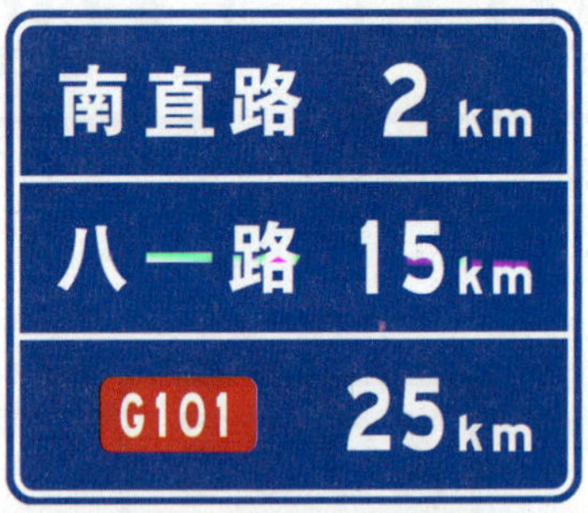

图 208 路 16 地点距离

7.2.2.5 一般道路路径指引标志设置示例

参见附录 F。

7.2.3 地点指引标志

7.2.3.1 地名标志(图 209)

设在道路沿线经过的市、县、镇、村的边缘处。用于一般道路时,为蓝底、白图形、白边框、蓝色衬边;用于高速公路或城市快速路时,为绿底、白图形、白边框、绿色衬边。地名标志可附设在村庄警告标志下,指示村庄名称见图 210 示例。

图 209　路 17　地名

图 210　地名标志例

7.2.3.2　**著名地点标志**(图 211)

设在道路沿线经过的著名桥梁、著名隧道和重要垭口等地点。用于一般道路时,为蓝底、白图形、白边框、蓝色衬边;用于高速公路或城市快速路时,为绿底、白图形、白边框、绿色衬边。

图 211　路 18　著名地点

7.2.3.3　**分界标志**(图 212、图 213)

设在行政区划的分界处,板面面对行车方向;或设在道路养护段、道班管辖分界处,板面与行车方向平行。用于一般道路时,为蓝底、白图形、白边框、蓝色衬边;用于高速公路或城市快速路时,为绿底、白图形、白边框、绿色衬边。

图 212　路 19　行政区划分界

图 213　路 20　道路管理分界

7.2.3.4　**地点识别标志**(图 214)

为道路使用者提供各种重要场所的识别和指向,设在所标识地点前适当位置。地点识别标志中的图形应选用 GB 5768.1—2009 中所规定的图形。图 214a)为急救站识别标志、图 214b)为飞机场识别标志,机头方向同通往飞机场的出口方向;图 214c)表示某一方向上有多个重要场所的地点识别标志。

地点识别标志通常与辅助标志配合使用,见图 215 示例;若同时存在路径指引标志,可将相应地点图形标识在路径指引标志中,实现指示地点、设施的目的,见图 216 示例。

a)　b)　c)

图 214　路 21　地点识别

a) b) c)

图 215　与辅助标志配合使用例

图 216　用于指路标志例

7.2.4　道路沿线设施指引标志

7.2.4.1　停车场(区)标志(图 217)

设在停车场(区)入口附近。图 217a)为露天停车场,图 217b)为室内停车场。可用辅助标志表明停车场的位置,见图 218 示例。

a) b)

图 217　路 22　停车场

图 218　停车场标志例

7.2.4.2　错车道标志(图 219)

用于指示前方设有避让来车的处所,宜设在双向错车困难路段上距错车道 100 m～150 m 处。在标志下方可设辅助标志表示距前方错车道的距离,见图 220 示例。

图 219　路 23　错车道

图 220　前方 200 m 处错车道示例

7.2.4.3　人行天桥标志和人行地下通道标志(图 221、图 222)

用于指引行人通往天桥或地下通道入口的位置。设在天桥或地下通道入口附近,并可设辅助标志指示其入口方向或距离。见图 223 示例。

图 221　路 24　人行天桥

图 222　路 25　人行地下通道

a)

b)

图 223　示例

c)

d)

图 223（续）

7.2.4.4　残疾人专用设施标志(图 224)

用以指示残疾人设施的位置。设在残疾人设施附近适当位置。可附加辅助标志，指示残疾人设施的方向或距离。

图 224　路 26　残疾人专用设施

7.2.4.5　观景台标志(图 225)

设置在路侧可供驾驶员停车观景地带的两侧。必要时，可设置预告标志，见图 226 示例。

a)

b)

图 225　路 27　观景台

a)

b)

图 226　示例

7.2.4.6　应急避难设施(场所)标志(图 227)

设置在应急避难场所、隧道等设施的疏散通道以及其他应急避难设施附近,指示应急避难设施的位置,通常配合辅助标志设置,见图 228 示例。用于一般道路时,为蓝底、白图形、白边框、蓝色衬边;用于高速公路或城市快速路时,为绿底、白图形、白边框、绿色衬边。

图 227　路 28　应急避难设施(场所)

图 228　示例

7.2.4.7　休息区标志(图 229)

一般设置在路侧休息区的两侧,必要时,可设置预告标志,见图 230 示例。

a)

b)

图 229　路 29　休息区

a)　　　　　　　　　　b)

图 230　示例

7.2.5　其他道路信息指引标志

7.2.5.1　绕行标志(图 231)

用于指示前方路口车辆需绕行的路线,设于实施交通管制路口前适当位置。标志为蓝底、白色街区,绕行路线为黑色。根据需要可在绕行标志上绘制相应的禁令标志图形,并应配合设置指路标志,指示实施交通管制下正确的行驶路径。如图 232 所示的路网交通管制措施,其绕行标志设置示例见图 233。

a)　　　　　　　　　　b)　　　　　　　　　　c)

图 231　路 30　绕行

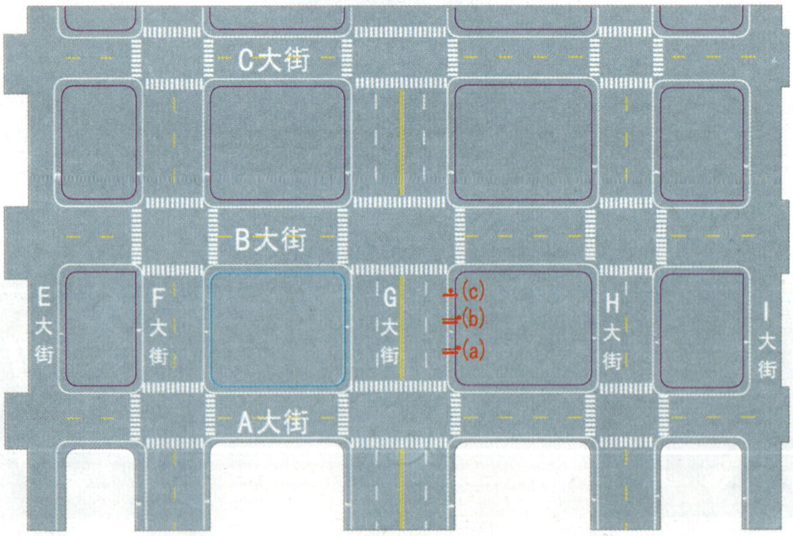

注:图中(a)、(b)、(c)处的标志版面见图 233a)、图 233b)、图 233c)。

图 232　路网交通管制措施示例

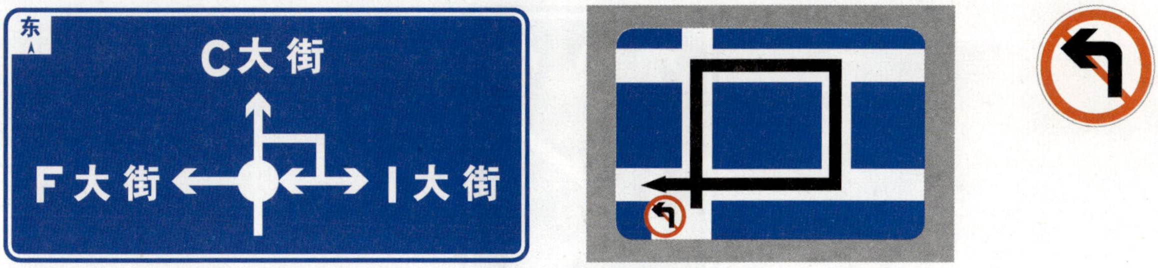

a)　　b)　　c)

图 233　绕行标志设置示例

7.2.5.2　**此路不通标志**(图 234)

用以指示前方道路无出口,不能通行。该标志为蓝底、白色街区、红色图形。该标志可与其他指路标志配合使用。

图 234　路 31　此路不通

7.2.5.3　**车道数变少标志**(图 235)

用于表示前方车道数量变少,需提高警惕。设在变化点前适当位置。用于一般道路时,为蓝底、白图形、白边框、蓝色衬边;用于高速公路或城市快速路时,为绿底、白图形、白边框、绿色衬边。见图 236 示例。

a)　　b)

图 235　路 32　车道数变少

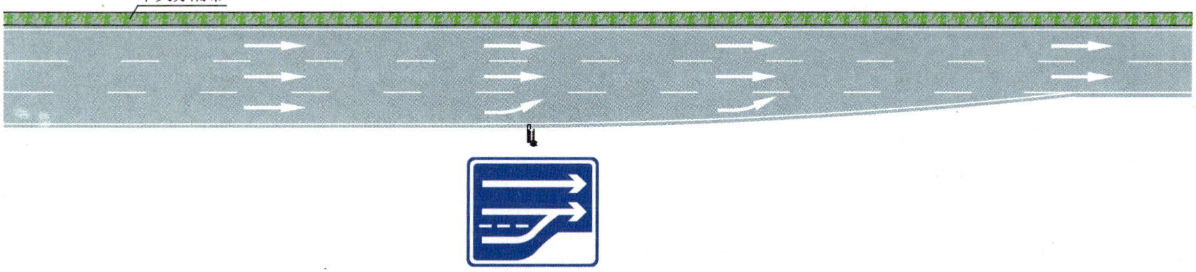

图 236　车道数变少标志例

7.2.5.4　**车道数增加标志**(图 237)

用以提示车辆驾驶人员车道数量增加,需要谨慎驾驶,设在车道数量增加断面前适当位置。该标志用于一般道路时为蓝底、白图形、白边框、蓝色衬边;用于高速公路或城市快速路时为绿底、白图形、白边框、绿色衬边。

图 237　路 33　车道数增加

7.2.5.5　交通监控设备标志(图 238)

设在设置了图像采集等交通监控设备的路段适当位置。该标志用于一般道路时为蓝底、白图形、白边框、蓝色衬边;用于高速公路或城市快速路时为绿底、白图形、白边框、绿色衬边。

图 238　路 34　交通监控设备

7.2.5.6　隧道出口距离预告标志(图 239)

用于指示到前方隧道出口的距离。设在长度超过 3 000 m 的特长隧道内,从距离隧道出口 2 000 m 处开始每 500 m 设置一块,直至隧道出口。该标志一般设置在隧道侧壁上,用于一般道路时为蓝底、白图形、白边框、蓝色衬边;用于高速公路或城市快速路时为绿底、白图形、白边框、绿色衬边。版面中隧道曲线的转弯方向应与实际情况相对应。

a)

b)

图 239　路 35　隧道出口距离预告

7.2.5.7　线形诱导标(图 240～图 244)

用于引导行车方向,提示道路使用者前方线形变化,注意谨慎驾驶。

图 240、图 241 设于一般道路上易发生事故的弯道、小半径匝道曲线外侧、视线不好的 T 型交叉口等处,为蓝底白图形;用于高速公路时,版面颜色为绿底白图形。

图 242～图 244 设于中央隔离设施端部、渠化设施的端部、桥头等,为红底白图形。

图 240 是线形诱导标的基本单元,可以单独使用,也可以把几个基本单元组合使用。

线形诱导标的基本单元尺寸应根据设计速度按表 15 确定。设计速度大于或等于 80 km/h 时,可选用600 mm×800 mm;设计速度小于 80 km/h 时,可选用 400 mm×600 mm,最小不应小于 220 mm×400 mm。

线形诱导标板的下缘至地面的高度应为 120 cm～200 cm，标志板应尽可能垂直于驾驶员的视线。

图 240　路 36　基本单元

图 241　路 37　组合使用

表 15　线形诱导标的尺寸

类　别	尺　　寸					
	A	B	C	D	E	E′
Ⅰ	600	800	300	400	20	20
Ⅱ	400	600	200	300	15	15
Ⅲ	220	400	110	200	10	10

线形诱导标的设置应根据曲线半径、曲线长度、偏角大小确定。偏角小于或等于 7°的曲线路段，可在曲线中点位置设一块线形诱导标；偏角大于 7°，曲线较长的弯道，可根据需要设置若干块线形诱导标，并应保证驾驶人员在曲线范围内连续看到不少于三块诱导标。

设置于中央隔离设施端部、渠化设施端部、桥头等的线形诱导标，应为竖向设置（图 242～图 244）。其各部尺寸应符合表 16 的规定。

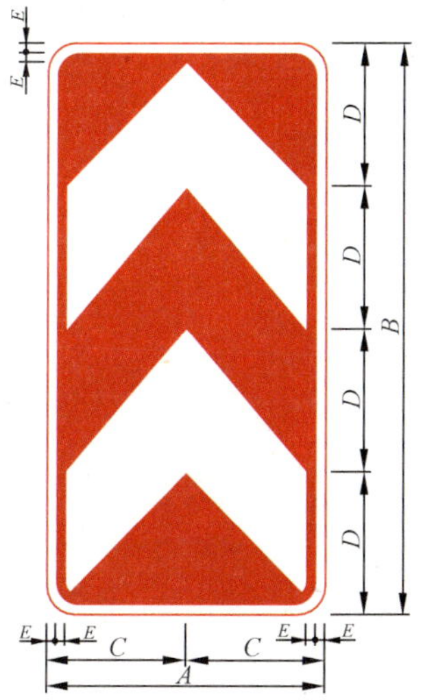

图 242　路 38　两侧通行

图 243　路 39　右侧通行

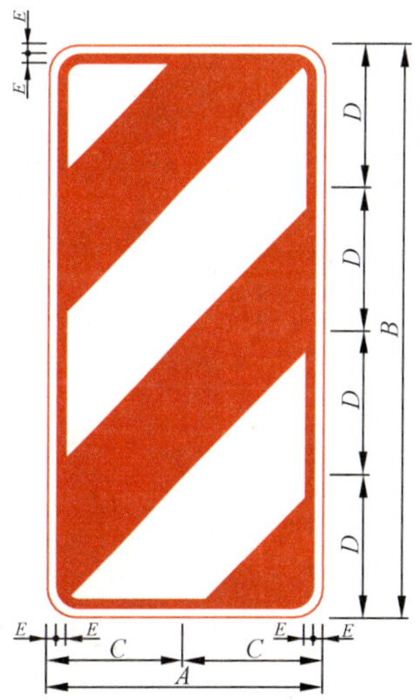

图 244　路 40　左侧通行

表 16　竖向设置的线形诱导标尺寸

单位为毫米

线形诱导标	符　　号				
	A	*B*	*C*	*D*	*E*
Ⅰ	600	1 200	300	300	20

7.2.5.8　里程碑、里程牌(图 245、图 246)

里程碑用于指示公路的里程，设于公路桩号递增方向的右侧，每隔 1 km 设一块，正、反面均应标识道路编号及里程。国道里程数字超过四位数时，采用大的尺寸。里程碑表面为白色，国道编号用红字，省道编号用蓝字，县道、乡道编号用黑字，见图 245a)，也可采用图 245b)的形式表示道路编号。如路侧条件所限无法设置里程碑时，可设置里程牌，见图 246，里程牌版面为蓝底、白图形，白边框、蓝色衬边，公路编号颜色应遵循 7.2.2.4 规定，里程牌可采用单柱形式或附着在路侧护栏上。

单位为厘米

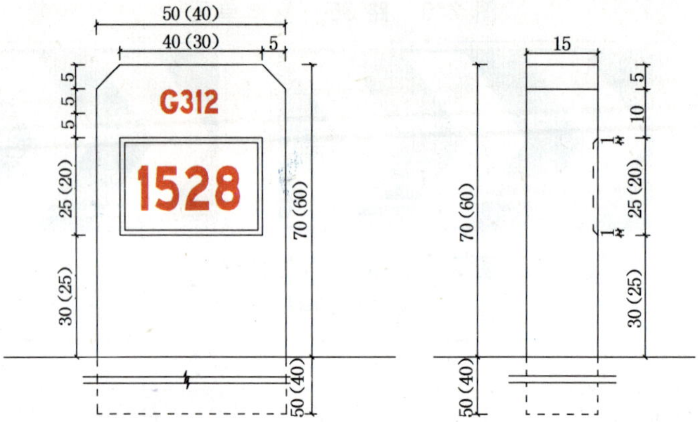

a)

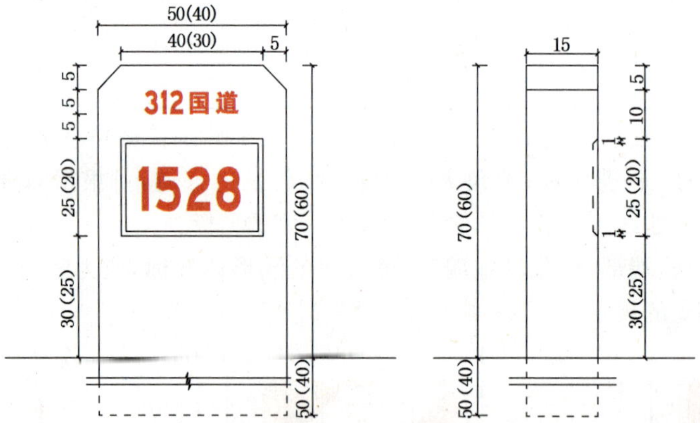

b)

图 245　里程碑

图 246　里程牌

7.2.5.9　**百米桩(图 247)**

设在公路右侧里程碑之间，每 100 m 设一个。百米桩为方柱体并根据需要在相应表面标识百米序号。柱体为白色，国道用红字，省道用蓝字，县道用黑字，乡道用黑字。

单位为厘米

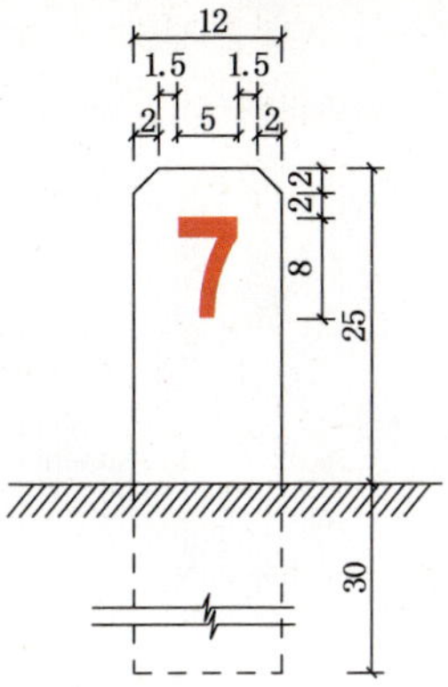

图 247　百米桩

7.2.5.10　**公路界碑**(图 248)

设在公路两侧用地范围分界线上。公路界碑为方柱体，碑体为白色，正反两面标识“公路界”黑色文字。一般每隔 200 m～500 m 设置一块，曲线段可适当加密。

单位为厘米

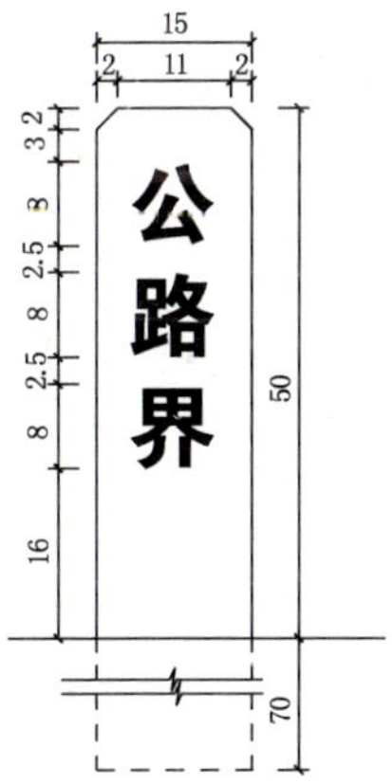

图 248　公路界碑

7.3　高速公路、城市快速路指路标志

7.3.1　分类

高速公路、城市快速路指路标志按照标志的功能分为路径指引标志，沿线信息指引标志，沿线设施指引标志。

7.3.1.1　路径指引标志如下：

a)　入口指引标志：包括入口预告标志，入口处地点、方向标志，命名编号标志，路名标志；

b)　行车确认标志：包括地点距离标志，命名编号标志，路名标志；

c)　出口指引标志：包括下一出口预告标志，出口预告标志，出口标志及出口地点、方向标志。

注：从互通式立体交叉被交道路驶入高速公路，直至下一互通式立体交叉出口，以上各类标志一般情况下宜按照下列顺序设置：入口预告标志→入口处地点、方向标志→高速公路入口标志(命名编号标志或路名标志)→下一出口预告标志、地点距离标志、高速公路命名编号标志或路名标志→出口预告标志→出口标志→出口处地点、方向标志。

7.3.1.2 沿线信息指引标志如下：

a) 起点标志；

b) 终点预告标志；

c) 终点提示标志；

d) 终点标志；

e) 著名地点标志：参见7.2.3.2；

f) 分界标志：参见7.2.3.3；

g) 交通信息标志；

h) 里程牌和百米牌；

i) 停车领卡标志；

j) 车道数变少标志：参见7.2.5.3；

k) 车道数增加标志：参见7.2.5.4；

l) 交通监控设备标志：参见7.2.5.5；

m) 车距确认标志；

n) 特殊天气建议速度标志；

o) 隧道出口距离预告标志：参见7.2.5.6。

7.3.1.3 沿线设施指引标志如下：

a) 紧急电话标志；

b) 救援电话标志；

c) 收费站预告及收费站标志；

d) ETC车道指示标志；

e) 计重收费标志；

f) 加油站标志；

g) 紧急停车带标志；

h) 服务区预告标志；

i) 停车区预告标志；

j) 停车场预告及停车场标志；

k) 爬坡车道标志；

l) 超限检测站标志。

7.3.2 路径指引标志

7.3.2.1 入口预告标志(图249)

用于指示进入高速公路或城市快速路的入口，设在进入高速公路或城市快速路前的被交道路上适当位置。高速公路或城市快速路入口周边2～10 km范围内，由县级以上城市、较大乡镇聚居地、著名地点，或国道、省道、城市主干道，一直到驶往高速公路或城市快速路的各主要交叉路口、复杂交叉路口和路段上的一般道路指路标志上应指示前方高速公路或城市快速路信息。以被交道路与高速公路连接线平面交叉口或减速车道的渐变段起点作为基准点，被交道路为一级、二级公路或城市快速路时，应在距基准点前2 km、1 km、500 m以及基准点处对应设置2 km、1 km、500 m入口预告标志及带行车方向指引的入口预告标志；被交道路为其他公路或一般城市道路时，应在距基准点500 m、200 m以及基准点处对应设置500 m、200 m入口预告标志及带行车方向指引的入口预告标志。

入口预告标志版面上的地名信息宜选用高速公路或城市快速路行进方向上距当前所在地最近的A

层信息。图 249a)～图 249e)分别为高速公路或城市快速路 2 km、1 km、500 m 及带行车方向指引的入口预告标志；无统一编号的高速公路或城市快速路入口预告标志见图 250a)～图 250e)示例。

图 249　路 41　入口预告

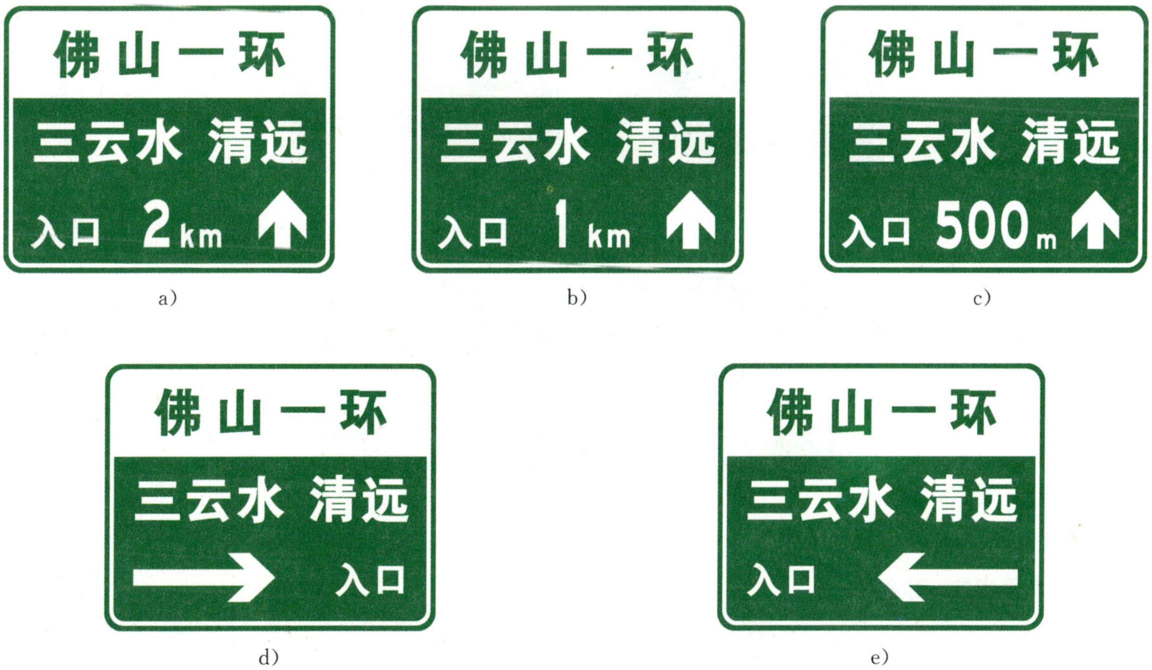

图 250　无统一编号高速公路或城市快速路入口预告

若所进入高速公路为两条高速公路共线段，则入口预告标志应同时指出两条高速公路的编号信息。如图 251a)～图 251e)示例。

a)

b)

c)

d)

e)

图 251 两条高速公路共线时入口预告

7.3.2.2 地点、方向标志(图 252)

用于指示高速公路或城市快速路两个行驶方向,设在驶入高速公路或城市快速路的匝道分岔点处。该标志版面内容应与入口预告标志相对应,如图 252a)。在目的地信息之上,可增加前往高速公路的编号信息,如图 252b)。

a) 不带编号标识的地点、方向

b) 带编号标识的地点、方向

图 252 路 42 地点、方向

7.3.2.3 编号标志(图 253)

用于指示高速公路的编号,作为指路标志的路线信息,出现在高速公路、城市快速路、一般道路指路标志版面中。

图 253a)为国家高速公路编号标志,由“国家高速”和编号两部分组成,其中“国家高速”为红底、白字。图 253b)为省级高速公路编号标志,由“X 高速”和编号两部分组成,其中“X”为所在省、自治区或直辖市的简称,如“京”、“湘”、“陕”等,“X 高速”为黄底、黑字。

a)

b)

图 253 路 43 编号

7.3.2.4 **命名编号标志**(图 254)

用于指示高速公路的名称与编号,设置在高速公路互通式立体交叉加速车道的渐变段终点后适当位置,也可在高速公路主线适当距离重复设置,分别作为高速公路的入口标志以及行车确认标志。图 254a)与图 254b)分别为国家高速公路和省级高速公路命名编号标志。根据路线总体走向,可增加地理方位信息或目的地方向信息,见图 255 示例。

图 255a)为单一路段高速公路命名编号标志,图 255b)为增加地理方位信息和目的地信息的单一路段高速公路命名编号标志,图 255c)为增加地理方位信息的重合路段高速公路命名编号标志。

a)

b)

图 254 路 44 命名编号

a) 单一路段

b) 单一路段增加行车方向

c) 重合路段

图 255 高速公路命名编号标志示例

7.3.2.5 **路名标志**(图 256)

用于指示高速公路或城市快速路的名称。无统一编号的高速公路或城市快速路,应在其互通式立体交叉加速车道的渐变段终点后适当位置设置该标志,也可在主线适当距离重复设置,分别作为入口标志以及行车确认标志。

图 256 路 45 路名

7.3.2.6 **地点距离标志**(图 257、图 258)

预告高速公路或城市快速路前方所要经过的重要的地点、道路的名称和距离,设置在互通式立体交叉加速车道的渐变段终点以后 1 km 以上路段的合适位置处。互通式立体交叉间距大于或等于 5 km 时应设置该标志,互通式立体交叉间距大于 10 km 时,可重复设置。

地点距离标志宜设置三行地点距离信息,地点信息由近及远按自上而下的顺序排列。地点距离标志的信息应与入口指引标志、出口指引标志信息相呼应,重复设置的地点距离标志应保持信息的一致性。

不同情况地点距离标志设置方法如下:

a) 一般情况的地点距离标志(图 257):
第一行表示经由下一互通式立体交叉的目的地信息,第二行与第三行应分别指示前进方向上最近的 B 层信息要素及 A 层信息要素。

a) b)

图 257 路 46 地点距离

b) 城市区域多个出口的地点距离标志(图 258)
高速公路或城市快速路途经城市区域,区域内有多个出口时,应预告前方出口数量以及每个出口所能到达的地点信息、距离。图 258a)设置在该城市第一个互通式立体交叉减速车道的渐变段起点前 5 km~7 km 处,预告前方城市出口总数量;图 258b)设置在图 258a)后 2 km 处,预告前三个出口所能到达的地点信息,图 258c)设置在每个互通式立体交叉入口加速车道的渐变段终点后 500 m~1 000 m 处,预告下面三个出口所能到达的地点信息和距离。

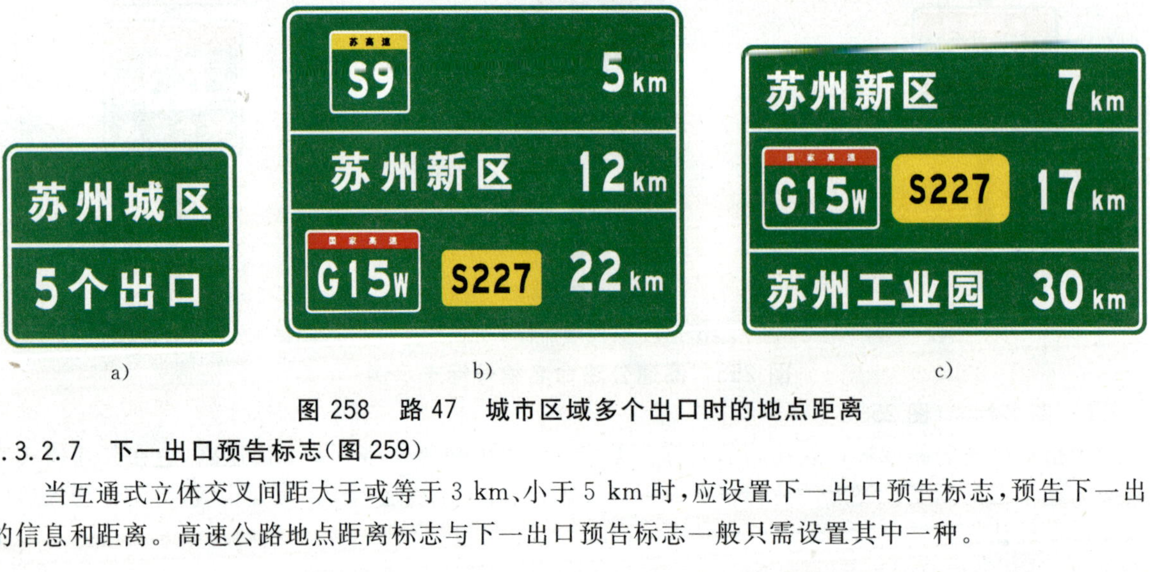

a) b) c)

图 258 路 47 城市区域多个出口时的地点距离

7.3.2.7 **下一出口预告标志**(图 259)

当互通式立体交叉间距大于或等于 3 km、小于 5 km 时,应设置下一出口预告标志,预告下一出口的信息和距离。高速公路地点距离标志与下一出口预告标志一般只需设置其中一种。

图 259a)～图 259d)分别为预告下一出口可到达地点、下一出口编号、下一出口编号和可到达地点、下一出口距离的下一出口预告标志。

a) b) c) d)

图 259 路 48 下一出口预告

7.3.2.8 出口编号标志(图 260)

用以标识出口编号。该标志不单独设置，通常设置在出口预告标志顶角处，并根据出口相对位置设置在左上角或右上角。图 260a)、图 260b)分别为出口在高速公路或城市快速路主线右侧、左侧时的出口编号标志。

a) b)

图 260 路 49 出口编号

7.3.2.9 出口预告标志(图 261、图 262)

用于预告前方出口，在距离高速公路或城市快速路减速车道的渐变段起点 2 km、1 km、500 m 和起点处，应分别设置 2 km、1 km、500 m 出口预告标志和出口预告(行动点)标志，出口预告标志应同时附着出口编号标志。图 261、图 262 分别为被交道路为国家高速公路、省级高速公路、国道、省道时以及被交道路为无统一编号高速公路、城市快速路或一般道路时的出口预告标志。

a) b) c) d)

图 261 路 50 右侧出口预告

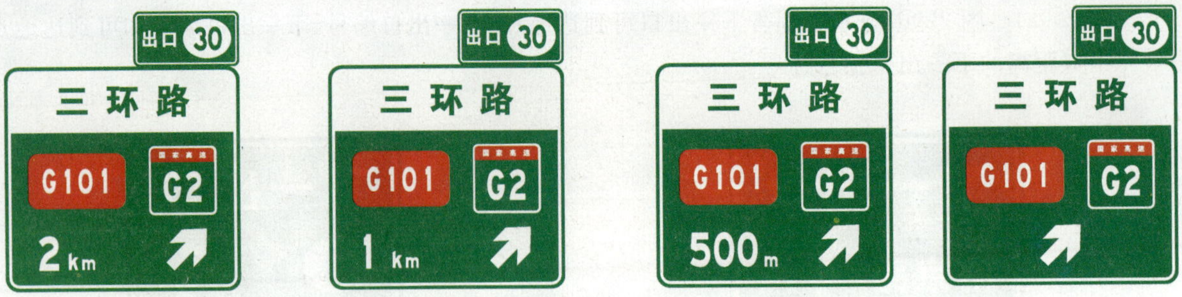

e)　　f)　　g)　　h)

图 261（续）

a)　　b)　　c)　　d)

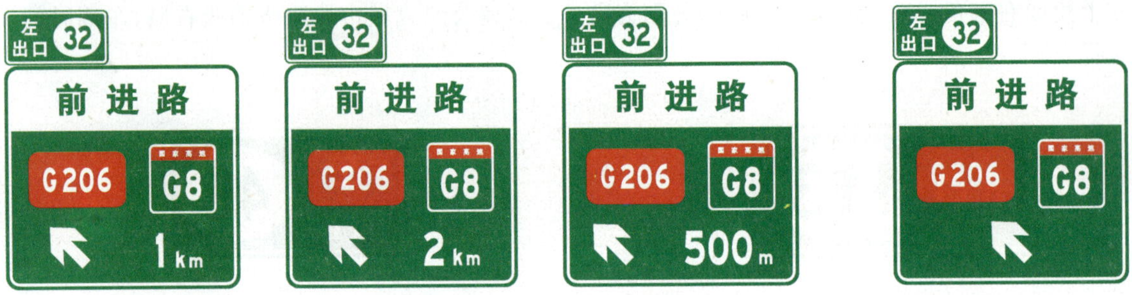

e)　　f)　　g)　　h)

图 262　路 51　左侧出口预告

7.3.2.10　出口标志及出口地点方向标志(图 263)

用于指示高速公路或城市快速路出口，设置在高速公路或城市快速路驶出匝道的三角带端部，应同时附着出口编号标志。

图 263a)、图 263c)为出口标志。在多车道公路或大型车辆所占比例较高时，宜采用出口地点方向标志，见图 263b)、图 263d)。

a)　　b)

图 263　路 52　出口标志及出口地点方向

c)

d)

图 263（续）

7.3.3 沿线信息指引标志

7.3.3.1 起点标志(图 264)

设在高速公路或城市快速路的起点。无统一编号的高速公路或城市快速路起点标志见图 265 示例。

a)

b)

图 264 路 53 高速公路起点

图 265 无统一编号的高速公路或城市快速路起点

7.3.3.2 终点预告标志(图 266)

用于预告高速公路或城市快速路终点，设在距离高速公路或城市快速路终点前 2 km，1 km，500 m 处，无统一编号的高速公路或城市快速路终点预告见图 267 示例。

a)

b)

c)

图 266 路 54 终点预告

a)　　　　b)　　　　c)

图 267　无统一编号的高速公路或城市快速路终点预告

7.3.3.3　终点提示标志(图 268)

高速公路或城市快速路终点与普通公路相连接时，用以提示高速公路、城市快速路终点，设在距终点 200 m 附近位置。标志版面为黄底、黑色边框、黑色文字。

图 268　路 55　终点提示

7.3.3.4　终点标志(图 269)

用于指示高速公路或城市快速路终点，设在高速公路或城市快速路终点处，无统一编号的高速公路或城市快速路终点标志见图 270 示例。

a)　　　　b)

图 269　路 56　国家高速公路、省级高速公路终点

图 270　无统一编号的高速公路或城市快速路终点

7.3.3.5　交通信息标志(图 271)

用以指示收听高速公路或城市快速路交通信息广播的频率，可在适当地点设置，根据需要可重复设置。

图 271 路 57 道路交通信息

7.3.3.6 里程牌和百米牌(图 272、图 274)

里程牌用于指示高速公路或城市快速路的里程、公路编号或名称,形状如图 272 所示,版面为绿底白字白边框绿色衬边。一般以单柱形式设置于高速公路两侧或中央分隔带内。无统一编号的高速公路或城市快速路的里程牌见图 273 示例。

图 272 路 58 里程牌

图 273 无统一编号的高速公路或城市快速路里程牌

图 274 为百米牌,圆形,直径一般为 10 cm,绿底白字,百米数字字高 5 cm,公里数高 1.8 cm。设在高速公路或城市快速路两侧各里程牌之间,每隔 100 m 设一块。百米牌可附设于两侧的柱式轮廓标上;也可附设在波形梁护栏等设施上。

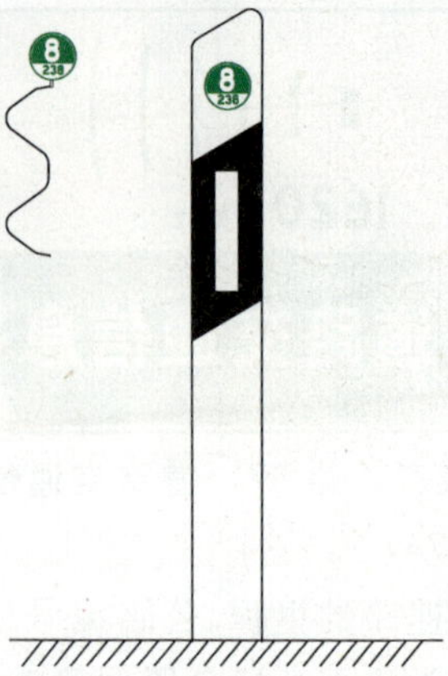

图 274　路 59　百米牌

7.3.3.7　停车领卡标志(图 275)

用以提示停车领卡，设在进入高速公路或城市快速路收费站入口一侧的适当位置。

图 275　路 60　停车领卡

7.3.3.8　车距确认标志(图 276)

用以帮助驾驶员确认与前车的距离。当高速公路或城市快速路两相邻立交间距大于 10 km 时，在其间无其他指路标志的平直路段上可设置车距确认标志。图 276a)标志设在平直路段适当位置处；图 276b)标志设在图 276a)标志后 200 m 处，图 276a)、图 276b)为黄底、黑色边框、黑色文字。图 269c)标志作为确认基点设在图 276b)标志后 200 m 处，图 276d)、图 276e)标志在图 276c)标志后每 50 m 间隔设置。如需要，可在间隔 200 m 后再设置一组车距确认标志。设置示例见图 277。

a)　b)　c)　d)　e)

图 276　路 61　车距确认

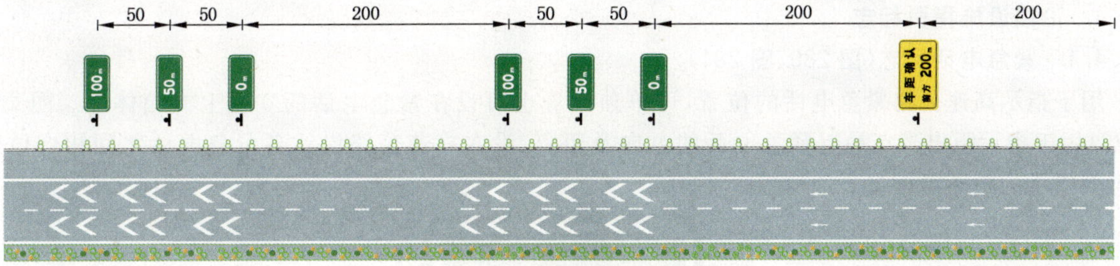

图 277　车距确认标志设置示例

7.3.3.9　特殊天气建议速度标志(图 278)

用以提醒驾驶员在雨、雪、雾等特殊天气下，以建议速度行驶，和白色半圆状车距确认线配合使用，见图 279 示例。图 278a)表示在特殊天气下，仅能看到前方两个半圆状车距线时，建议车速为 60 km/h；图 278b)表示在特殊天气下，仅能看到前方一个半圆状车距线时，建议车速为 50 km/h，标志中的建议速度数值仅为示例。

a)　　b)

图 278　路 62　特殊天气建议速度

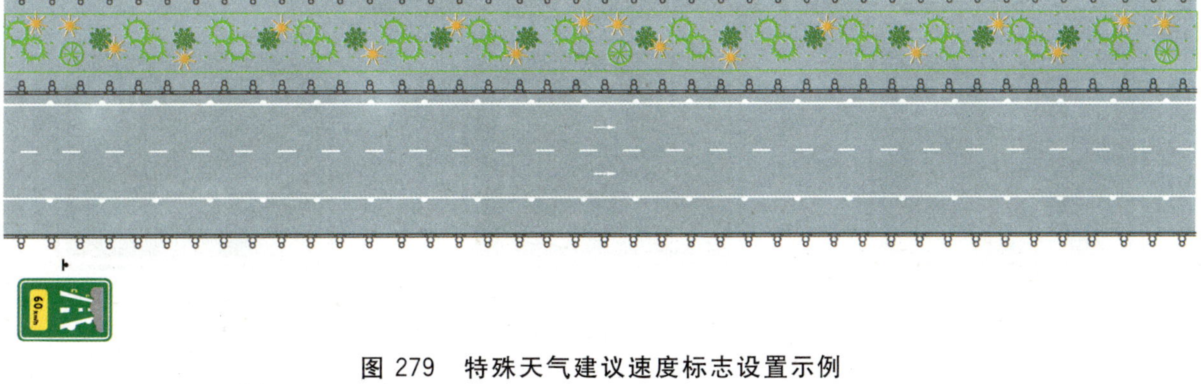

图 279　特殊天气建议速度标志设置示例

7.3.4 沿线设施指引标志

7.3.4.1 紧急电话标志(图 280、图 281)

用于指示高速公路紧急电话的位置,可单独设置也可设在紧急电话的立柱上或箱体上。图 280、图 281用于指示距出事点最近紧急电话的方向及距离,设在高速公路沿线各紧急电话之间相应位置。标志上指示的距离可根据具体情况改变。

图 280 路 63 紧急电话

a) b) c)

图 281 路 64 电话位置指示

7.3.4.2 救援电话标志(图 282)

用于指示救援电话号码,没有设置紧急电话的高速公路上应设置救援电话标志。标志上号码为示例。

a) b)

图 282 路 65 救援电话

7.3.4.3 收费站预告及收费站标志(图 283、图 284)

用以指示前方收费站。高速公路、城市快速路主线上距收费广场渐变段起点 2 km、1 km、500 m 及渐变段起点处应对应设置收费站预告标志与收费站标志。不设电子不停车收费(ETC)车道的收费站,其收费站预告及收费站标志如图 283a)～图 283d)所示;设有电子不停车收费(ETC)车道的收费站应采用图形符号表示所采用的收费方式,图 284a)～图 284d)为专指人工收费和电子不停车收费的收费站预告及收费站标志。

a) b) c)

图 283 路 66 不设电子不停车收费(ETC)车道的收费站预告及收费站

d)

图 283(续)

a)

b)

c)

d)

图 284 路 67 设有电子不停车收费(ETC)车道的收费站预告及收费站

7.3.4.4 ETC 车道指示标志(图 285)

用于指示电子不停车收费车道,设在收费广场渐变段起点前300 m处,标志版面中宜指示收费车道数量,当车道数量超过5时,以5车道表示,黄色箭头表示ETC车辆的行驶方向。图285a)表示单向3个收费车道时ETC车道指示标志,图285b)表示左侧车道为ETC车道。设置示例见图286。

a)

b)

图 285 路 68 ETC 车道指示

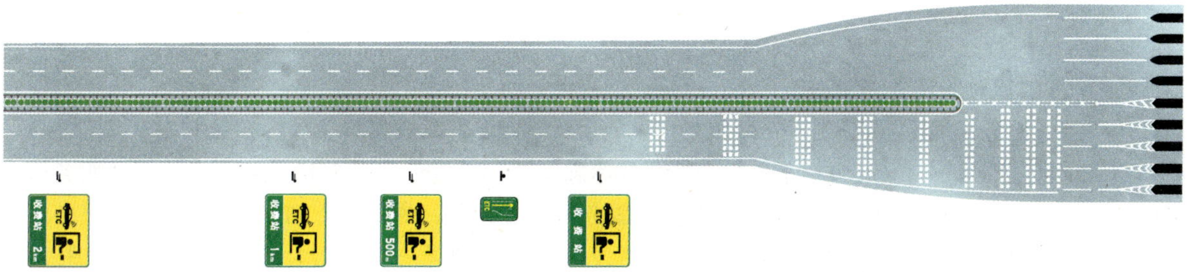

图 286 ETC 车道指示标志设置示例

7.3.4.5 计重收费标志(图 287)

设置于采用计重收费的收费站前适当位置。

图 287 路 69 计重收费

7.3.4.6 加油站标志(图 288)

用于指示加油站的位置,设在通往加油站的入口附近。

图 288 路 70 加油站

7.3.4.7 紧急停车带标志(图 289)

用于指示紧急停车的位置,设在紧急停车带的前端。

图 289 路 71 紧急停车带

7.3.4.8 服务区预告标志(图 290)

用于预告服务区的位置,分别设在距服务区 2 km、1 km、减速车道起点及服务区入口处。图 290a)～图 290f)为服务区 2 km、1 km、减速车道起点处预告标志,其中图 290a)、图 290b)、图 290c)为一般服务区预告标志,图 290d)、图 290e)、图 290f)为能够住宿的服务区预告标志。图 290g)、图 290h)为设置在服务区入口处的标志。如果需要,可在距服务区 500 m 或路段适当位置增设一块预告标志。当服务区间距大于 25 km 时,在距最近的服务区前 3 km 处可设置连续预告下两个或三个服务区预告标志。

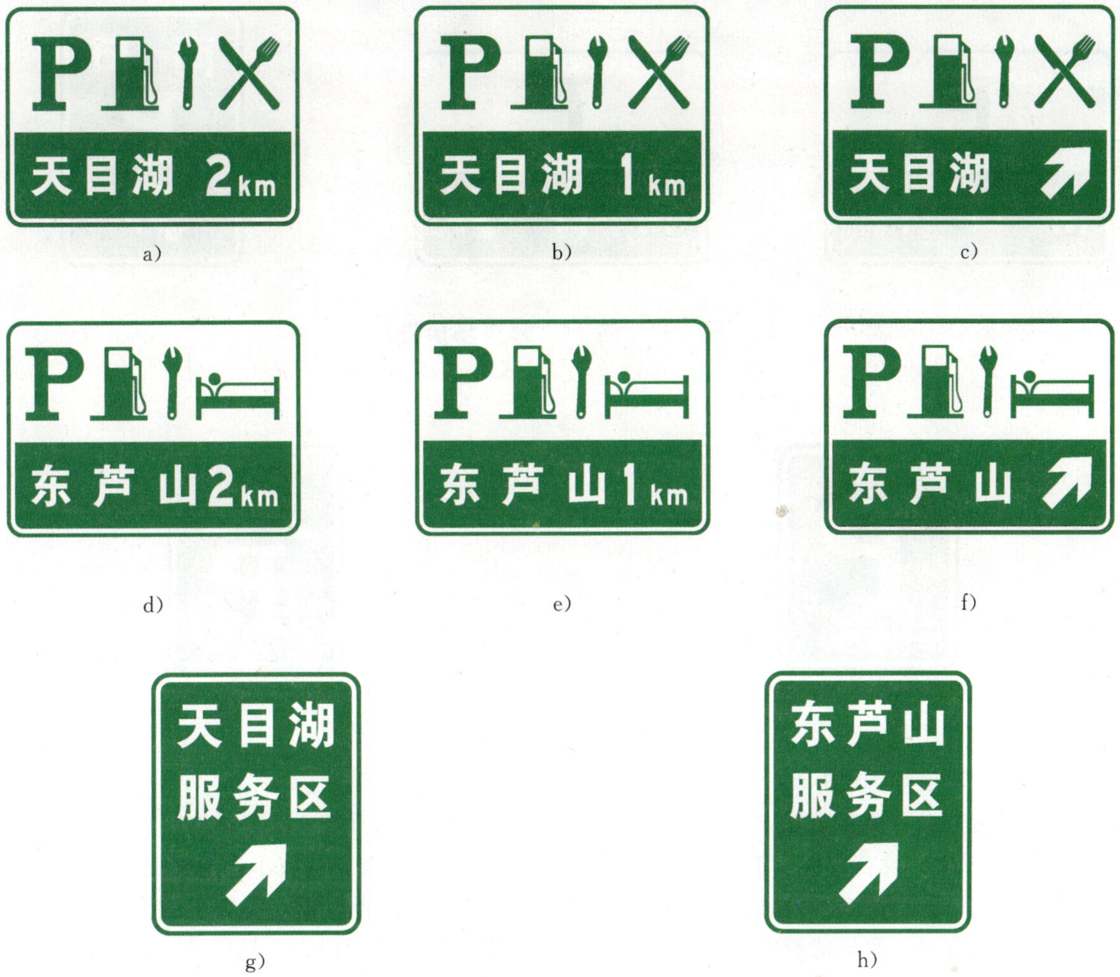

图 290 路 72 服务区预告

7.3.4.9 停车区预告标志(图 291)

用于预告停车区的位置，分别设在距停车区 1 km，减速车道起点及停车区入口附近。如果需要，可在距停车区 500 m 或路段适当位置增设一块预告标志。

图 291 路 73 停车区预告

7.3.4.10 停车场预告及停车场标志(图 292、图 293)

用于预告停车场的距离和位置。图 292a)、图 292b)、图 292c)分别设在距停车场 1 km、减速车道起点、通往停车场入口处。图 293a)，图 293b)分别为露天与室内停车场标志，设在停车场前的适当位置。

a) b) c)

图 292 路 74 停车场预告

a) b)

图 293 路 75 停车场

7.3.4.11 爬坡车道标志(图 294)

用以指示前方最右侧车道是大型重载车辆爬坡专用的车道。图 294a)设在爬坡车道渐变段起点以前 200 m 处;图 294b)设在爬坡车道渐变段起点附近;图 294c)设在较长爬坡车道中间适当位置,如爬坡车道很长,可在适当位置加设一块;图 294d)设在爬坡车道结束前适当位置。爬坡车道标志设置时应该注意道路线形变化对于车辆的影响,如果需要,应配合设置车道数变少标志。见图 295 示例。

a) b) c) d)

图 294 路 76 爬坡车道

图 295 爬坡车道标志设置示例

7.3.4.12 超限检测站标志(图 296)

用以预告超限检测站，设在高速公路上建有超限超载检测站的地点前适当位置。图 296a)、图 296b)、图 296c)分别设置在距检测站 2 km、1 km 和 500 m 的地方；图 296d)设置在检测站入口处。

a)

b)

c)

d)

图 296 路 77 超限超载检测站

7.4 方向标志(图 297、图 298)

与指路标志一起使用，用于指示道路地理方向，包括“东”“南”“西”“北”四个方向，每个方向的角度范围为正向左右各 45°。图 297 为设置在指路标志版面中的方向标志，设置在一般道路指路标志版面中时为白底、蓝色图形，设置在高速公路、城市快速路指路标志版面中时为白底、绿色图形。其中图 297a)

适用于交叉路口处，图 297b)～图 297e)适用于立体交叉出口匝道处。图 298 为设置在指路标志版面外的方向标志，此时地理方向标志的颜色与相应的指路标志的颜色一致。

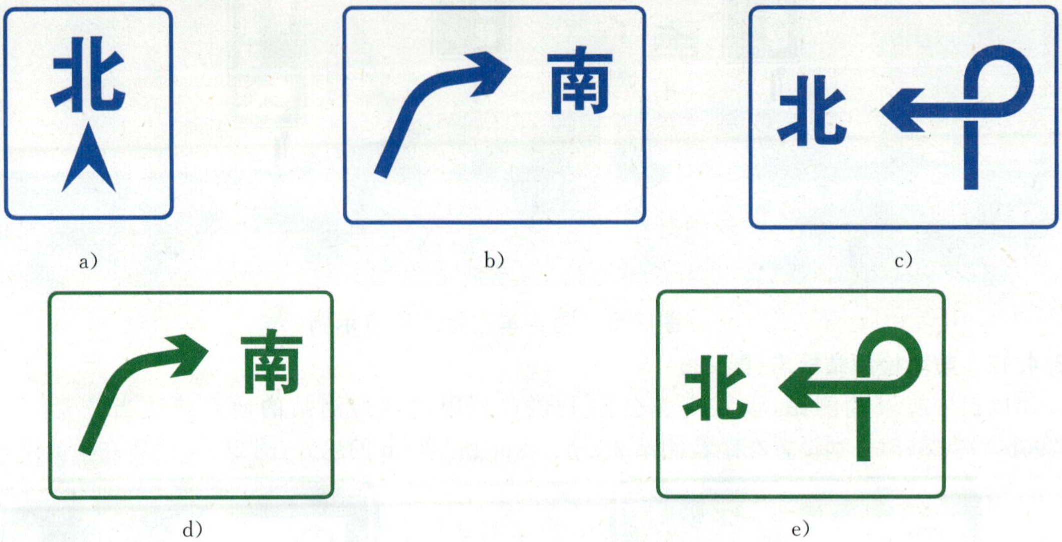

a)　b)　c)　d)　e)

图 297　路 78　设置在指路标志版面中的方向

图 298　路 79　设置在指路标志版面外的方向

8　旅游区标志

8.1　一般规定

8.1.1　旅游区标志是为吸引和指引人们从高速公路或其他道路上前往邻近的旅游区，在通往旅游景点的路口设置的标志，使旅游者能方便地识别通往旅游区的方向和距离，了解旅游项目的类别。旅游区标志分为指引标志和旅游符号标志两大类。

8.1.2　旅游区标志的颜色为棕底、白字(图形)、白边框、棕色衬边。

8.1.3　旅游区标志的形状为矩形。

8.1.4　旅游区标志的尺寸、代号同指路标志，见 3.8.4、3.8.5。

8.2　指引标志(图 299、图 300)

提供旅游区的名称、有代表性的图形及前往旅游区的方向和距离。高速公路沿线 4A 级及以上旅游景区可设置旅游区标志，一般公路沿线 3A 级及以上旅游景区可设置旅游区标志，更低级别景区不建议设置旅游区标志。

图 299 为旅游区距离标志，设在一般道路、高速公路或城市快速路路段适当位置。可预告单一旅游景点也可预告多个旅游景点，但一块版面中预告旅游景点的数目不应超过三个，旅游景点按照从近到远的顺序由上至下排列。图 300 为旅游区方向标志，设在通往旅游区各连接道路的交叉口处、高速公路或城市快速路出口的减速车道起点附近，但不应影响交叉口指路标志或高速公路出口和出口预告标志。图 300a)是设置在连接道路交叉口处的旅游区方向标志，图 300b)是设置在高速公路或城市快速路出口的减速车道起点附近的旅游区方向标志。

图 299 旅 1 旅游区距离

a) b)

图 300 旅 2 旅游区方向

8.3 旅游符号(图 301～图 315)

提供旅游项目类别、具代表性的符号及前往各旅游景点的指引。设在高速公路或其他道路通往旅游景点的交叉口附近,或在大型服务区内通往各旅游景点的路口。也可在指路标志上附具代表性的旅游符号,让旅游者了解景点的旅游项目。旅游符号下可附加辅助标志以指示前进方向或距离。

图 301 旅 3 问讯处

图 302 旅 4 徒步

图 303 旅 5 索道

图 304 旅 6 野营地

图 305 旅 7 营火

图 306 旅 8 游戏场

图 307 旅 9 骑马

图 308 旅 10 钓鱼

图 309 旅 11 高尔夫球

图 310　旅 12　潜水

图 311　旅 13　游泳

图 312　旅 14　划船

图 313　旅 15　冬季游览区

图 314　旅 16　滑雪

图 315　旅 17　滑冰

9　其他标志

9.1　作业区标志

9.1.1　用以通告道路交通阻断、绕行等情况。设在道路施工、养护等路段前适当位置。用于作业区的标志为警告标志、禁令标志、指示标志及指路标志，其中警告标志为橙底黑图形，指路标志为在已有的指路标志上增加橙色绕行箭头或者为橙底黑图形。

9.1.2　作业区标志应和其他作业区交通安全设施配合使用。

9.2　辅助标志

9.2.1　辅助标志的颜色为白底、黑字(图形)、黑边框、白色衬边。

9.2.2　辅助标志的形状为矩形。

9.2.3　辅助标志的尺寸、代号同指路标志，见 3.8.4、3.8.5。

9.2.4　凡主标志无法完整表达或指示其规定时，为维护行车安全与交通畅通的需求，应设置辅助标志。

9.2.5　辅助标志安装在主标志下面，紧靠主标志下缘。

9.2.6　辅助标志种类和使用方法

9.2.6.1　表示时间(图 316)

图 316 为例。根据需要，对某些标志规定时间范围。

a)

b)

图 316　辅 1　时间范围

9.2.6.2　表示车辆种类、属性(图 317～图 321)

辅 2～辅 5 为示例，根据需要，对某些标志规定车辆的种类、属性。

图 317　辅 2　除公共汽车外

图 318　辅 3　机动车

图 319　辅 4　货车

图 320　辅 5　货车、拖拉机

图 321　辅 6　私人专属

9.2.6.3　表示方向(图 322)

图 322 为例。根据需要,对禁令或指示标志规定方向路段。

根据需要,对指路标志表示指路标志所指公路、地点、设施的方向。

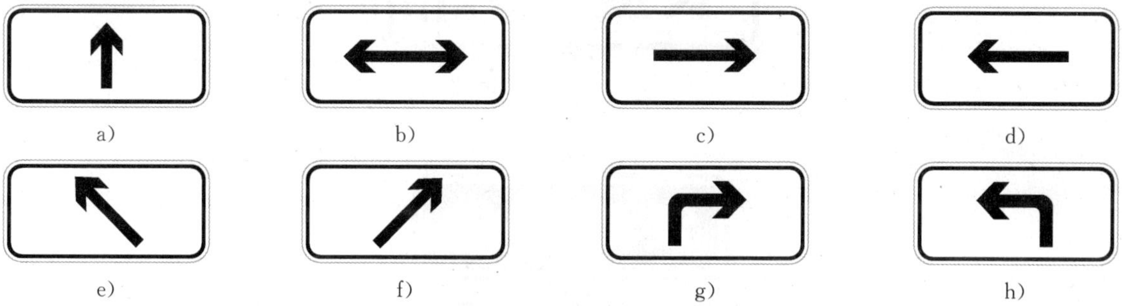

图 322　辅 7　行驶方向标志

9.2.6.4　表示区域或距离(图 323～图 329)

图 323～图 327 为示例。根据需要,对禁令和指示标志规定区域的范围。其中图 324～图 326 设置时一般与行车方向平行或成 45°角。

图 328 为示例。根据需要,对指路标志、旅游区标志和警告标志表示到达所指设施、危险点的距离。使用示例见图 329。

图 330 为示例。根据需要,对指路标志、警告标志表示所指示设施或路段的长度。使用示例见图 331。

图 323　辅 8　向前 200 m

图 324　辅 9　向左 100 m

图 325　辅 10　向左、向右各 50 m

图 326　辅 11　向右 100 m

图 327　辅 12　某区域内

图 328　辅 13　距离某地 200 m

图 329　示例(距离前方隧道 200 m)

图 330　辅 14　长度

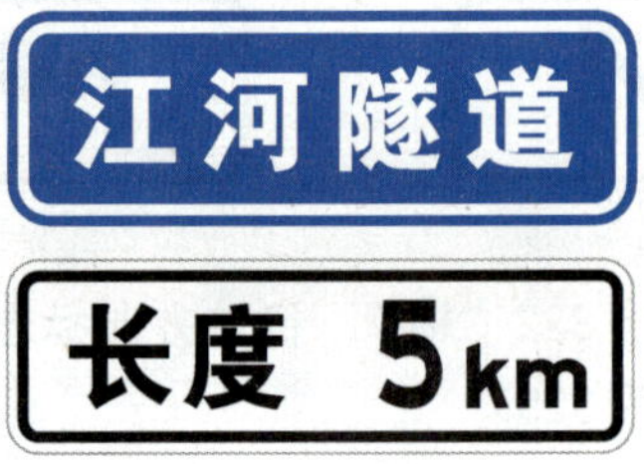

图 331　示例

9.2.6.5　表示警告、禁令理由(图 332～图 338)

图 332　辅 15　学校

图 333　辅 16　海关

图 334　辅 17　事故

图 335　辅 18　塌方

图 336　辅 19　教练车行驶路线

图 337　辅 20　驾驶考试路线

图 338　辅 21　校车停靠站点

9.2.6.6　组合辅助标志(图 339)

如果在主标志下需要安装两块以上辅助标志时,可采用辅 22 的组合形式,但组合的图形不宜多于三种。

图 339　辅 22　组合辅助

9.3　告示标志

9.3.1　用以解释、指引道路设施、路外设施,或者告示有关道路交通安全法和道路交通安全法实施条例的内容。告示标志的设置有助于道路设施、路外设施的使用和指引,取消其设置不影响现有标志的设置和使用。

9.3.2　告示标志一般为白底、黑字、黑图形、黑边框,版面中的图形标识如果需要可采用彩色图案。示例见图 340。

图 340　告示标志例

9.3.3　告示标志的设置不应影响警告、禁令、指示和指路标志的设置和视认。

9.3.4　告示标志和警告、禁令、指示和指路标志设置在同一位置时,禁止并设在一根立柱上,需设置在警告、禁令、指示和指路标志的外侧,如图 341 所示。

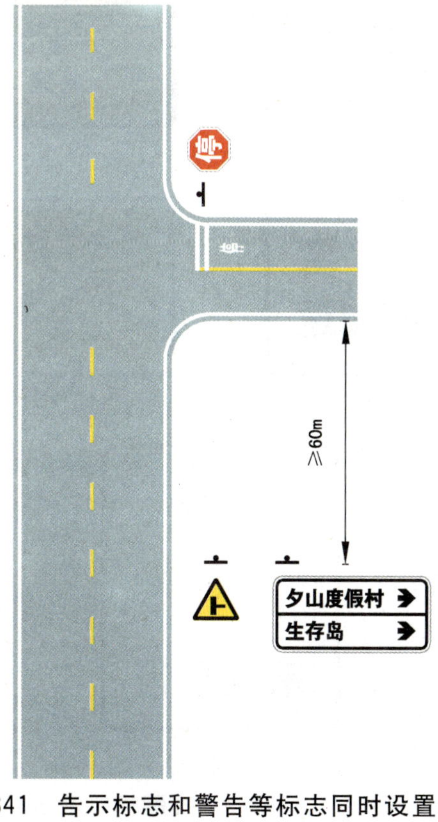

图 341　告示标志和警告等标志同时设置示例

9.3.5 行车安全提醒(图 342)

行车安全提醒标志用于提醒驾驶员在行驶过程中一些需要注意的情况或需要避免的驾驶行为，包括相关法律法规禁止的行为。图 342 为各类行车安全提醒的示例。

a) 严禁酒后驾车标志。提醒驾驶员不要酒后驾车，见图 342a)。

b) 严禁乱扔弃物标志。提醒驾乘人员不要向车外抛洒物品，见图 342b)。

c) 急弯减速标志。提醒驾驶员急弯减速行驶，见图 342c)。

d) 急弯下坡减速标志。提醒驾驶员急弯下坡减速行驶，见图 342d)。

e) 系安全带标志。提醒机动车驾驶员、乘坐人员应按规定使用安全带，见图 342e)。

f) 大型车靠右标志。提醒行驶速度较慢的大型车辆靠右行驶，见图 342f)。

g) 驾驶时禁用手机标志。提醒机动车驾驶员驾车时不要使用手持电话，见图 342g)。

a) 严禁酒后驾车标志

b) 严禁乱扔弃物标志

c) 急弯减速慢行标志

d) 急弯下坡减速慢行标志

e) 系安全带标志标志

图 342 行车安全提醒标志示例

f）大型车靠右

g）驾驶时禁用手机标志

图 342（续）

9.3.6　校车停靠站点标志（图 343）

提醒机动车驾驶员注意此处为校车停靠站点。

图 343　校车停靠站点

附　录　A
（资料性附录）
交通标志常用名词中英对照

序号	中　　　　文	英　　　　文
1	避险车道	Truck escape ramp
2	隧道	Tunnel
3	收费	Toll
4	免费	Free
5	入口	Entrance
6	出口	Exit
7	下一出口	Next exit
8	收费站	Toll station
9	停车领卡	Stop for ticket
10	减速慢行	Slow down
11	服务区	Service area
12	停车区	Rest area
13	停车场	Parking
14	观景台	Scenic area
15	休息区	Rest area
16	爬坡车道	Climbing lane
17	大型车靠右	Large vehicle use right lane
18	结束	End
19	道路交通信息	Traffic information
20	起点	Start
21	除公共汽车外	Buses are excepted
22	前方	Ahead
23	学校	School
24	海关	Douane
25	北京界	Beijing boundary
26	追尾危险	Don't follow too closely
27	保持车距	Maintain safe distance

序号	中　　文	英　　文
28	车距确认	Keep distance
29	前方进入超限检测区	Weigh station ahead
30	超限检测站	Weight station
31	私人专属	Private

附　录　B
（规范性附录）
高速公路编号标志字高

B.1　国家高速公路命名、编号标志

B.1.1　国家高速公路命名编号标志

B.1.1.1　一般规定

国家高速公路命名编号标志由“国家高速”、编号和中文简称三部分组成。形状为长方形，颜色为绿底、白字、白边框、绿色衬边，其中“国家高速”为红底、白字。

国家高速公路命名编号标志设置于国家高速公路的起点及沿线各互通式立体交叉入口后的适当位置。

B.1.1.2　字高及版面尺寸

B.1.1.2.1　设置于国家高速公路的起点时，“国家高速”字高宜为 50 cm，字母标识符(G)和阿拉伯数字编号字高应相等，并宜为 70 cm，中文简称字高宜为 60 cm。版面规格为 330 cm×300 cm，如图 B.1 示例。起点处的国家高速公路命名标志宜和高速公路起点图形标志并列设置。如图 B.2 示例。

图 B.1　设置于国家高速公路起点处编号标志

图 B.2　编号标志和起点标志并设示例

B.1.1.2.2　设置于沿线各互通式立体交叉入口后适当位置时，“国家高速”字高宜为 10 cm，字母标识符和编号字高应相等，并宜为 45 cm，中文简称字高一般采用 20 cm。国家高速公路编号为 1～2 位数时，版面规格为 125 cm×120 cm；国家高速公路编号为 3 位数时，英文字高为数字高度的 2/3，版面规格为 145 cm×120 cm；国家高速公路编号为 4 位数时，版面规格为 170 cm×120 cm。当中文简称的文字数目大于 4 时，其高度可根据版面总宽度采用 10 cm～20 cm 的宽度。如图 B.3 示例。

图 B.3 单独设置时示例

B.1.2 国家高速公路编号标志

B.1.2.1 一般规定

国家高速公路编号标志作为指路标志的路线信息，出现在指路标志版面中。

国家高速公路编号标志由“国家高速”和编号两部分组成。形状为长方形，颜色为绿底、白字、白边框，其中“国家高速”为红底、白字。

B.1.2.2 字高及版面尺寸

国家高速公路编号标志的字高和版面的规定按表 B.1 选取。如图 B.4 示例。

表 B.1 国家高速公路编号作为指路标志信息字高和版面规定

指路标志所在道路设计速度/(km/h)	“国家高速”字高/cm	编号字高/cm	版面规格/cm×cm			
			1 位编号	2 位编号	3 位编号	4 位编号
80～120	10	45	100×100	125×100	145×100	170×100
小于 80	7	30	70×70	85×70	100×70	115×70
注：字母标识符“G”和阿拉伯数字采用等高。						

图 B.4 用于指路标志示例

图 B.4（续）

B.1.2.3　如因特殊需要而不能采用上述规定时，其高度应符合 3.7.4 的规定。

B.2　省级高速公路命名、编号标志

B.2.1　省级高速公路命名编号标志

省级高速公路的命名编号标志由“×高速”、编号和中文简称三部分组成，其中“×”为所在省、自治区或直辖市的简称。形状为长方形，颜色为绿底、白字、白边框、绿色衬边，其中“×高速”为黄底、黑字。如图 B.5。设置位置、版面规格同国家高速公路命名编号标志。

图 B.5　省级高速公路命名编号标志示例

B.2.2　省级高速公路编号标志

省级高速公路编号标志有“×高速”、编号两部分组成，颜色为绿底、白字、白边框，其中“×高速”为黄底、黑字。如图 B.6。版面规格同国家高速公路编号标志。

图 B.6　省级高速公路编号标志示例

附　录　C
（资料性附录）
交通标志和标线配合建议

C.1　一般原则

C.1.1　如果条件具备，原则上应同时设置交通标志和标线。

C.1.2　路面未铺装，则应设置标志；道路空间受限无法设标志及基础，则应设置标线。

C.1.3　可以只设标线的，要考虑积雪的影响确定是否设标志。

C.1.4　可以只设标志的，要考虑车辆遮挡等的影响确定是否设标线。

C.2　交通标志和标线的配合建议

交通标志和标线的配合建议见表C.1。

表C.1　交通标志和标线的配合建议

情　形		标志	标线	说　　明
禁止掉头		必设	可选	
禁止超车		可选	必设	如果需要，在起点、终点设置标志
禁止占用对向车道			只设标线	
禁止车辆停放		原则上必设	可选	要考虑积雪影响； 需要对对象车辆及时间进行限制时，标志必设；
最高限速		必设	可选	
禁止驶入的渠化区			只设标线	
平面交叉中心禁止停车			只设标线	
分车型分车道行驶		原则上必设	可选	路面标记可选
专用车道		原则上必设	原则上必设	
公交专用、BRT等车道		原则上必设	原则上必设	
导向车道		原则上必设	原则上必设	可变导向车道，标志为可变标志
转弯方法（中心圈）			只设标线	
环岛		原则上必设	可选	标志指环岛环行车辆优先的指示标志
停车位		可选	原则上必设	有时段、时长要求时，以标志表示。车种要求可以标线表示
自行车在平面交叉的行为			只设标线	专用或禁止
人行横道	设有信号灯的场所		只设标线	未铺装路、积雪等原因，标线的设置及管理困难时，只设标志。
人行横道	没有设信号灯的场所	必设	必设	标志指人行横道的指示标志， 是否设置“人行横道”警告标志根据实际情况

表 C.1（续）

情　形		标志	标线	说　　明
平面交叉处停、让控制	停车让行	必设	原则上必设	未铺装路、积雪等原因，标线的设置及管理困难时，只设标志
	减速让行	必设	原则上必设	未铺装路、积雪等原因，标线的设置及管理困难时，只设标志
铁路道口	无人看守	原则上必设	原则上必设	如果需要设警告标志。 路面未铺装、积雪等，要设斜杠标志
注：必设、原则上必设均指符合设置条件情况下。				

附 录 D
（资料性附录）
交通标志制作图示例

交通标志制作图示例见图 D.1～图 D.130。除特殊说明外，h 为汉字高度。

单位为厘米

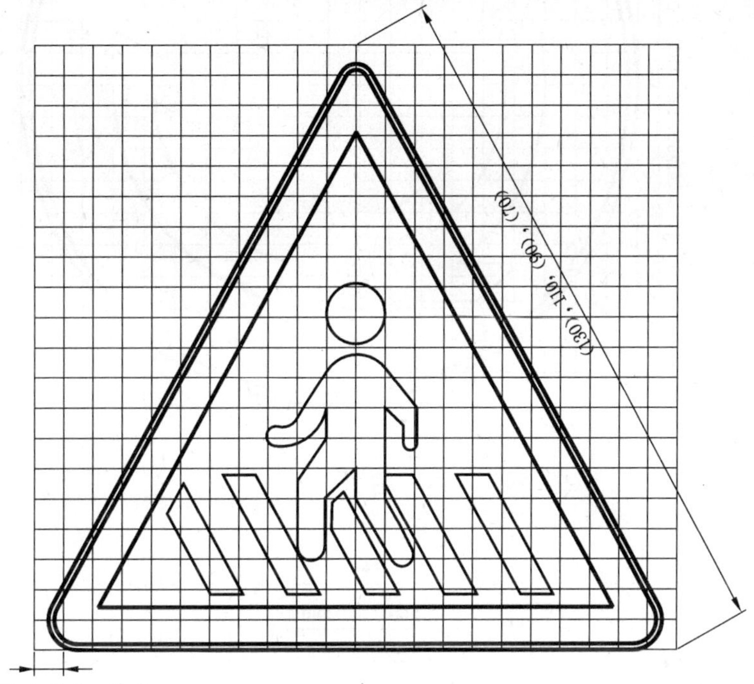

图 D.1

单位为厘米

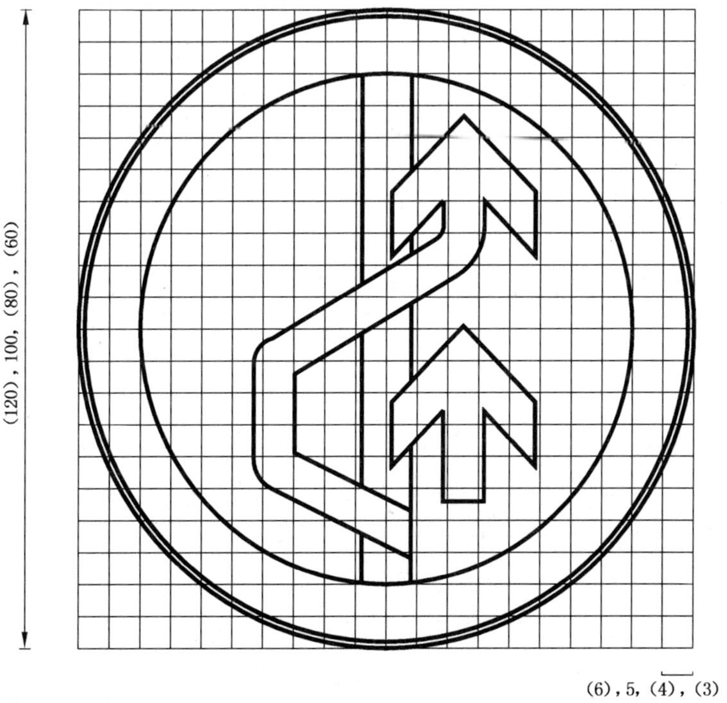

图 D.2

单位为厘米

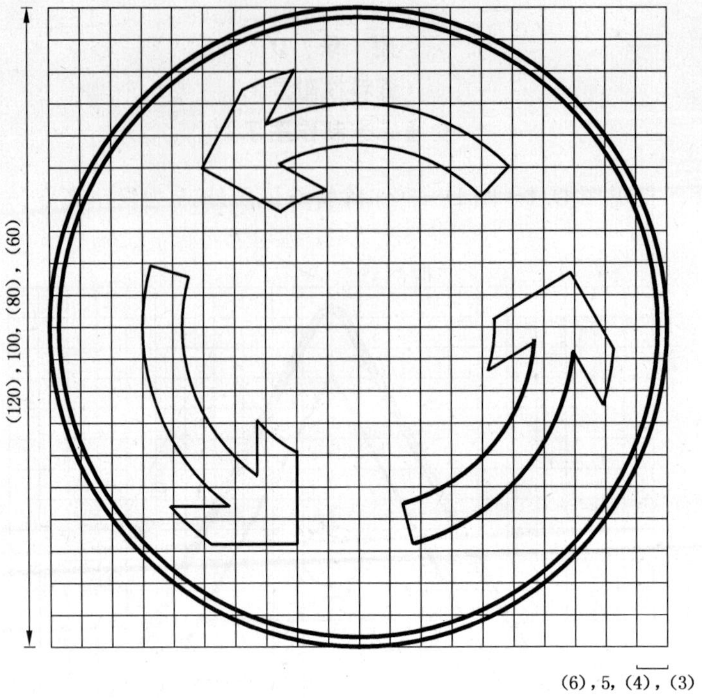

图 D.3

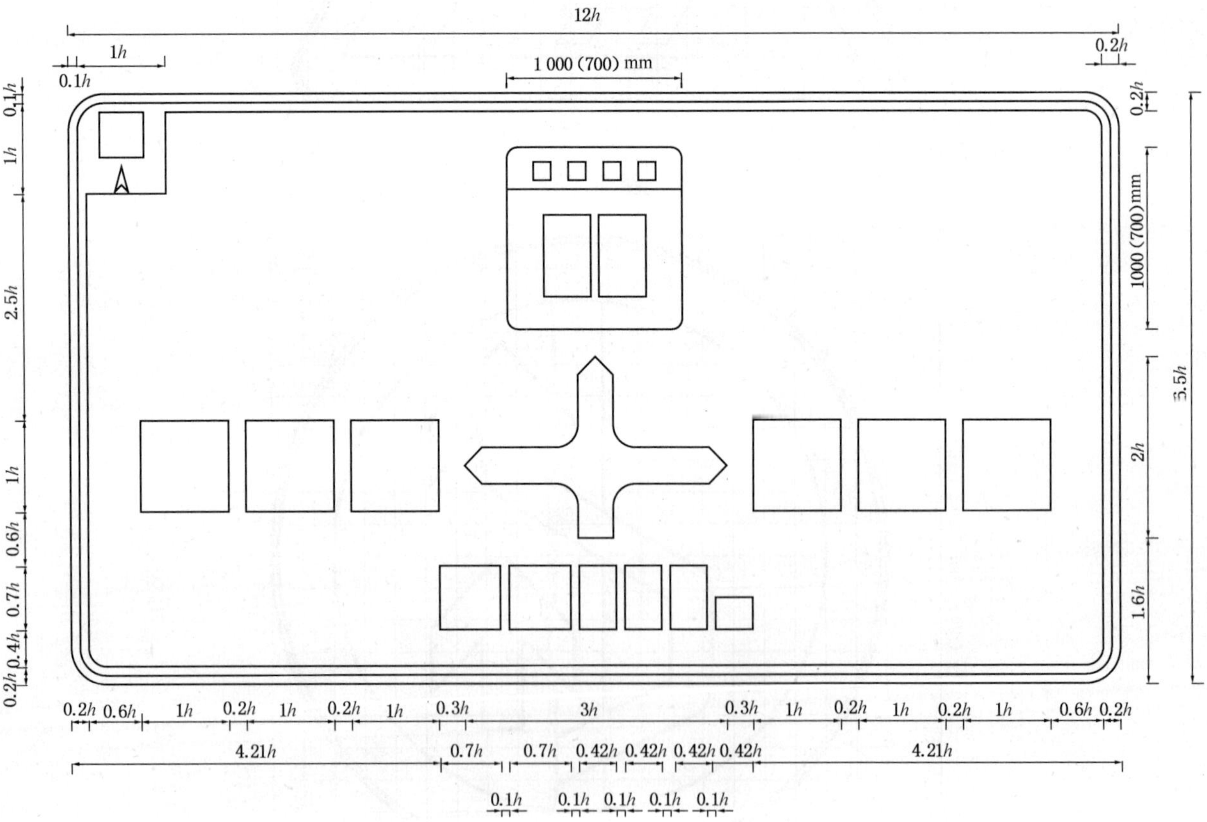

图 D.4 ［图 188a)］

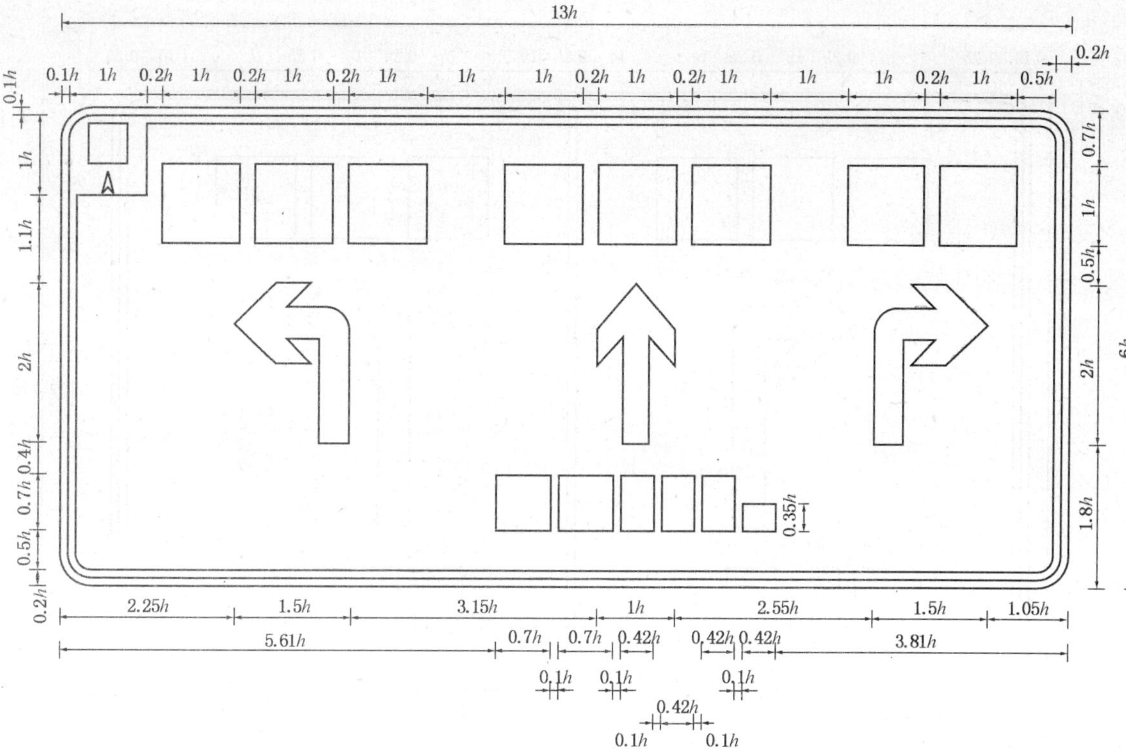

图 D.5 ［图 188b)］

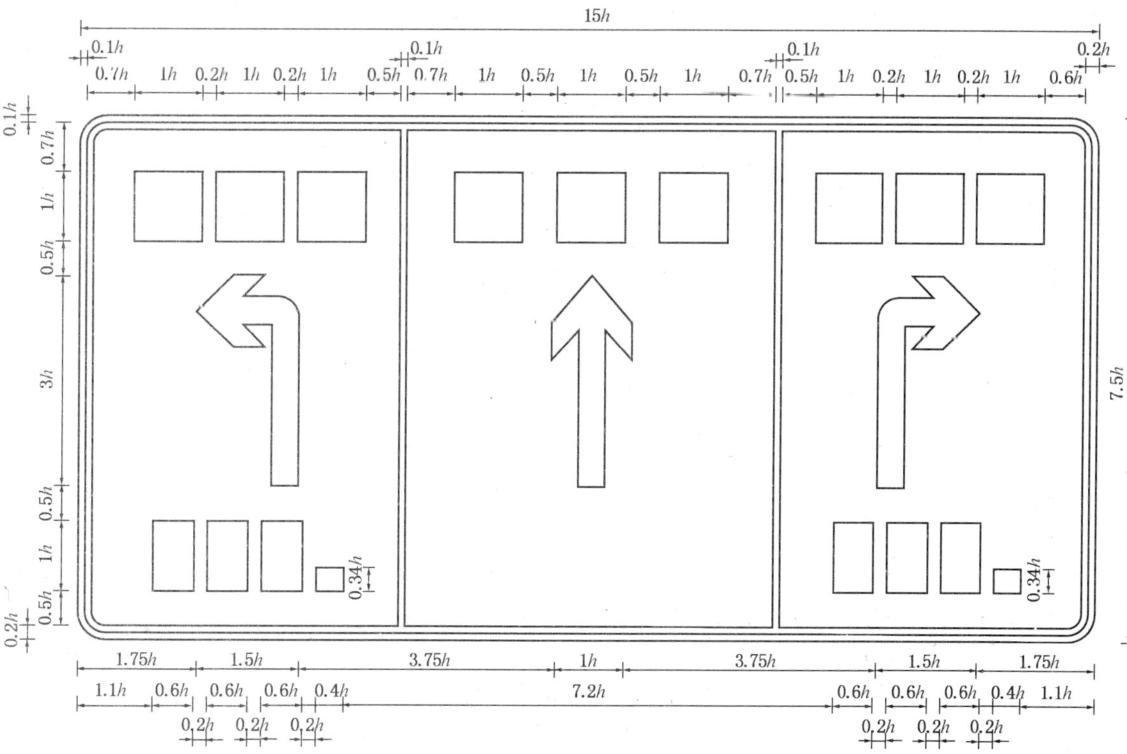

图 D.6 ［图 189a)］

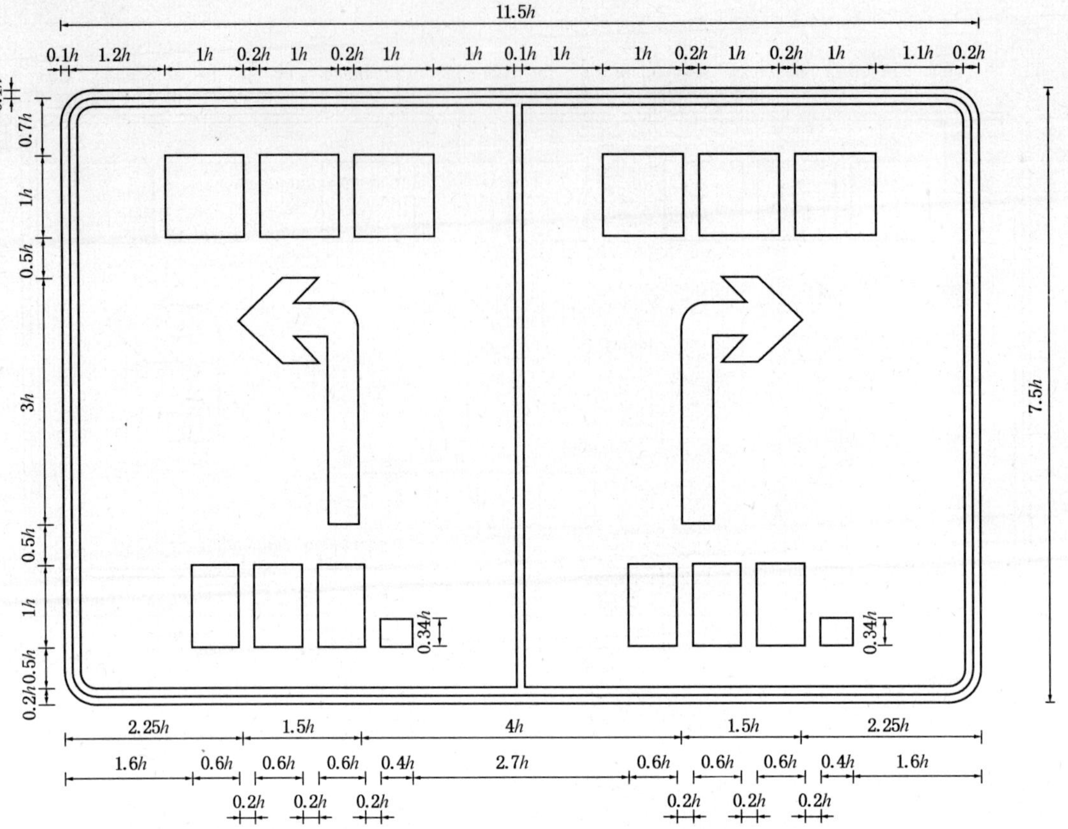

图 D.7 ［图 189b)］

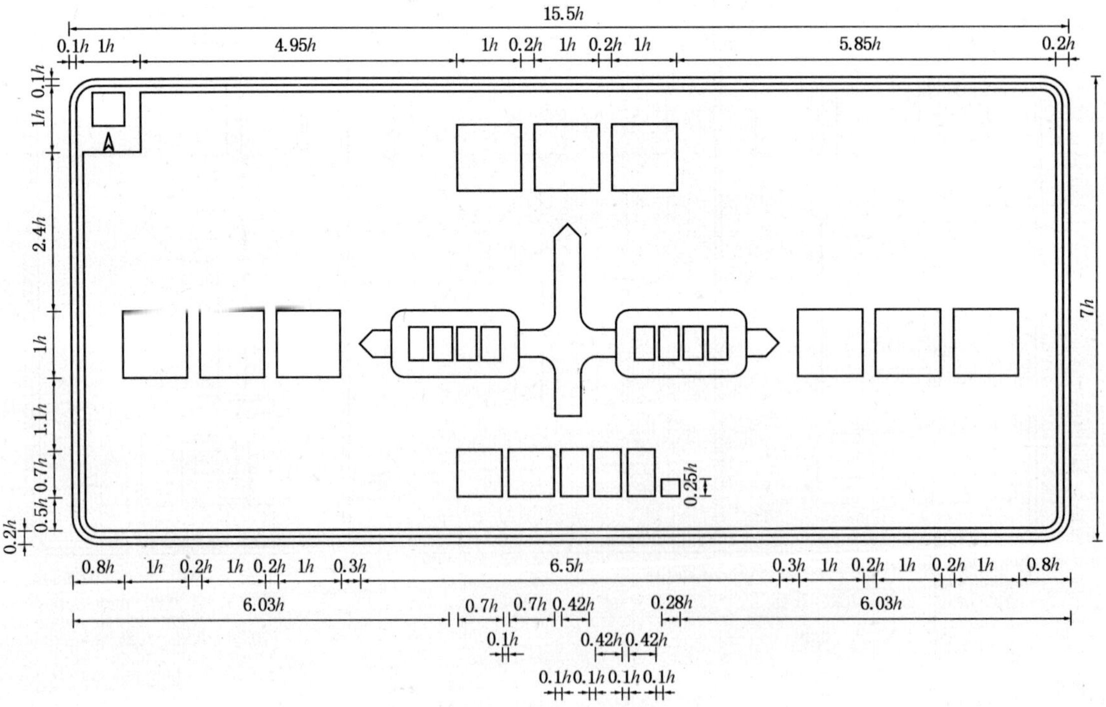

图 D.8 ［图 190a)］

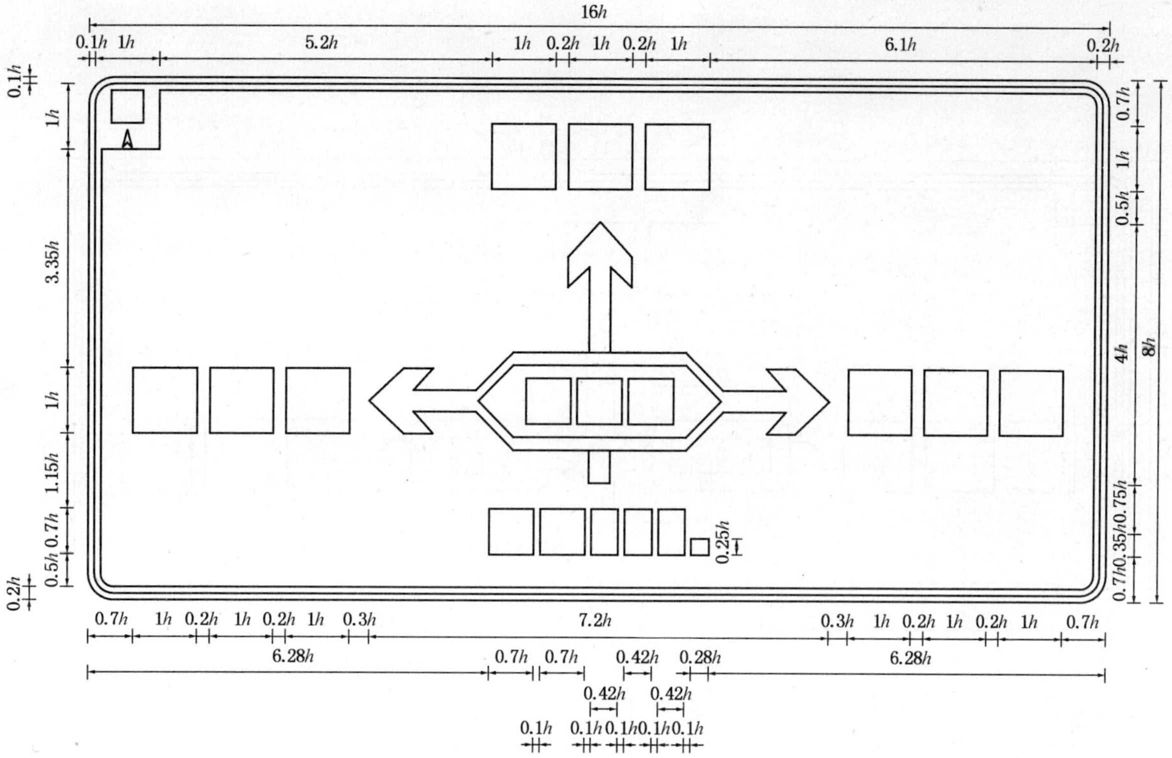

图 D.9 ［图 190b)］

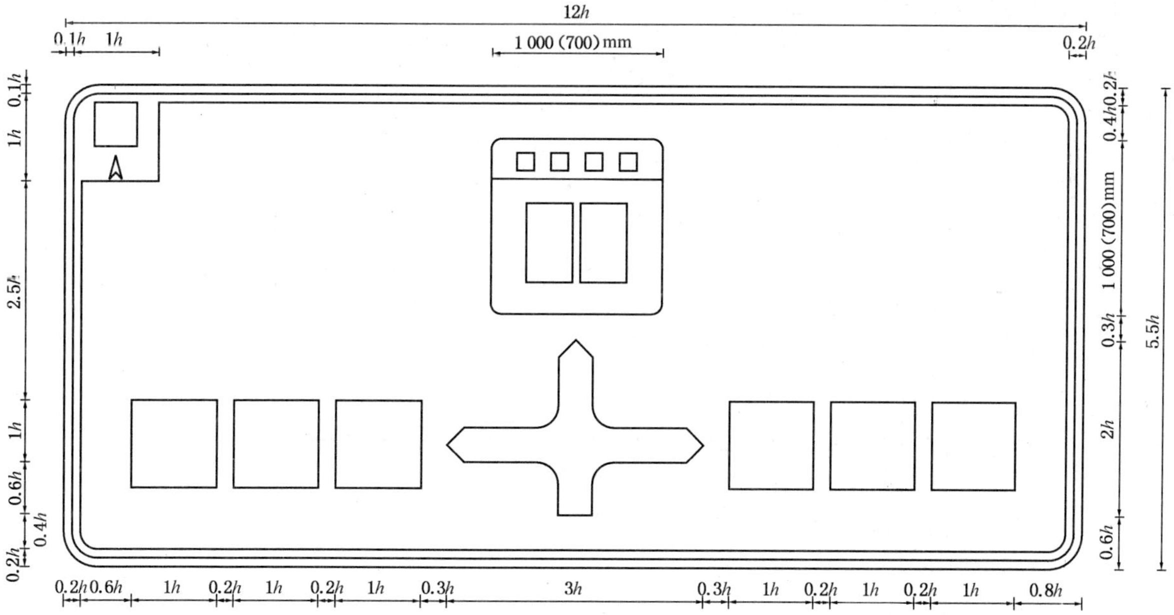

图 D.10 ［图 192a)］

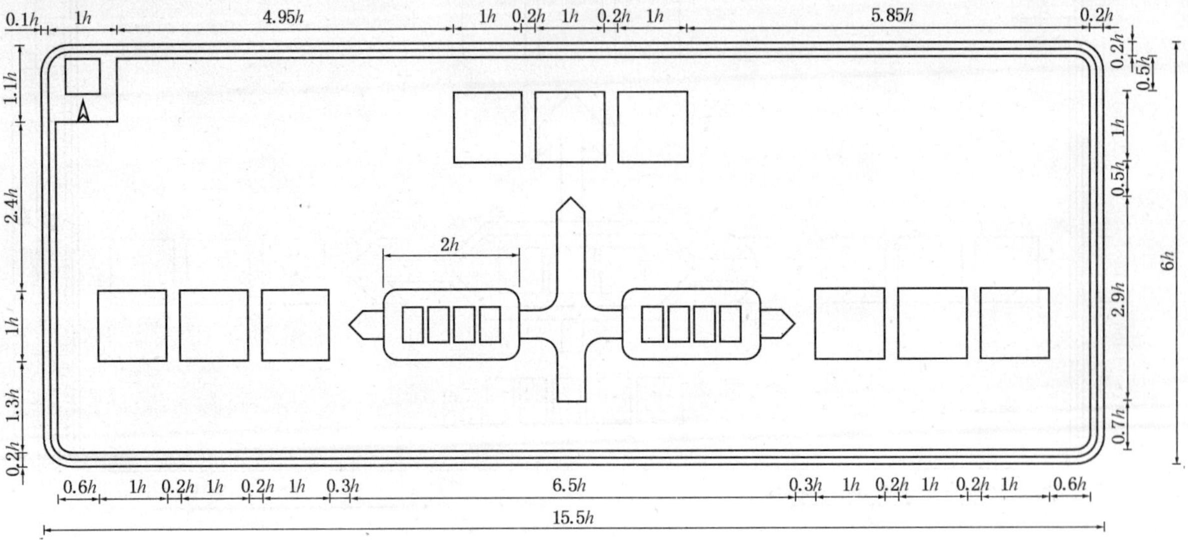

图 D.11 ［图 192b）］

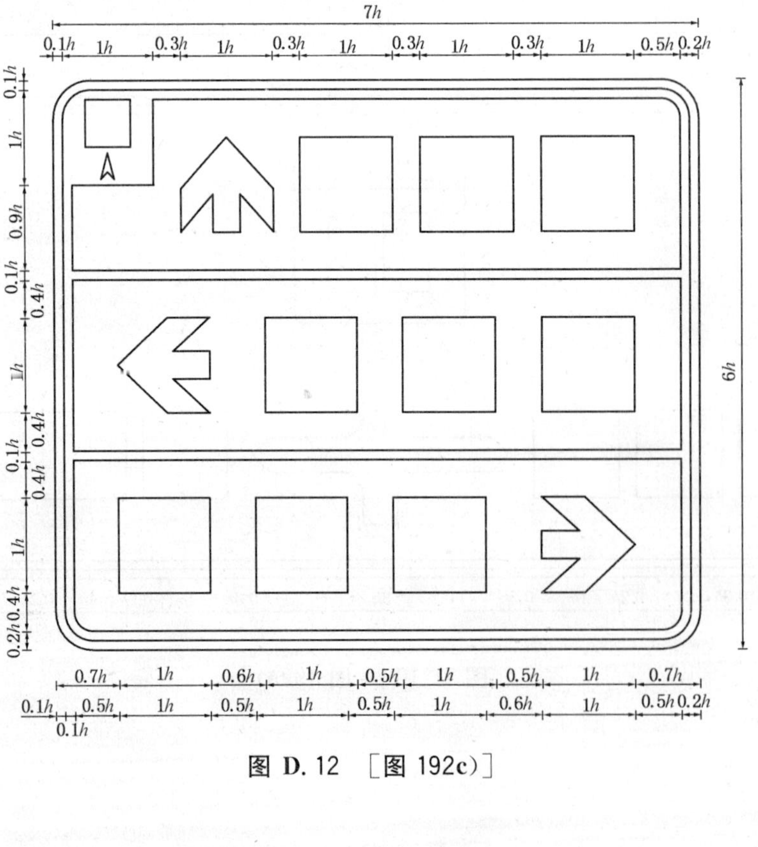

图 D.12 ［图 192c）］

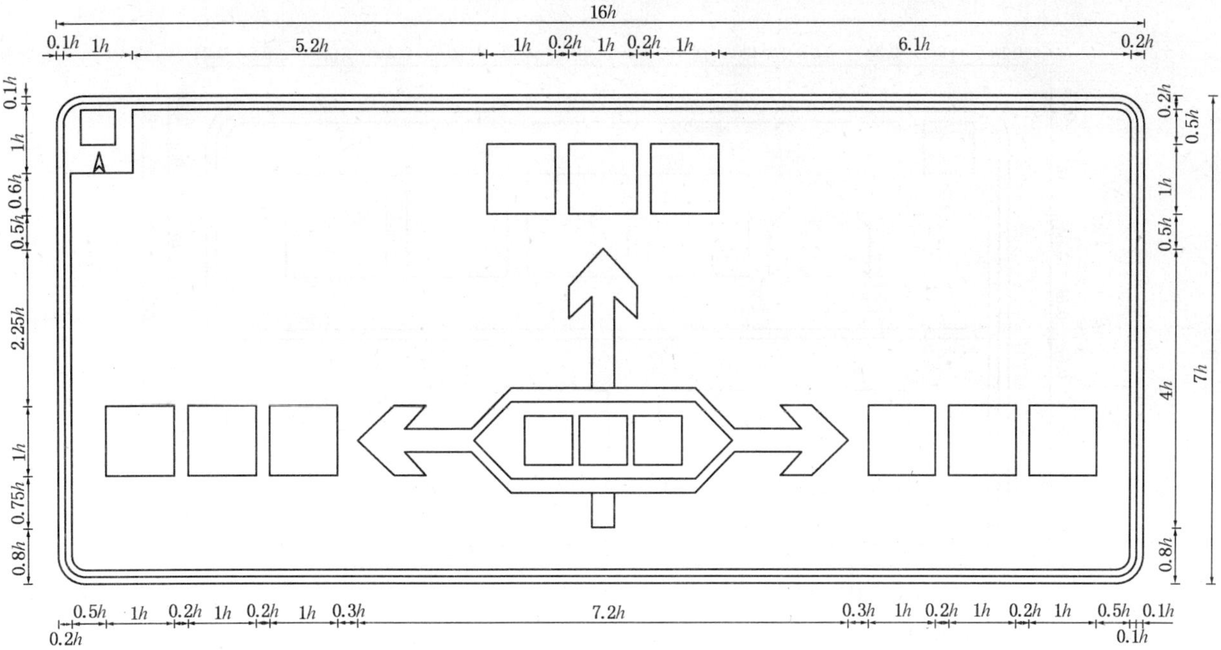

图 D. 13 ［图 192d)］

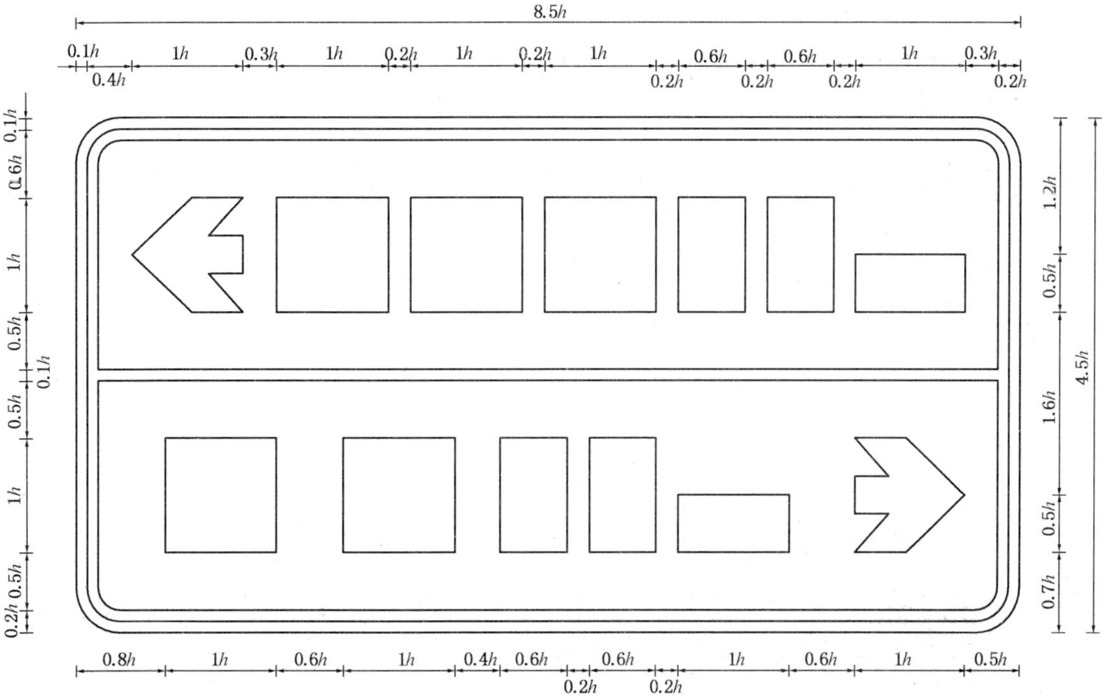

图 D. 14 ［图 193a)］

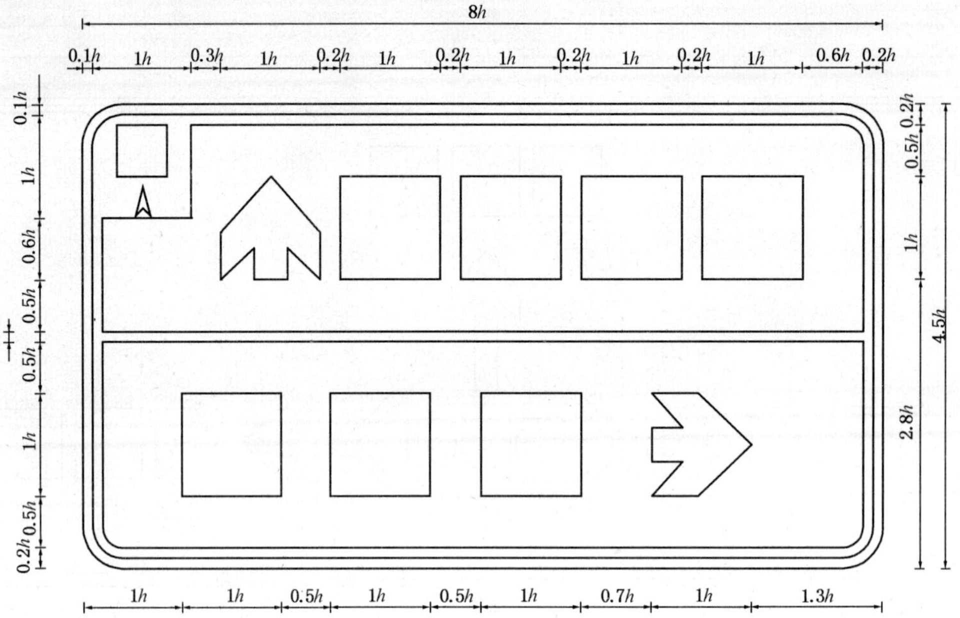

图 D.15 ［图 193b)］

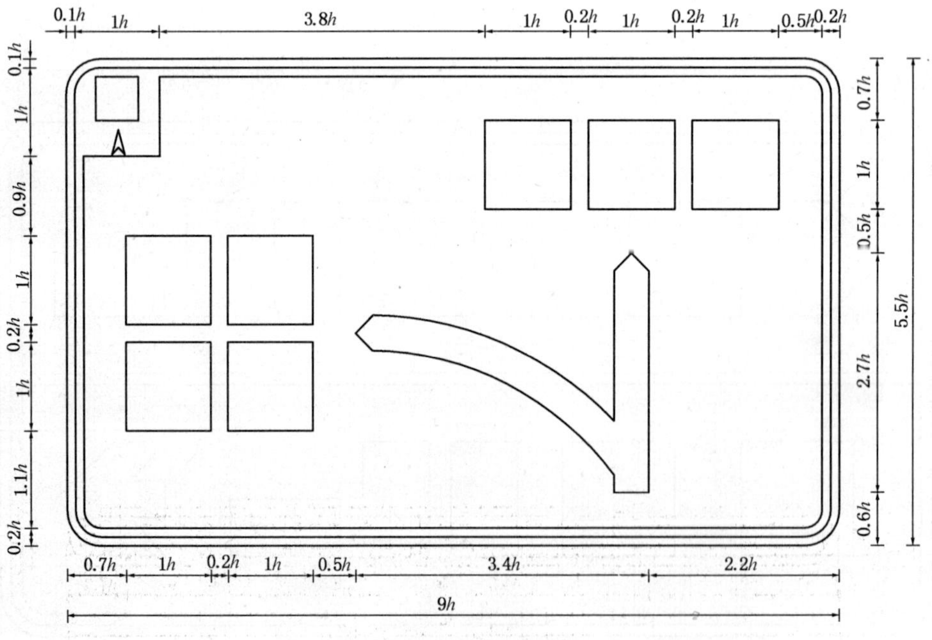

图 D.16 ［图 193c)］

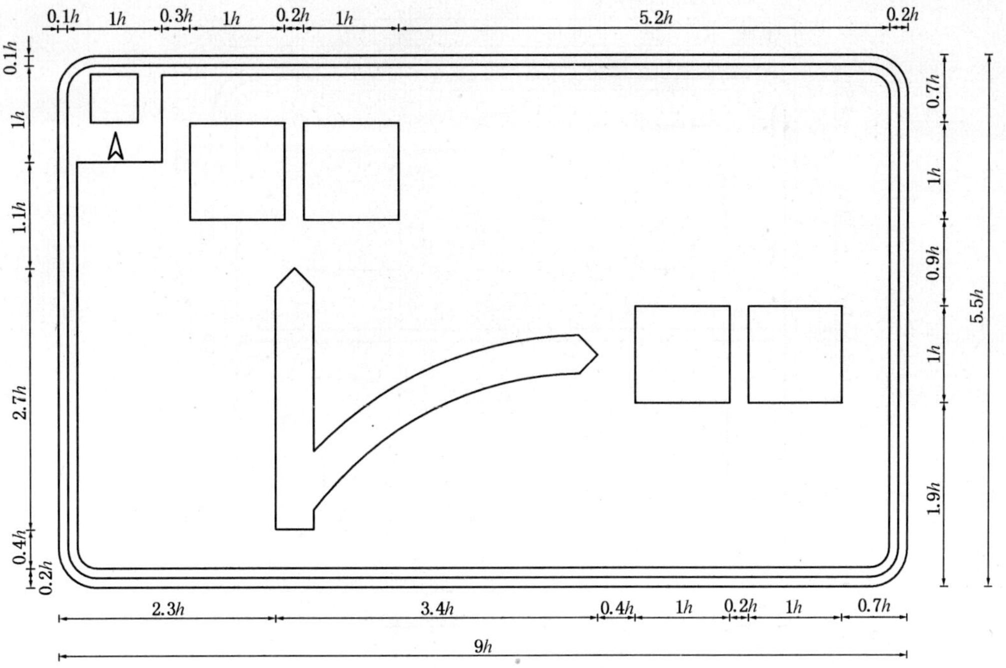

图 D.17 ［图 193d)］

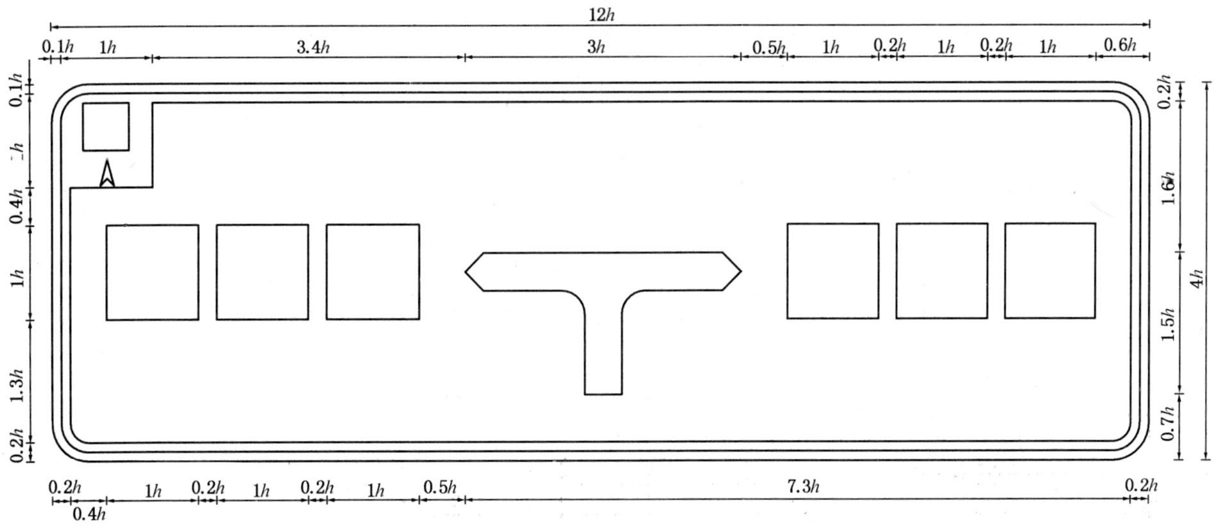

图 D.18 ［图 193e)］

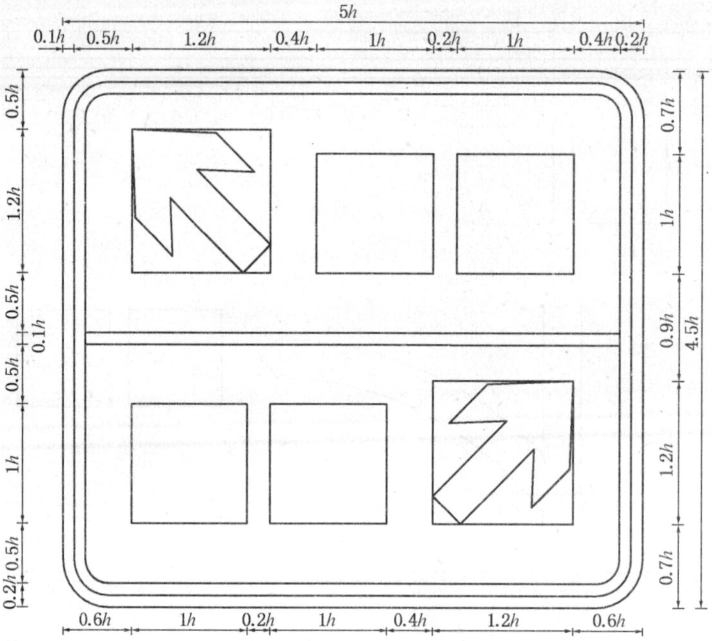

图 D.19* （图 194）

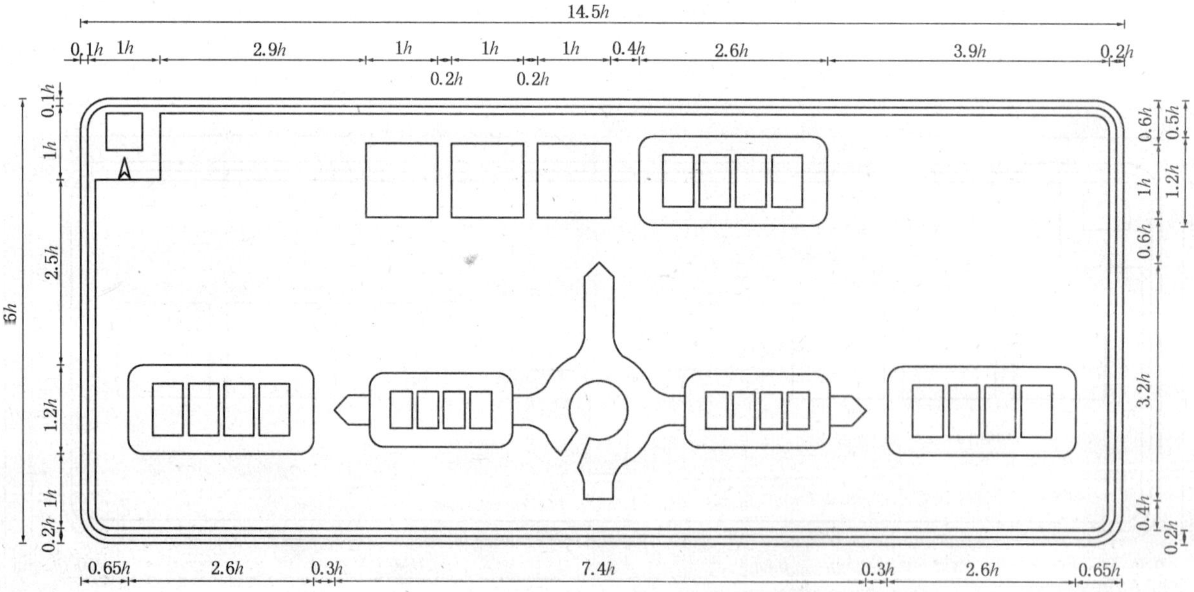

图 D.20 （图 196）

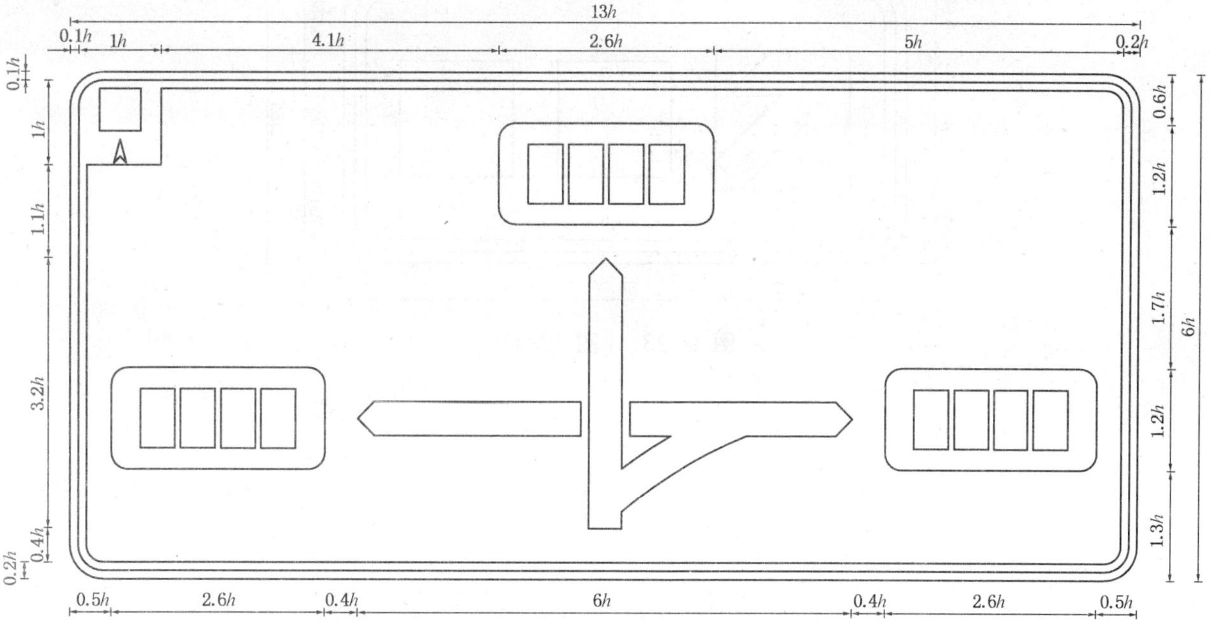

图 D.21 [图 198a)]

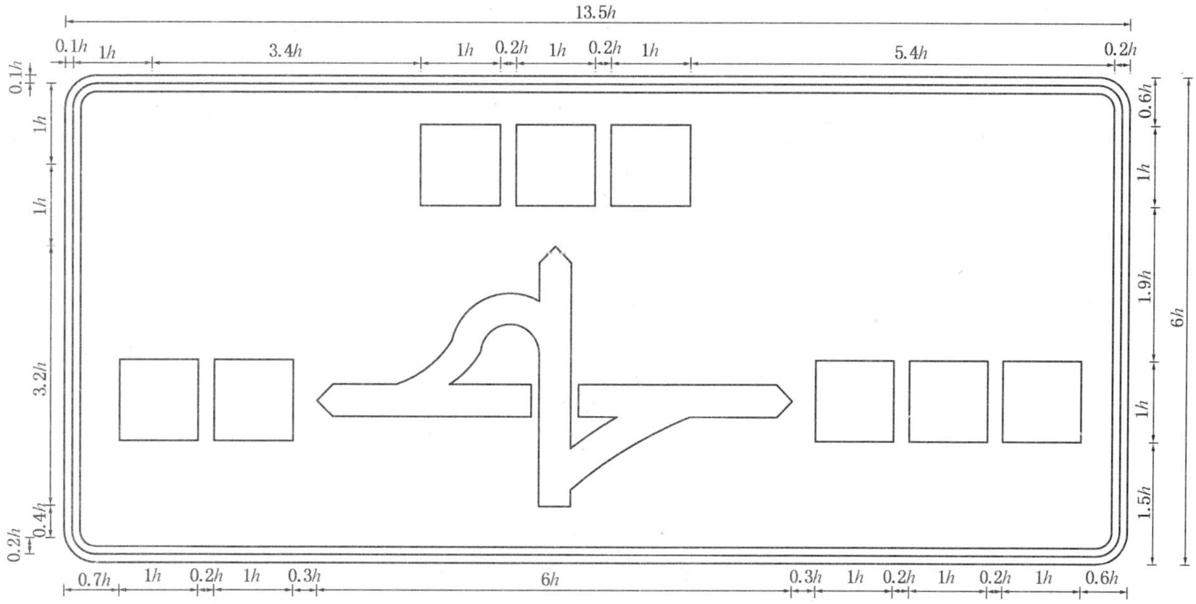

图 D.22 [图 198b)]

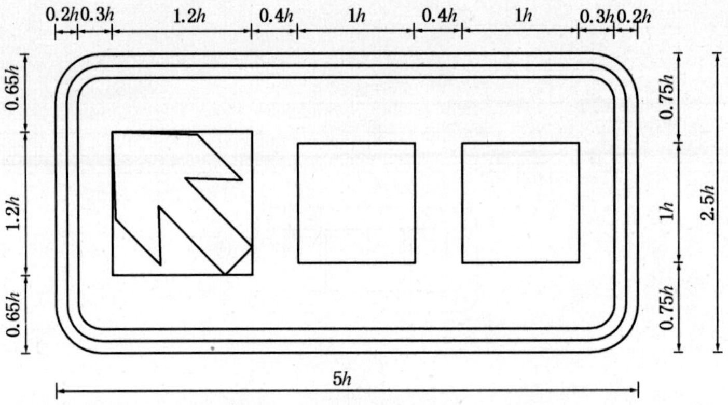

图 D.23 ［图 199a)］

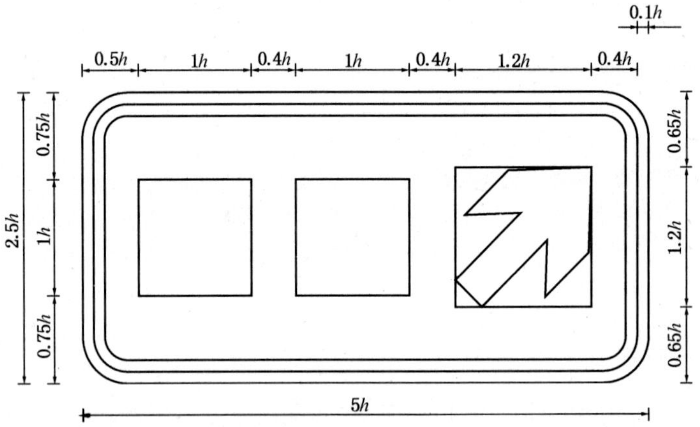

图 D.24 ［图 199b)］

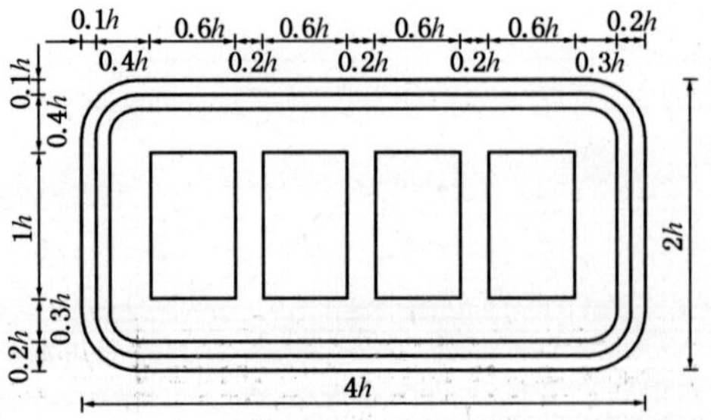

图 D.25 （图 201～图 204)(*h* 为字母和数字高度）

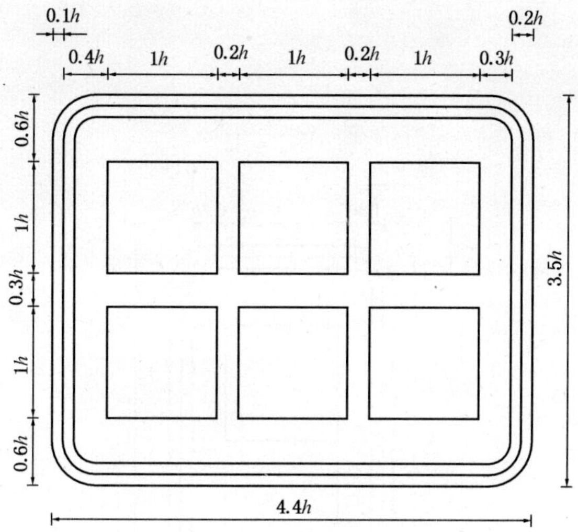

图 D.26 ［图 206a)］

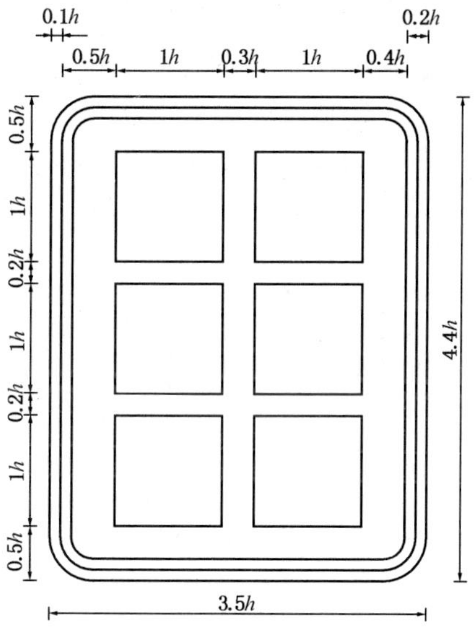

图 D.27 ［图 206b)］

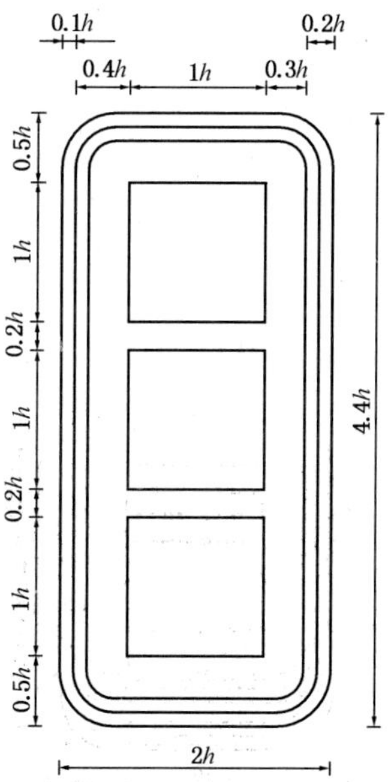

图 D.28 ［图 206c)］

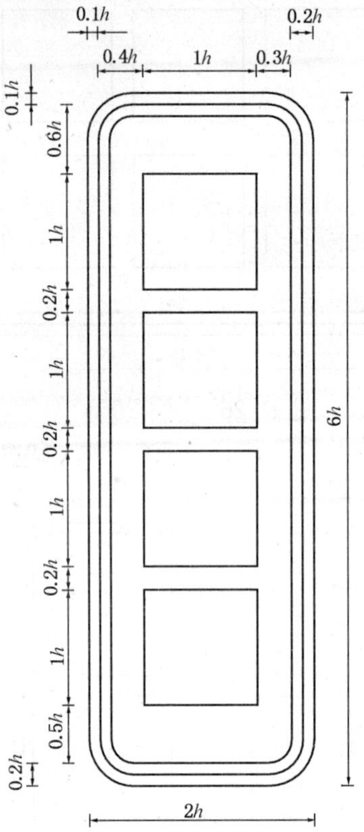

图 D.29 ［图 206d)］

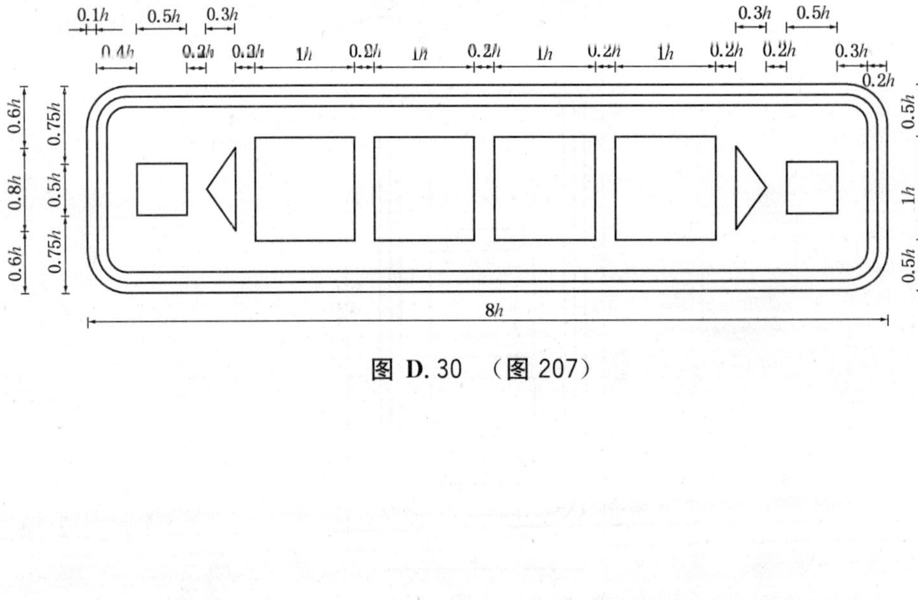

图 D.30 （图 207）

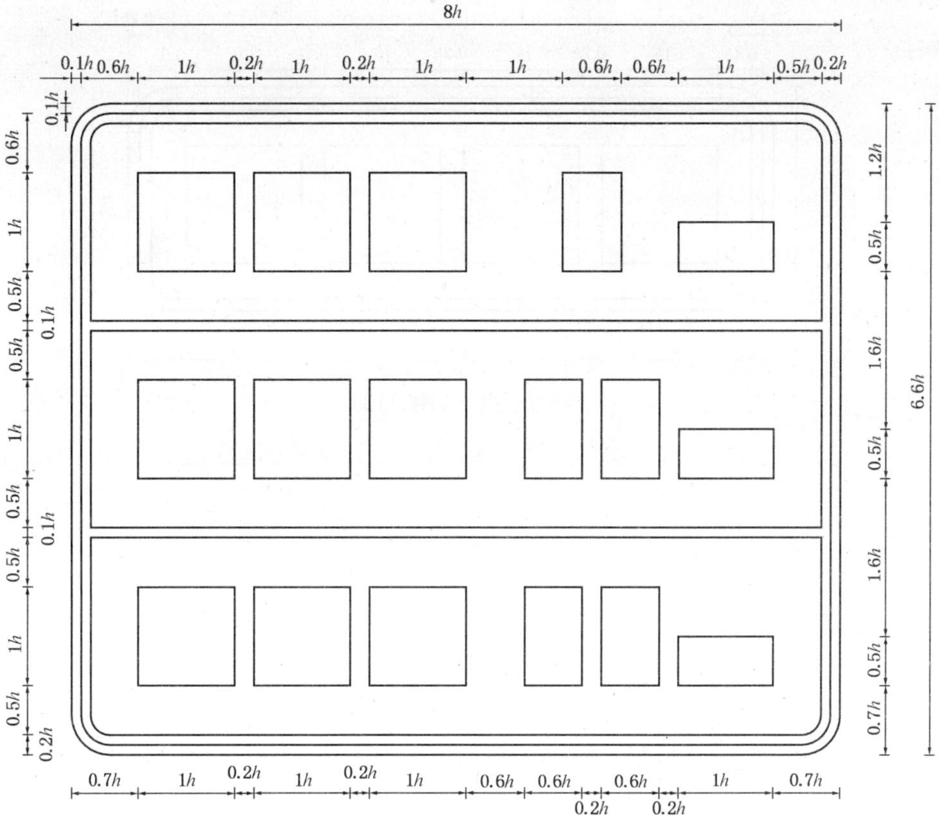

图 D.31 （图 208）

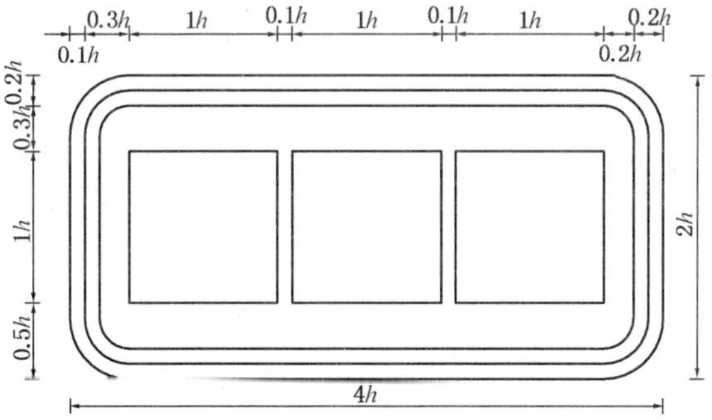

图 D.32 （图 209、图 212）

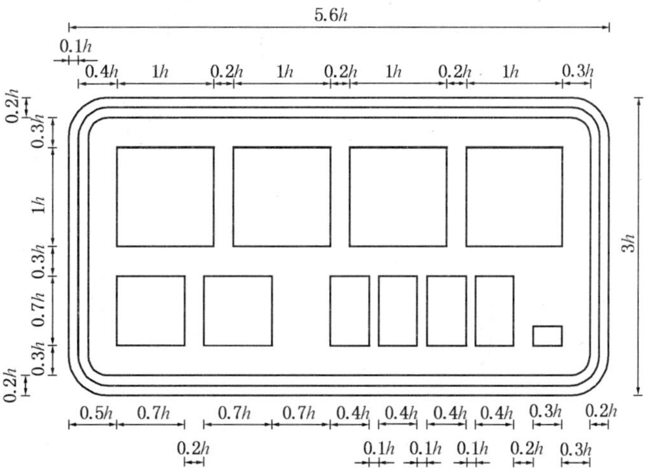

图 D.33 （图 211）

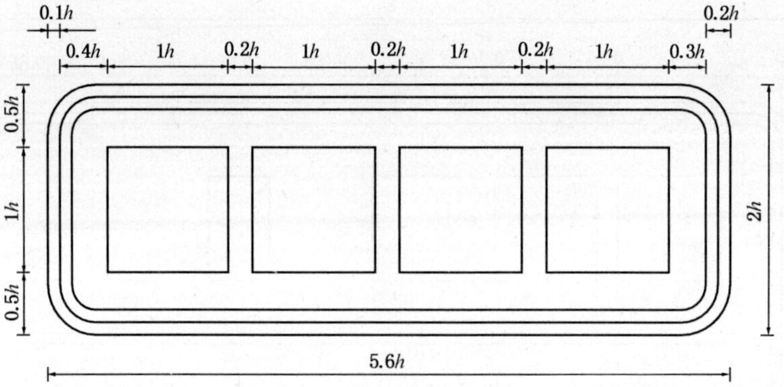

图 D.34 （图 213）

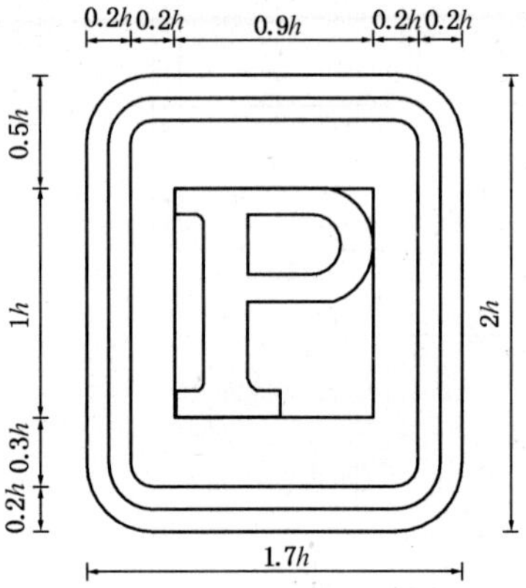

图 D.35 ［图 217a)］

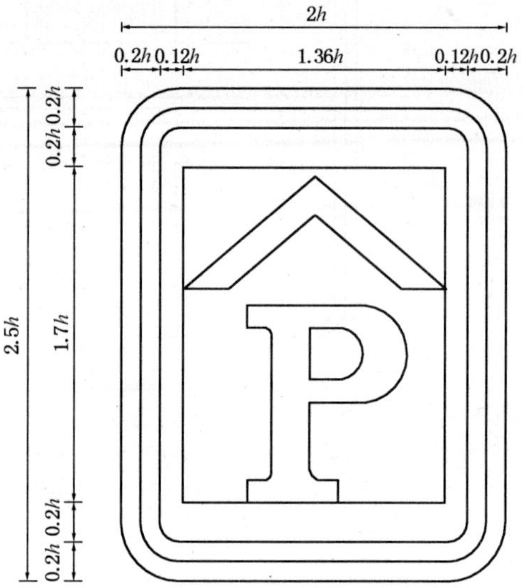

图 D.36 ［图 217b)］

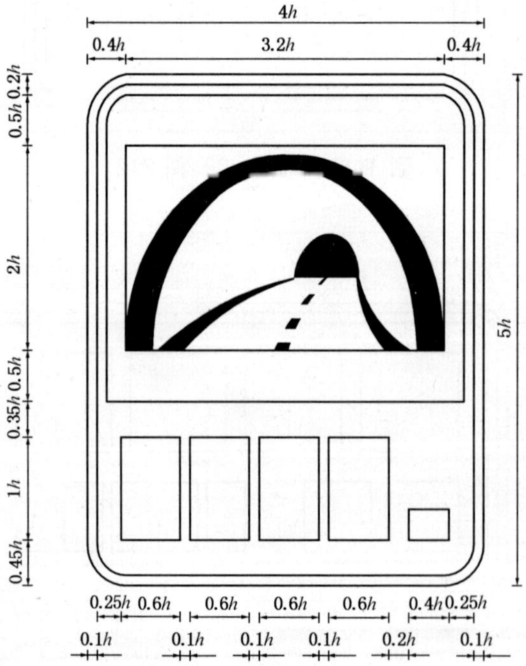

图 D.37 （图 239）

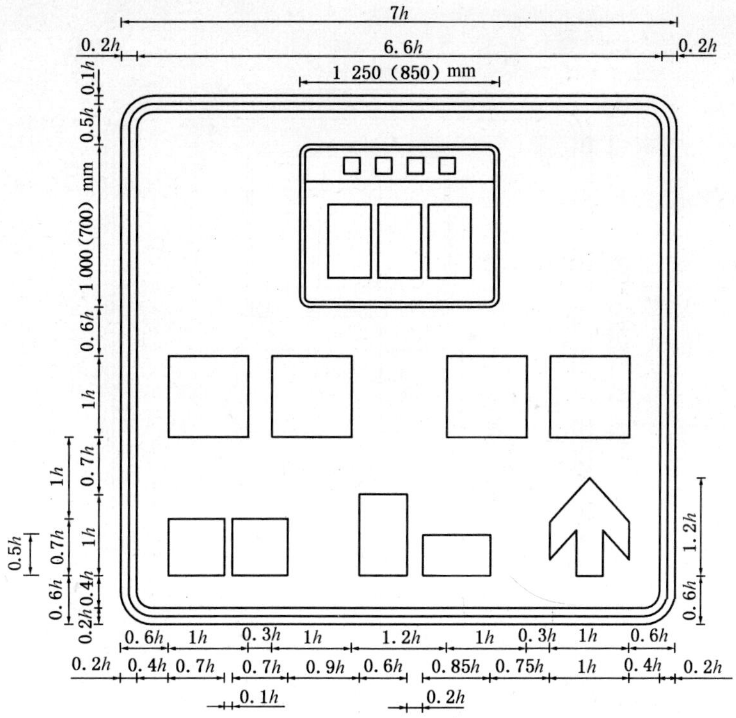

图 D.38 ［图 249a)、b)］

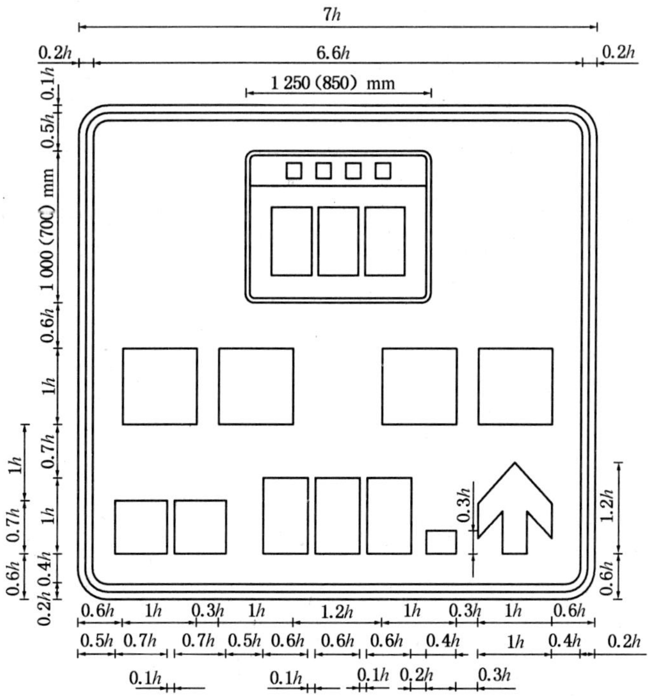

图 D.39 ［图 249c)］

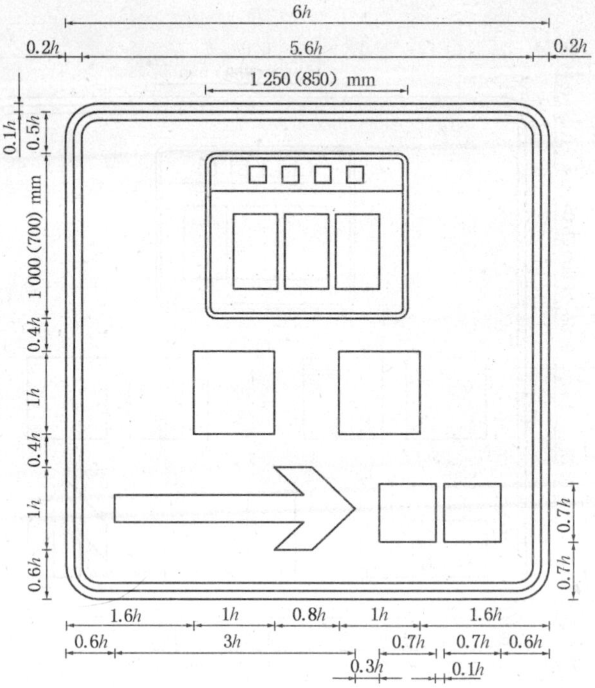

图 D.40 ［图 249d)、e)］

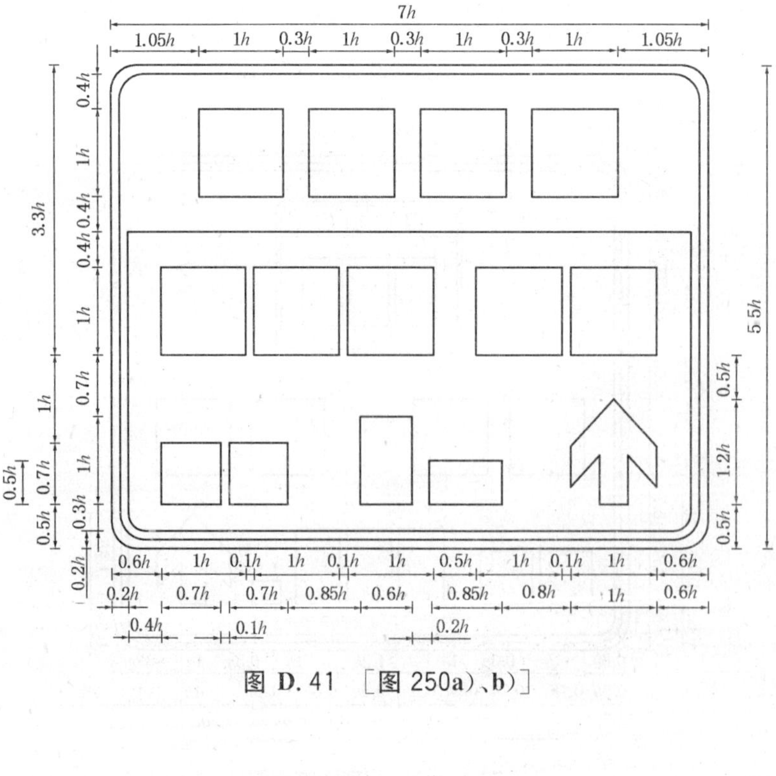

图 D.41 ［图 250a)、b)］

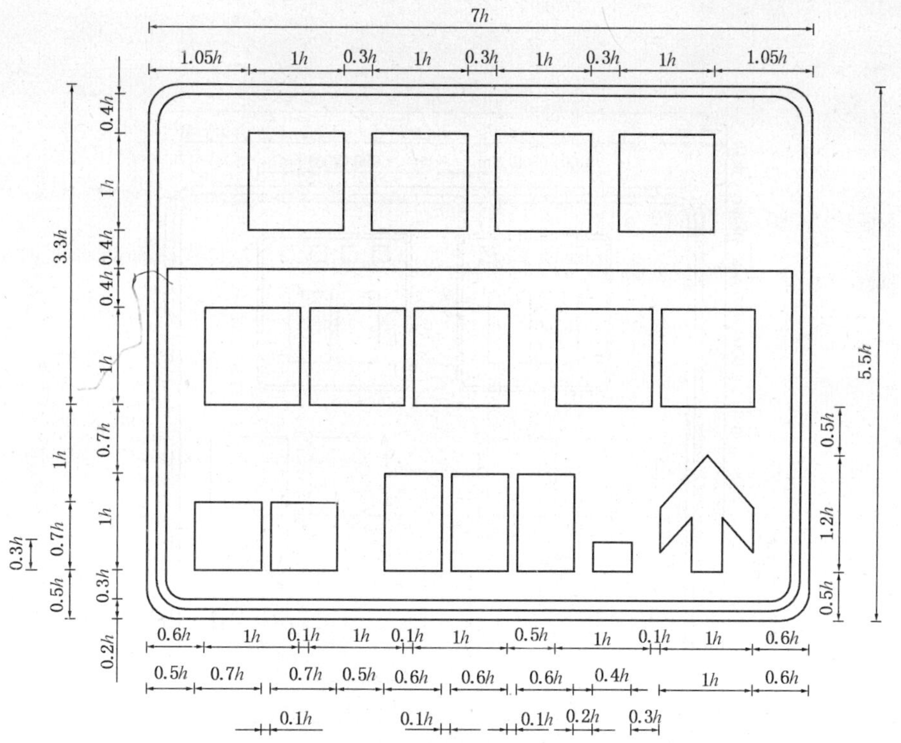

图 D.42 ［图 250c）］

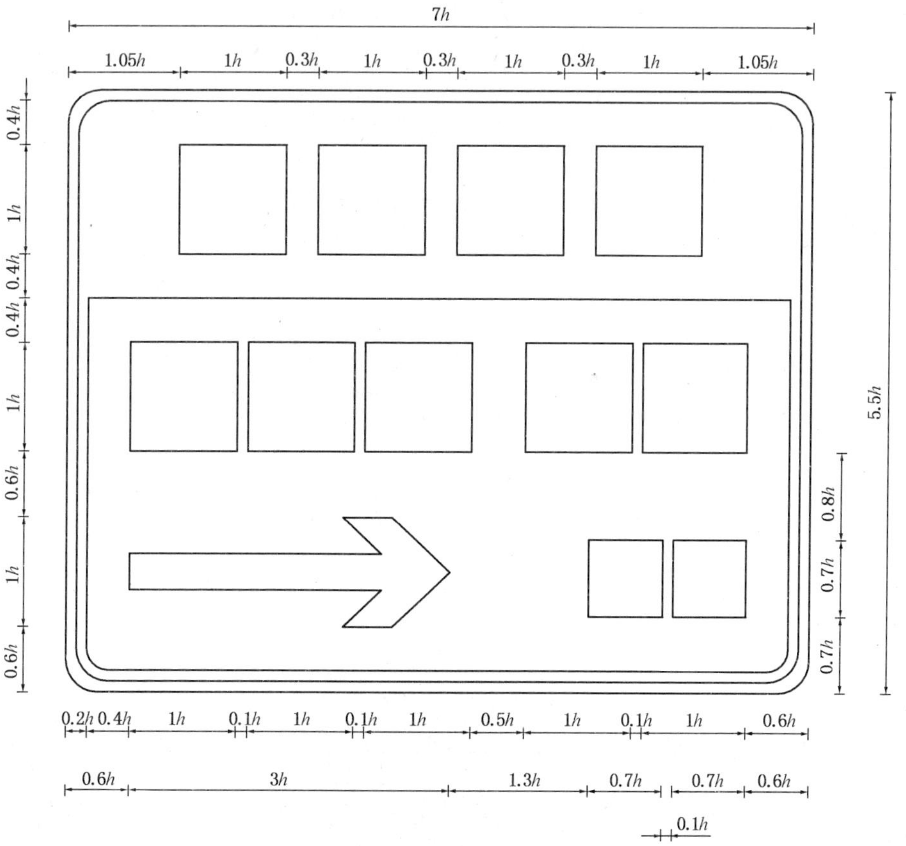

图 D.43 ［图 250d）、e）］

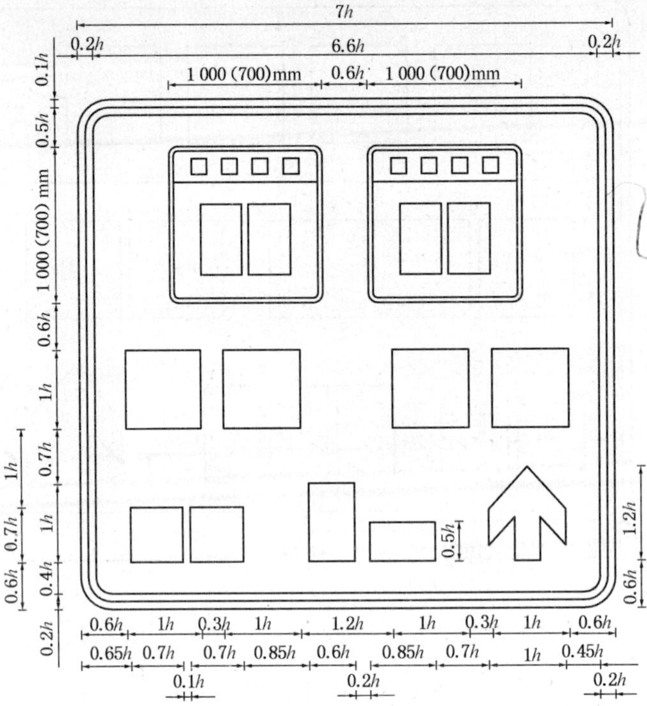

图 D.44 [图 251a)、b)]

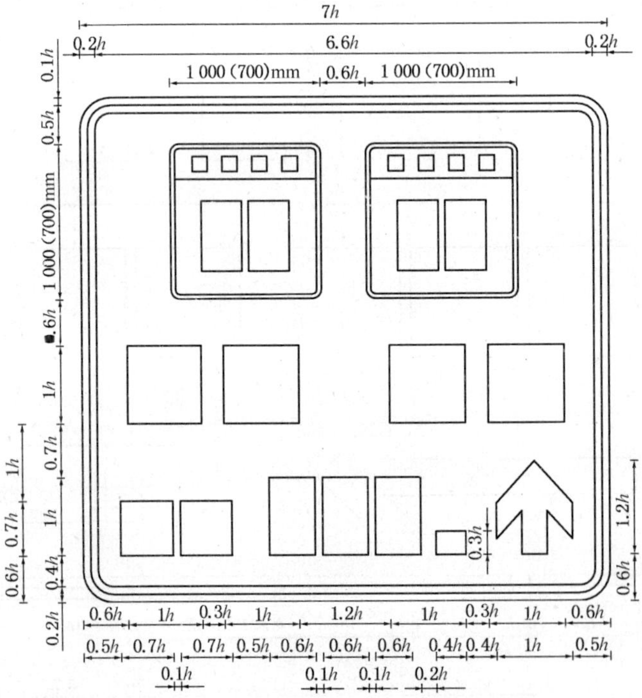

图 D.45 [图 251c)]

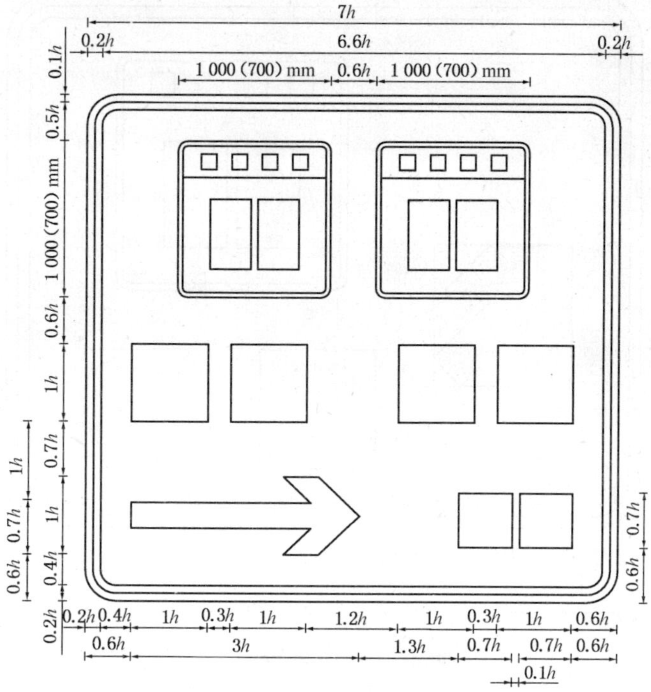

图 D.46 [图 251d)、e)]

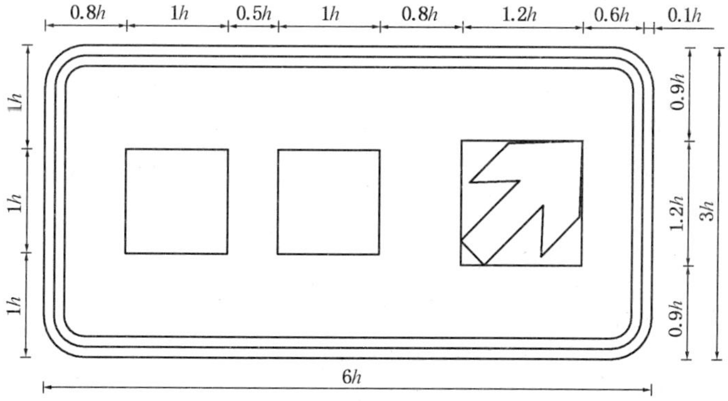

图 D.47 [图 252a)]

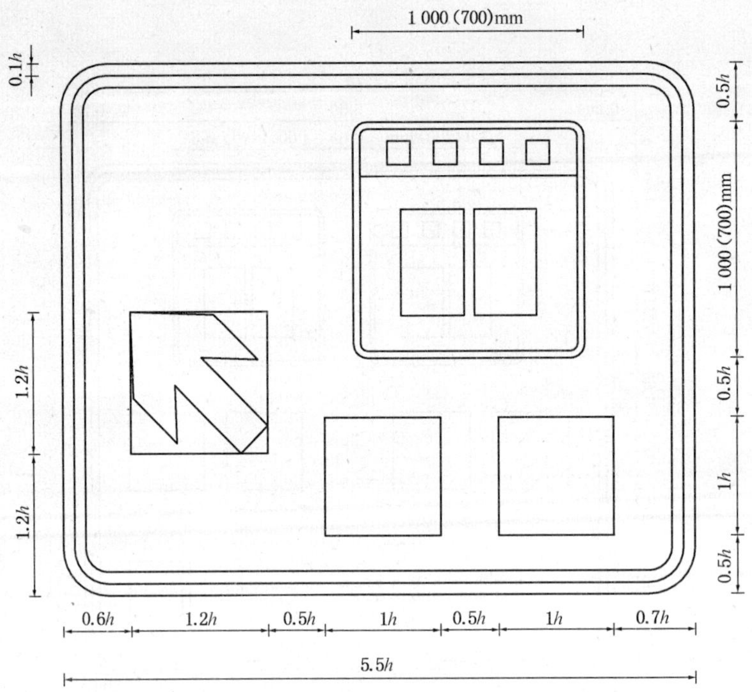

图 D.48 ［图 252b)］

单位为毫米

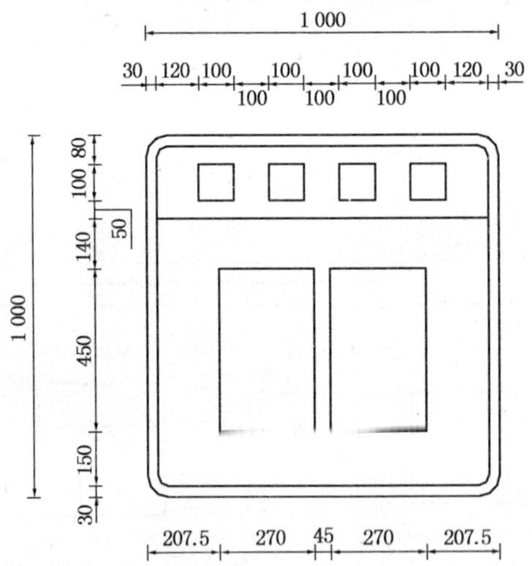

图 D.49 ［图 253a)］

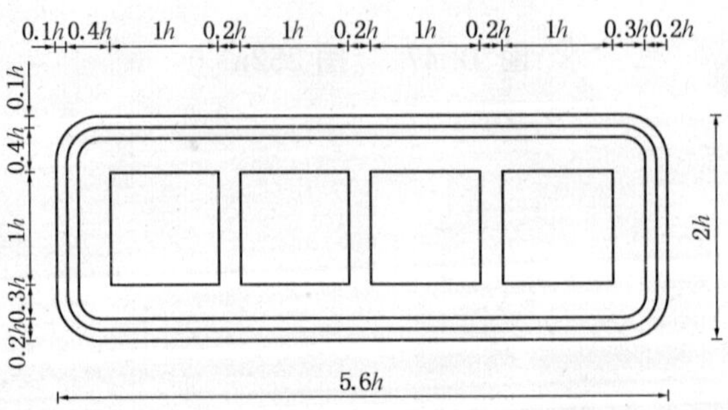

图 D.50 （图 256）

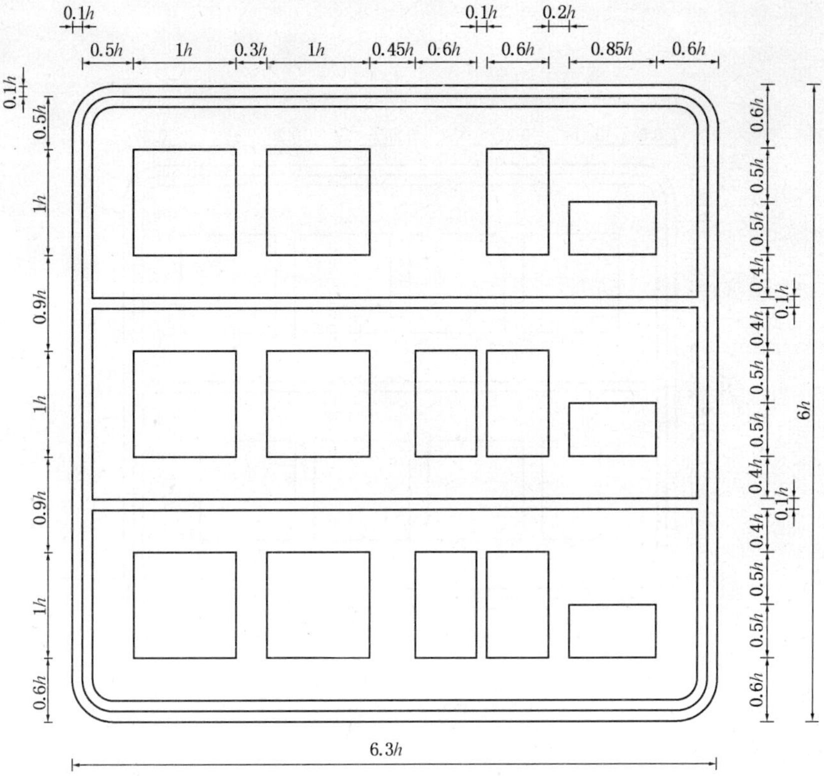

图 D.51 ［图 257a)］

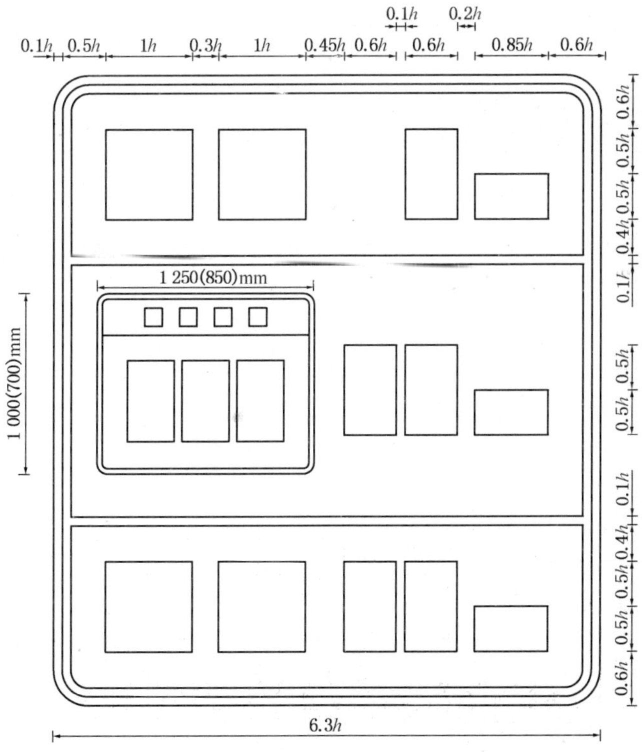

图 D.52 ［图 257b)］

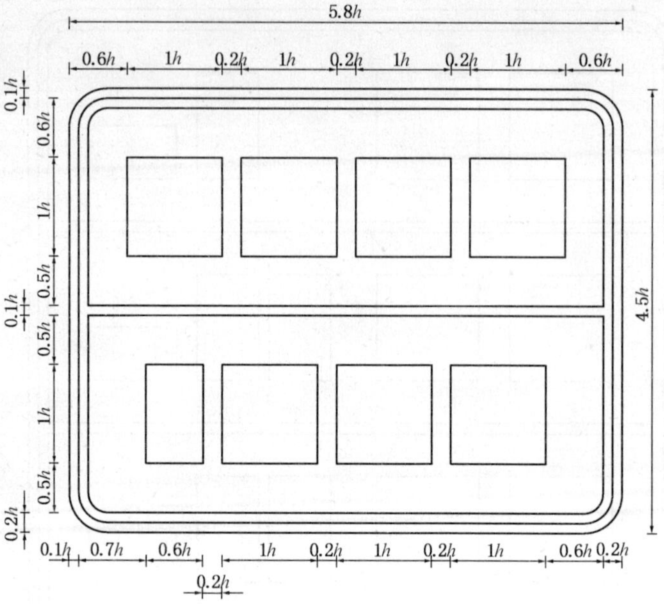

图 D. 53 ［图 258a)］

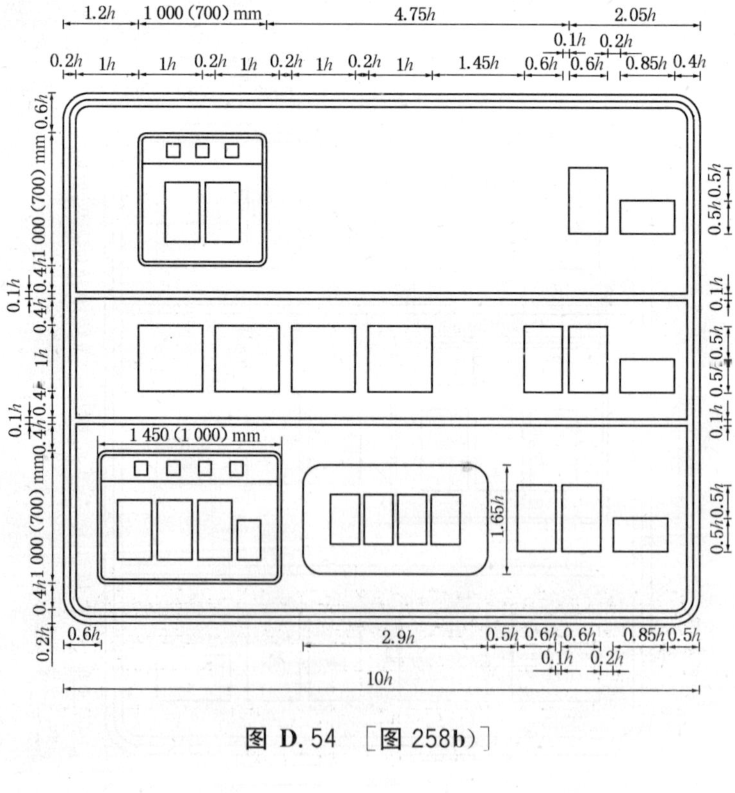

图 D. 54 ［图 258b)］

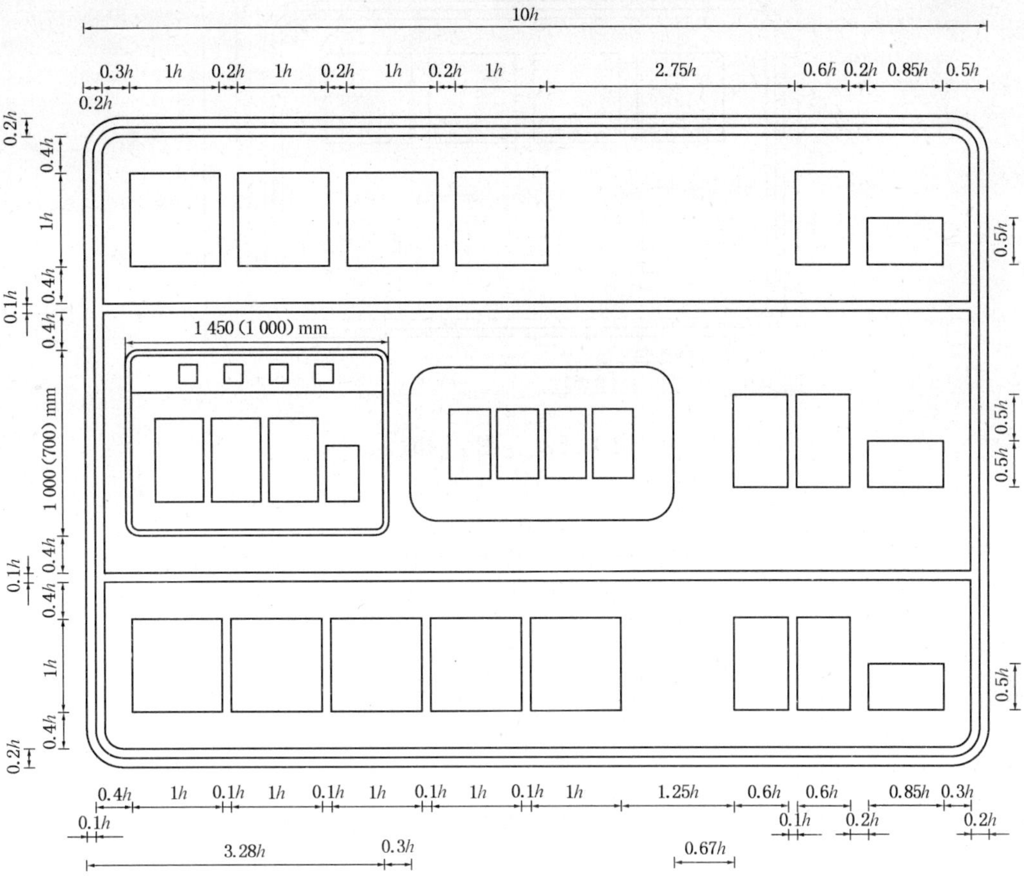

图 D.55 ［图 258c)］

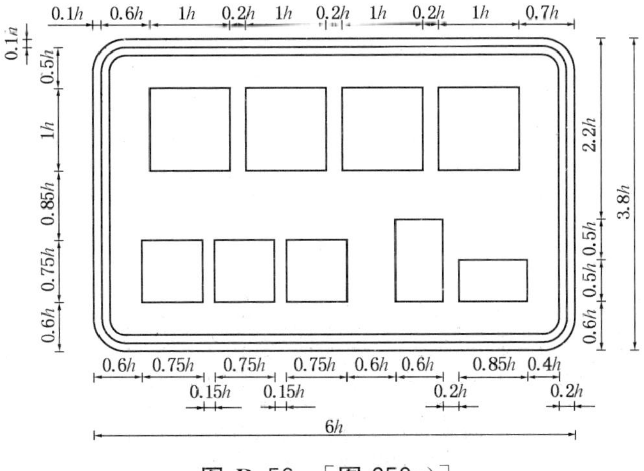

图 D.56 ［图 259a)］

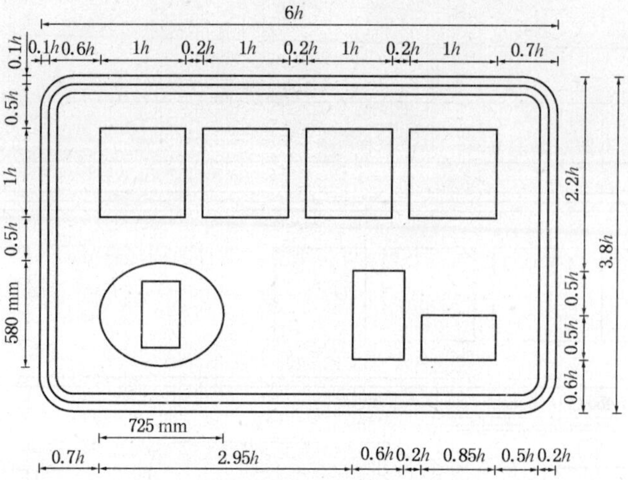

图 D.57 ［图 259b)］

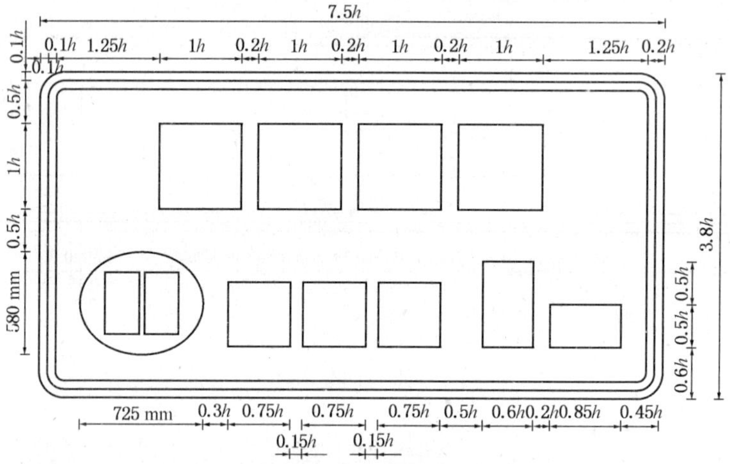

图 D.58 ［图 259c)］

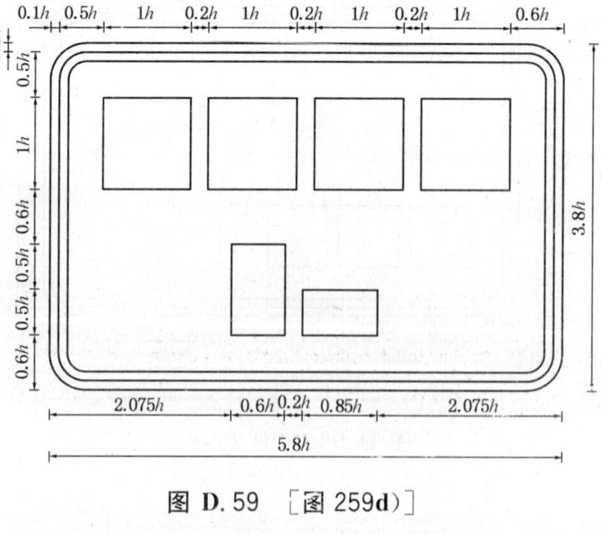

图 D.59 ［图 259d)］

单位为毫米

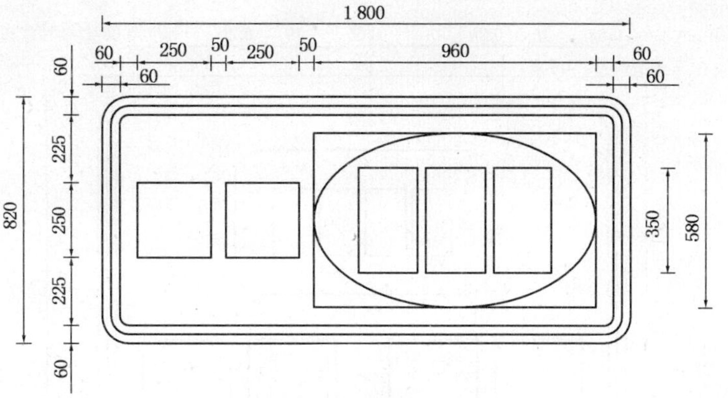

图 D.60 ［图 260a)］

单位为毫米

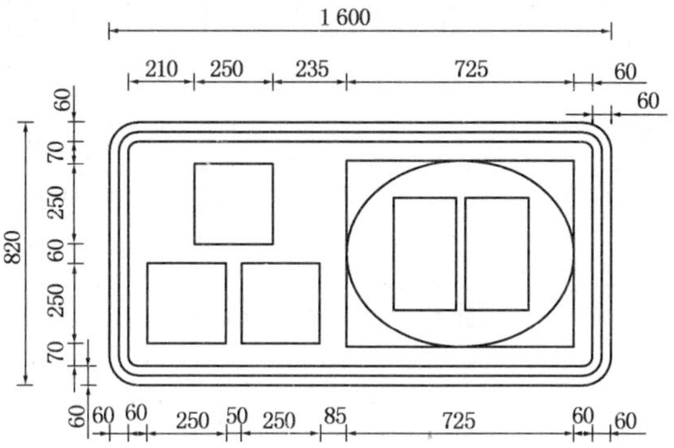

图 D.61 ［图 260b)］

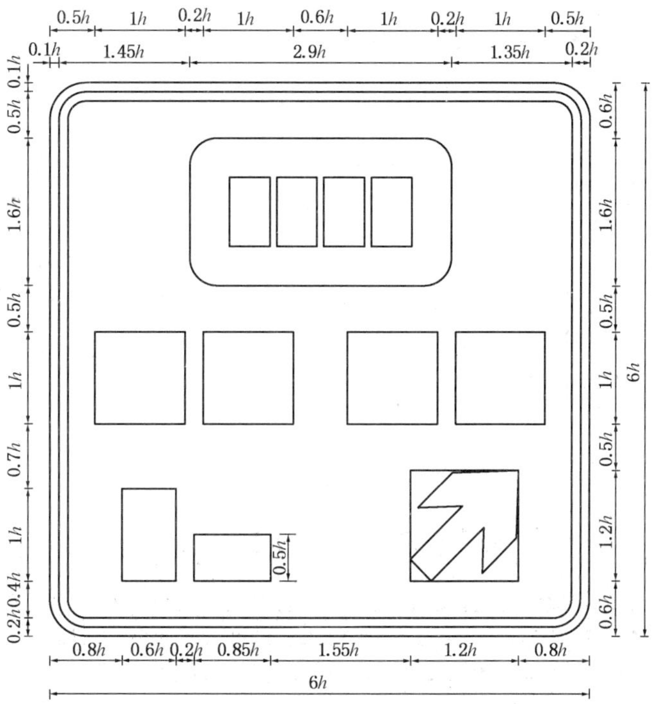

图 D.62 ［图 261a)、b)］

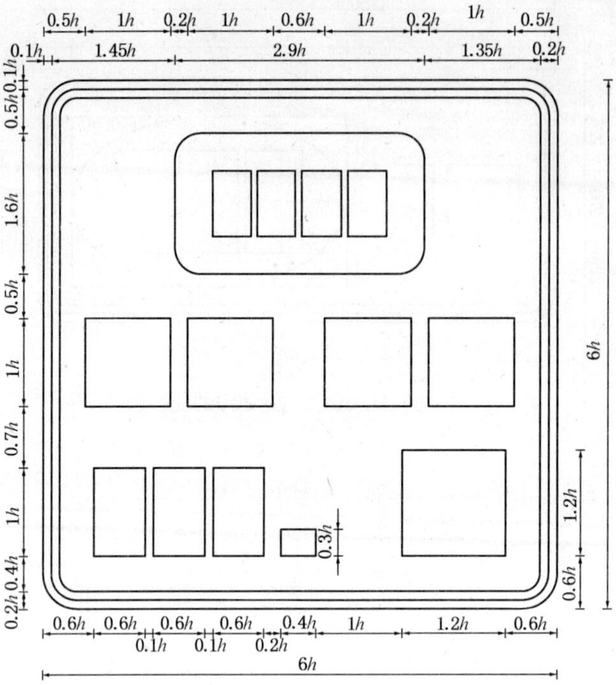

图 D.63 ［图 261c)］

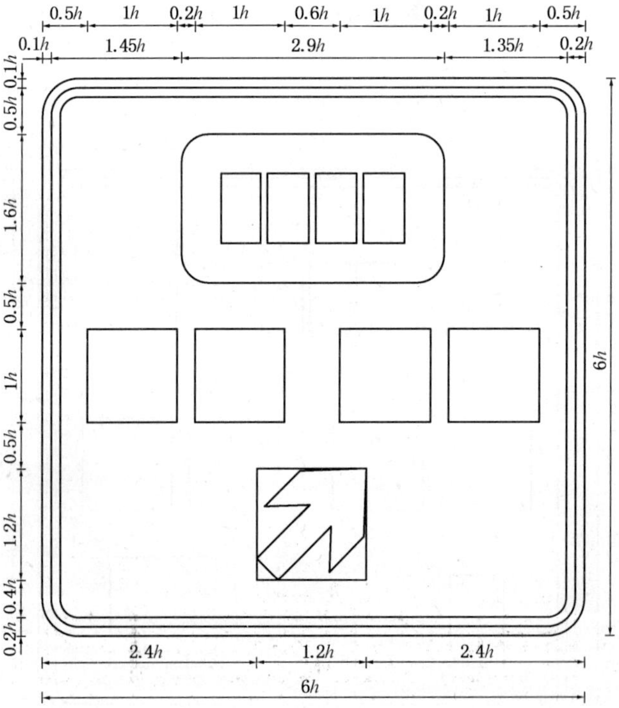

图 D.64 ［图 261d)］

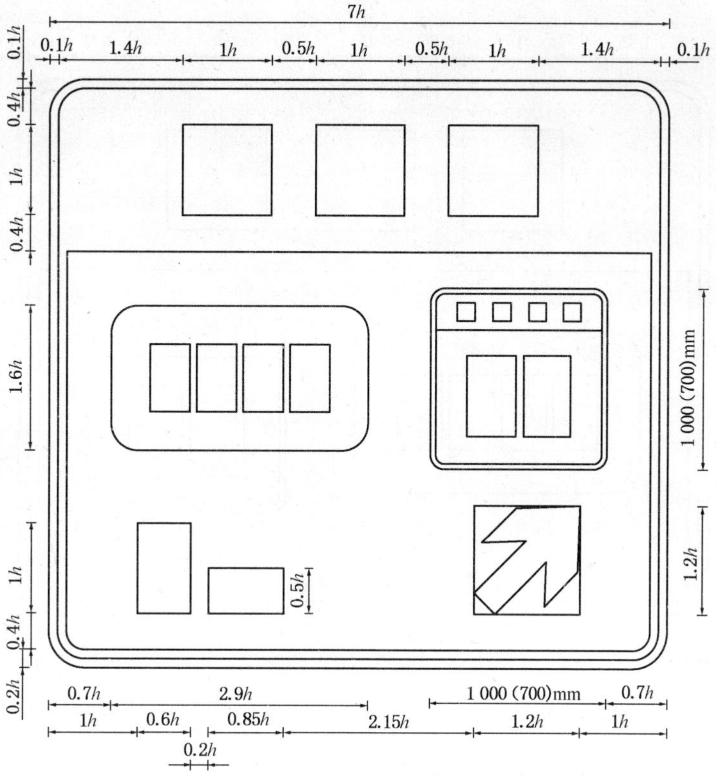

图 D. 65 ［图 261e)、f)］

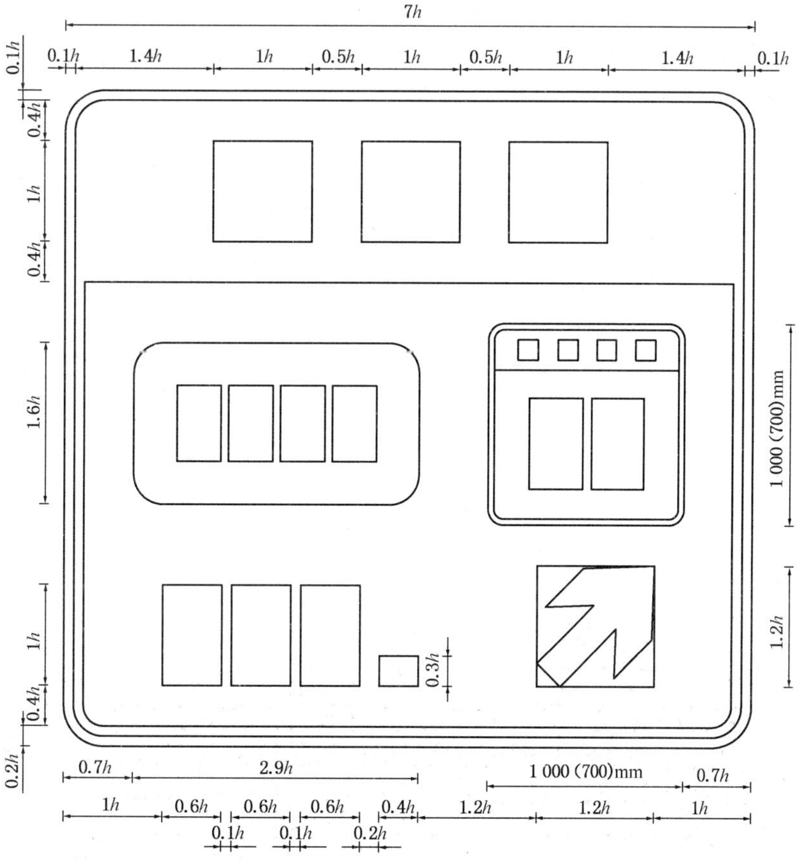

图 D. 66 ［图 261g)］

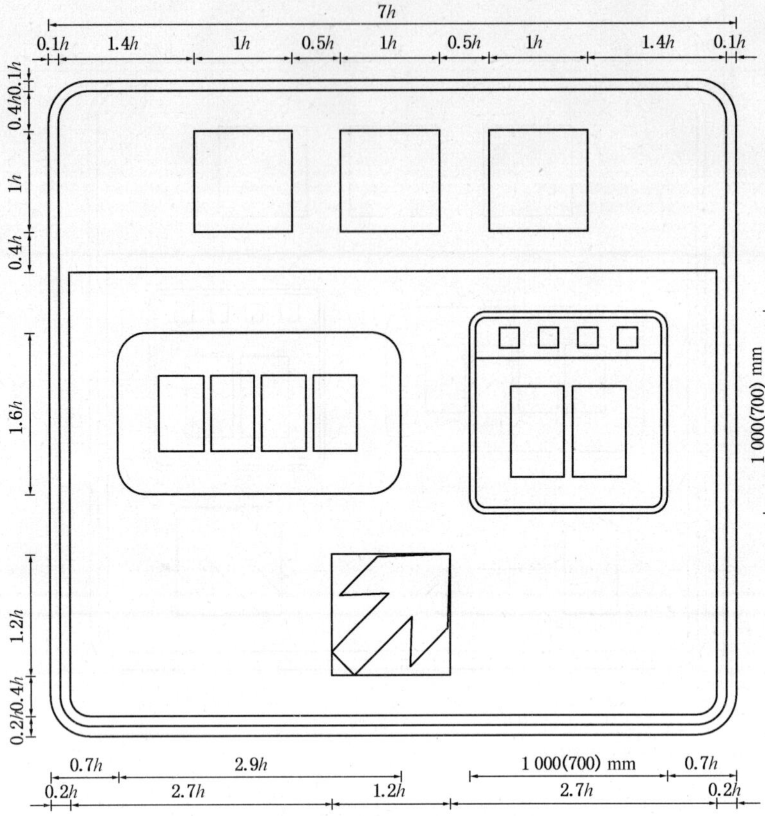

图 D.67 ［图 261h)］

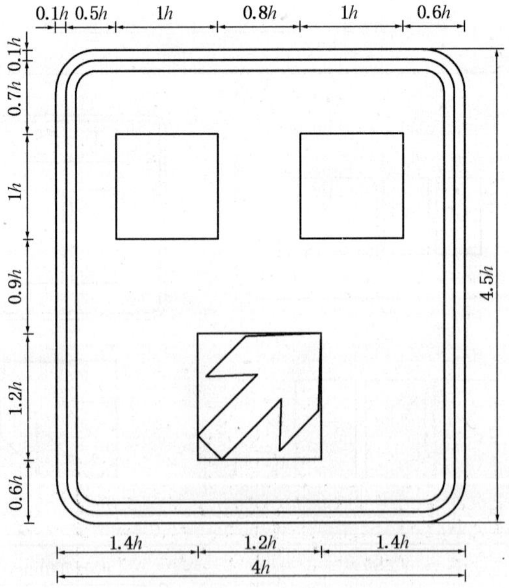

图 D.68 ［图 263a)］

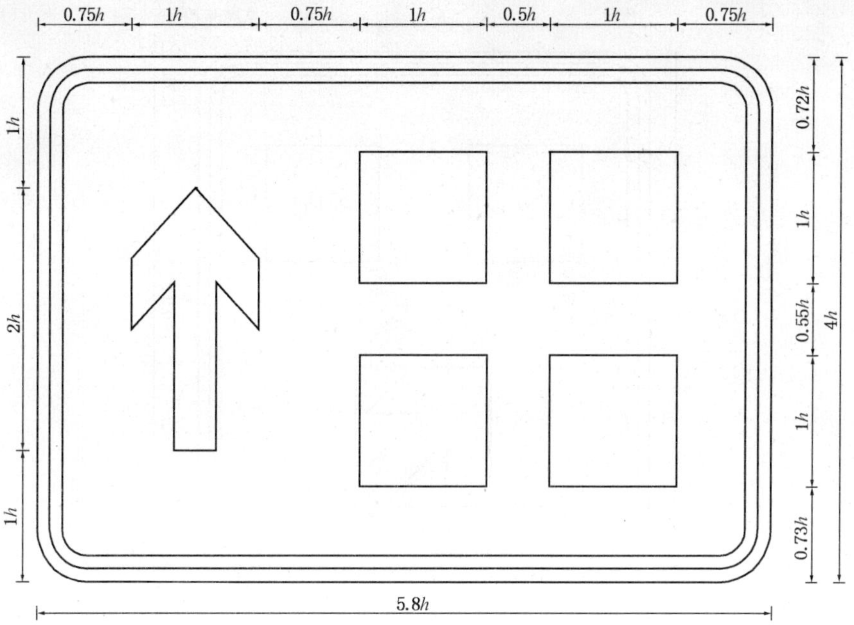

图 D.69 ［图 263b)左］

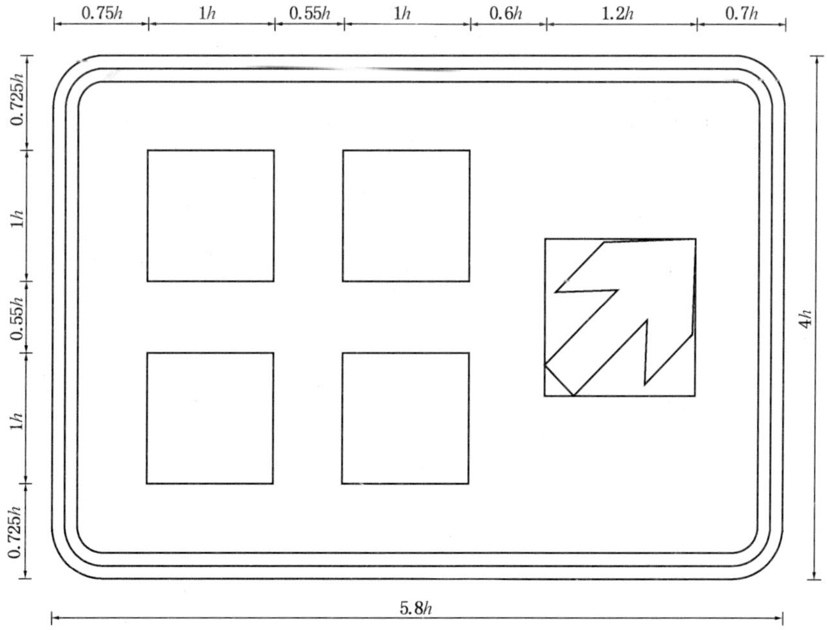

图 D.70 ［图 263b)右］

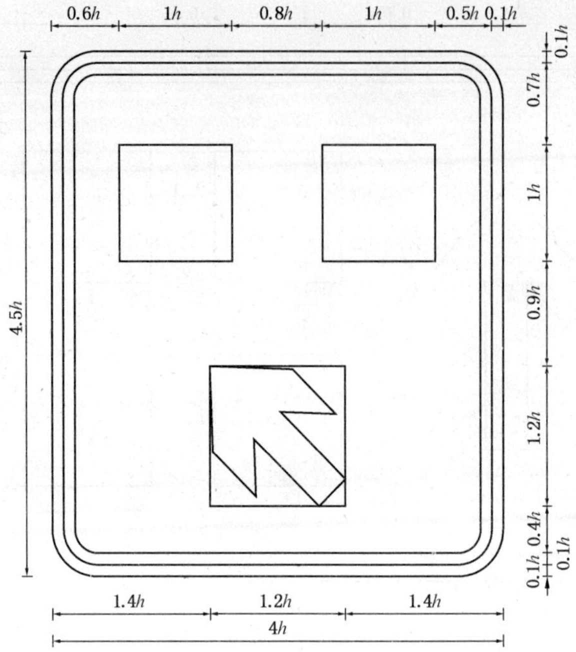

图 D.71 [图 263c)]

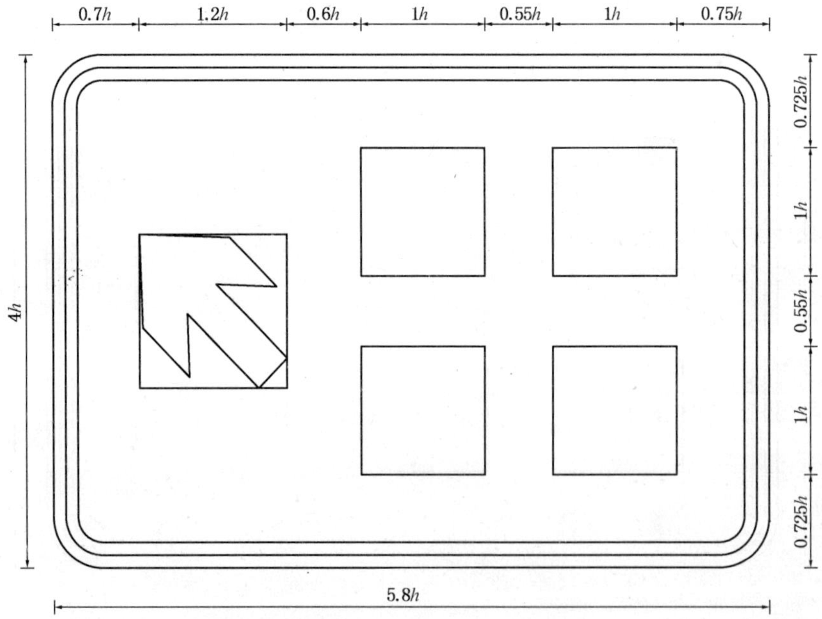

图 D.72 [图 263d)左]

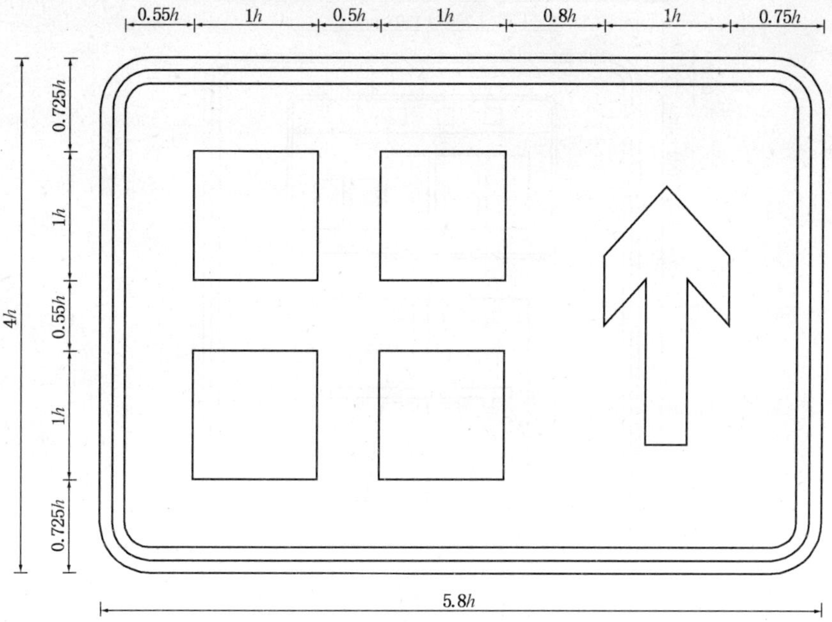

图 D.73 ［图 263d)右］

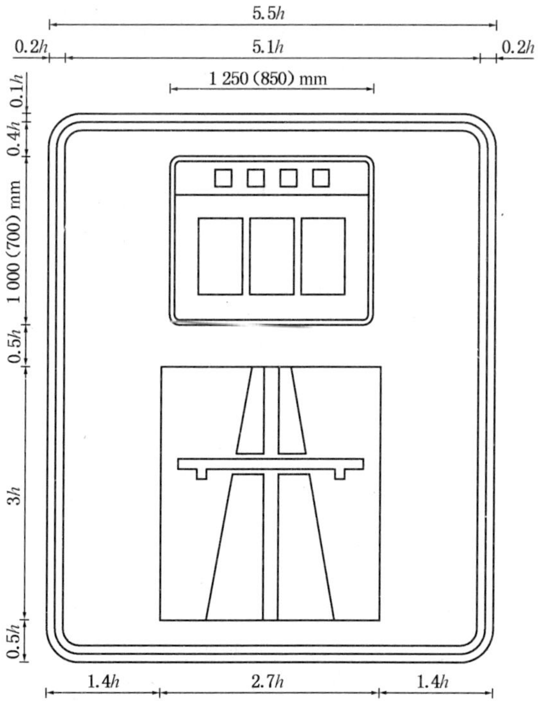

图 D.74 ［图 264a)］

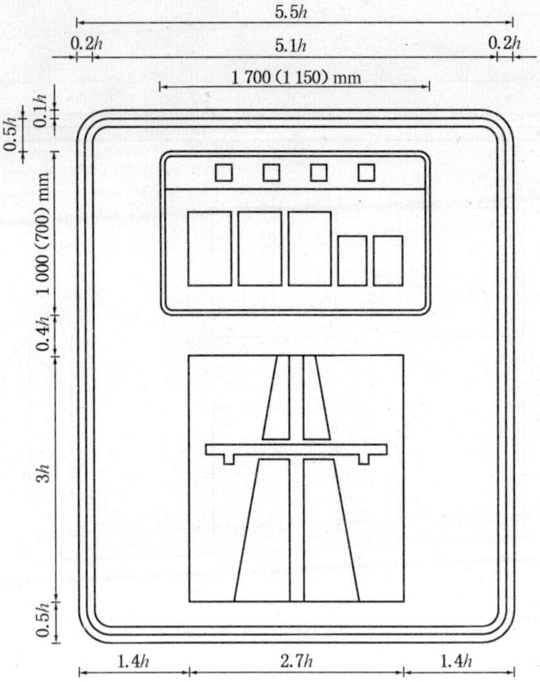

图 D.75 ［图 264b)］

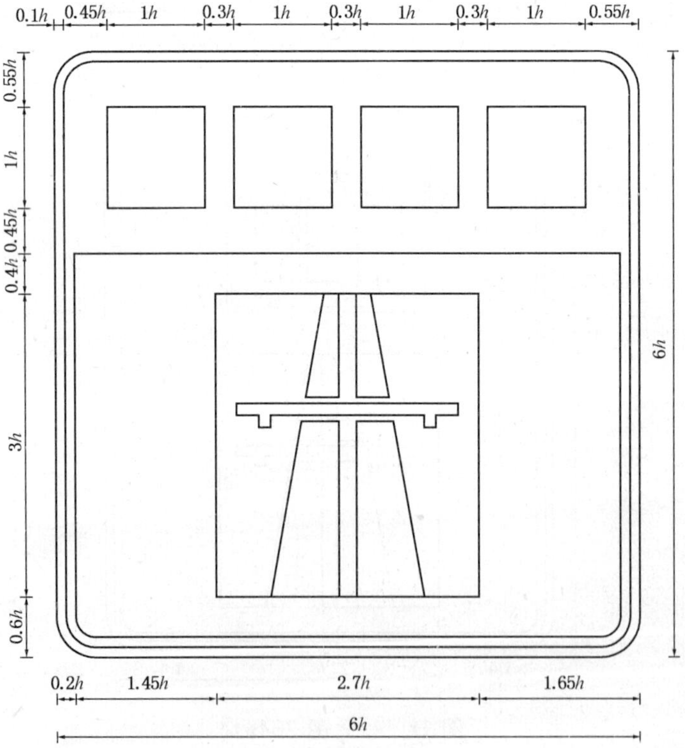

图 D.76 （图 265）

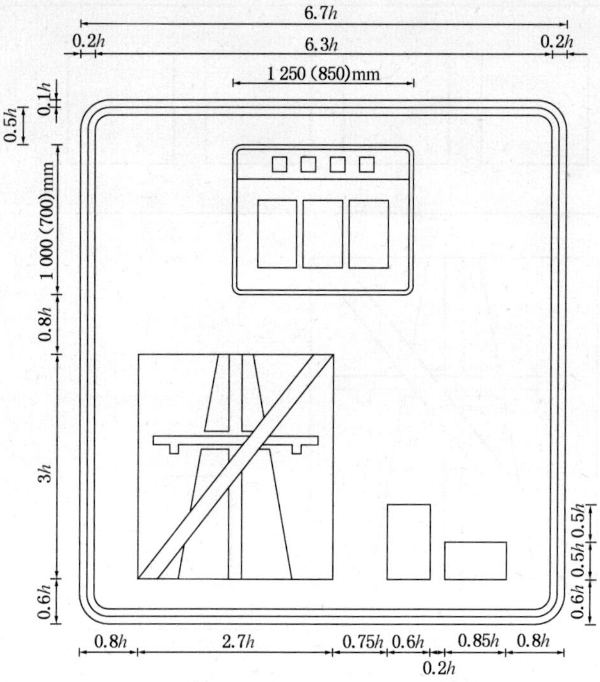

图 D.77 ［图 266a)、b)］

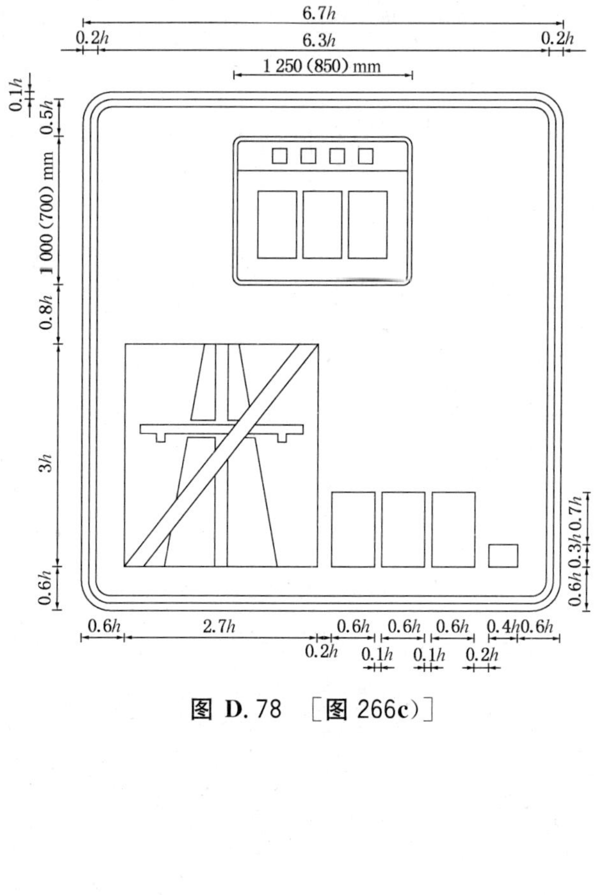

图 D.78 ［图 266c)］

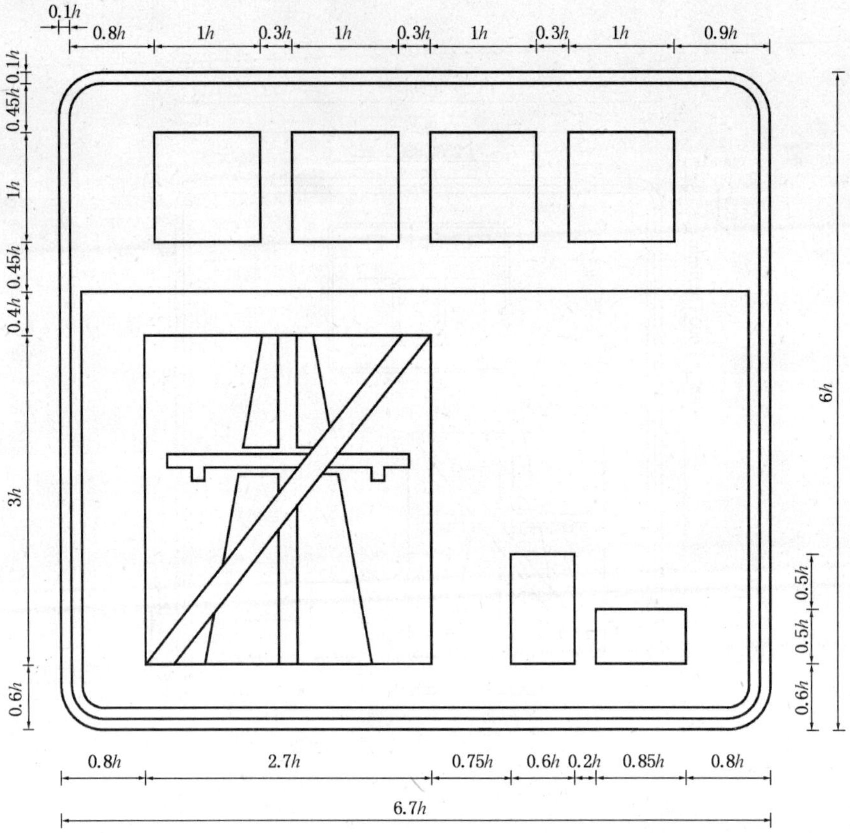

图 D.79 [图 267a)、b)]

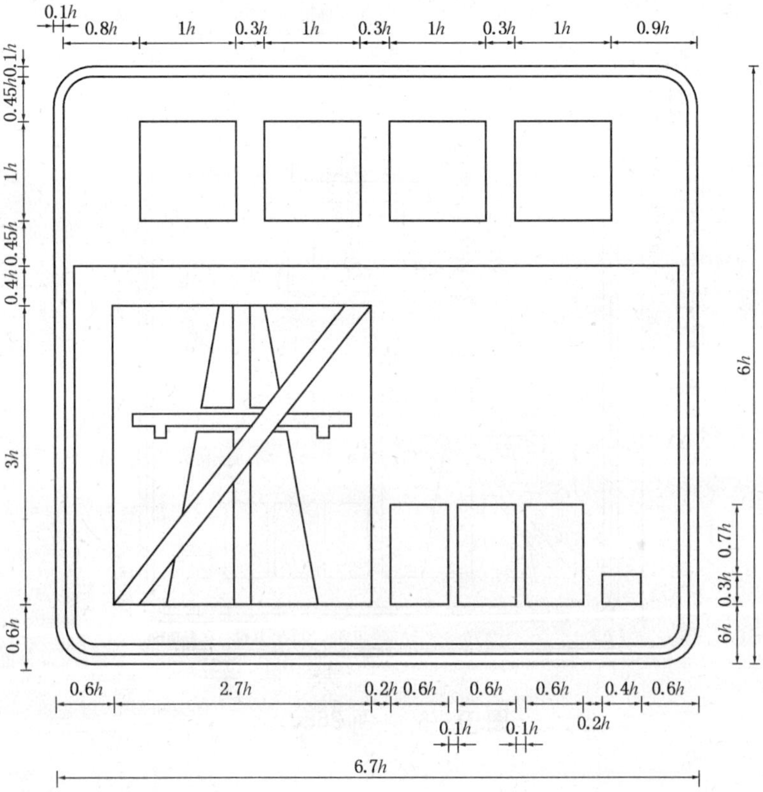

图 D.80 [图 267c)]

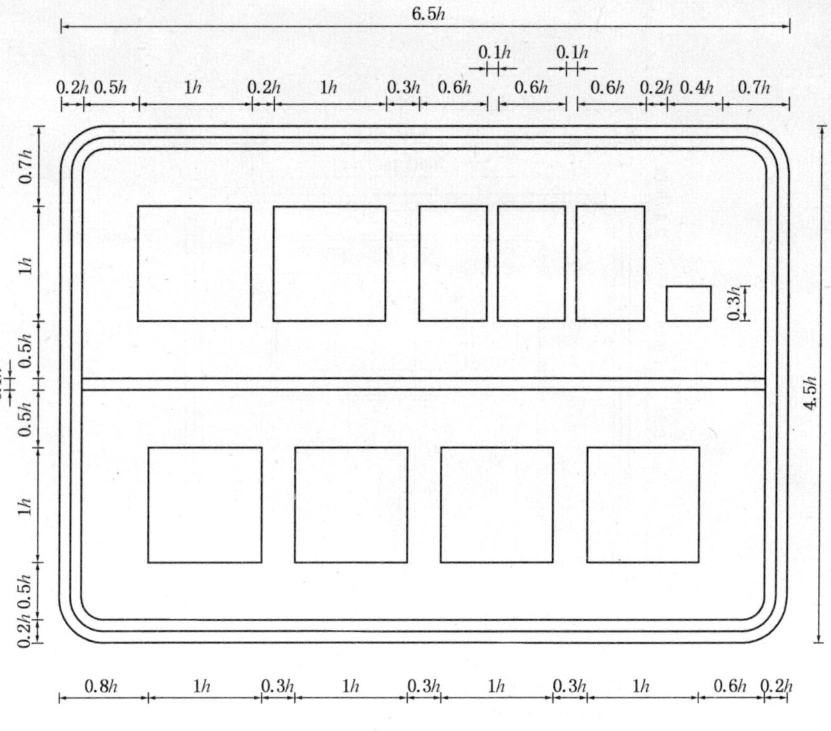

图 D.81 （图 268）

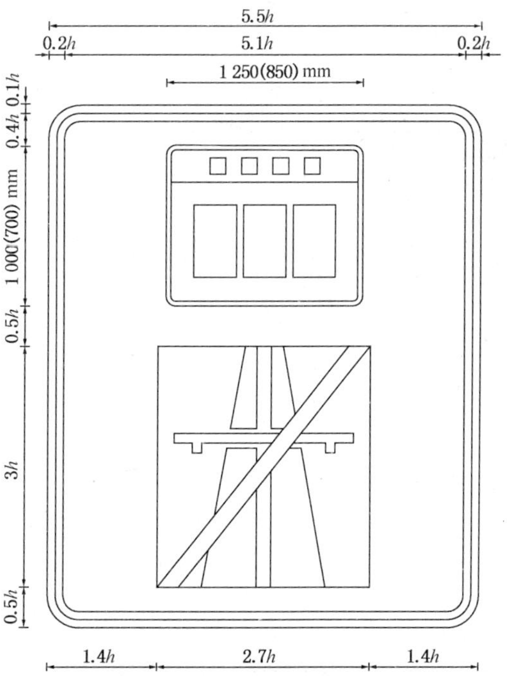

图 D.82 ［图 269a)］

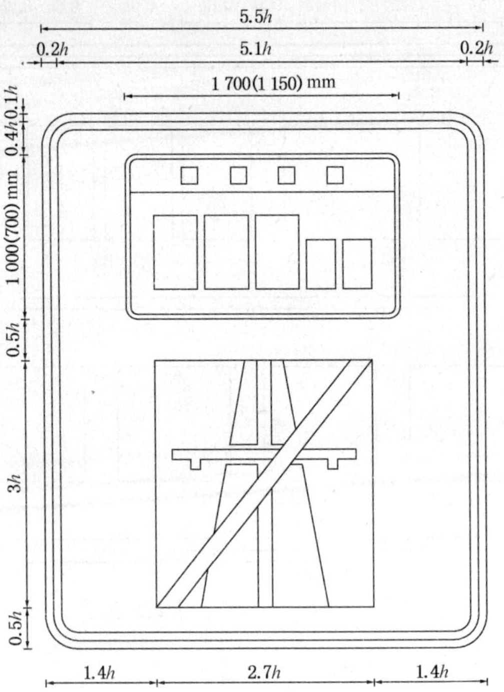

图 D.83 ［图 269b)］

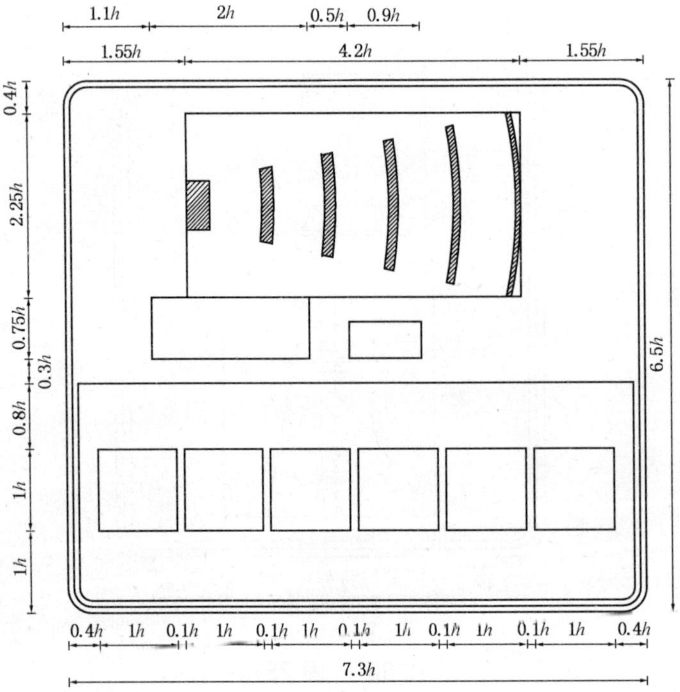

图 D.84 (图 271)

单位为毫米

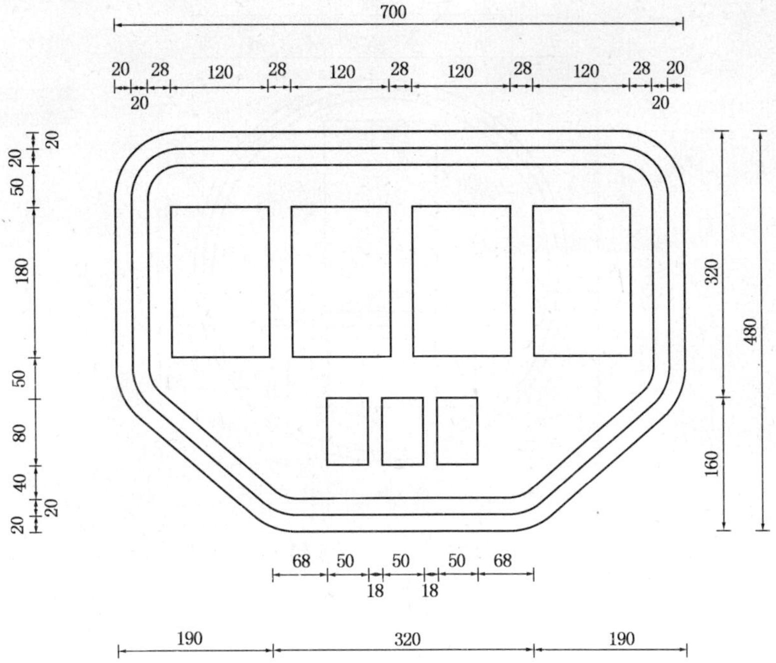

图 D.85 （图 272）

单位为毫米

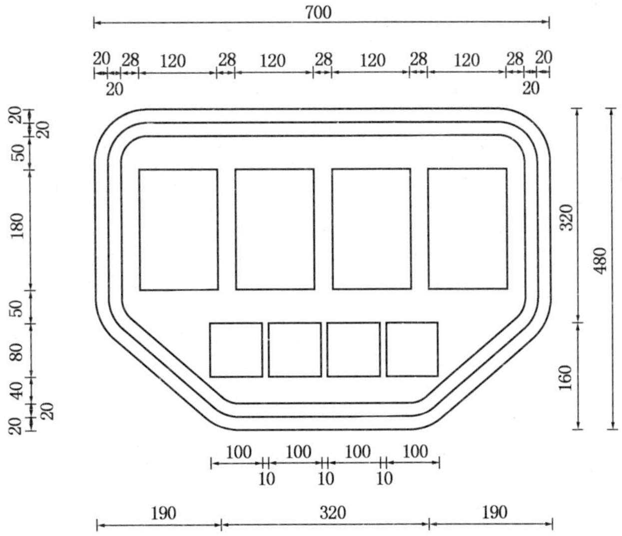

图 D.86 （图 273）

单位为毫米

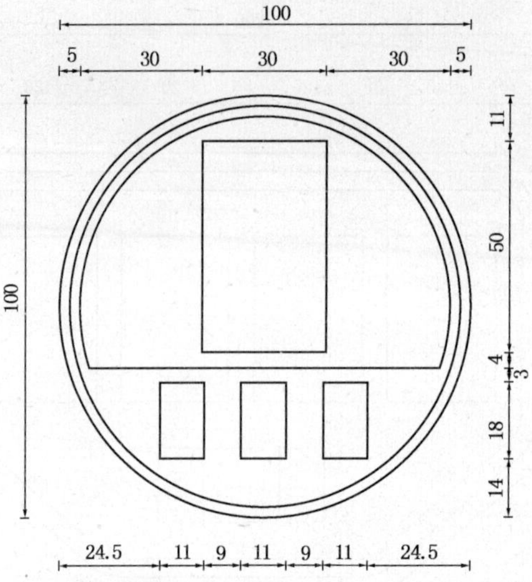

图 D.87 （图 274）

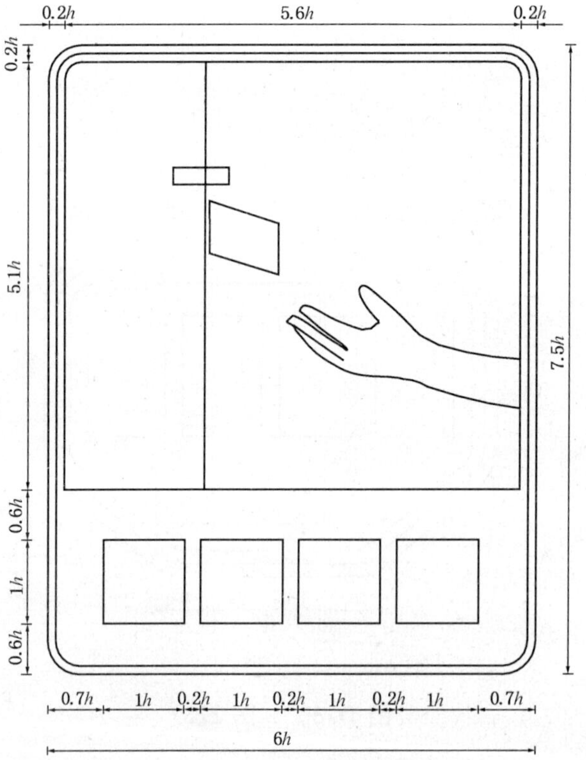

图 D.88 （图 275）

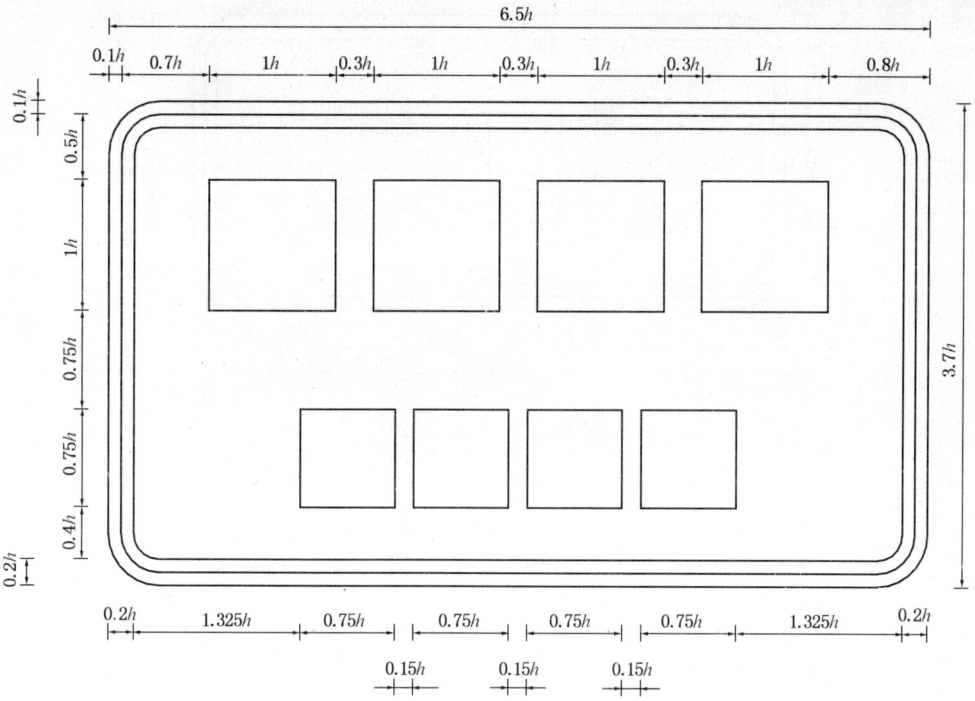

图 D.89 ［图 276a)］

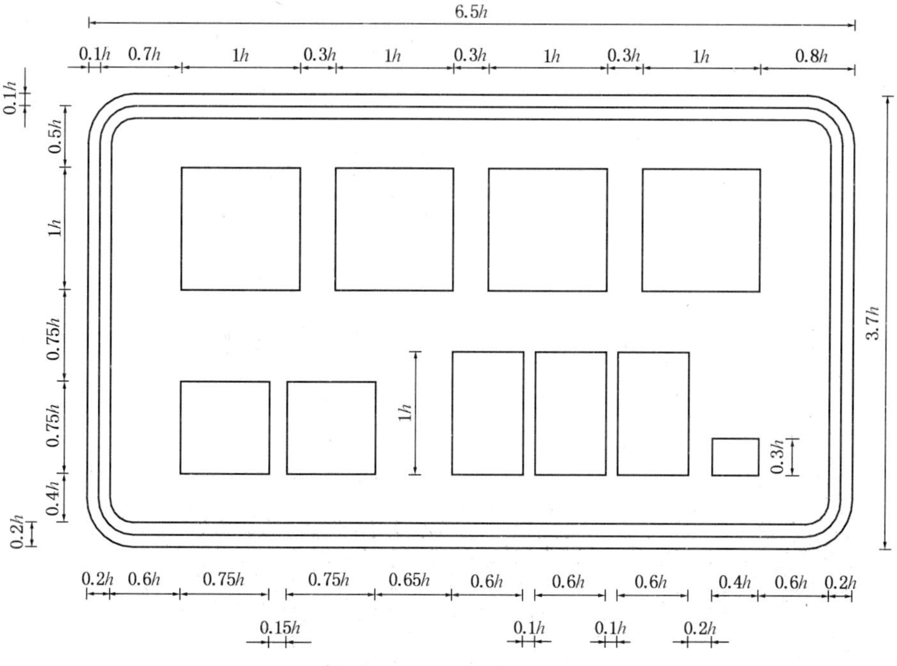

图 D.90 ［图 276b)］

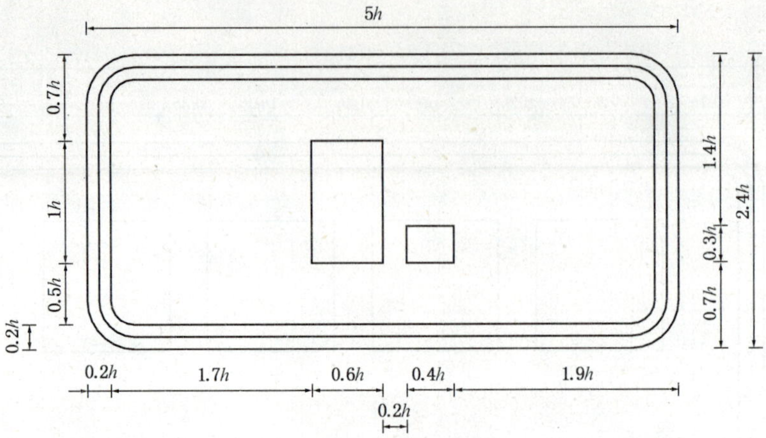

图 D.91 ［图 276c）］

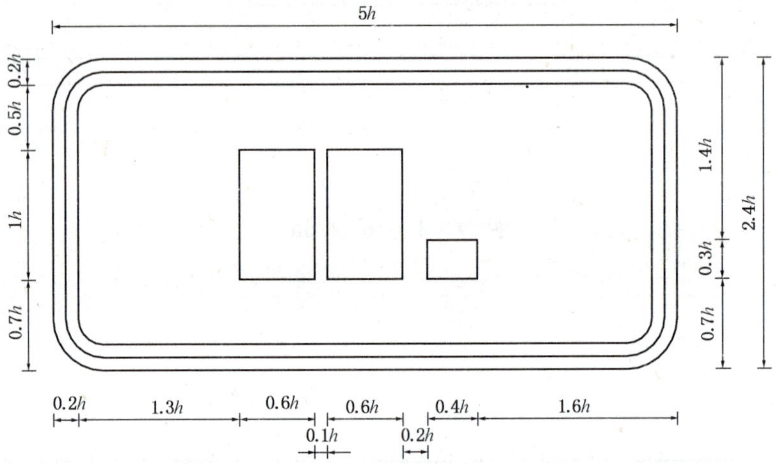

图 D.92 ［图 276d）］

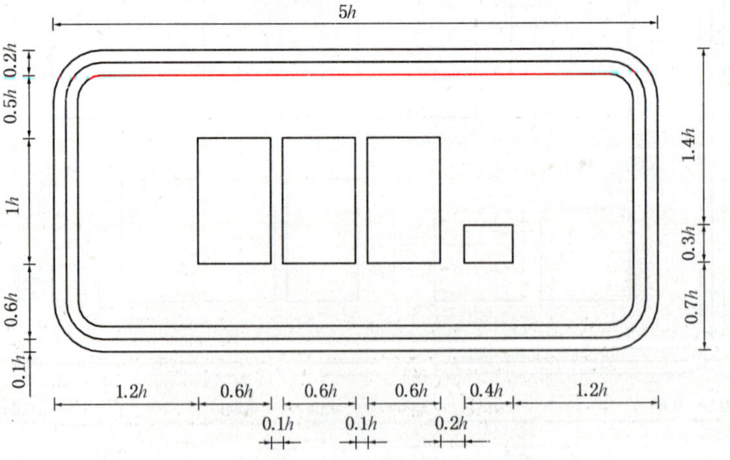

图 D.93 ［图 276e）］

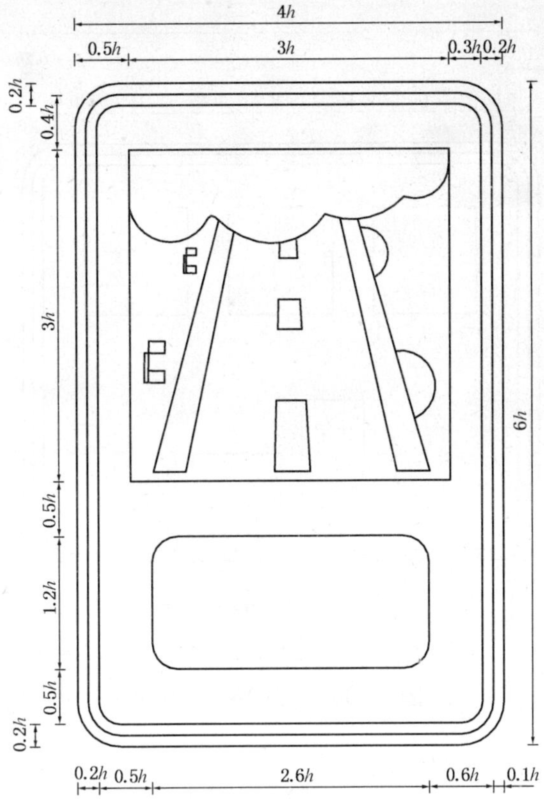

图 D.94 （图 278）

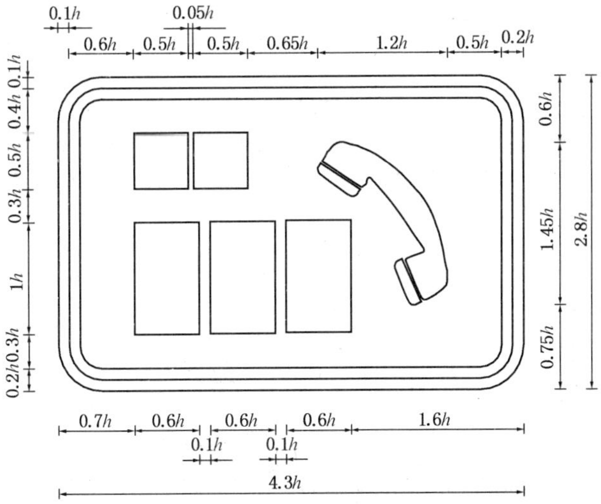

图 D.95 （图 282）

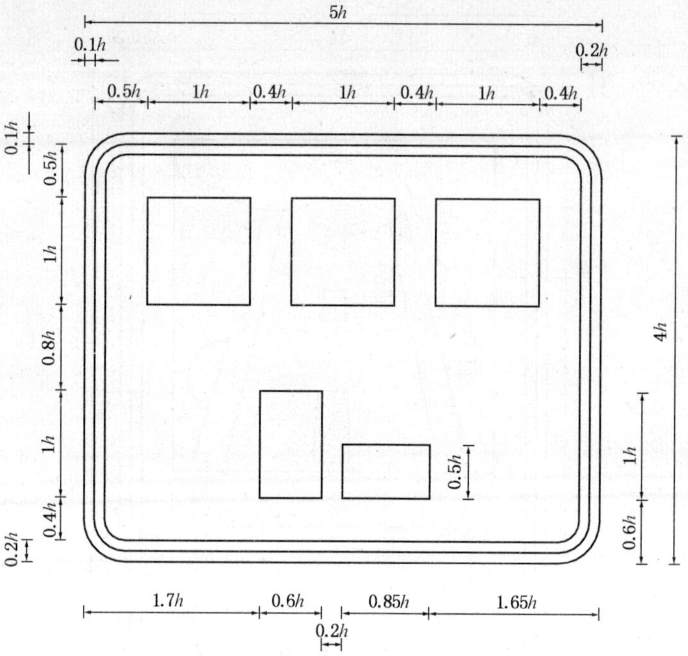

图 D.96 ［图 283a）、b）］

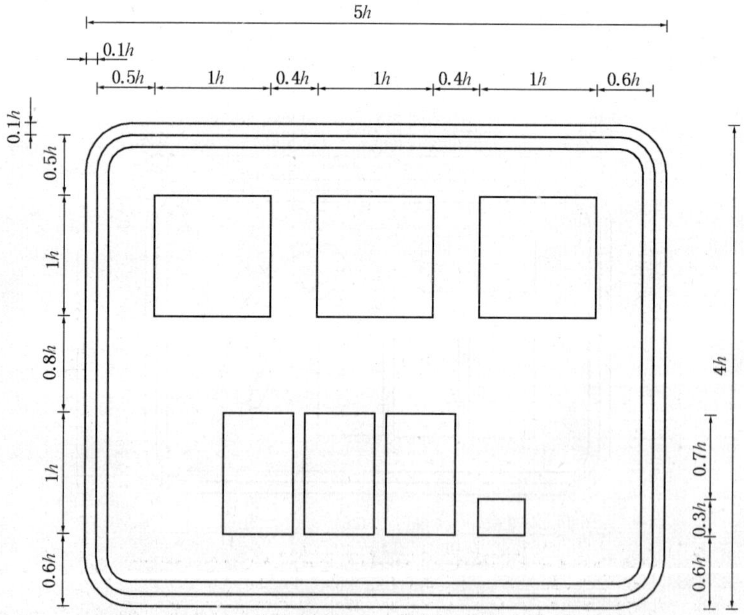

图 D.97 ［图 283c）］

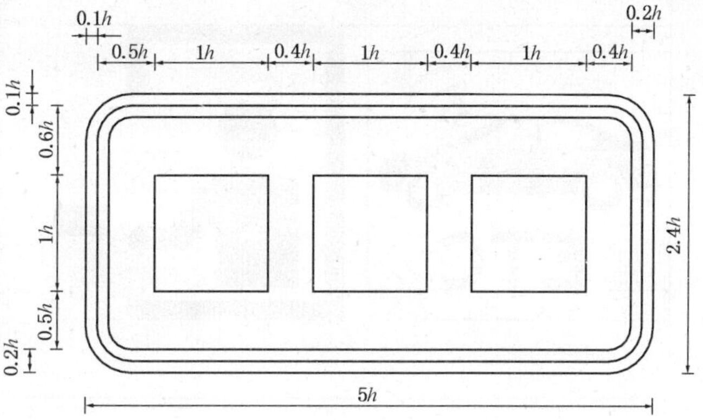

图 D.98 ［图 283d）］

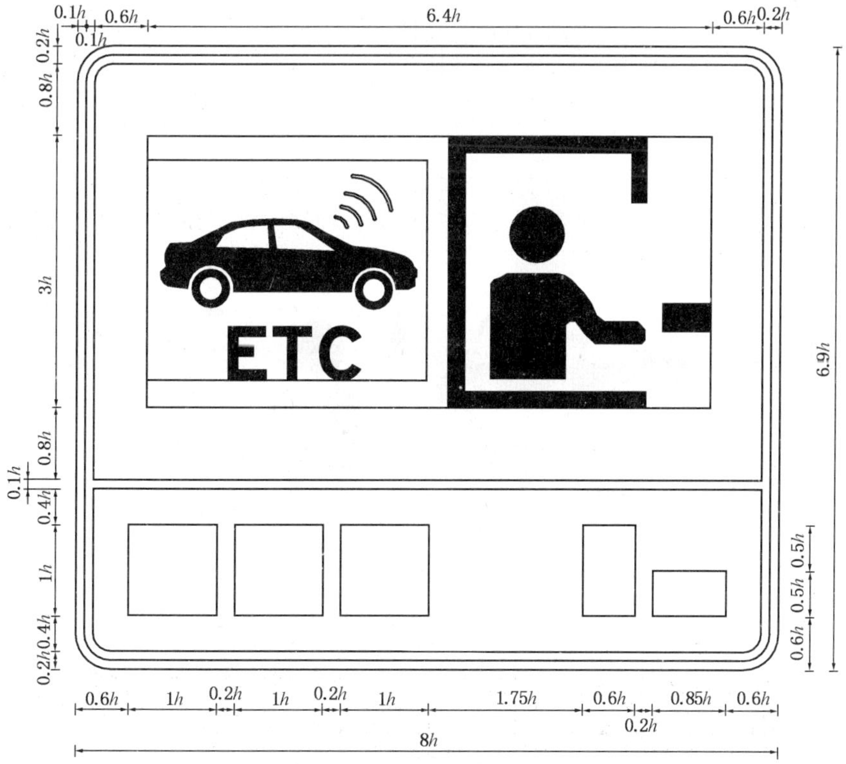

图 D.99 ［图 284a）、b）］

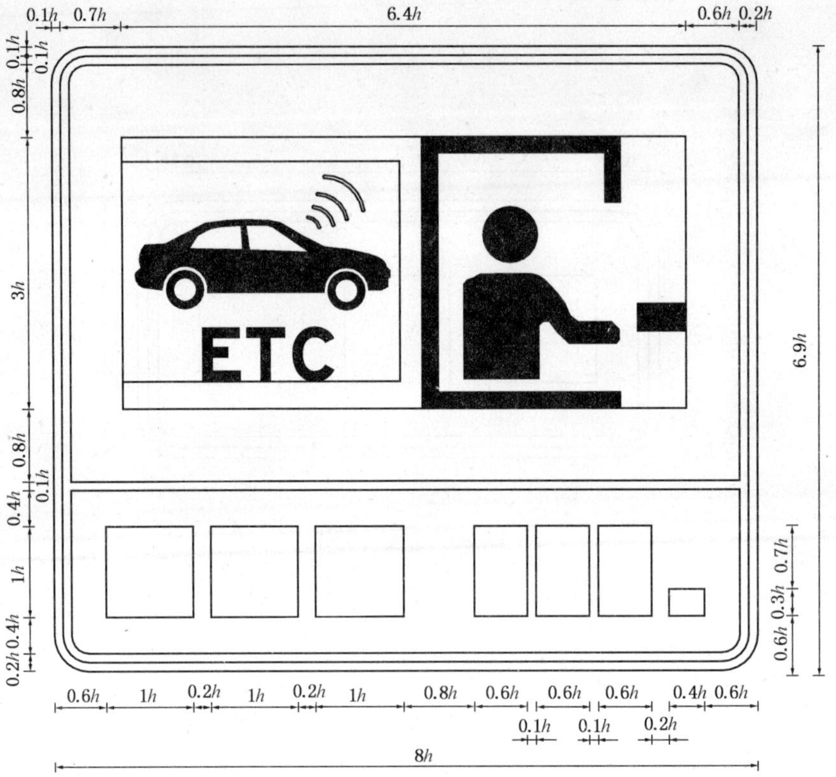

图 D.100 ［图 284c)］

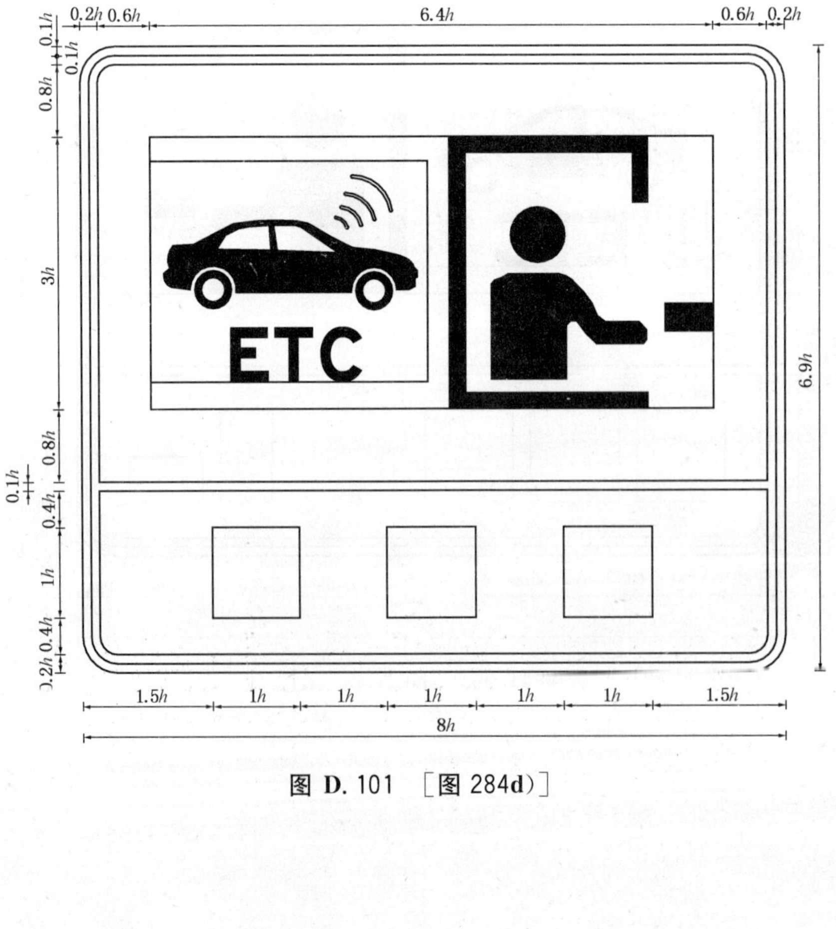

图 D.101 ［图 284d)］

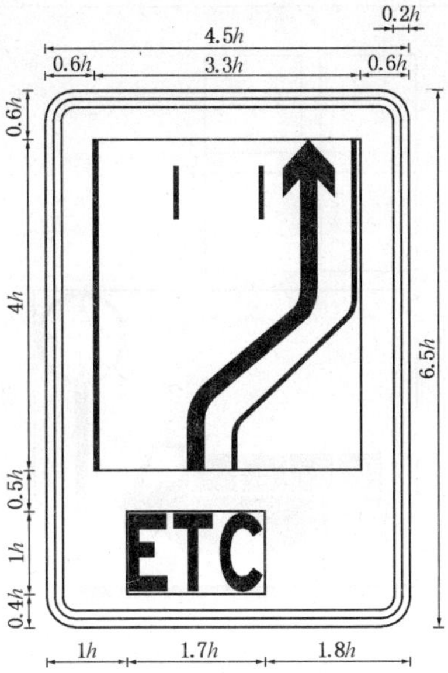

图 D.102 ［图 285a)］

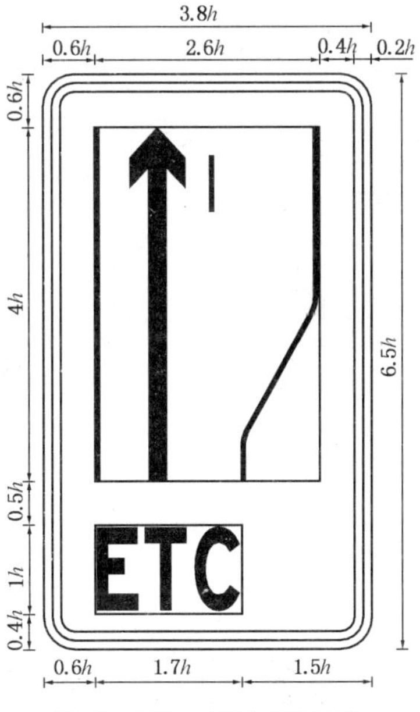

图 D.103 ［图 285b)］

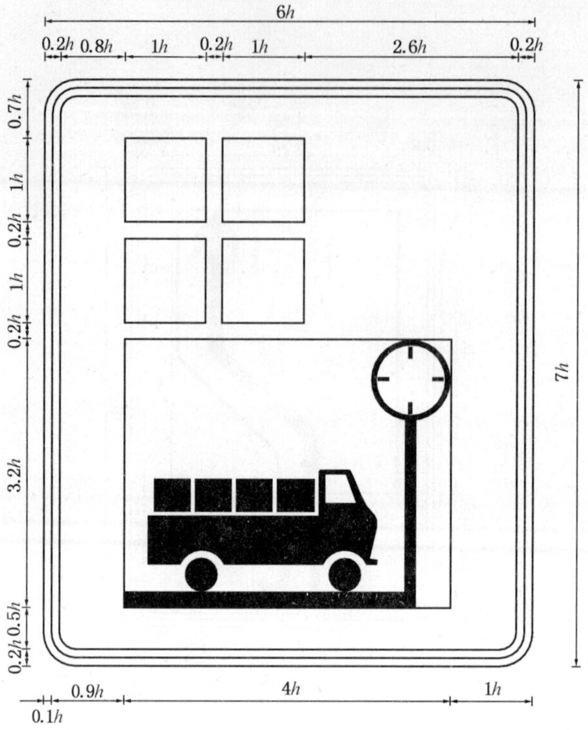

图 D.104 （图 287）

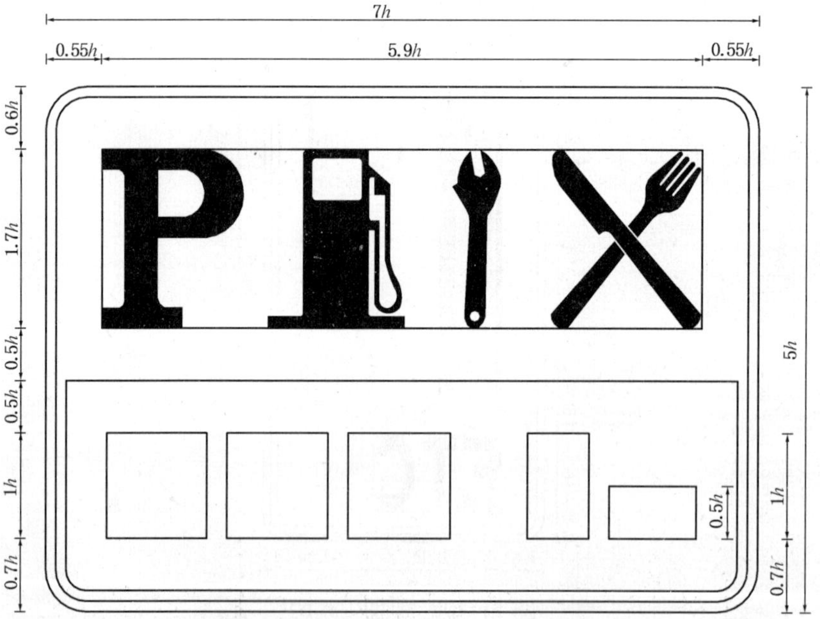

图 D.105 ［图 290a）、b）、d）、e）］

图 D. 106 ［图 290c）、f）］

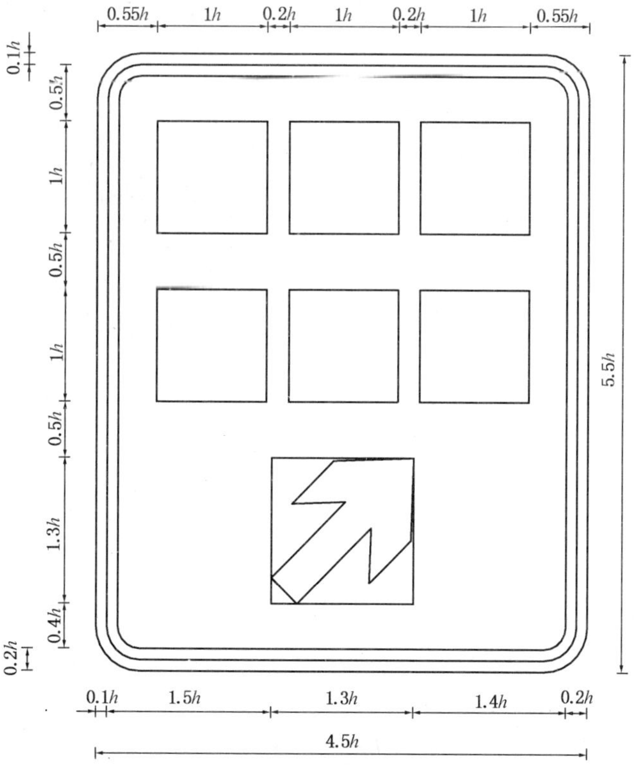

图 D. 107 ［图 290g）］

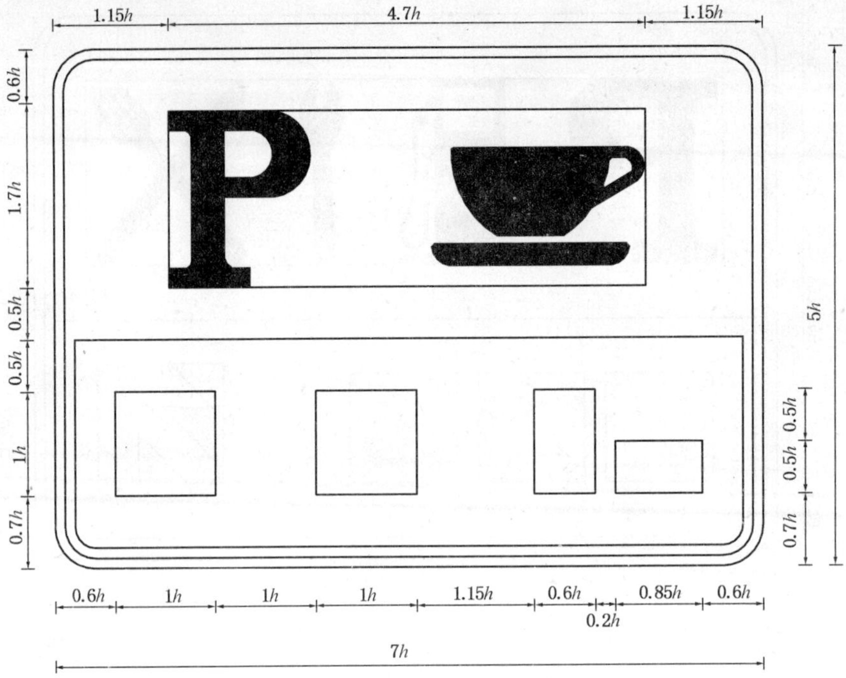

图 D.108 ［图 291a)］

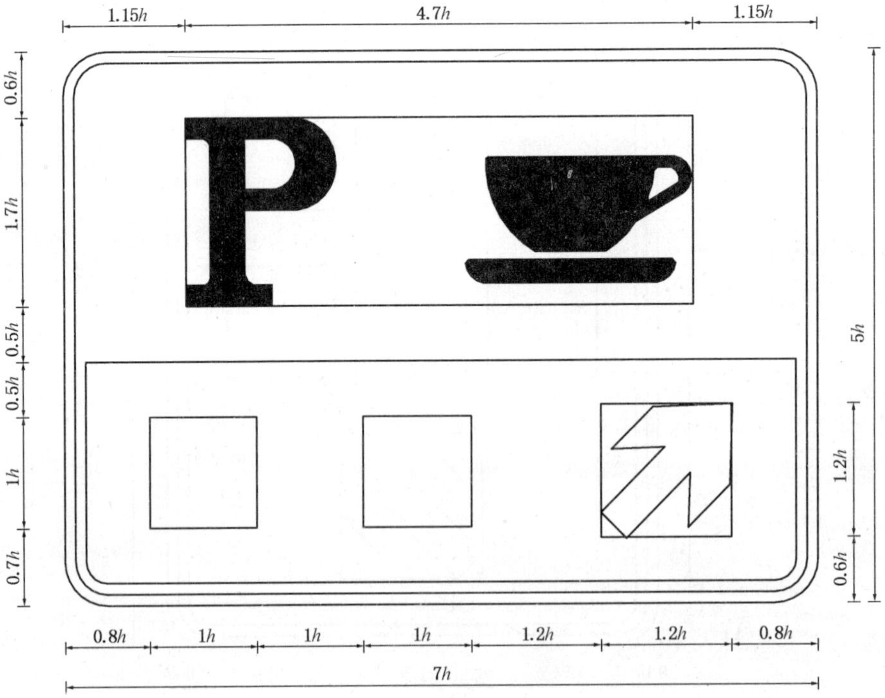

图 D.109 ［图 291b)］

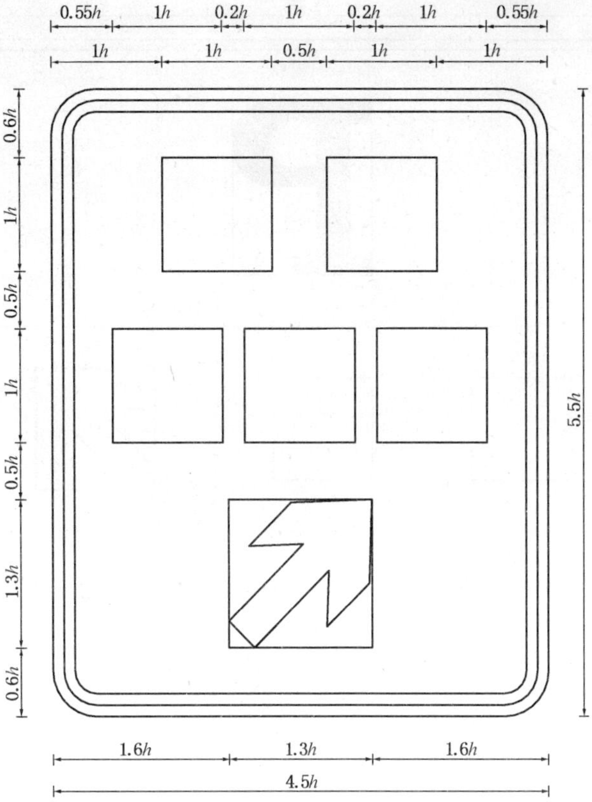

图 D.110 [图 291c)]

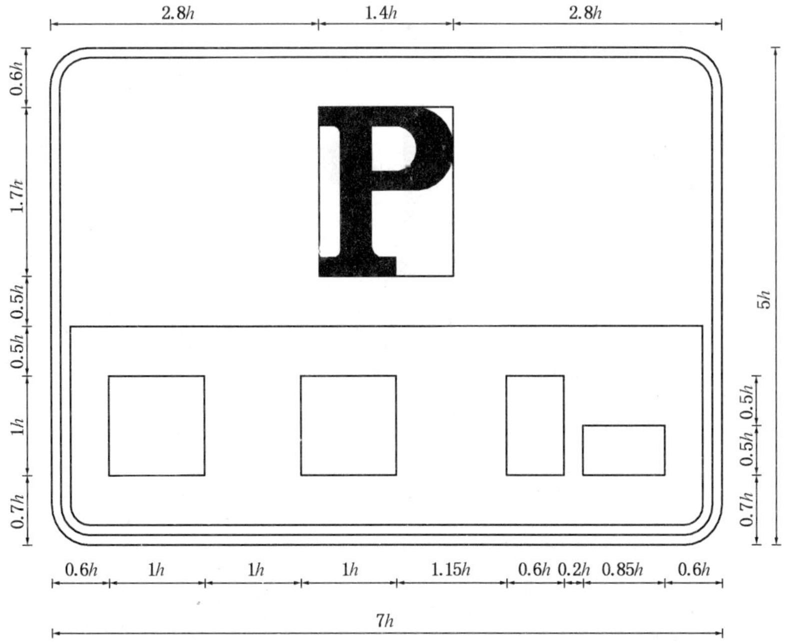

图 D.111 [图 292a)]

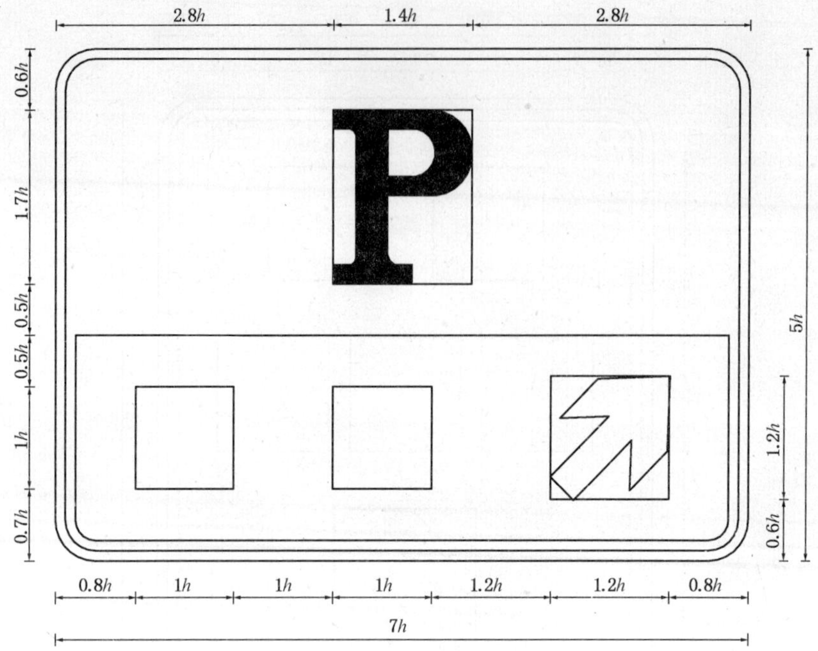

图 D.112 ［图 292b)］

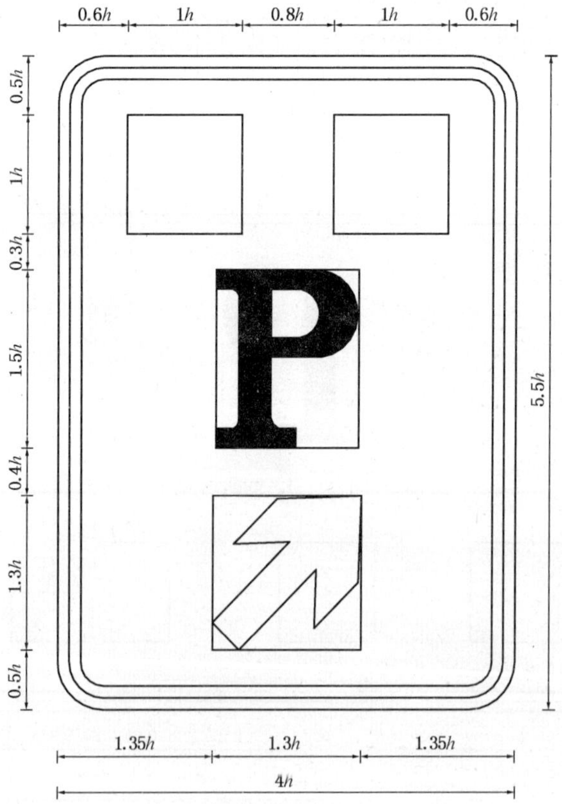

图 D.113 ［图 292c)］

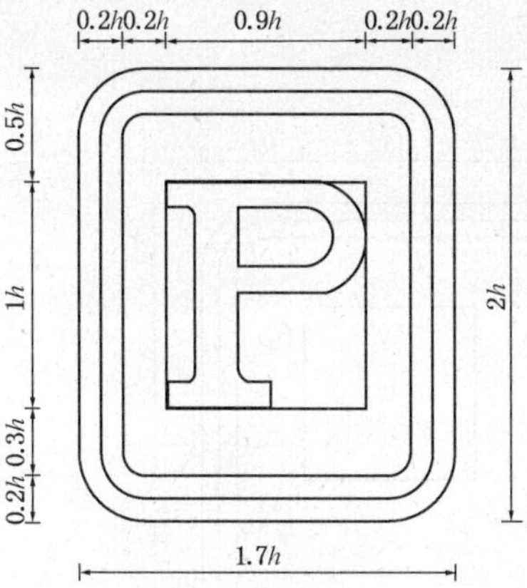

图 D.114 [图 293a)]

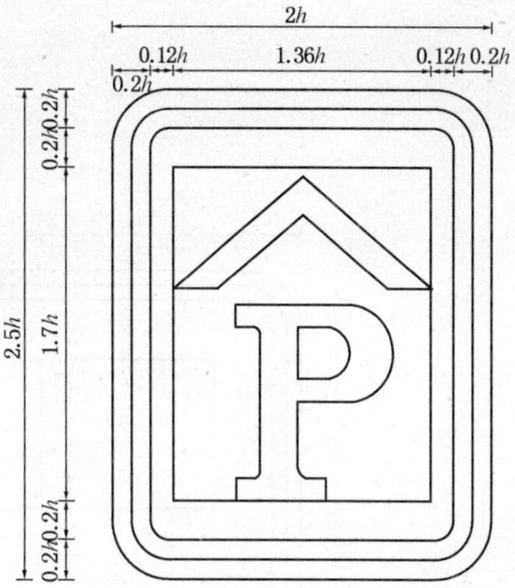

图 D.115 [图 293b)]

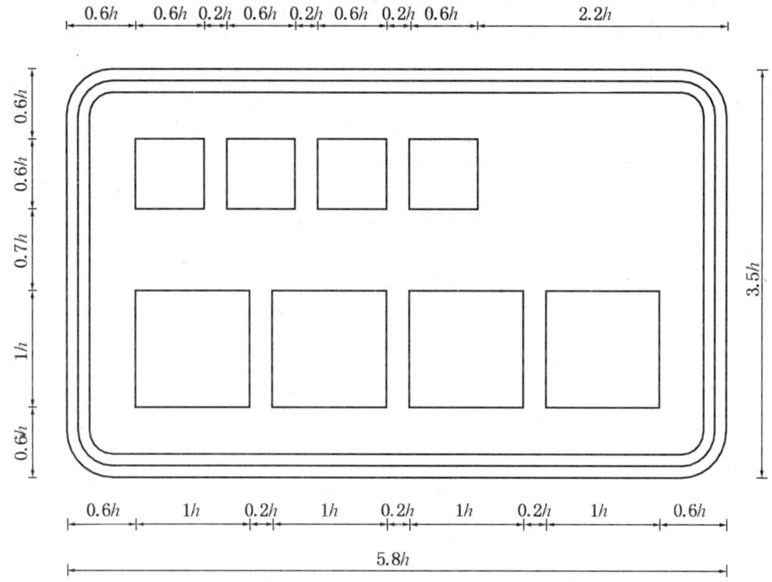

图 D.116 [图 294a)]

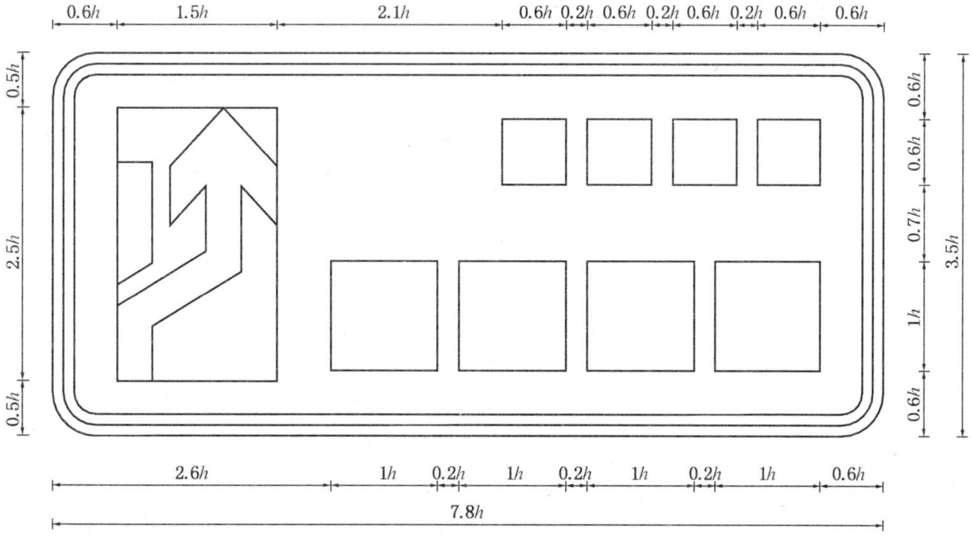

图 D.117 [图 294b)]

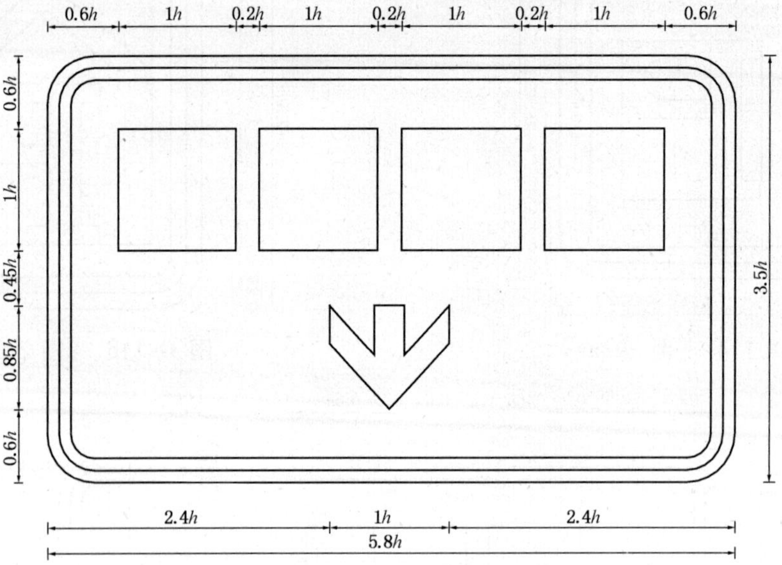

图 D.118 ［图 294c)］

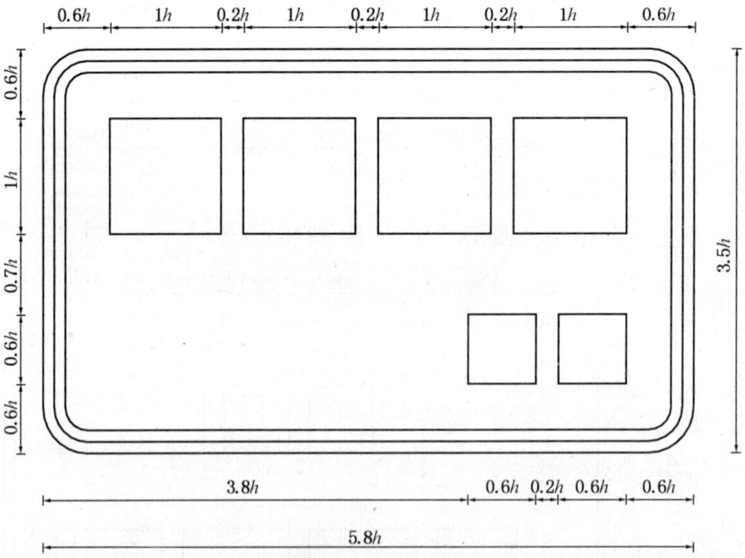

图 D.119 ［图 294d)］

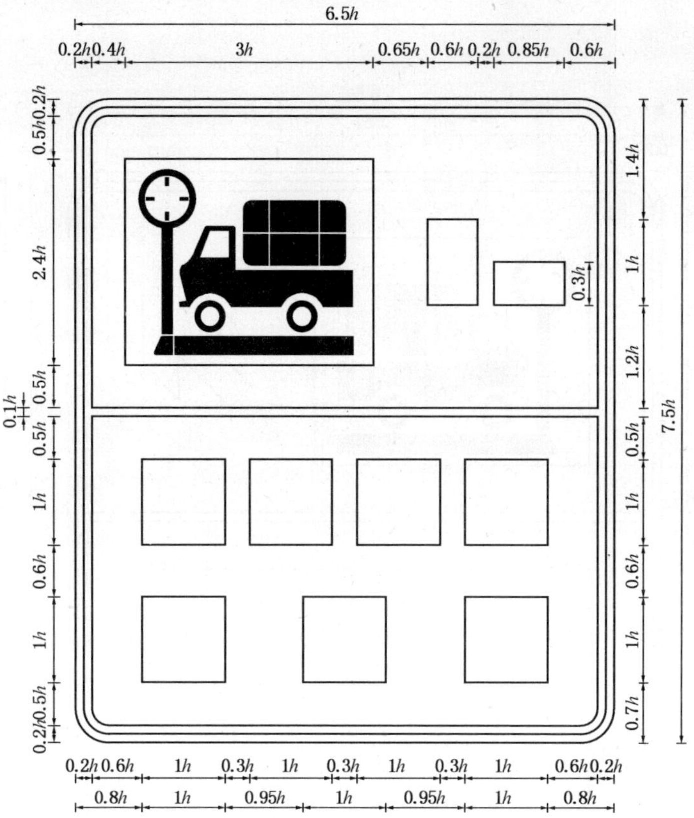

图 D.120 ［图 296a)、b)］

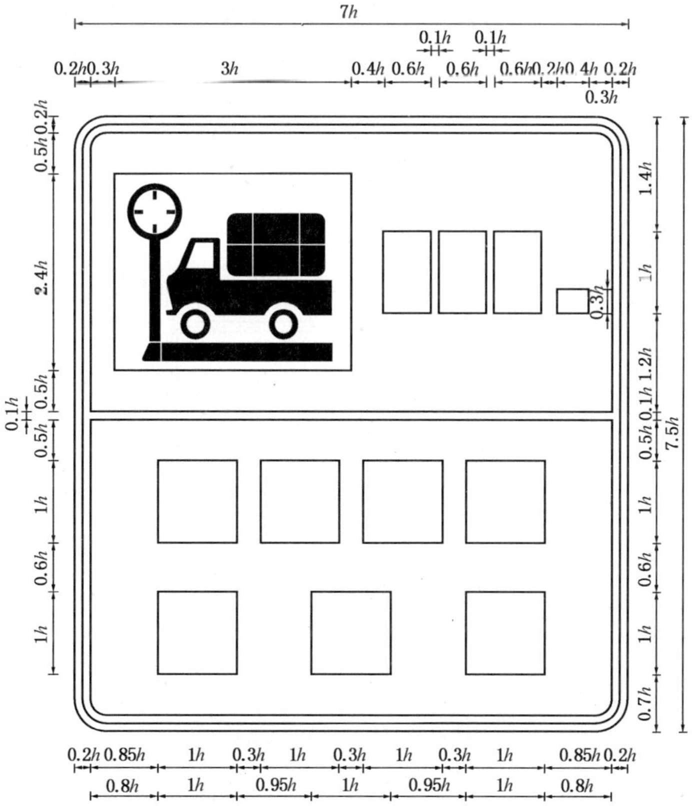

图 D.121 ［图 296c)］

图 D.122 ［图 296d)］

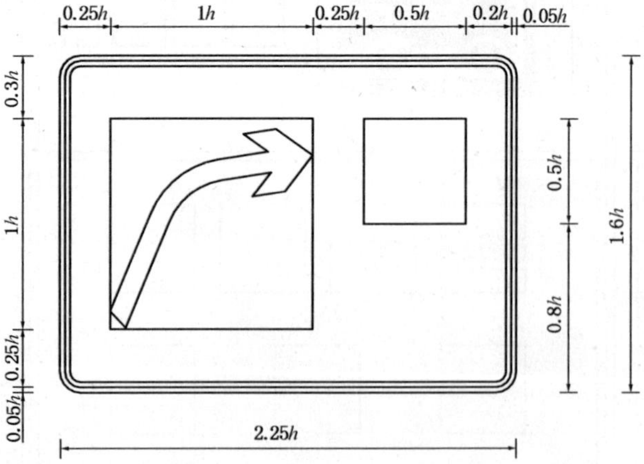

图 D.123 ［图 297b)］

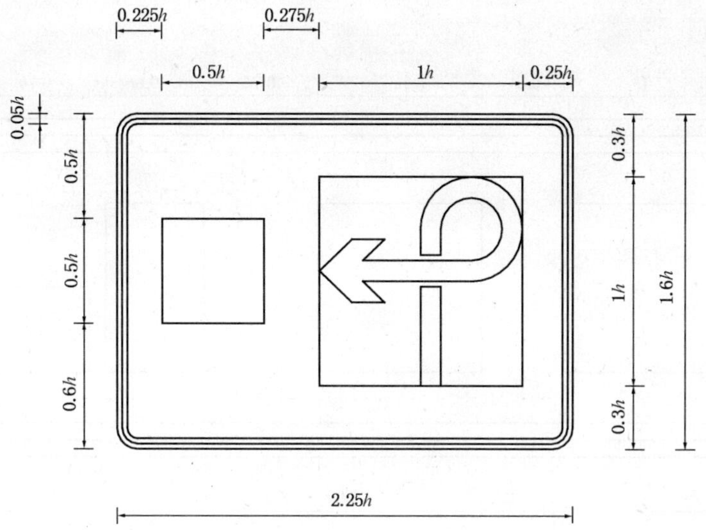

图 D.124 [图 297c)]

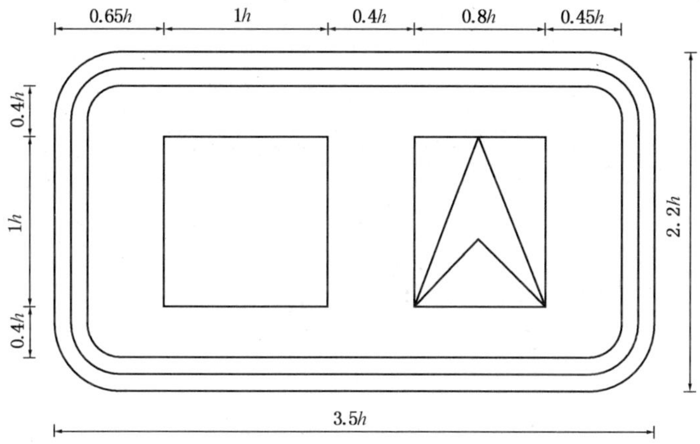

图 D.125 （图 298）

单位为厘米

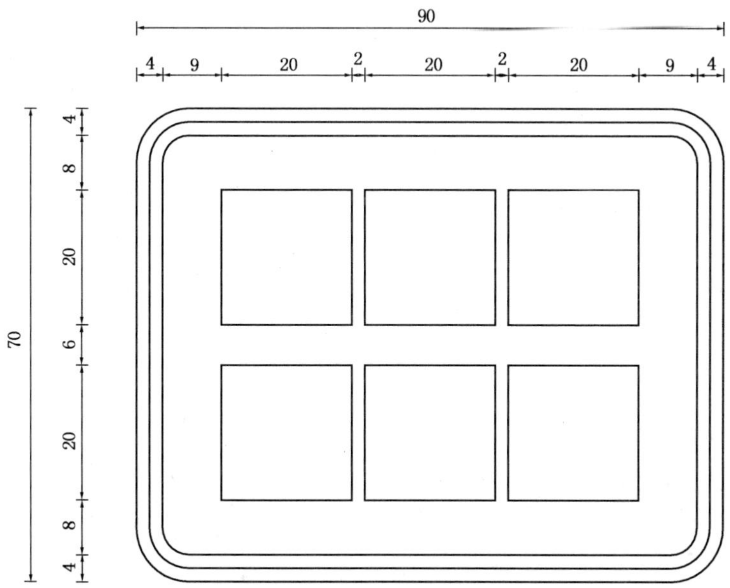

图 D.126 （图 317）

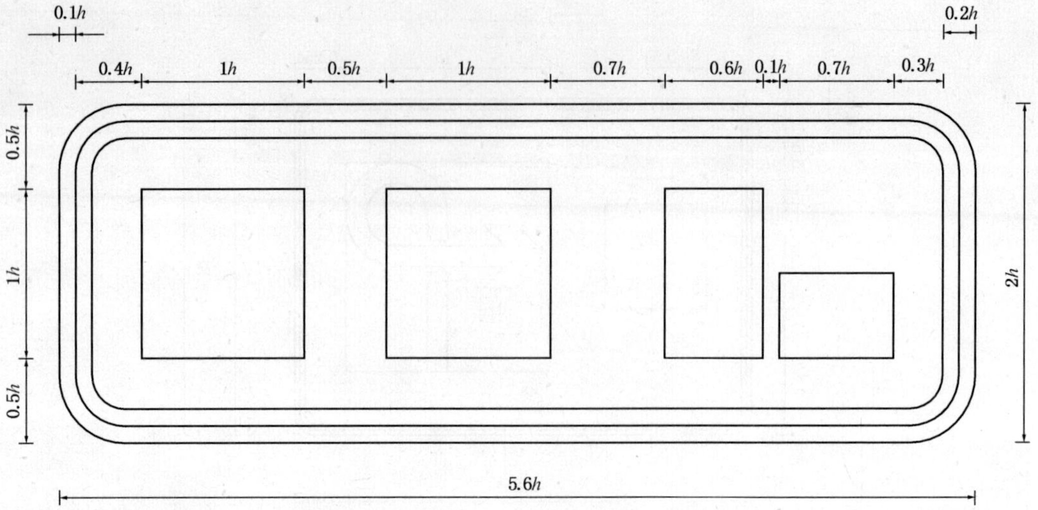

图 D.127 （图 330）

单位为厘米

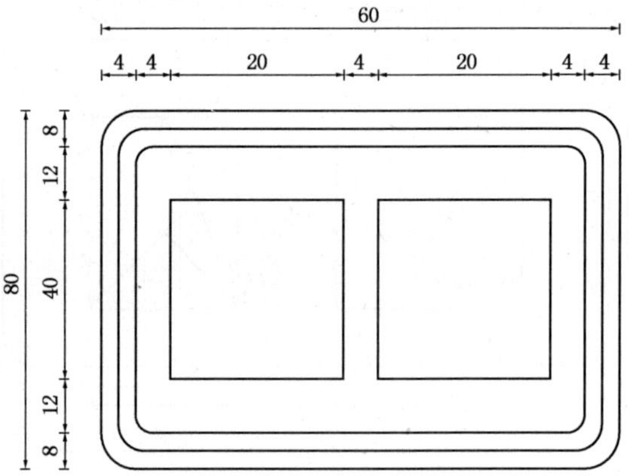

图 D.128 （图 332～图 335）

附 录 E
(资料性附录)
停车让行标志和减速让行标志设置条件

E.1 停车让行标志设置条件

E.1.1 停车让行标志及相应控制设施的设置应从确保交通安全、符合相关法律法规的要求、使应停车的车辆数最小和使路段交通延误率最小等方面经过综合的技术判断确定。

E.1.2 下列情况应在次要道路路口设置停车让行标志：

a) 支路与干路垂直相交(或接近垂直相交),用其他路权分配原则和措施无法获得较好遵守；

b) 城市道路与过境公路或运行速度较高的城市快速路、城市主干路垂直(或接近垂直)相交；

c) 相交道路速度差较大、交叉口视距受限或事故记录显示需要进行停车让行控制；

d) 公路与铁路平交。

E.1.3 下列情况下,宜在次要道路路口设置停车让行标志：

a) 需要控制左转弯冲突；

b) 在行人或非机动车流量较大时,需要控制机非冲突；

c) 难以确认交通冲突的地点,需要控制交通冲突。

E.1.4 两条条件相近的相交道路,确定哪一方向设置停车让行标志可按照下述原则：

a) 与较多行人横穿和学校活动冲突严重的方向上；

b) 在视距不良或已经设置减速丘等减速设施的方向上；

c) 在到达路口前通行条件较好具有最长不受干扰通行条件的方向上；

d) 在更容易判断路口交织点的方向上。

E.1.5 下列情况下宜采用多路同设停车让行标志：

a) 城镇区两条条件相同(或相近)的集散型支路相交形成的交叉口,设停车让行标志可改善交叉口运行安全状况,宜多路同设停车让行标志。

b) 交叉口信号灯处于安装、调整或关闭期时,作为临时交通控制措施,可在交叉口所有进口进行停车让行标志；

c) 事故记录分析显示,过去 12 个月交叉口范围内所有事故中有 5 件或以上可以通过多路同设停车让行标志予以避免；

d) 在一天中的任何 8 h 之内,流量达到下述要求时：

   1) 从主路双方向进入交叉口的平均车流量超过 300 辆/h,并且从支路双方向进入交叉口的车辆、行人、非机动车等平均流量,在相同时段内超过 200 单元/h；

   2) 从主路双方向进入交叉口的平均车流量超过 300 辆/h,并且一天的高峰时间段内,造成支路车辆平均延误至少 30 s 时；

   3) 虽然交通流量未达到上述两条的要求,但主路车辆进入交叉口的 85%位(V85)车速大于 65 km/h,且平均车流量大于 200 辆/h；

e) 没有合适的信号配时能够满足各方要求,并且有关数据同时达到条件 c)、d)1)、d)2)所定标准的 80%。

E.1.6 高速公路及其匝道上不进行停车让行控制。除特殊情况外,在干线道路主线上不设停车让行控制。

E.1.7 在设置有信号灯的交叉口一般不设停车让行标志。但交叉口信号灯非 24 h 运行时,应在次要道路上同时设置停车让行标志。此种情况下,交叉口信号灯运行期间应优先遵守信号灯指示。信号灯不亮或黄闪时，遵守停车让行标志。

E.1.8 停车让行控制不能用作车速控制的措施。

E.2 减速让行标志设置条件

E.2.1 减速让行标志及相应控制措施的设置应从确保交通安全、符合相关法律法规的要求、使应停车的车辆数最小和使路段交通延误率最小等方面经过综合的技术判断确定。

E.2.2 下列情况下应设置减速让行标志：

a) 符合 E.1 设置停车让行标志的条件，但交叉口视距良好，道路使用者能够清楚的观察到可能的交通冲突，以限速值或运行速度(V85)通过交叉口，或即使有危险情况，驾驶员也能从容控制停车的情况下，应以减速让行标志代替停车让行标志；

b) 高速公路和城市主要干道合流处；

c) 环岛交叉口的所有入口处；

d) 横穿中央分隔带超过 9 m 的道路或分离式路基的道路时，在横穿第一侧道路前设置停车让行标志，而在横穿第二侧道路前设置减速让行标志；

e) 交叉口存在一些特殊的问题，减速让行标志可能解决这些问题时。

E.2.3 减速让行控制不能用于控制主干道上的车流。

附 录 F
（资料性附录）
一般道路路径指引标志设置示例

图 F.1 为某路网示意图，其中国道 326 为该地区主要运输通道并先后与国道 210，省道 205，县道 010 相交。

不同等级公路交叉口路径指引标志设置示例见图 F.2a)、b)、c)、d)。示例仅以公路向北进口方向为例。

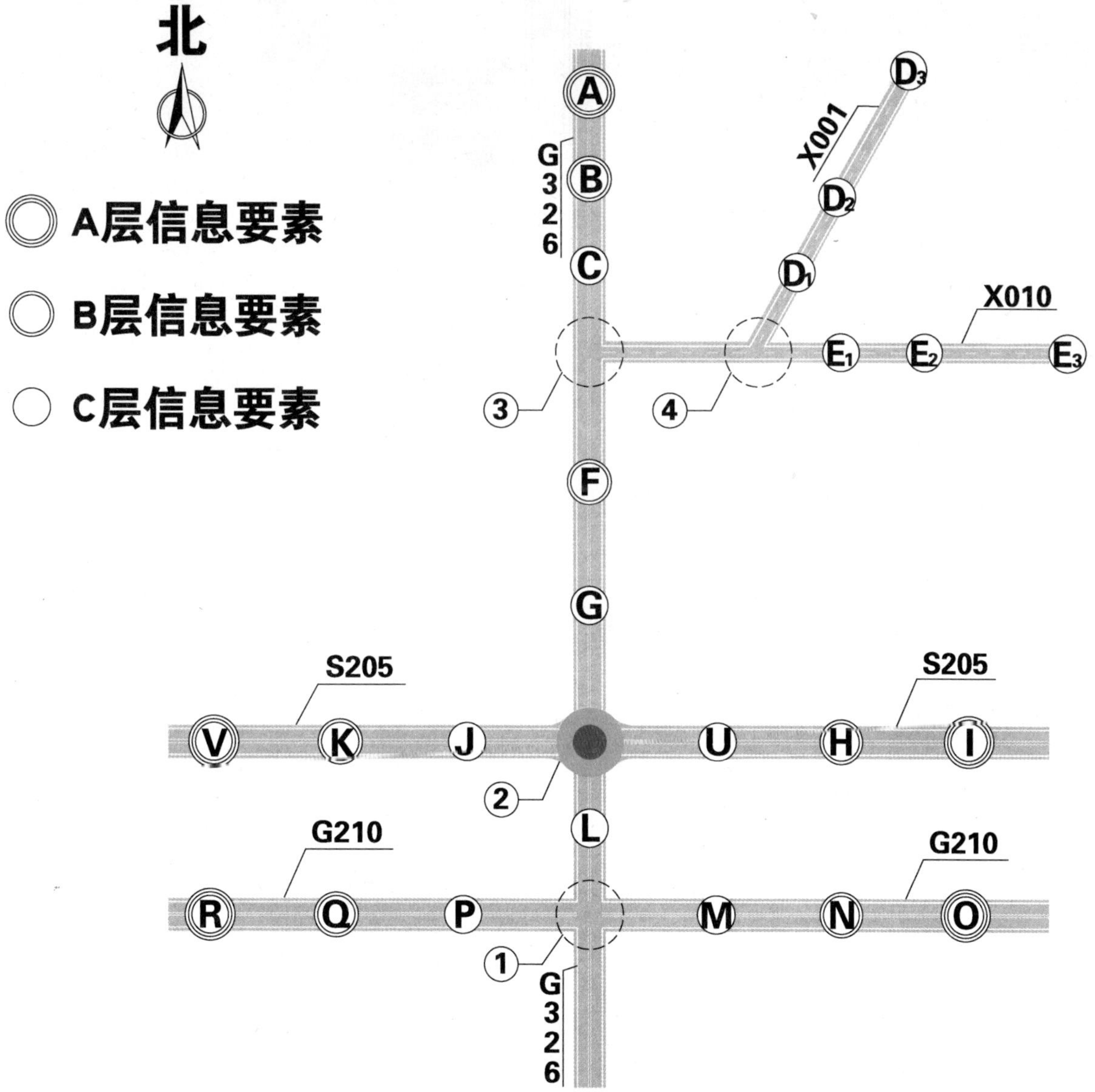

图 F.1 路网示意图

交叉口 1 路径指引标志设置示例

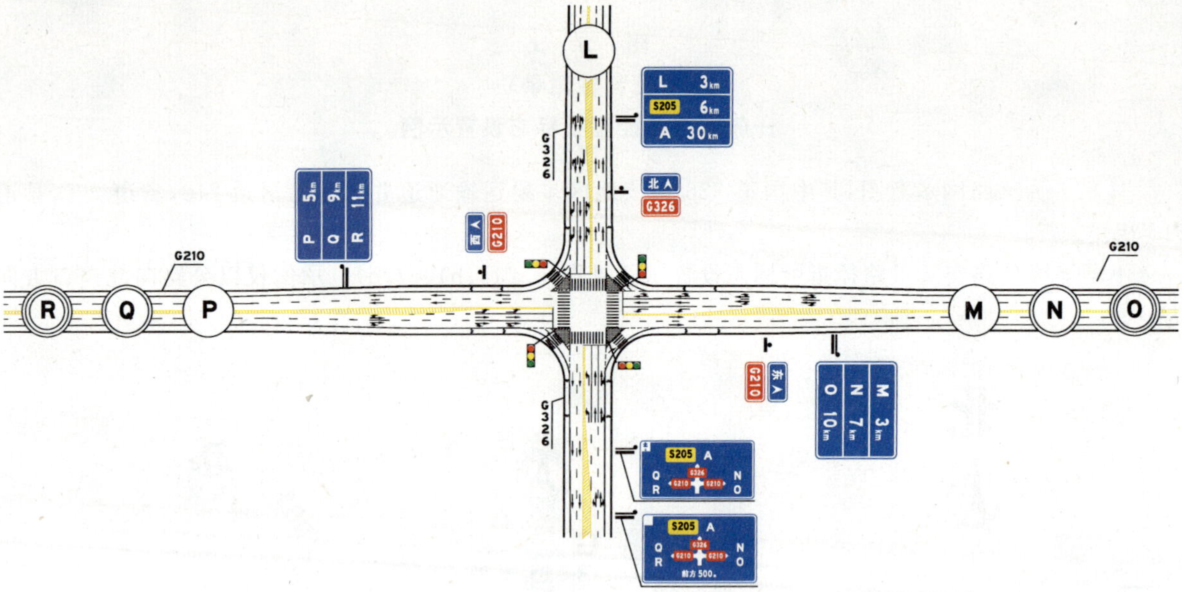

a) 交叉路口 1 路径指引标志设置示例

交叉口 2 路径指引标志设置示例

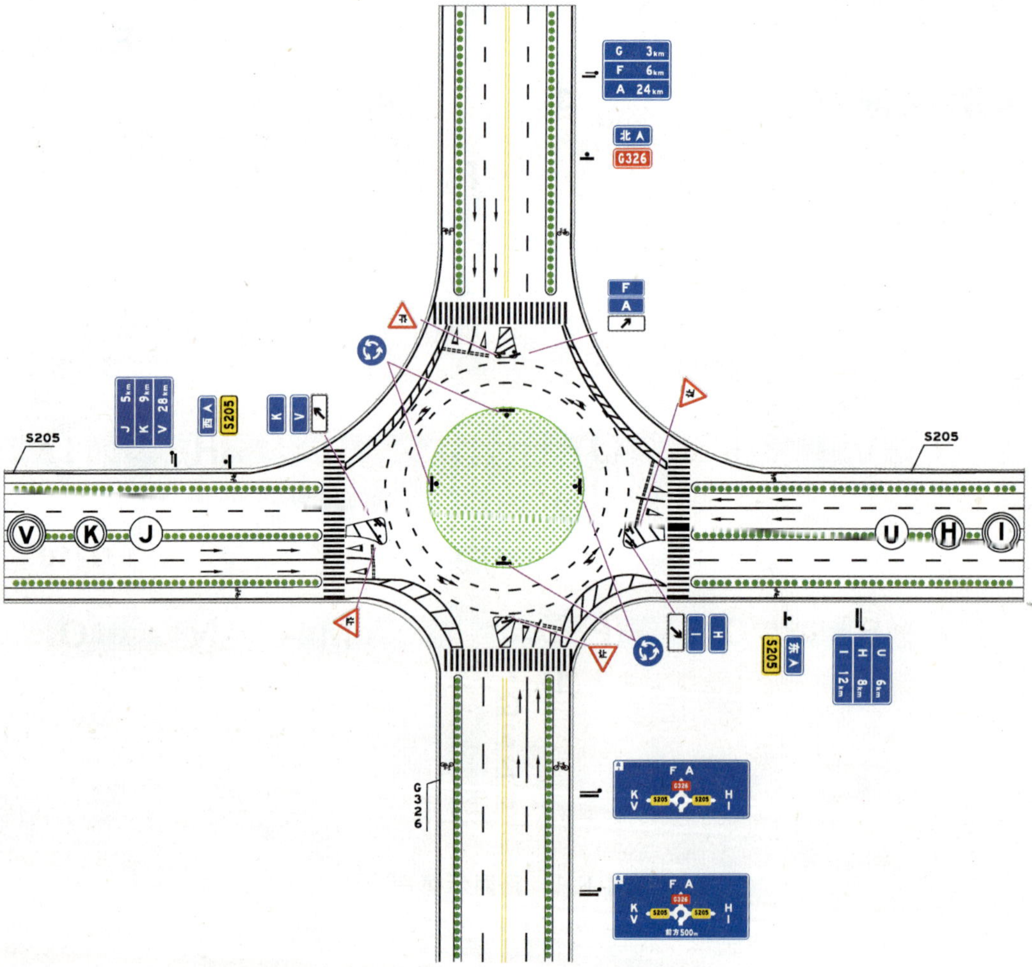

b) 交叉路口 2 路径指引标志设置示例

图 F.2 各交叉口路径指引标志设置示例

交叉口 3 路径指引标志设置示例

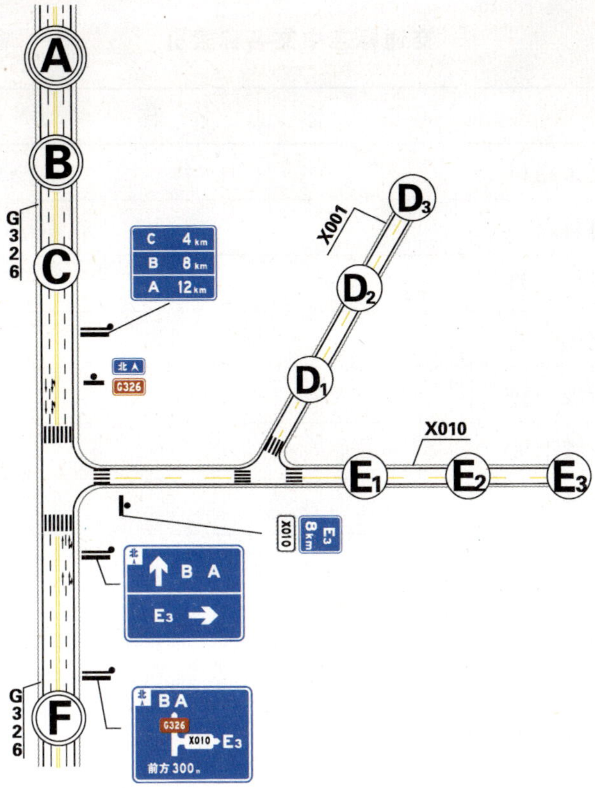

c) 交叉路口 3 路径指引标志设置示例

交叉口 4 路径指引标志设置示例

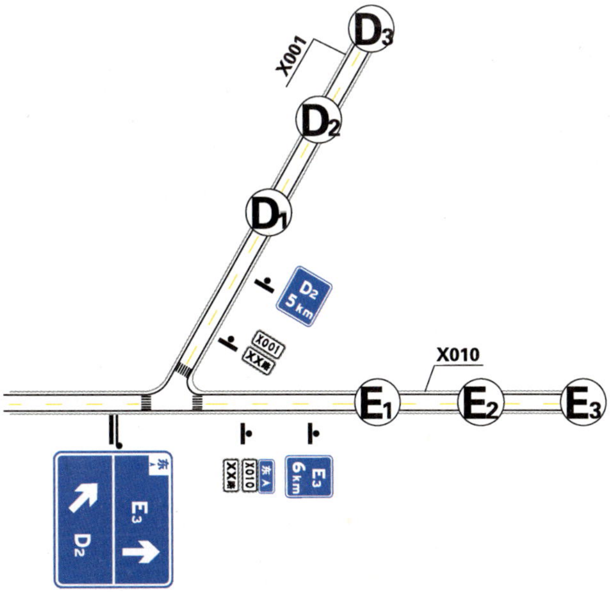

d) 交叉路口 4 路径指引标志设置示例

图 F.2（续）

交通标志中文名称索引

序号	标志编号	标 志 名 称	条 号
1	警 1	交叉路口	4.2
2	警 2	急弯路	4.3
3	警 3	反向弯路	4.4
4	警 4	连续弯路	4.5
5	警 5	陡坡	4.6
6	警 6	连续下坡	4.7
7	警 7	窄路	4.8
8	警 8	窄桥	4.9
9	警 9	双向交通	4.10
10	警 10	注意行人	4.11
11	警 11	注意儿童	4.12
12	警 12	注意牲畜	4.13
13	警 13	注意野生动物	4.14
14	警 14	注意信号灯	4.15
15	警 15	注意落石	4.16
16	警 16	注意横风	4.17
17	警 17	易滑	4.18
18	警 18	傍山险路	4.19
19	警 19	堤坝路	4.20
20	警 20	村庄	4.21
21	警 21	隧道	4.22
22	警 22	渡口	4.23
23	警 23	驼峰桥	4.24
24	警 24	路面不平	4.25
25	警 25	路面高突	4.26
26	警 26	路面低洼	4.27
27	警 27	过水路面	4.28
28	警 28	有人看守铁路道口	4.29

序号	标志编号	标 志 名 称	条 号
29	警 29	无人看守铁路道口	4.29
30	警 30	叉形符号	4.29
31	警 31	斜杠符号	4.29
32	警 32	注意非机动车	4.30
33	警 33	注意残疾人	4.31
34	警 34	事故易发路段	4.32
35	警 35	慢行	4.33
36	警 36	注意障碍物	4.34
37	警 37	注意危险	4.35
38	警 38	施工	4.36
39	警 39	建议速度	4.37
40	警 40	隧道开车灯	4.38
41	警 41	注意潮汐车道	4.39
42	警 42	注意保持车距	4.40
43	警 43	注意分离式道路	4.41
44	警 44	注意合流	4.42
45	警 45	避险车道	4.43
46	警 46	注意路面结冰、注意雨(雪)天、注意雾天、注意不利气象条件	4.44
47	警 47	注意前方车辆排队	4.45
48	禁 1	停车让行	5.2
49	禁 2	减速让行	5.3
50	禁 3	会车让行	5.4
51	禁 4	禁止通行	5.5
52	禁 5	禁止驶入	5.6
53	禁 6	禁止机动车驶入	5.7
54	禁 7	禁止载货汽车驶入	5.8
55	禁 8	禁止电动三轮车驶入	5.9
56	禁 9	禁止大型客车驶入	5.10
57	禁 10	禁止小型客车驶入	5.10
58	禁 11	禁止挂车、半挂车驶入	5.11
59	禁 12	禁止拖拉机驶入	5.12

序号	标志编号	标 志 名 称	条 号
60	禁 13	禁止三轮汽车、低速货车驶入	5.13
61	禁 14	禁止摩托车驶入	5.14
62	禁 15	禁止某两种车驶入	5.15
63	禁 16	禁止非机动车进入	5.16
64	禁 17	禁止畜力车进入	5.17
65	禁 18	禁止人力客运三轮车进入	5.18
66	禁 19	禁止人力货运三轮车进入	5.18
67	禁 20	禁止人力车进入	5.19
68	禁 21	禁止行人进入	5.20
69	禁 22	禁止向左转弯	5.21
70	禁 23	禁止向右转弯	5.21
71	禁 24	禁止直行	5.22
72	禁 25	禁止向左向右转弯	5.23
73	禁 26	禁止直行和向左转弯	5.24
74	禁 27	禁止直行和向右转弯	5.24
75	禁 28	禁止掉头	5.25
76	禁 29	禁止超车	5.26
77	禁 30	解除禁止超车	5.27
78	禁 31	禁止停车	5.28
79	禁 32	禁止长时停车	5.29
80	禁 33	禁止鸣喇叭	5.30
81	禁 34	限制宽度	5.31
82	禁 35	限制高度	5.32
83	禁 36	限制质量	5.33
84	禁 37	限制轴重	5.34
85	禁 38	限制速度	5.35
86	禁 39	解除限制速度	5.36
87	禁 40	停车检查	5.37
88	禁 41	禁止运输危险物品车辆驶入	5.38
89	禁 42	海关	5.39
90	禁 43	区域限制速度	5.40

序号	标志编号	标　志　名　称	条　号
91	禁 44	区域限制速度解除	5.40
92	禁 45	区域禁止长时停车	5.40
93	禁 46	区域禁止长时停车解除	5.40
94	禁 47	区域禁止停车	5.40
95	禁 48	区域禁止停车解除	5.40
96	示 1	直行	6.2
97	示 2	向左转弯	6.3
98	示 3	向右转弯	6.3
99	示 4	直行和向左转弯	6.4
100	示 5	直行和向右转弯	6.4
101	示 6	向左和向右转弯	6.5
102	示 7	靠右侧道路行驶	6.6
103	示 8	靠左侧道路行驶	6.6
104	示 9	立体交叉直行和左转弯行驶	6.7
105	示 10	立体交叉直行和右转弯行驶	6.7
106	示 11	环岛行驶	6.8
107	示 12	单行路(向左或向右)	6.9
108	示 13	单行路(直行)	6.9
109	示 14	步行	6.10
110	示 15	鸣喇叭	6.11
111	示 16	最低限速	6.12
112	示 17	路口优先通行	6.13
113	示 18	会车先行	6.14
114	示 19	人行横道	6.15
115	示 20	右转车道	6.16
116	示 21	左转车道	6.16
117	示 22	直行车道	6.16
118	示 23	直行和右转合用车道	6.16
119	示 24	直行和左转合用车道	6.16
120	示 25	掉头车道	6.16
121	示 26	掉头和左转合用车道	6.16

序号	标志编号	标 志 名 称	条 号
122	示 27	分向行驶车道	6.16
123	示 28	公交线路专用车道	6.17.1
124	示 29	机动车行驶	6.17.2
125	示 30	机动车车道	6.17.3
126	示 31	非机动车行驶	6.17.4
127	示 32	非机动车车道	6.17.5
128	示 33	快速公交系统专用车道	6.17.6
129	示 34	多乘员车辆专用车道	6.17.7
130	示 35	停车位	6.18
131	示 36	允许掉头	6.19
132	路 1	四车道及以上公路交叉路口预告	7.2.2.2
133	路 2	大交通量的四车道以上公路交叉路口预告	7.2.2.2
134	路 3	箭头杆上标识公路编号、道路名称的公路交叉路口预告	7.2.2.2
135	路 4	十字交叉路口	7.2.2.3
136	路 5	丁字交叉路口	7.2.2.3
137	路 6	Y 型交叉路口	7.2.2.3
138	路 7	环形交叉路口	7.2.2.3
139	路 8	互通式立体交叉	7.2.2.3
140	路 9	分岔处	7.2.2.3
141	路 10	国道编号	7.2.2.4
142	路 11	省道编号	7.2.2.4
143	路 12	县道编号	7.2.2.4
144	路 13	乡道编号	7.2.2.4
145	路 14	街道名称	7.2.2.4
146	路 15	路名牌	7.2.2.4
147	路 16	地点距离	7.2.2.4
148	路 17	地名	7.2.3.1
149	路 18	著名地点	7.2.3.2
150	路 19	行政区划分界	7.2.3.3
151	路 20	道路管理分界	7.2.3.3
152	路 21	地点识别	7.2.3.4

序号	标志编号	标　志　名　称	条　号
153	路 22	停车场	7.2.4.1
154	路 23	错车道	7.2.4.2
155	路 24	人行天桥	7.2.4.3
156	路 25	人行地下通道	7.2.4.3
157	路 26	残疾人专用设施	7.2.4.4
158	路 27	观景台	7.2.4.5
159	路 28	应急避难设施(场所)	7.2.4.6
160	路 29	休息区	7.2.4.7
161	路 30	绕行	7.2.5.1
162	路 31	此路不通	7.2.5.2
163	路 32	车道数变少	7.2.5.3
164	路 33	车道数增加	7.2.5.4
165	路 34	交通监控设备	7.2.5.5
166	路 35	隧道出口距离预告	7.2.5.6
167	路 36	基本单元	7.2.5.7
168	路 37	组合使用	7.2.5.7
169	路 38	两侧通行	7.2.5.7
170	路 39	右侧通行	7.2.5.7
171	路 40	左侧通行	7.2.5.7
172	路 41	入口预告	7.3.2.1
173	路 42	地点、方向	7.3.2.2
174	路 43	编号	7.3.2.3
175	路 44	命名编号	7.3.2.4
176	路 45	路名	7.3.2.5
177	路 46	地点距离	7.3.2.6
178	路 47	城市区域多个出口时的地点距离	7.3.2.6
179	路 48	下一出口预告	7.3.2.7
180	路 49	出口编号	7.3.2.8
181	路 50	右侧出口预告	7.3.2.9
182	路 51	左侧出口预告	7.3.2.9
183	路 52	出口标志及出口地点方向	7.3.2.10

序号	标志编号	标　志　名　称	条　号
184	路 53	高速公路起点	7.3.3.1
185	路 54	终点预告	7.3.3.2
186	路 55	终点提示	7.3.3.3
187	路 56	国家高速公路、省级高速公路终点	7.3.3.4
188	路 57	道路交通信息	7.3.3.5
189	路 58	里程牌	7.3.3.6
190	路 59	百米牌	7.3.3.6
191	路 60	停车领卡	7.3.3.7
192	路 61	车距确认	7.3.3.8
193	路 62	特殊天气建议速度	7.3.3.9
194	路 63	紧急电话	7.3.4.1
195	路 64	电话位置指示	7.3.4.1
196	路 65	救援电话	7.3.4.2
197	路 66	不设电子不停车收费(ETC)车道的收费站预告及收费站	7.3.4.3
198	路 67	设有电子不停车收费(ETC)车道的收费站预告及收费站	7.3.4.3
199	路 68	ETC 车道指示	7.3.4.4
200	路 69	计重收费	7.3.4.5
201	路 70	加油站	7.3.4.6
202	路 71	紧急停车带	7.3.4.7
203	路 72	服务区预告	7.3.4.8
204	路 73	停车区预告	7.3.4.9
205	路 74	停车场预告	7.3.4.10
206	路 75	停车场	7.3.4.10
207	路 76	爬坡车道	7.3.4.11
208	路 77	超限超载检测站	7.3.4.12
209	路 78	设置在指路标志版面中的方向	7.4
210	路 79	设置在指路标志版面外的方向	7.4
211	旅 1	旅游区距离	8.2
212	旅 2	旅游区方向	8.2
213	旅 3	问讯处	8.3
214	旅 4	徒步	8.3

序号	标志编号	标 志 名 称	条 号
215	旅 5	索道	8.3
216	旅 6	野营地	8.3
217	旅 7	营火	8.3
218	旅 8	游戏场	8.3
219	旅 9	骑马	8.3
220	旅 10	钓鱼	8.3
221	旅 11	高尔夫球	8.3
222	旅 12	潜水	8.3
223	旅 13	游泳	8.3
224	旅 14	划船	8.3
225	旅 15	冬季游览区	8.3
226	旅 16	滑雪	8.3
227	旅 17	滑冰	8.3
228	辅 1	时间范围	9.2.6.1
229	辅 2	除公共汽车外	9.2.6.2
230	辅 3	机动车	9.2.6.2
231	辅 4	货车	9.2.6.2
232	辅 5	货车、拖拉机	9.2.6.2
233	辅 6	私人专属	9.2.6.2
234	辅 7	行驶方向标志	9.2.6.3
235	辅 8	向前 200 m	9.2.6.4
236	辅 9	向左 100 m	9.2.6.4
237	辅 10	向左、向右各 50 m	9.2.6.4
238	辅 11	向右 100 m	9.2.6.4
239	辅 12	某区域内	9.2.6.4
240	辅 13	距离某地 200 m	9.2.6.4
241	辅 14	长度	9.2.6.4
242	辅 15	学校	9.2.6.5
243	辅 16	海关	9.2.6.5
244	辅 17	事故	9.2.6.5
245	辅 18	塌方	9.2.6.5

序号	标志编号	标 志 名 称	条 号
246	辅 19	教练车行驶路线	9.2.6.5
247	辅 20	驾驶考试路线	9.2.6.5
248	辅 21	校车停靠站点	9.2.6.5
249	辅 22	组合辅助	9.2.6.6

ICS 03.220.20
R 80

中华人民共和国国家标准

GB 5768.3—2009
部分代替 GB 5768—1999

道路交通标志和标线
第3部分：道路交通标线

Road traffic signs and markings—
Part 3: Road traffic markings

2009-05-25 发布 2009-07-01 实施

中华人民共和国国家质量监督检验检疫总局
中国国家标准化管理委员会 发布

前　言

GB 5768 的本部分全部技术内容为强制性。

GB 5768《道路交通标志和标线》分为八个部分：

——第 1 部分　总则

——第 2 部分　道路交通标志

——第 3 部分　道路交通标线

——第 4 部分　作业区

——第 5 部分　速度管理

——第 6 部分　铁路平交口

——第 7 部分　自行车和行人控制

——第 8 部分　学校区域

本部分为 GB 5768 的第 3 部分。

本部分代替 GB 5768—1999《道路交通标志和标线》的一般规定、相应部分及 1999 年的 1 号修改单、2005 年的 2 号修改单。本部分与 GB 5768—1999 对应部分及修改单相比，主要变化如下：

——标线一般规定中突出标线作为信号传递手段的目的，突出标线的服务功能（见 3.1）。

——增加橙色虚、实线类型，增加蓝色虚、实线类型（见 3.6）。

——更改了部分标线的名称，使其含义更明确（见 4.2、4.3、4.7、5.2、5.3）。

——增加潮汐车道线、导向车道线、可变导向车道线、减速丘标线、路面图形标记、多乘员车辆专用车道线、公交专用车道线、车行道横向减速标线、车行道纵向减速标线、实体标记等标线形式（见 4.4、4.8、4.14、4.17、5.11、6.5、6.7）。

——调整部分标线的设置参数及形式，如增加车行道边缘线的种类和应用规定、取消左弯待转区路面文字，代之以左转弯箭头、取消原人行横道简化设置方案，调整人行横道路面预告标识尺寸、原高速公路车距确认线改为车距确认线，取消原标线形式，设计了新的车距确认线形式、增加蓝色和黄色停车位标线形式，明确不同颜色停车位标线的含义，增加特定应用对象和范围的停车位标线形式、原港湾式停靠站标线名称改为停靠站标线，增加专用停靠站和路边式停靠站标线设置规定、取消原合流箭头形式，设计了新的合流导向箭头图案，增加了城市道路专用的 4.5 m 导向箭头体系、增加路面文字标记尺寸的详细规定、删除原超车道路面文字标记、调整停止线与人行横道线间的距离规定、增加圆形中心圈最小直径限制和菱形中心圈对角线最小长度限制、增加简化网状线最大尺寸限制、设计了新的禁止掉头（转弯）标线形式、增加接近障碍物标线设置参数规定等（见 4.5、4.6、4.9、4.10、4.12、4.13、4.15、4.16、5.5、5.9、5.10、5.12、6.3）。

——增加标线设置示例。

——增加附录 B（资料性附录）“交叉路口标线设置”。

本部分附录 A、附录 B 为资料性附录。

本部分自实施之日起，凡新设（改设）的交通标线应按新的规定实施，已按 GB 5768—1999 设置的交通标线应在其使用期限内逐步更换。

本部分由中华人民共和国交通部、中华人民共和国公安部提出。

本部分由全国交通工程设施(公路)标准化技术委员会(SAC/TC 223)归口。

本部分起草单位:交通部公路科学研究院。

本部分主要起草人:侯德藻、何勇、唐琤琤、王超、姜明、韩文元、高海龙、张帆、黄凯、刘洪启。

本标准所代替标准的历次版本发布情况为:

——GB 5768—1986、GB 5768—1999。

道路交通标志和标线
第3部分:道路交通标线

1 范围

GB 5768 的本部分规定了道路交通标线的分类、颜色、形状、字符、图形、尺寸等一般要求,以及设计、设置的要求。

本部分适用于公路、城镇道路和虽在单位管辖范围但允许社会机动车通行的地方,包括广场、公共停车场等用于公众通行的场所等的交通标线的制作和设置。其他机动车通行的地方、停车场等设置的交通标线可参照执行。

2 规范性引用文件

下列文件中的条款通过 GB 5768 的本部分的引用而成为本部分的条款。凡是注日期的引用文件,其随后所有的修改单(不包括勘误的内容)或修订版均不适用于本部分,然而,鼓励根据本部分达成协议的各方研究是否可使用这些文件的最新版本。凡是不注日期的引用文件,其最新版本适用于本部分。

GB 5768.1—2009 道路交通标志和标线 第1部分:总则

GB 5768.2—2009 道路交通标志和标线 第2部分:道路交通标志

GB/T 16311 道路交通标线质量要求和检测方法

GB 6389 工业企业铁路道口安全标准

JT/T 388 轮廓标技术条件

JT/T 390 突起路标

3 一般规定

3.1 道路交通标线是由施划或安装于道路上的各种线条、箭头、文字、图案及立面标记、实体标记、突起路标和轮廓标等所构成的交通设施,它的作用是向道路使用者传递有关道路交通的规则、警告、指引等信息,可以与标志配合使用,也可以单独使用。

3.2 各等级公路和城市快速路、主干路应按本部分规定设置反光交通标线。其他道路可根据需要按本部分设置标线。

3.3 道路交通标线按功能可分为以下三类:

a) 指示标线:指示车行道、行车方向、路面边缘、人行道、停车位、停靠站及减速丘等的标线;

b) 禁止标线:告示道路交通的遵行、禁止、限制等特殊规定的标线;

c) 警告标线:促使道路使用者了解道路上的特殊情况,提高警觉准备应变防范措施的标线。

3.4 道路交通标线按设置方式可分为以下三类:

a) 纵向标线:沿道路行车方向设置的标线;

b) 横向标线:与道路行车方向交叉设置的标线;

c) 其他标线:字符标记或其他形式标线。

3.5 道路交通标线按形态可分为以下四类:

a) 线条:施划于路面、缘石或立面上的实线或虚线;

b) 字符:施划于路面上的文字、数字及各种图形、符号;

c) 突起路标:安装于路面上用于标示车道分界、边缘、分合流、弯道、危险路段、路宽变化、路面障碍物位置等的反光体或不反光体；

d) 轮廓标：安装于道路两侧，用以指示道路边界轮廓、道路的前进方向的反光柱(或反光片)。

3.6 道路交通标线的颜色为白色、黄色、蓝色或橙色，路面图形标记中可出现红色或黑色的图案或文字。道路交通标线的形式、颜色及含义如表1所示。

表1 道路交通标线的形式、颜色及含义

编号	名称	图例	含义
1	白色虚线		划于路段中时，用以分隔同向行驶的交通流；划于路口时，用以引导车辆行进
2	白色实线		划于路段中时，用以分隔同向行驶的机动车、机动车和非机动车，或指示车行道的边缘；划于路口时，用作导向车道线或停止线，或用以引导车辆行驶轨迹；划为停车位标线时，指示收费停车位
3	黄色虚线		划于路段中时，用以分隔对向行驶的交通流或作为公交专用车道线；划于交叉口时，用以告示非机动车禁止驶入的范围或用于连接相邻道路中心线的路口导向线；划于路侧或缘石上时，表示禁止路边长时停放车辆
4	黄色实线		划于路段中时，用以分隔对向行驶的交通流或作为公交车、校车专用停靠站标线；划于路侧或缘石上时，表示禁止路边停放车辆；划为网格线时，标示禁止停车的区域；划为停车位标线时，表示专属停车位
5	双白虚线		划于路口，作为减速让行线
6	双白实线		划于路口，作为停车让行线
7	白色虚实线		用于指示车辆可临时跨线行驶的车行道边缘，虚线侧允许车辆临时跨越，实线侧禁止车辆跨越
8	双黄实线		划于路段中，用以分隔对向行驶的交通流
9	双黄虚线		划于城市道路路段中，用于指示潮汐车道
10	黄色虚实线		划于路段中时，用以分隔对向行驶的交通流，实线侧禁止车辆越线，虚线侧准许车辆临时越线
11	橙色虚、实线	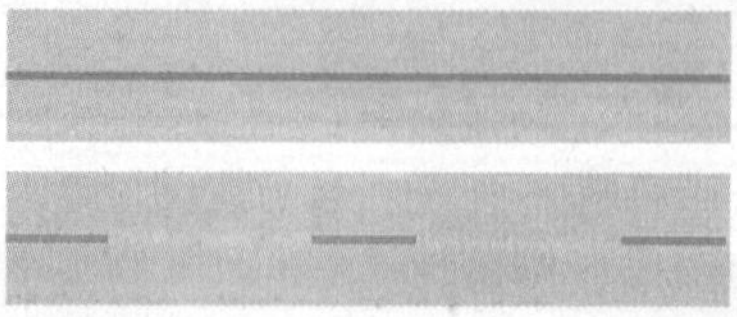	用于作业区标线

表 1（续）

编　号	名　称	图　例	含　义
12	蓝色虚、实线		作为非机动车专用道标线；划为停车位标线时，指示免费停车位
13	本部分规定的其他路面线条、图形、图案、文字、符号、凸起路标、轮廓标等		

3.7　道路交通标线颜色的色度性能应符合 GB/T 16311 的规定。实际应用中，如需使用表 1 内容以外的道路交通标线，应遵循 GB 5768.1—2009 附录 A 的要求。

3.8　设置于路面的道路交通标线应使用抗滑材料，标线表面的抗滑性能一般应不低于所在路段路面的抗滑性能。连续设置的实线类标线，应每隔 15 m 左右设置排水缝，其他标线有可能阻水时，应沿排水方向设置排水缝，排水缝宽度一般为 3 cm～5 cm。

4　指示标线

4.1　指示标线的分类

4.1.1　纵向标线包括：

a）　可跨越对向车行道分界线；

b）　可跨越同向车行道分界线；

c）　潮汐车道线；

d）　车行道边缘线；

e）　左弯待转区线；

f）　路口导向线；

g）　导向车道线。

4.1.2　横向标线包括：

a）　人行横道线；

b）　车距确认线。

4.1.3　其他标线包括：

a）　道路出入口标线；

b）　停车位标线；

c）　停靠站标线；

d）　减速丘标线；

e）　导向箭头；

f）　路面文字标记；

g）　路面图形标记。

4.2　可跨越对向车行道分界线

4.2.1　可跨越对向车行道分界线（也可称为可跨越道路中心线）为黄色虚线，用于分隔对向行驶的交通流。一般设在道路中线上，但不限于一定设在道路的几何中心线上。车辆在保证安全的情况下，可以越线超车或转弯。

4.2.2　凡路面宽度可划两条及以上机动车道的双向行驶的道路，在允许车辆越线超车或转弯时，应划可跨越对向车行道分界线。

4.2.3 可跨越对向车行道分界线为单黄虚线，线段及间隔长分别为 400 cm 和 600 cm，一般线宽为 15 cm，交通量非常小的农村公路、专属专用道路等特殊应用情况下，线宽可采用 10 cm。可跨越对向车行道分界线划法如图 1 所示（图中箭头仅表示车流行驶方向）。

单位为厘米

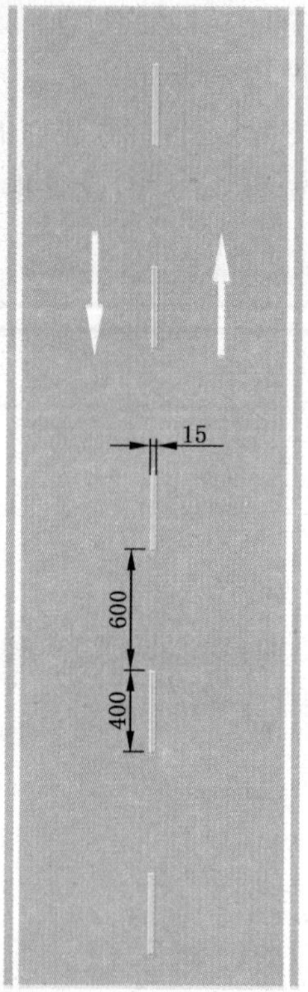

图 1 线 1 可跨越对向车行道分界线

4.3 可跨越同向车行道分界线

4.3.1 可跨越同向车行道分界线为白色虚线，用来分隔同向行驶的交通流，设在同向行驶的车行道分界上。在保证安全的情况下，允许车辆短时越线行驶。

4.3.2 同一行驶方向有两条或两条以上车行道，并允许车辆变换车道或短时跨越车行道分界线行驶时，应划可跨越同向车行道分界线。

4.3.3 可跨越同向车行道分界线一般线宽为 10 cm 或 15 cm，交通量非常小的农村公路、专属专用道路等特殊应用情况下，线宽可采用 8 cm。设计速度不小于 60 km/h 的道路，可跨越同向车行道分界线线段及间隔长分别为 600 cm 和 900 cm，如图 2 所示（图中箭头仅表示车流行驶方向）；设计速度小于 60 km/h 的道路，可跨越同向车行道分界线线段及间隔长分别为 200 cm 和 400 cm，如图 3 所示（图中箭头仅表示车流行驶方向）。

单位为厘米

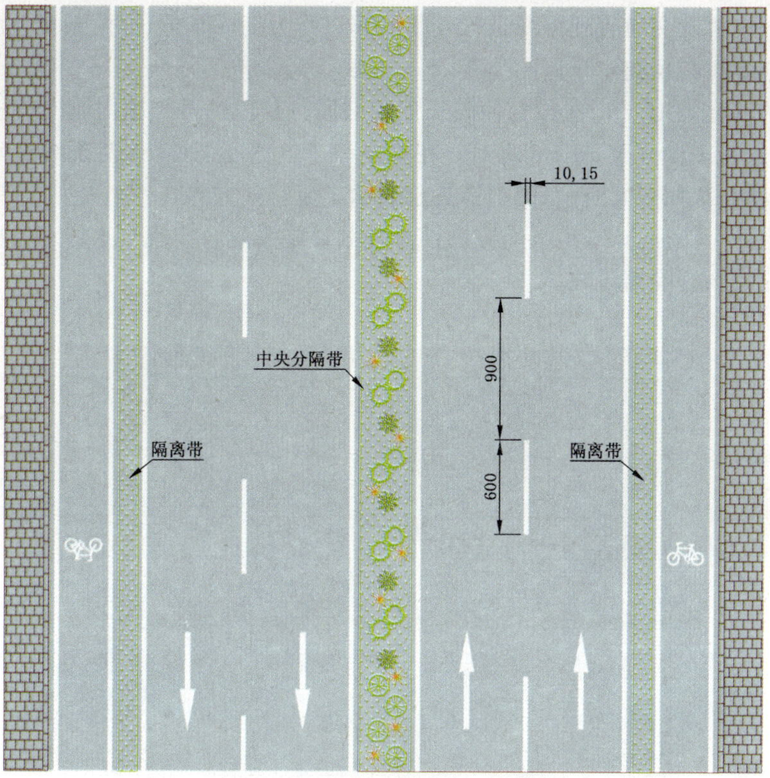

图 2　线 2　可跨越同向车行道分界线一

单位为厘米

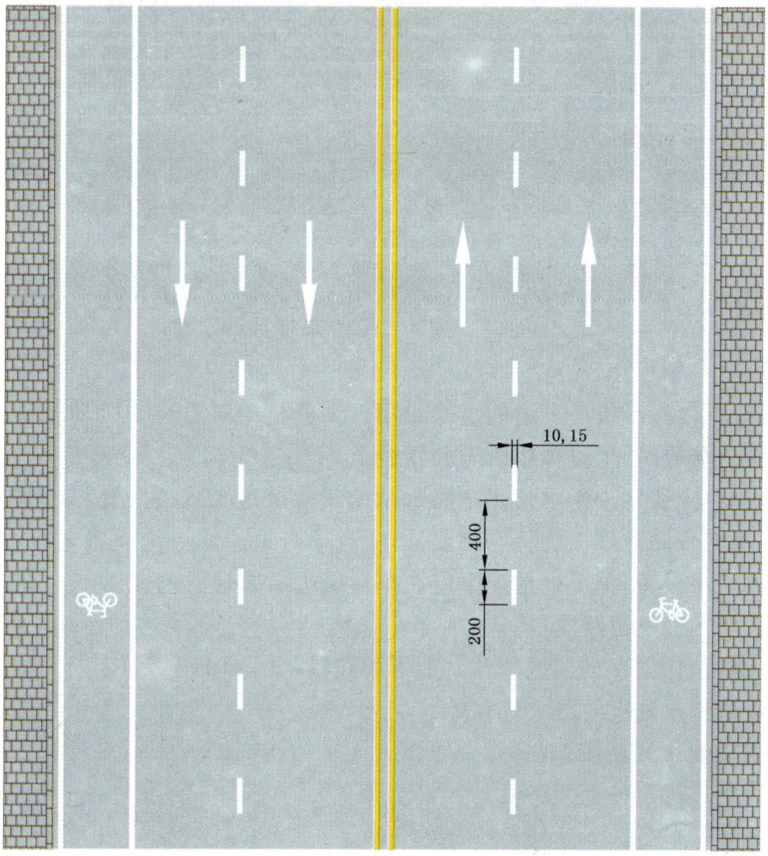

图 3　线 3　可跨越同向车行道分界线二

4.4 潮汐车道线

4.4.1 车辆行驶方向可随交通管理需要进行变化的车道称为潮汐车道，以两条黄色虚线并列组成的双黄虚线作为其指示标线，指示潮汐车道的位置。

4.4.2 黄色虚线的宽度为 15 cm；线段与间隔长度应与同一路段的可跨越同向车行道分界线一致。两条线之间的间距一般在 10 cm 至 15 cm 之间。在确保车行道宽度条件下，两条线之间的横向间距可适当调整。潮汐车道线划法如图 4 所示（图中箭头仅表示车流行驶方向）。

4.4.3 应使用相应的可变标志、车道行车方向信号控制设施来配合实现车道行车方向随需要变化的功能，可配合使用相应的物理隔离设施。

单位为厘米

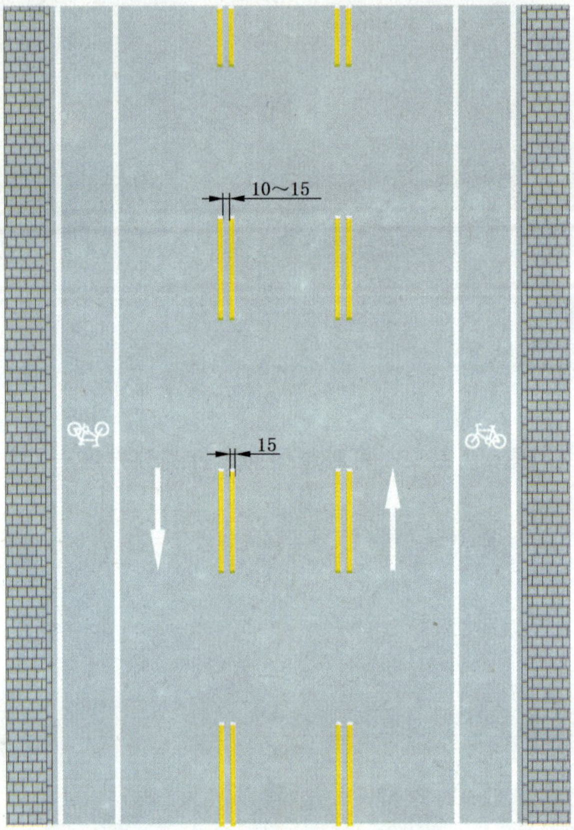

图 4　线 4　潮汐车道线

4.5 车行道边缘线

4.5.1 车行道边缘线用以指示机动车道的边缘或用以划分机动车道与非机动车道的分界。用以划分机动车道与非机动车道分界时，也可称作机非分界线。

4.5.2 车行道边缘白色实线用于指示禁止车辆跨越的车行道边缘或机非分界。双向四车道及以上道路除出入口、交叉口及允许路边停车的特殊路段外，所有车行道边缘上应设置车行道边缘白色实线，双向三车道及以下道路可不设置，但下列情况下应在车行道边缘施划白色实线：

a） 道路的窄桥及其上下游路段；

b） 采用道路设计极限指标的曲线段及其上下游路段；

c） 交通流发生合流或分流的路段；

d） 路面宽度发生变化的路段；

e） 路侧障碍物距车行道较近的路段；

f） 经常出现大雾等影响安全行车天气的路段；

g） 非机动车或行人较多的机非混行路段。

车行道边缘白色实线一般线宽为 15 cm 或 20 cm，交通量非常小的农村公路、专属专用道路等特殊应用情况下，车行道边缘白色实线的线宽可采用 10 cm，如图 5 所示(图中箭头仅表示车流行驶方向)。

车行道边缘白色实线可采用振动标线的形式。

单位为厘米

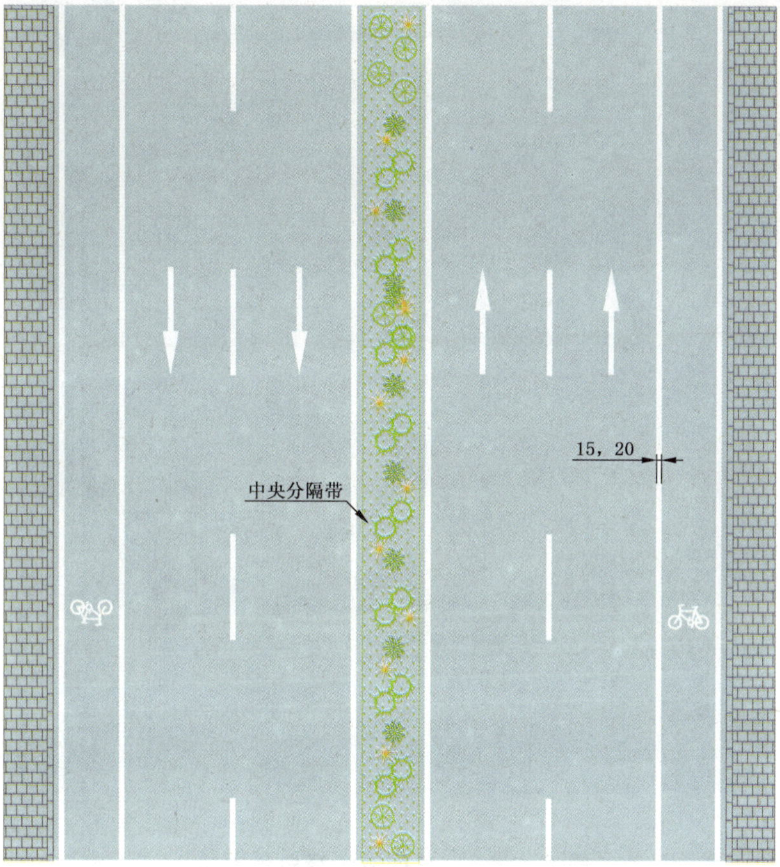

图 5　线 5　车行道边缘白色实线

4.5.3　车行道边缘白色虚线用以指示车辆可临时越线行驶的车行道边缘。跨越边缘虚线行驶的车辆应避让其他正常行驶的车辆、非机动车和行人。

在出入口、交叉口及允许路边停车路段等允许机动车跨越边缘线的地方，可设置车行道边缘白色虚线。城市道路相邻出入口间距小于等于 100 m 时，车行道边缘虚线可连续设置。

车行道边缘白色虚线的一般线宽为 15 cm 或 20 cm，交通量非常小的农村公路、专属专用道路等特殊应用情况下，车行道边缘白色虚线的线宽可采用 10 cm。

车行道边缘白色虚线的虚线线段及间隔长分别为 200 cm 和 400 cm，如图 6 所示(图中箭头仅表示车流行驶方向)。

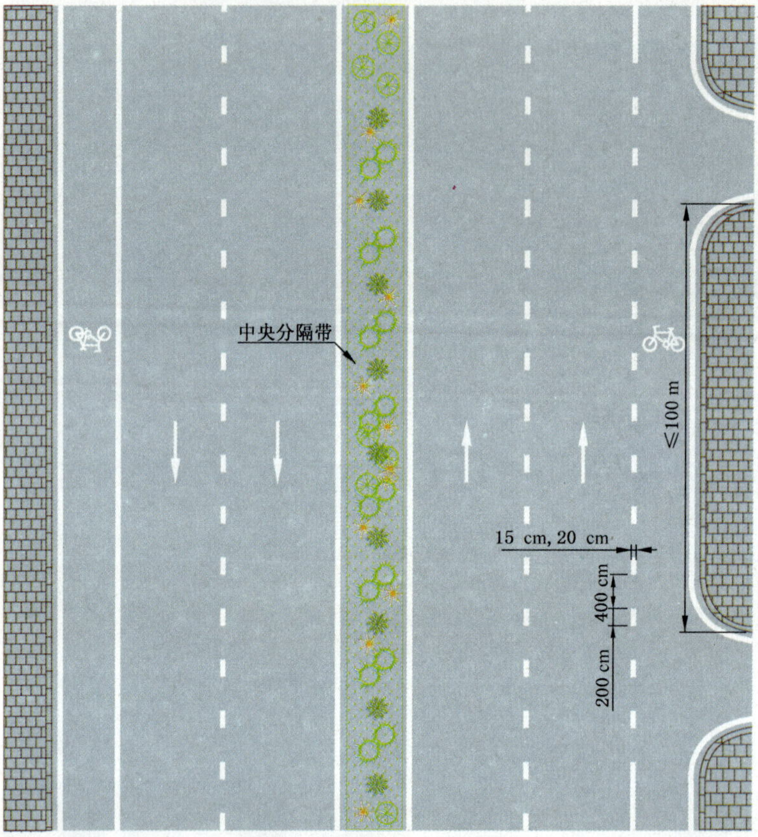

图 6　线 6　车行道边缘白色虚线

4.5.4　车行道边缘白色虚实线的虚线侧允许车辆越线行驶，实线侧不允许车辆越线行驶，用以规范车辆行驶轨迹。在必要的地点，如公交车站临近路段、允许路边停车路段等，可设置车行道边缘白色虚实线。跨线行驶的车辆，应避让其他正常行驶的车辆、非机动车和行人。

车行道边缘白色虚实线的一般线宽为 15 cm 或 20 cm，交通量非常小的农村公路、专属专用道路等特殊应用情况下，车行道边缘白色虚实线的线宽可采用 10 cm。

车行道边缘白色虚实线的虚实线间距为 15 cm～20 cm，虚线线段及间隔长分别为 200 cm 和 400 cm，如图 7 所示(图中箭头仅表示车流行驶方向)。

单位为厘米

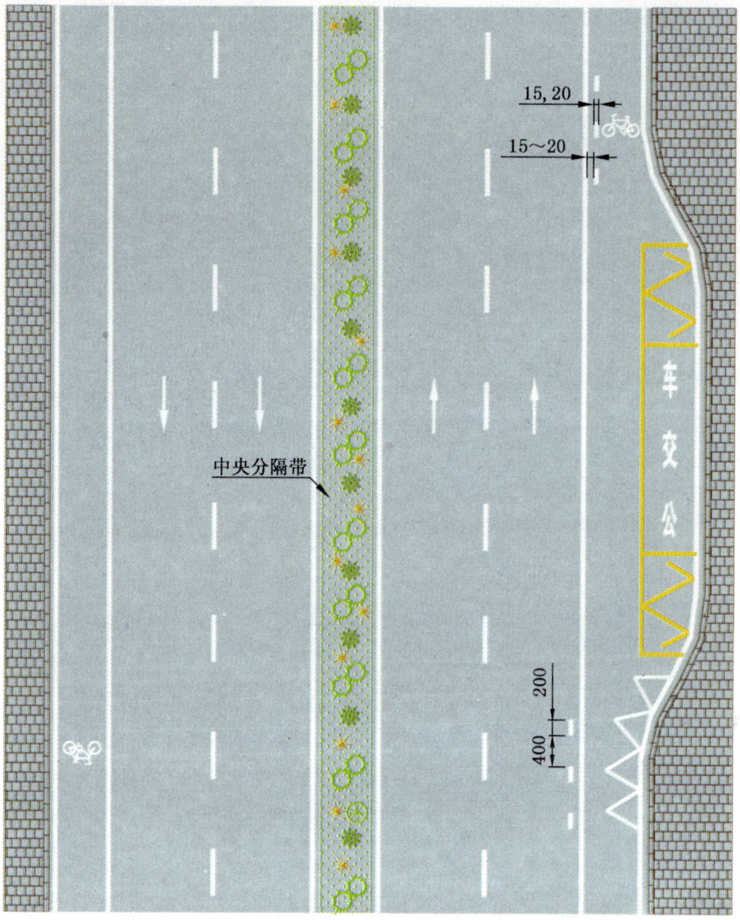

图7　线7　车行道边缘白色虚实线

4.5.5　机动车单向行驶且非机动车双向行驶的路段，在机动车道与对向非机动车道之间应施划黄色单实线作为车行道边缘线。单向行驶的道路左边缘应施划黄色单实线为车行道边缘线。黄色单实线一般线宽为15 cm或20 cm，交通量非常小的农村公路、专属专用道路等特殊应用情况下，线宽可采用10 cm，如图8所示(图中箭头仅表示车流行驶方向)。

黄色实线车行道边缘线可采用振动标线的形式。

单位为厘米

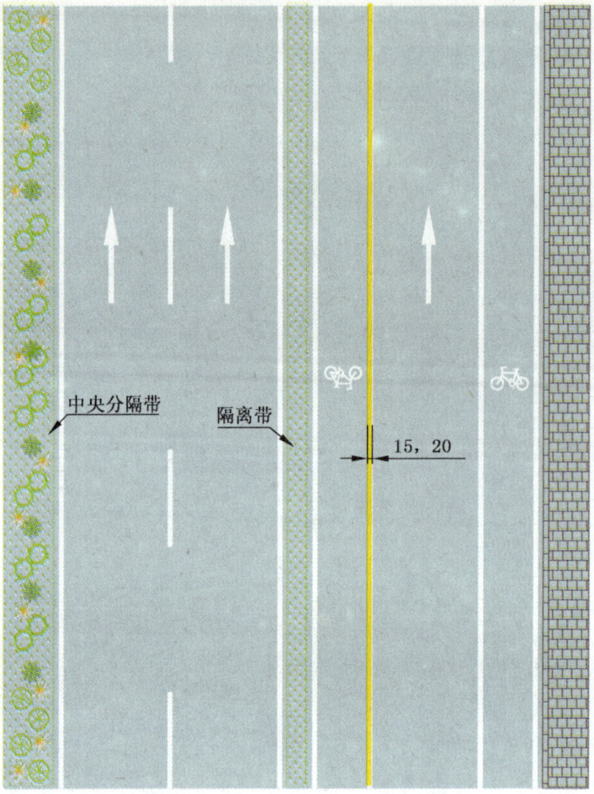

图 8　线 8　黄色单实线车行道边缘线

4.5.6　道路中央有永久性物理隔离设施分隔对向交通流时，靠近隔离设施的车行道边缘线应为白色实线；城市道路上采用活动护栏等可移动隔离设施分隔对向交通流时，靠近隔离设施的车行道边缘线可为黄色实线。

4.6　左弯待转区线

4.6.1　左弯待转区线为白色虚线，用来指示左转弯车辆在直行时段进入待转区等待左转的位置。

4.6.2　左弯待转区线应在设有左转弯专用信号且辟有左转弯专用车道时使用，设于左转弯专用车道前端，伸入交叉路口内，但不得妨碍对向直行车辆的正常行驶。

4.6.3　左弯待转区线为两条平行并略带弧形的白虚线，线宽 15 cm，线段及间隔长均为 50 cm，其前端应划停止线。在待转区内须施划白色左转弯导向箭头，导向箭头长 300 cm，一般在左弯待转区的起始位置和停止线前各施划一组，左弯待转区较长时，中间可以重复设置导向箭头，左弯待转区较短时可仅设置一组导向箭头，如图 9 所示。

单位为厘米

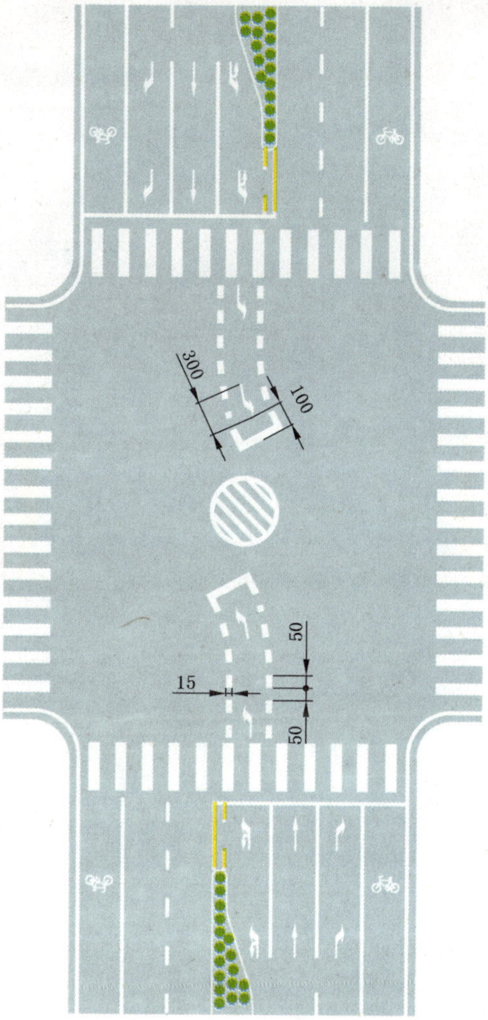

图9　线9　左弯待转区线

4.6.4　在有条件的地点，左弯待转区可设置多条待转车道，如图10所示。

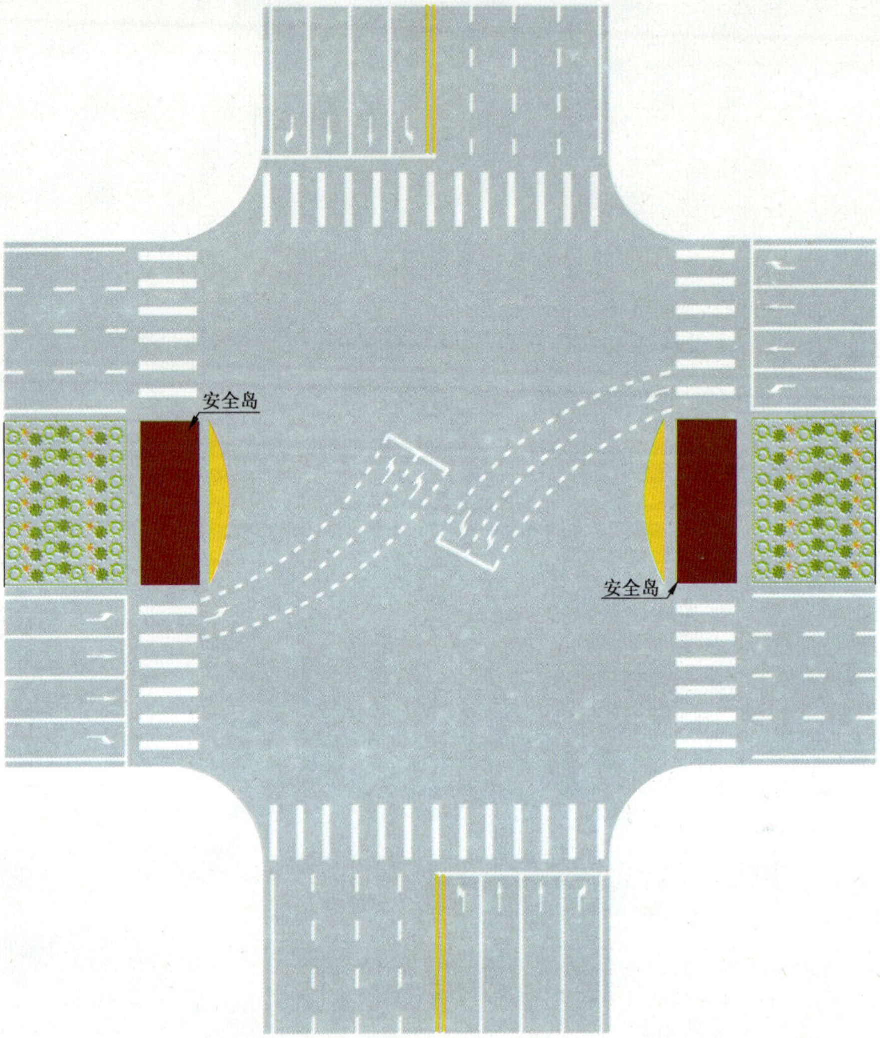

图 10 左弯待转区设置示例

4.7 路口导向线

4.7.1 在平面交叉口面积较大、形状不规则或交通组织复杂，车辆寻找出口车道困难或交通流交织严重时，应设置路口导向线，辅助车辆行驶和转向。

4.7.2 路口导向线为虚线，实线段 200 cm，间隔 200 cm，线宽 15 cm。

4.7.3 连接同向车行道分界线或机非分界线的路口导向线为白色圆曲(或直)虚线；连接对向车行道分界线的路口导向线为黄色圆曲(或直)虚线，如图 11 所示。

单位为厘米

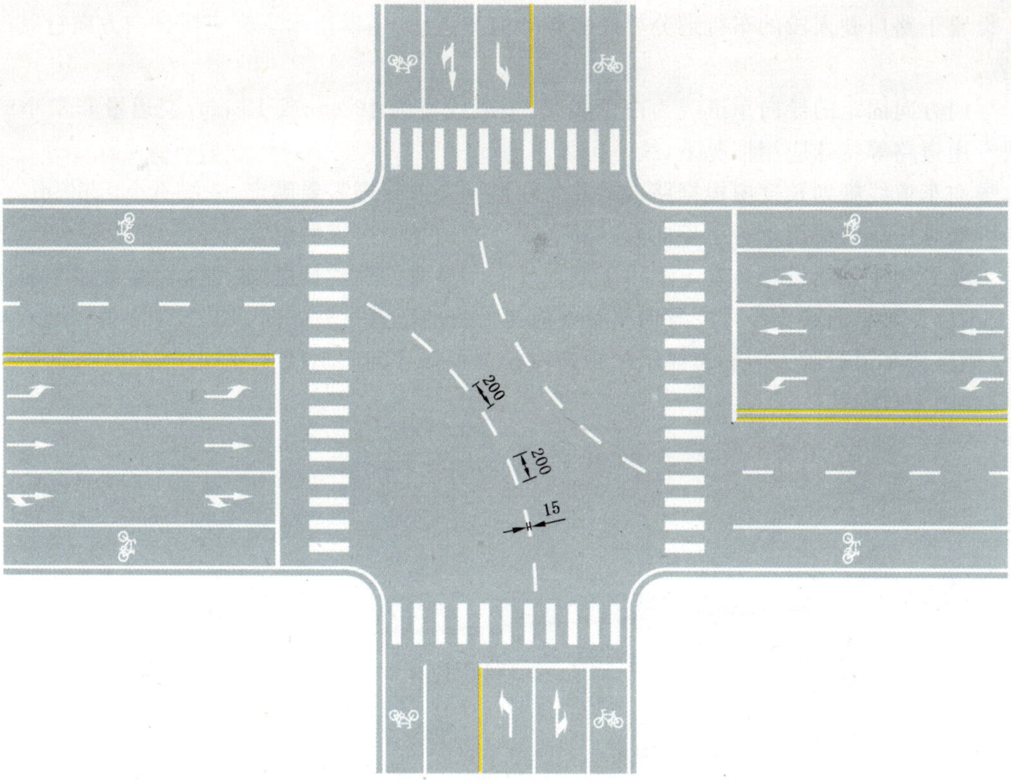

a)

b)

图 11　线 10　路口导向线

4.8 导向车道线

4.8.1 设置于路口驶入段的车行道分界线称作导向车道线，用以指示车辆应按导向方向行驶的导向车道的位置。

4.8.2 导向方向固定的导向车道线为白色实线，一般线宽为 10 cm 或 15 cm，交通量非常小的农村公路、专属专用道路等特殊应用情况下，线宽可采用 8 cm。

4.8.3 导向车道线施划长度应根据路口的几何线形及交通管理需要确定，一般不小于 30 m。

4.8.4 可变导向车道线用于指示导向方向随需要可变的导向车道的位置。

4.8.5 可变导向车道线设置长度应不小于其他导向车道线的设置长度，施划了可变导向车道标线的导向车道内不应设置导向箭头。可变导向车道线应与可变的车道行驶方向标志配合使用。进入可变导向车道的车辆应按车道行驶方向标志显示的指向行驶。可变导向车道线尺寸如图 12 所示。导向车道线设置示例如图 13 所示。

单位为厘米

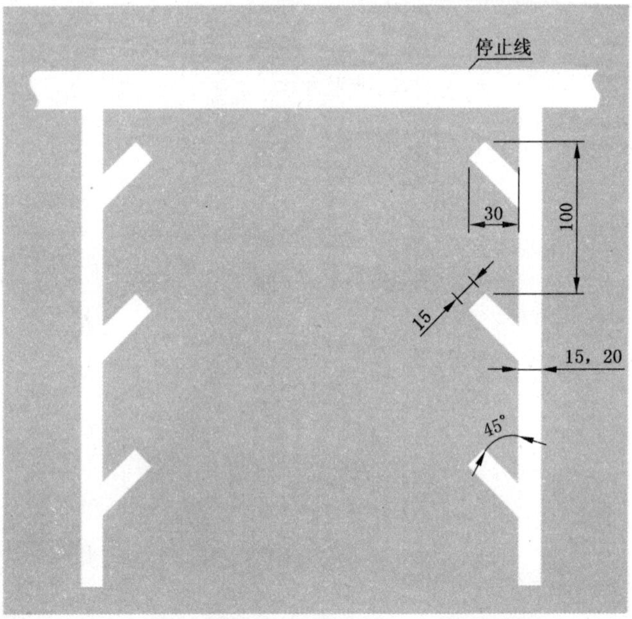

图 12 线 12 可变导向车道标线

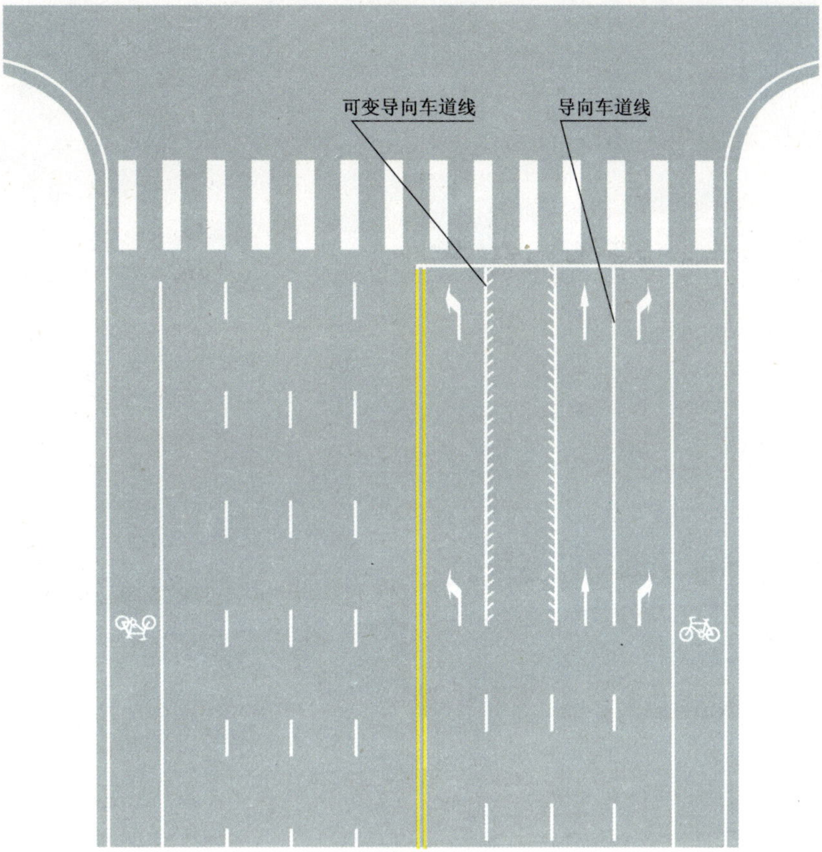

图 13 导向车道线设置示例

4.9 人行横道线

4.9.1 人行横道线为白色平行粗实线(又称斑马线),既标示一定条件下准许行人横穿道路的路径,又警示机动车驾驶人注意行人及非机动车过街。

4.9.2 道路交叉口和行人横过道路较为集中的路段中无过街天桥、地下通道等过街设施时,应施划人行横道线;学校、幼儿园、医院、养老院门前的道路没有行人过街设施的,应施划人行横道线,设置指示标志。

4.9.3 人行横道线一般与道路中心线垂直,特殊情况下,其与中心线夹角不宜小于 60°(或大于 120°),其条纹应与道路中心线平行;人行横道线的最小宽度为 300 cm,并可根据行人交通量以 100 cm 为一级加宽。人行横道线的线宽为 40 cm 或 45 cm,线间隔一般为 60 cm,可根据车行道宽度进行调整,但最大不应超过 80 cm,如图 14 所示。人行横道线的设置间距根据实际需要确定,但路段上设置的人行横道线之间的距离一般应大于 150 m。

单位为厘米

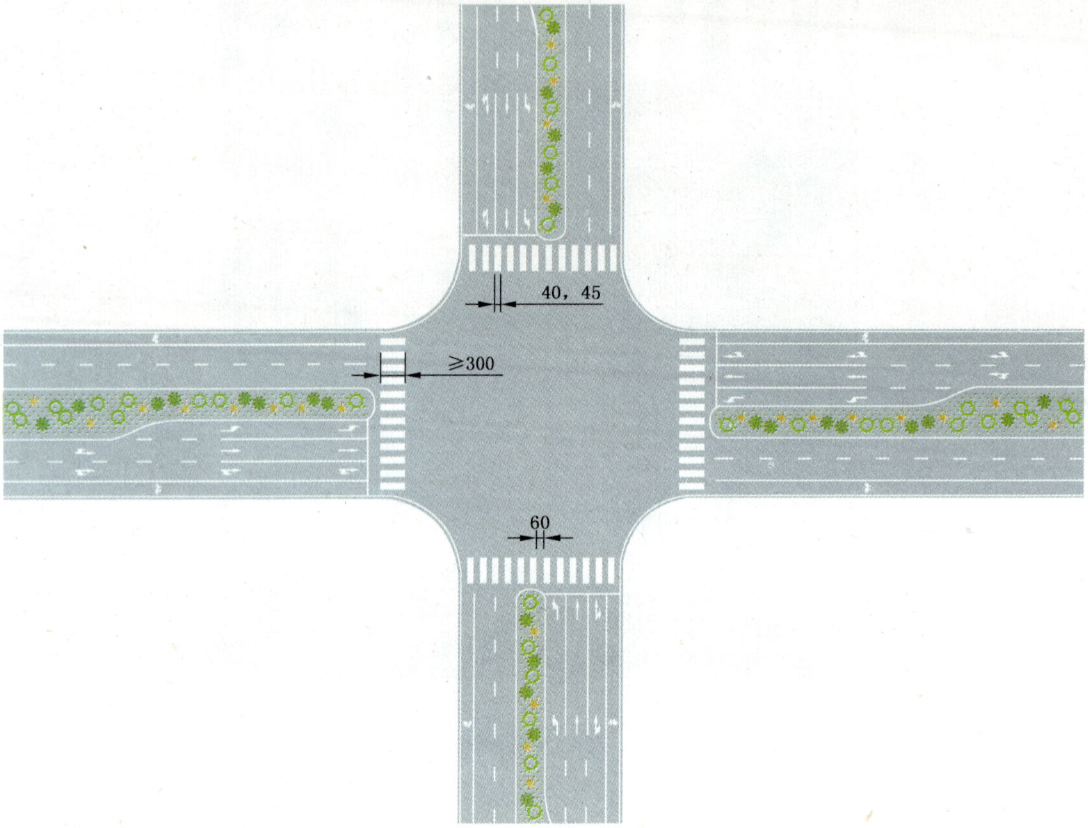

a）与道路中心线垂直的人行横道线

图 14　线 13　人行横道线

单位为厘米

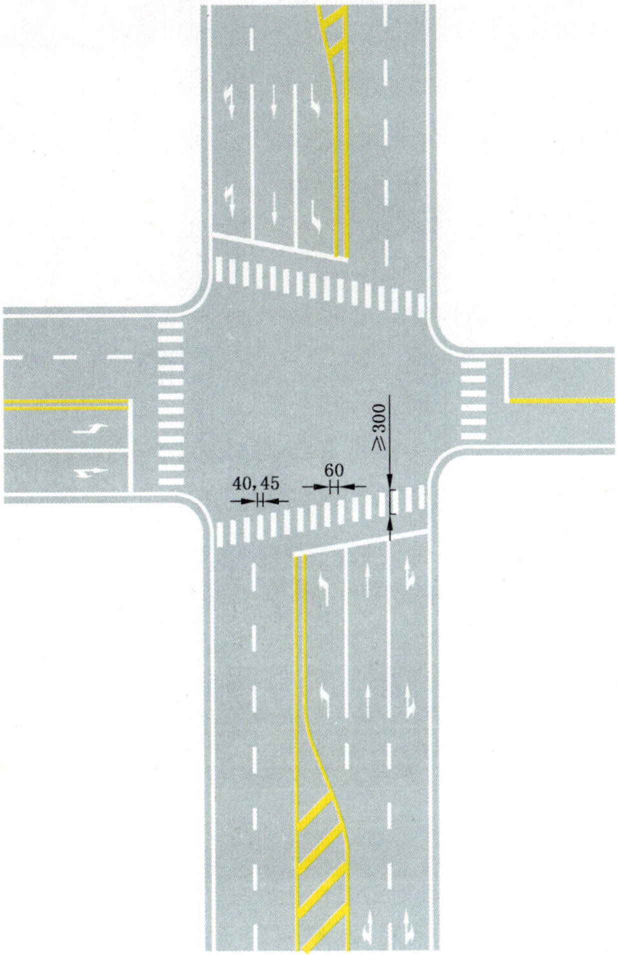

b）与道路中心线斜交的人行横道线

图 14（续）

4.9.4 在无信号灯控制的路段中设置人行横道线时，应在到达人行横道线前的路面上设置停止线和人行横道线预告标识，并配合设置人行横道指示标志，视需要也可增设人行横道警告标志，如图 15 所示。人行横道预告标识为白色菱形图案，尺寸如图 16 所示。

单位为米

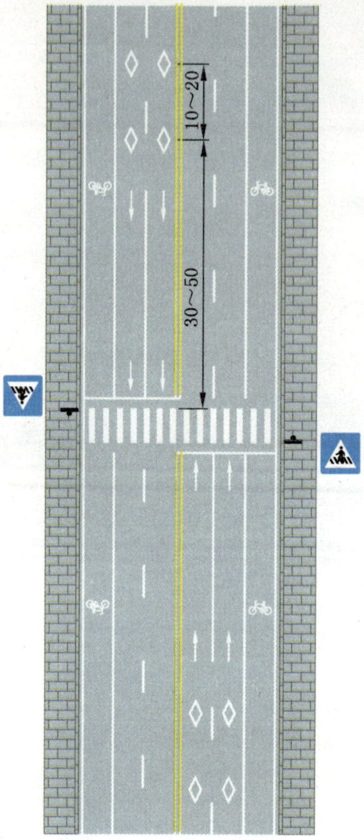

图 15　路段人行横道线设置示例

单位为厘米

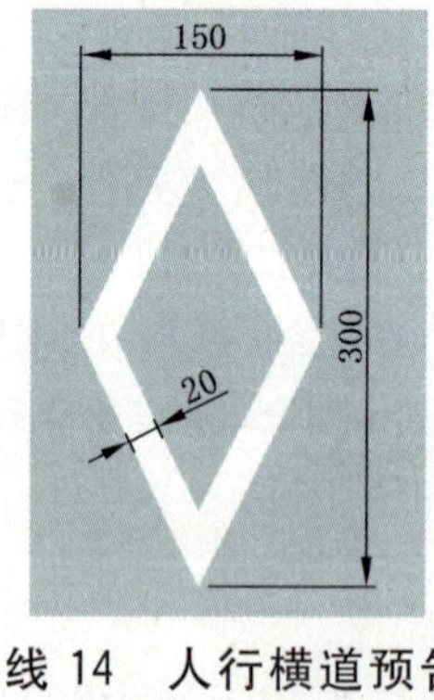

图 16　线 14　人行横道预告标识线

4.9.5　一般应在综合考虑行人流量、行人年龄段分布、道路宽度、车流量、车辆速度、视距等多种因素后，确定人行横道线的设置宽度和形式。

路面宽度大于 30 m 的道路上，应在中央分隔带或对向车行道分界线处的人行横道上设置安全岛。安全岛长度宜大于或等于人行横道宽度，宽度与中央分隔带相同或依据实际情况确定，如图 17 所示。在安全岛面积不能满足等候信号放行的行人停留需要、桥墩或其他构筑物遮挡驾驶人视线等情况下，人行横道线可错位设置，如图 18 所示。

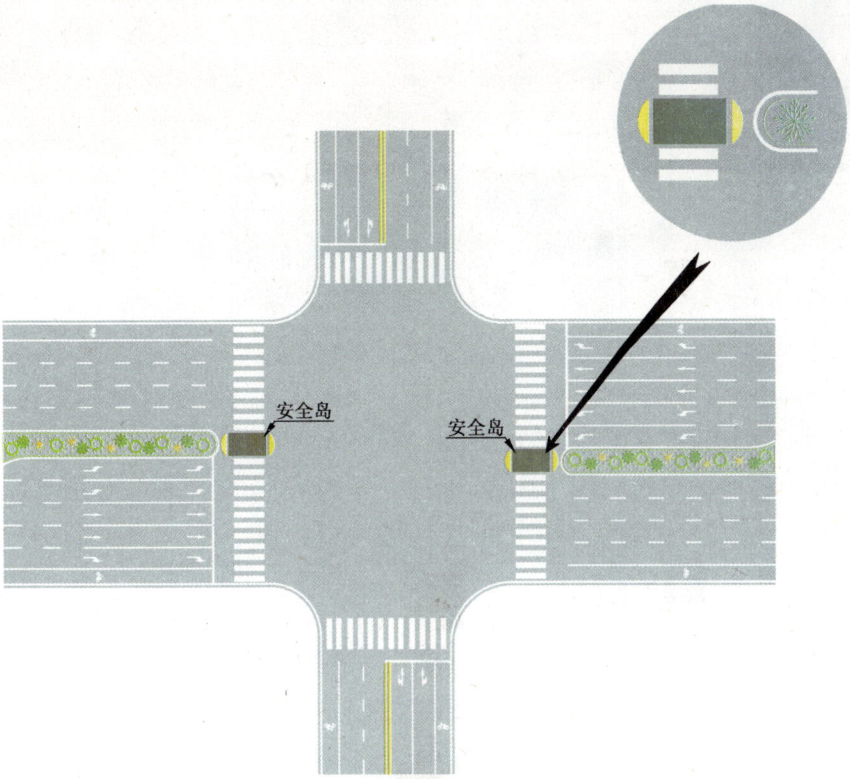

图 17　安全岛设置示例

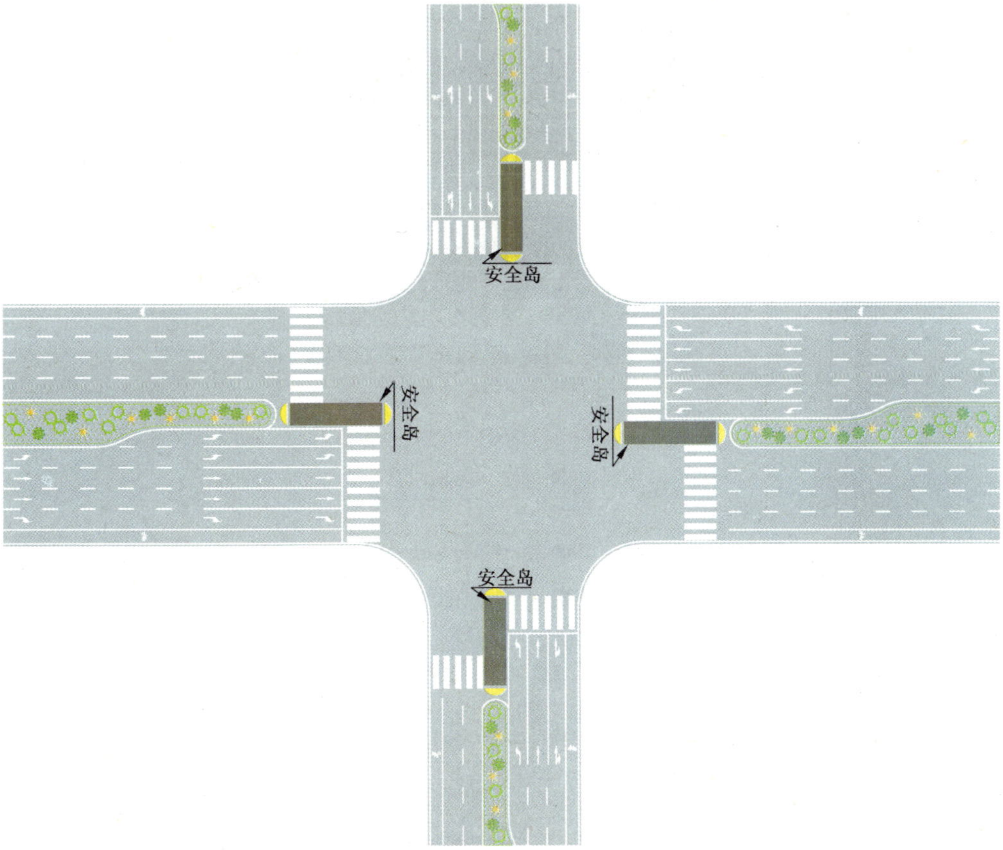

a)

图 18　人行横道线错位设置示例

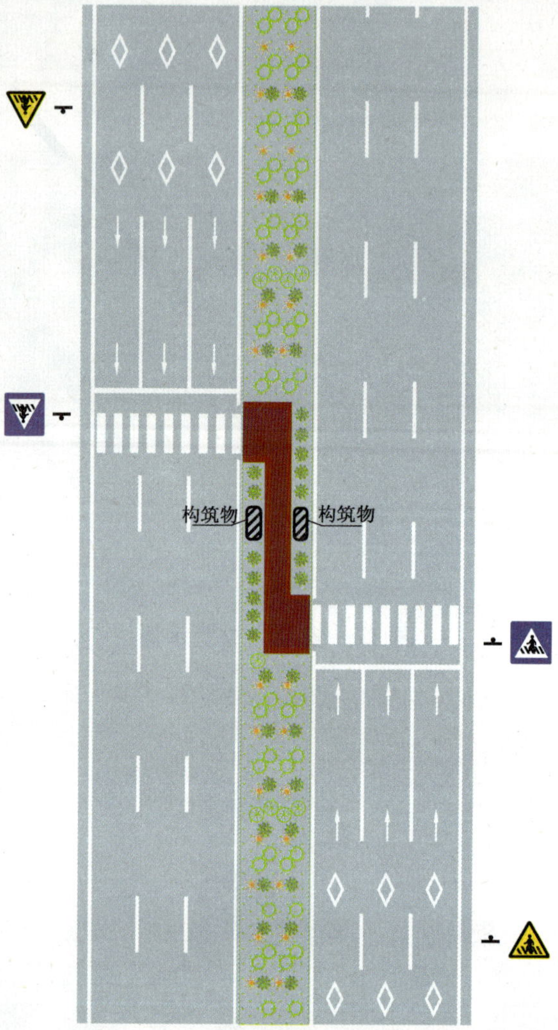

b)

图 18（续）

行人过街交通量特别大的路口，可并列设置两道人行横道线，使斑马线虚实段相互交错，并辅以方向箭头指示行人靠左右分道过街，方向箭头一般长度为 100 cm，如图 19 所示。

单位为厘米

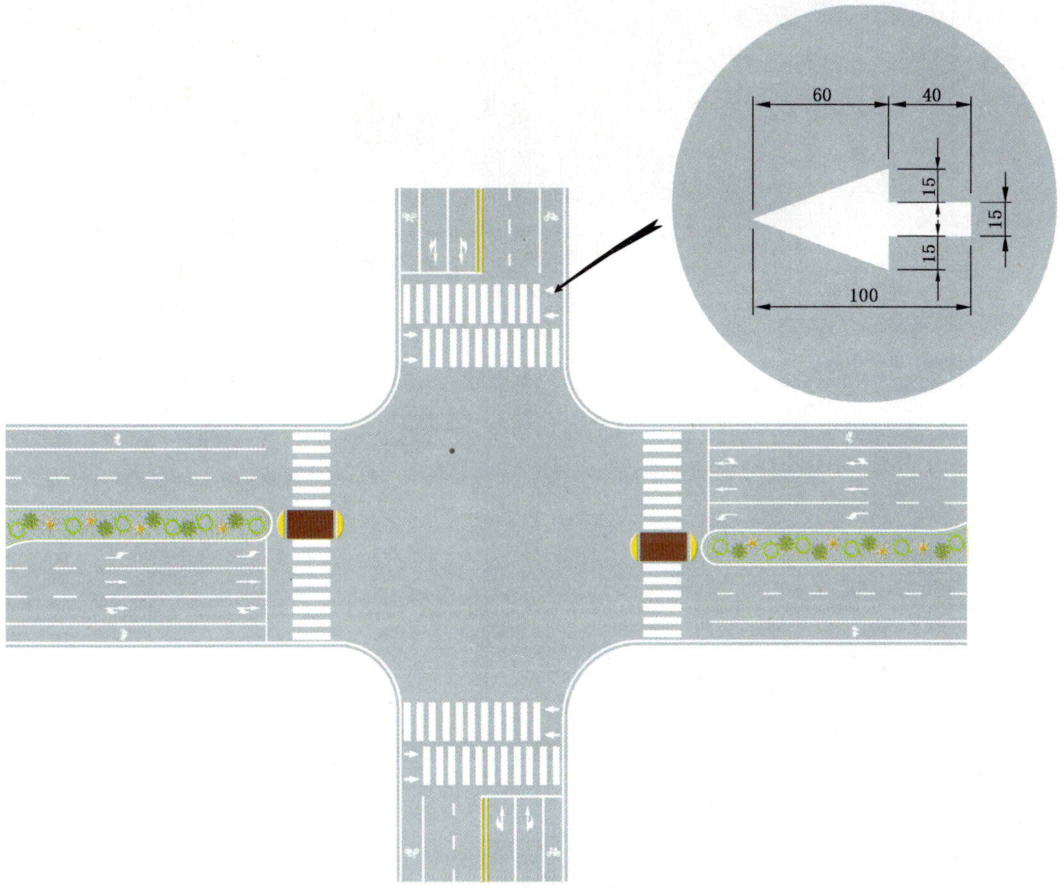

图 19　线 15　行人左右分道的人行横道线

4.10　车距确认标线

4.10.1　车距确认标线作为车辆驾驶人保持行车安全距离的参考，视需要设于较长直线段、易发生追尾事故或其他需要的路段，应与车距确认标志配合使用。

4.10.2　车距确认标线有两种类型：

a)　白色折线：标线总宽 300 cm，线条宽 40 cm 或 45 cm，从确认基点 0 m 开始，每隔 5 m 设置一道标线，连续设置两道为一组，间隔 50 m 重复设置五组，也可在较长路段内连续设置多组，如图 20 所示(图中箭头仅表示车流行驶方向)。

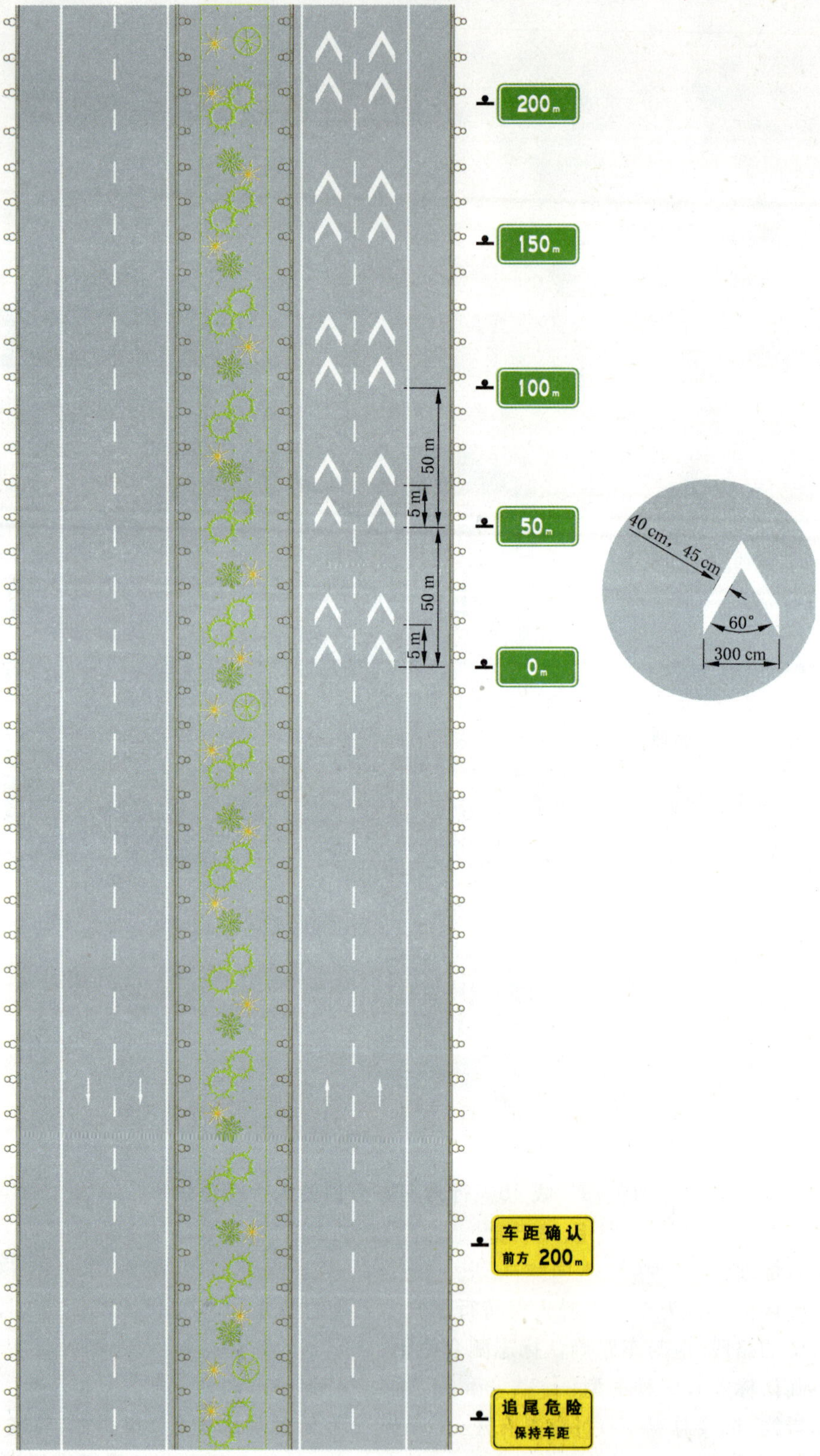

图 20　线 16　白色折线车距确认线

b) 白色半圆状车距确认标线：设置于气象条件复杂，影响安全行车的路段两侧，半圆半径为 30 cm，间隔 50 m 设置，一般在一定路段内连续设置，如图 21 所示。

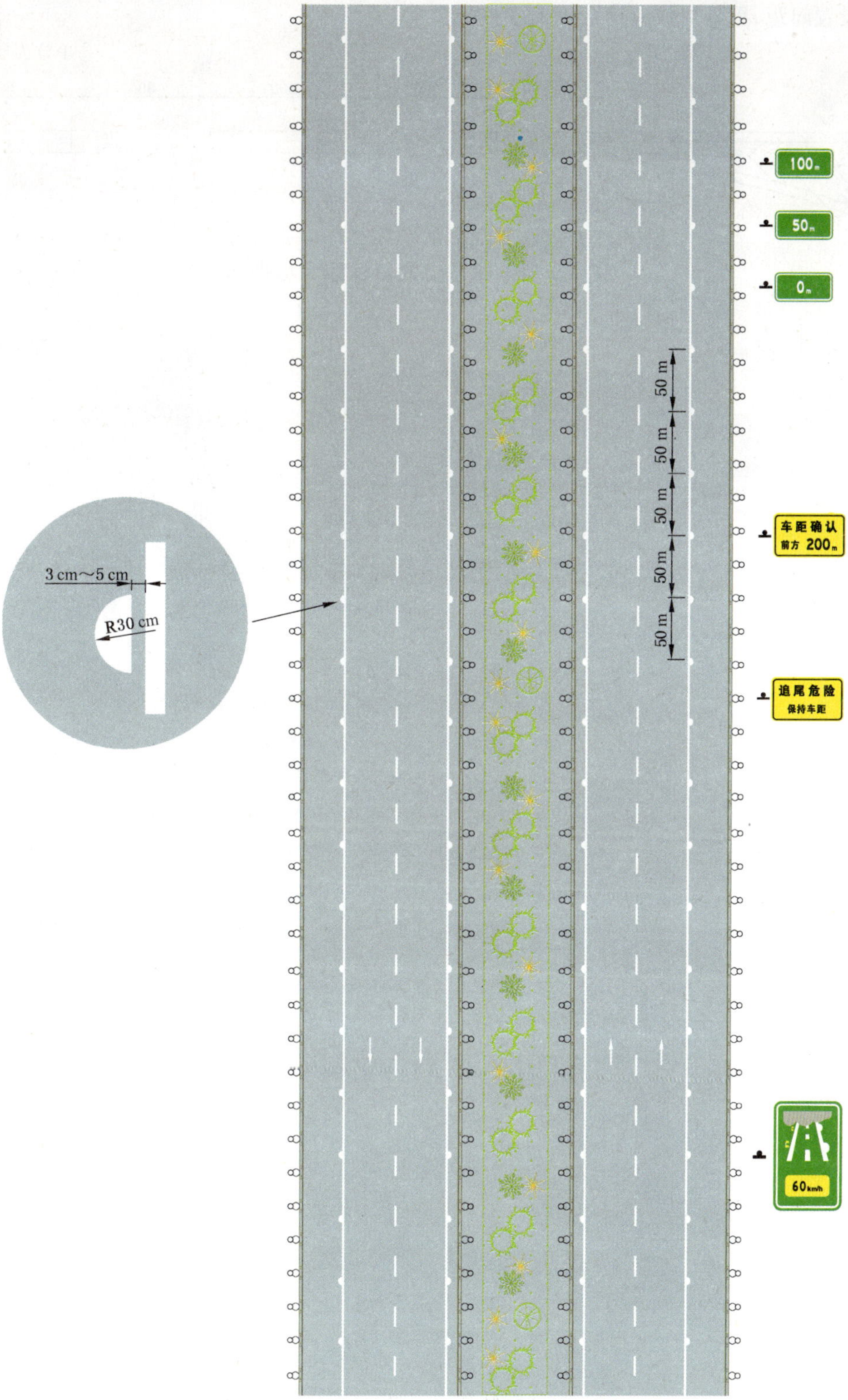

图 21　线 17　白色半圆状车距确认线

4.11　道路出入口标线

4.11.1　道路出入口标线用于引导驶入或驶出车辆的运行轨迹，提供安全交汇，减少与突出缘石碰撞的可能，一般由出入口的纵向标线和三角地带标线组成。

4.11.2　出入口标线的颜色为白色，大样如图 22 所示，应结合出入口的形式和具体线形进行设计布置。出入口标线设置示例如图 23、图 24 所示，图中除指明仅表示行车方向的箭头外，其他导向箭头的尺寸、设置位置、设置间距、重复次数应符合 4.15 的规定。

单位为厘米

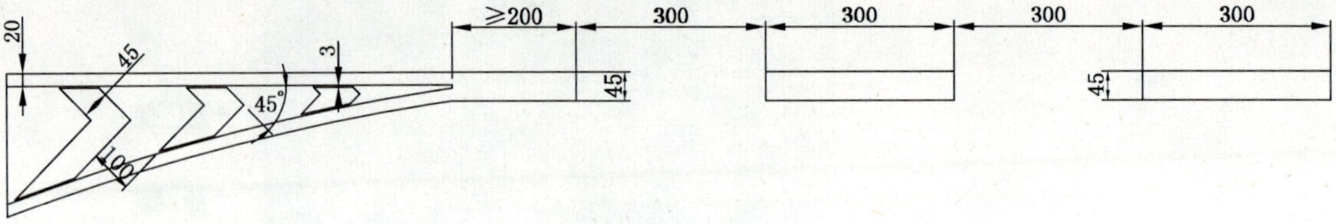

图 22　线 18　出入口标线大样图

单位为米

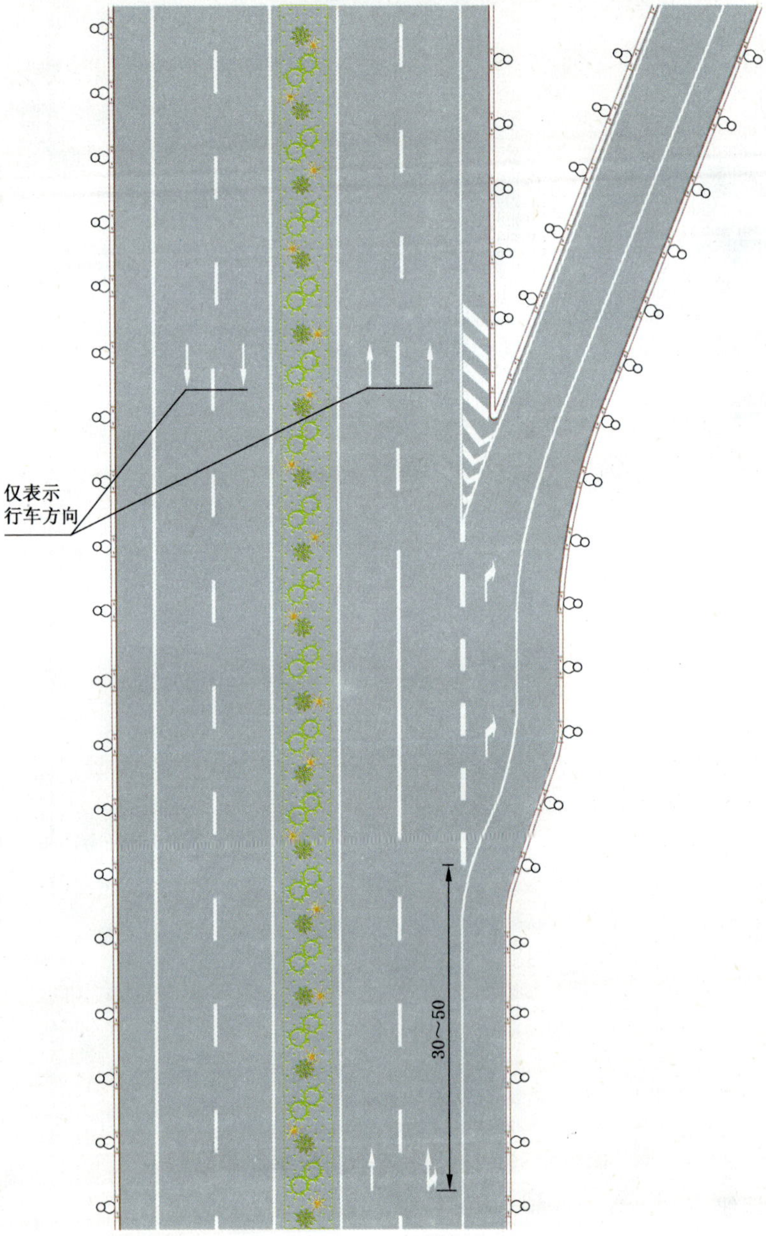

a)

图 23　出口标线设置示例

单位为米

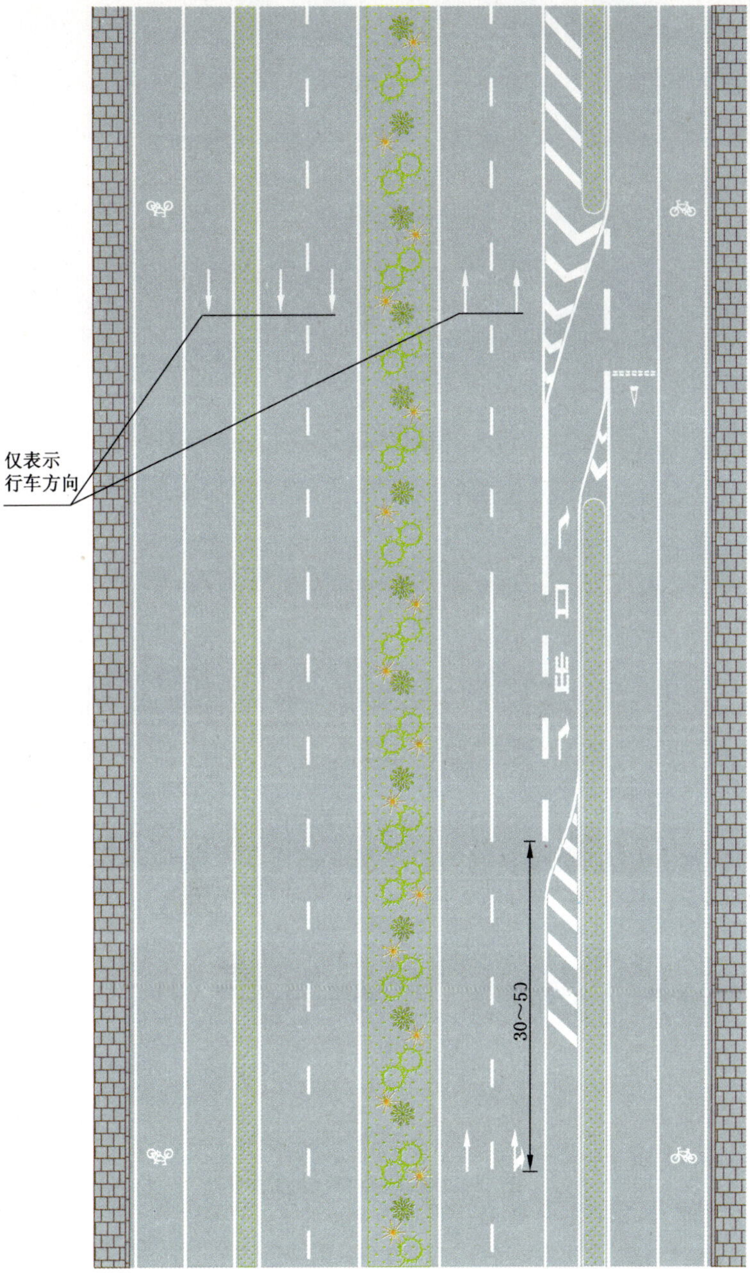

b)

图 23(续)

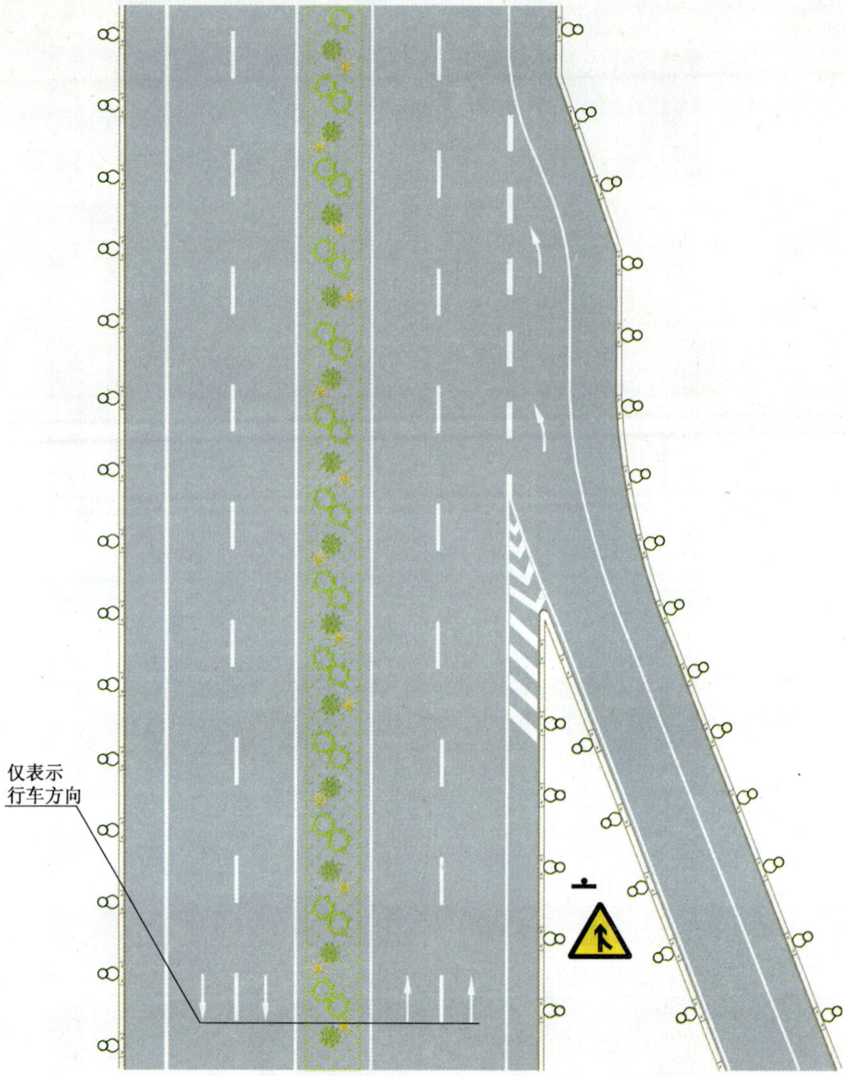

a)

图 24　入口标线设置示例

单位为米

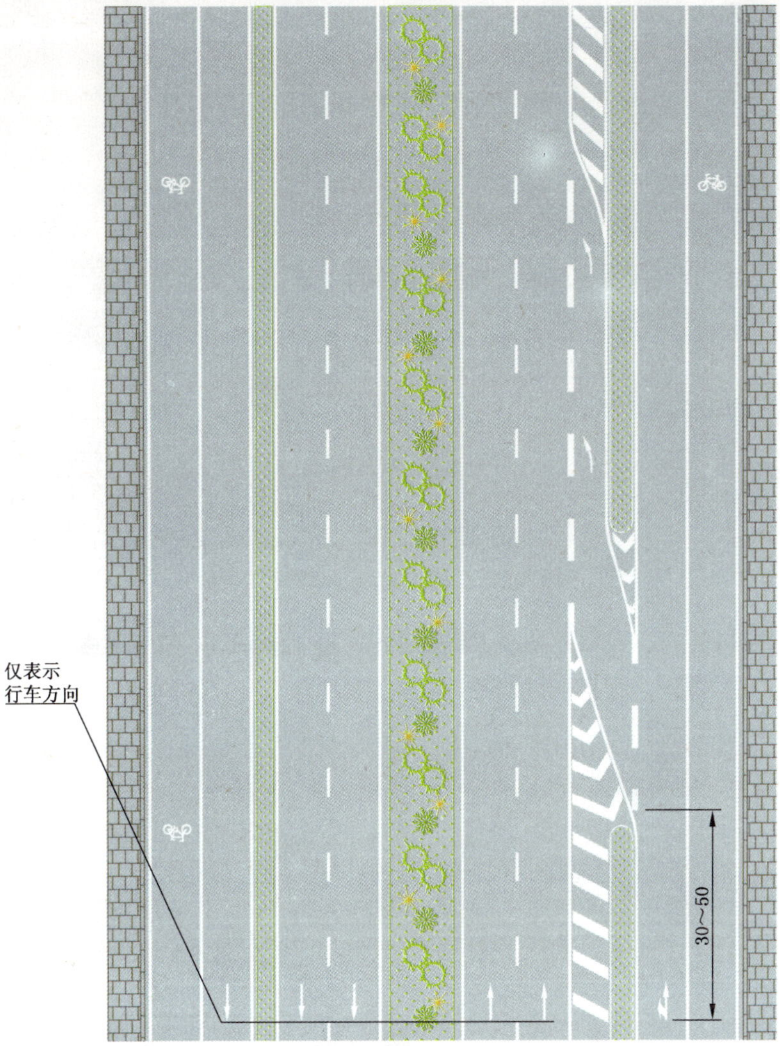

b)

图 24(续)

4.12 停车位标线

4.12.1 停车位标线标示车辆停放位置。

4.12.2 可在停车场或路边空地,车行道边缘或道路中间适当位置设置。无特殊说明时,停车位标线应和停车场标志配合使用。

4.12.3 停车位标线的颜色为蓝色时表示此停车位为免费停车位,为白色时表示此停车位为收费停车位,为黄色时表示此停车位为专属停车位。停车位标线的宽度可介于 6 cm~10 cm 之间。

停车位标线按两种车型规定尺寸,上限尺寸长为 1 560 cm,宽为 325 cm,适用于大中型车辆,下限尺寸长为 600 cm,宽为 250 cm,适用于小型车辆。在条件受限时,宽度可适当降低,但最小不应低于 200 cm。

4.12.4 停车位标线按设置方式可分为:

a) 车辆平行于通道方向停放的平行式,如图 25 所示(图中箭头仅表示车流行驶方向);

b) 车辆与通道方向成 30°~60°角停放的倾斜式,如图 26 所示(图中箭头仅表示车流行驶方向);

c) 车辆垂直于通道方向停放的垂直式,如图 27 所示(图中箭头仅表示车流行驶方向)。

可根据通道宽度、停放车辆种类、交通量等情况选择采用。

单位为厘米

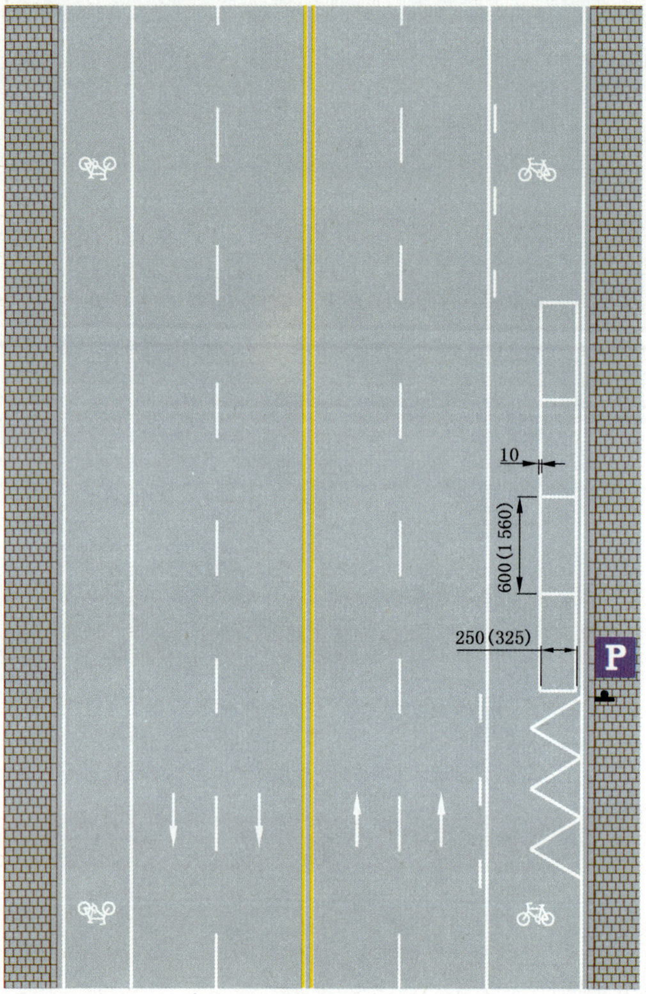

图 25　线 19　平行式停车位标线

单位为厘米

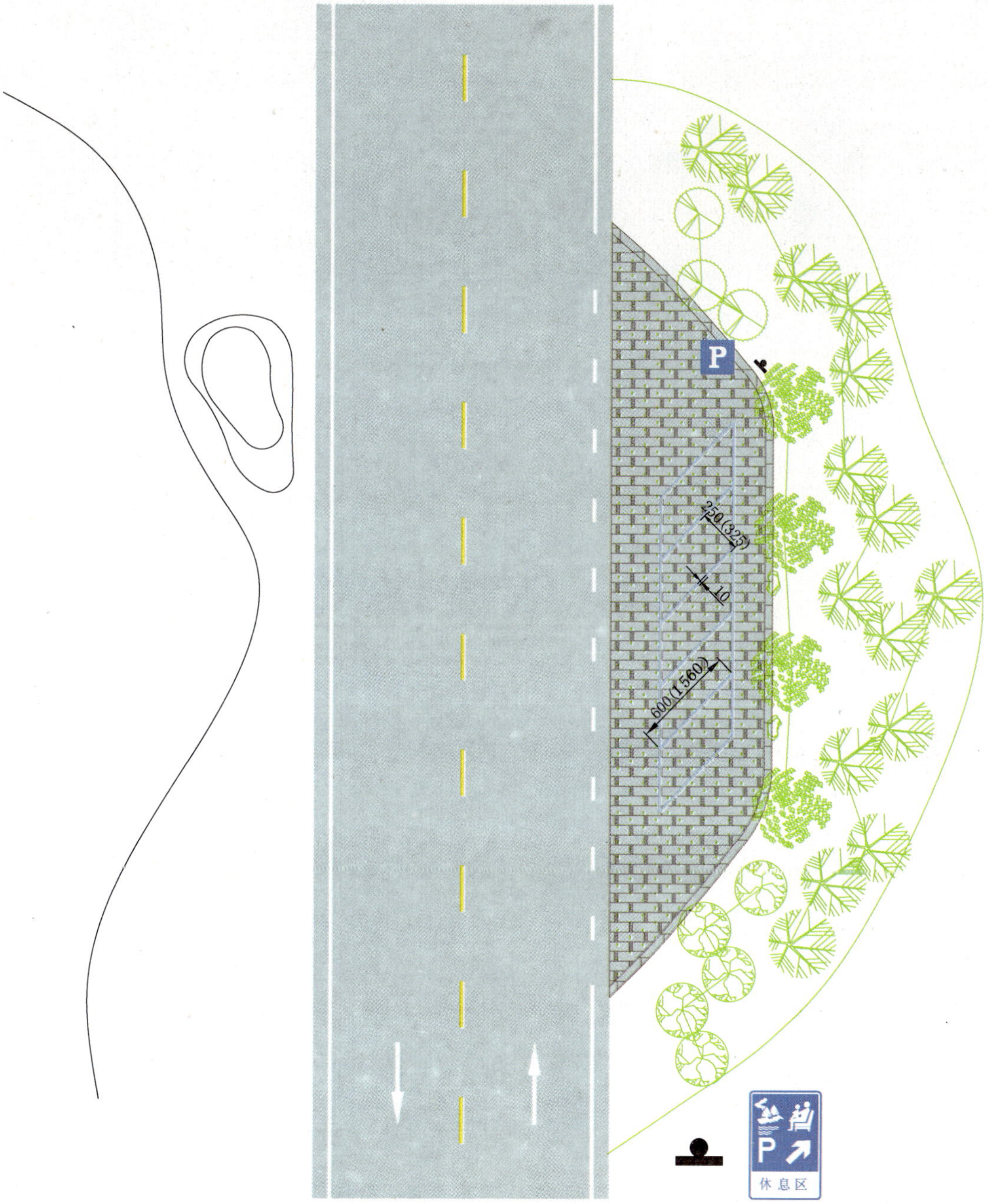

图 26　线 20　倾斜式停车位标线

单位为厘米

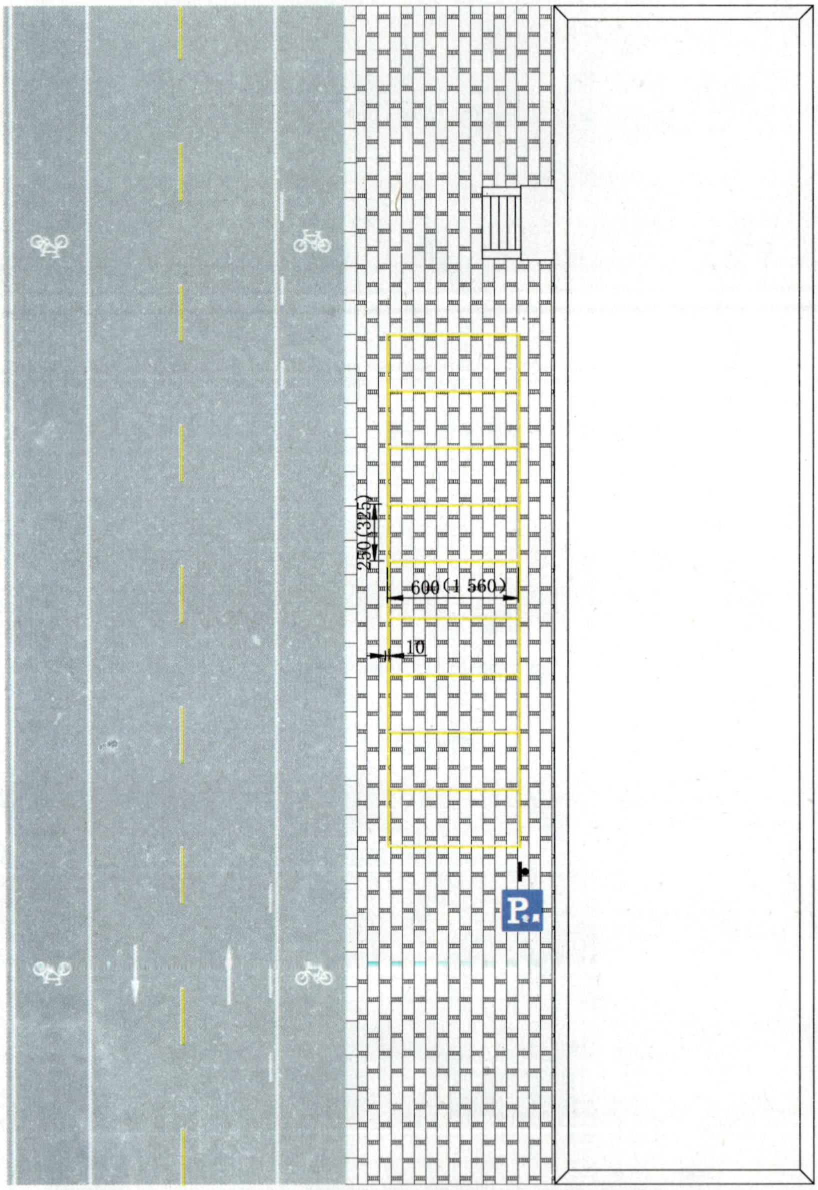

图 27　线 21　垂直式停车位标线

4.12.5　对停车方向有特殊要求时，可在停车位标线中附加箭头，箭头所指方向表示停车后车头的朝向，如图 28 所示。

单位为厘米

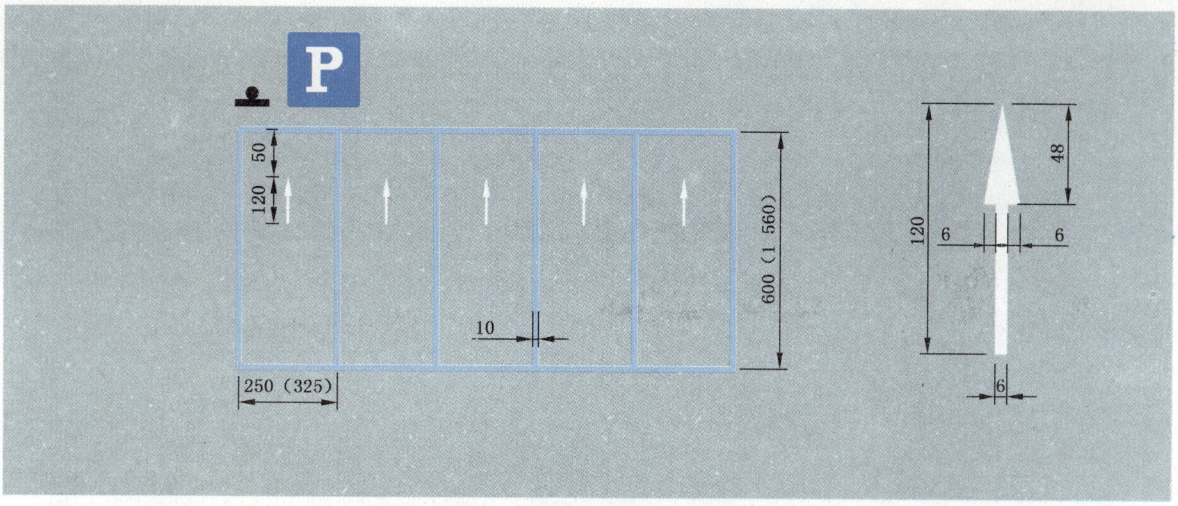

图 28　线 22　固定停车方向停车位标线

4.12.6　停车位里附加“出租车”文字，且停车位标线为实线时，表示出租车专用待客停车位，如图 29 所示（图中箭头仅表示车流行驶方向）；停车位附加“出租车”文字且停车位标线为虚线时，表示出租车专用上下客车位，仅允许出租车短时停车上下客，如图 30 所示（图中箭头仅表示车流行驶方向）。出租车专用停车位标线可单独设置。

单位为厘米

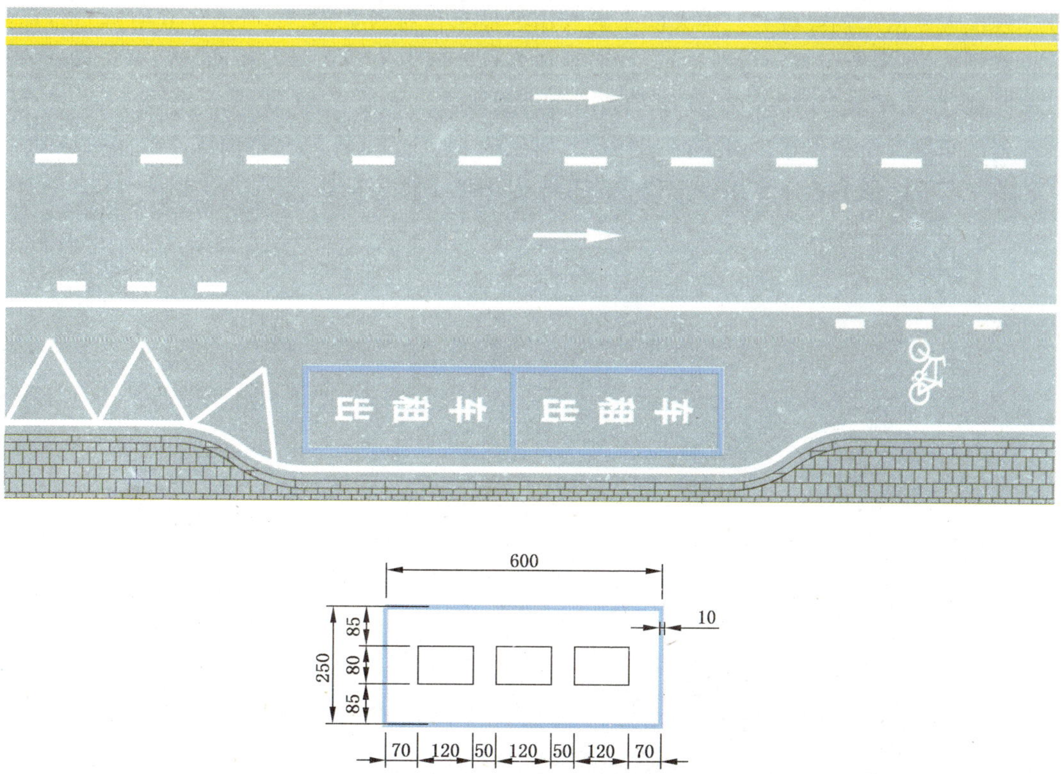

图 29　线 23　出租车专用待客停车位标线

单位为厘米

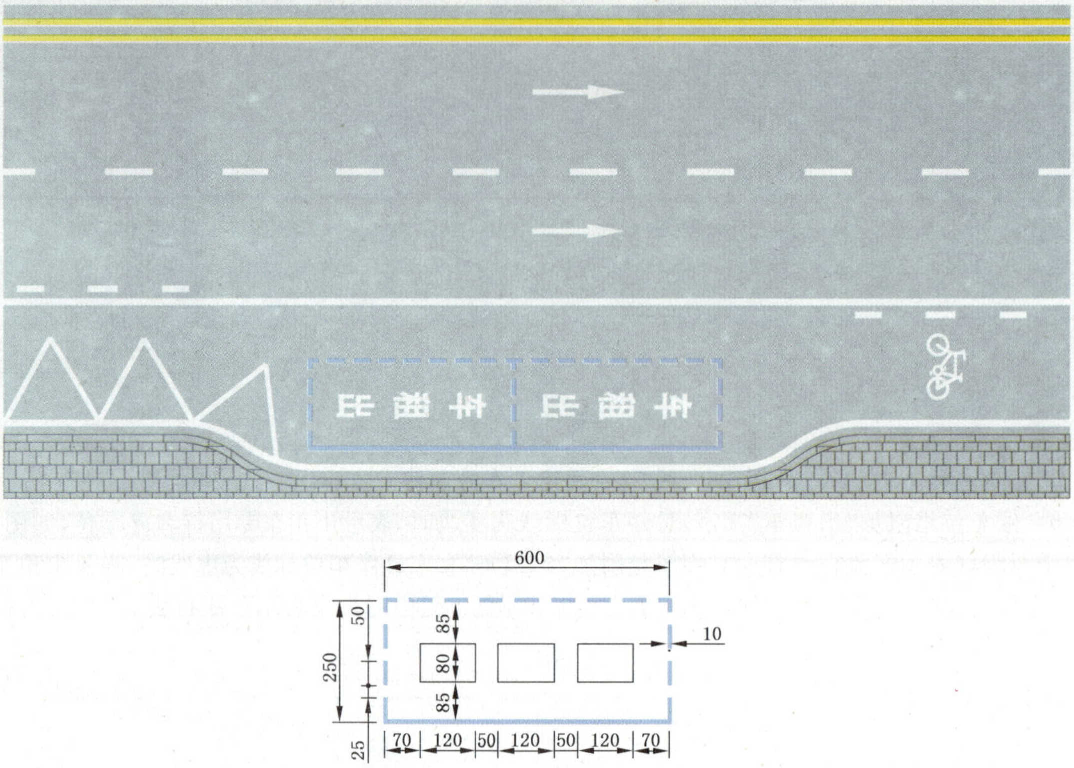

图 30　线 24　出租车专用上下客停车位标线

4.12.7　残疾人专用车辆或载有残疾人的车辆专用的停车位标线如图 31 所示。其中停车位标线为白色表示收费停车位、为蓝色表示免费停车位、为黄色表示专属停车位。停车位两边的黄色网格线为残疾人上下车区域，禁止车辆停放其上。其他车辆不得占用残疾人车位。

表示其他车辆专用的停车位时，可按照图 29 所示的文字尺寸，在停车位内标注专用车辆的文字，如“校车”、“公交车”等，形成校车专用停车位和公交车专用停车位等标线。

单位为厘米

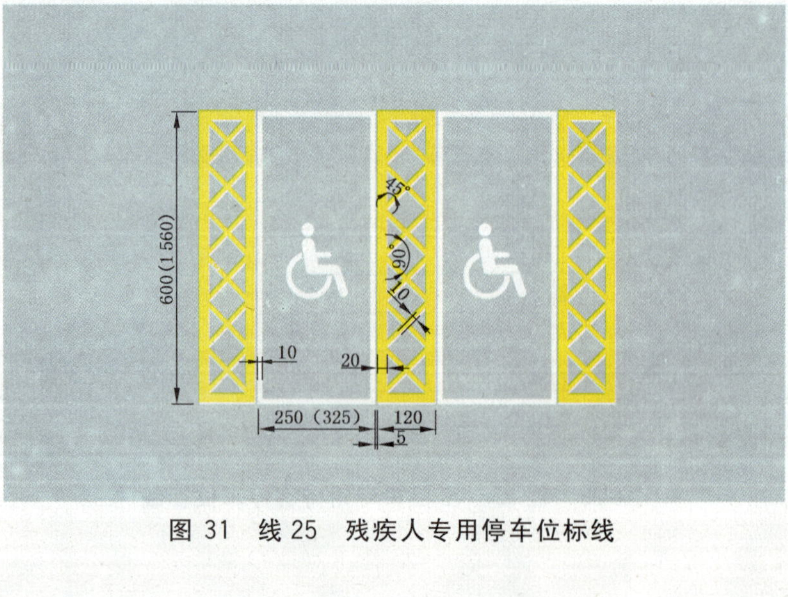

图 31　线 25　残疾人专用停车位标线

4.12.8 非机动车专用停车位可根据需要和场地实际情况施划。非机动车专用停车位标线由标示停车区域边缘的边线和划于其中的非机动车路面标记组成。非机动车专用停车位标线可单独设置，已设置非机动车停车标志的，可以不施划地面非机动车路面图形标记，未设置非机动车停车标志的应施划地面非机动车路面图形标记，如图 32 所示（图中箭头仅表示车流行驶方向）。

单位为厘米

图 32 线 26 非机动车停车位标线

4.12.9 机动车限时停车位表示机动车只能在停车位内标注的时段停放，其他时段禁止停放。机动车限时停车位标线为虚线边框，线宽 10 cm，在车位内标注准许停车的时间，数字高为 60 cm，如图 33、图 34、图 35 所示。该标线应与限时停车标志配合使用。

单位为厘米

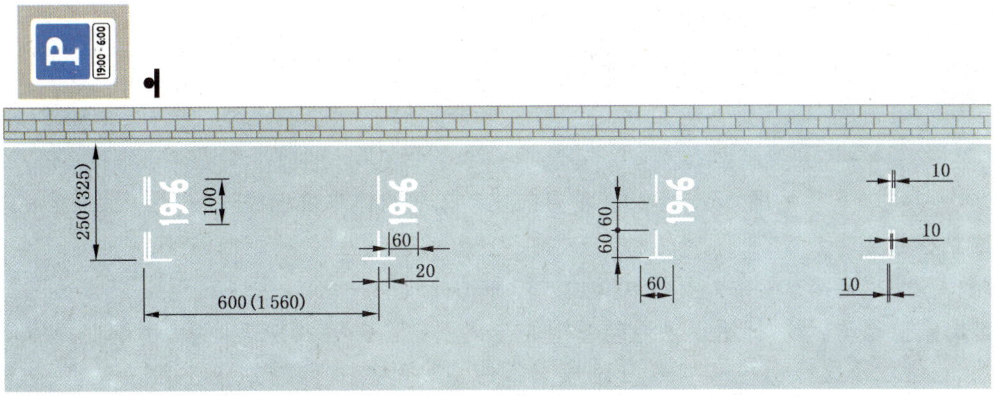

图 33 线 27 平行式机动车限时停车位标线

单位为厘米

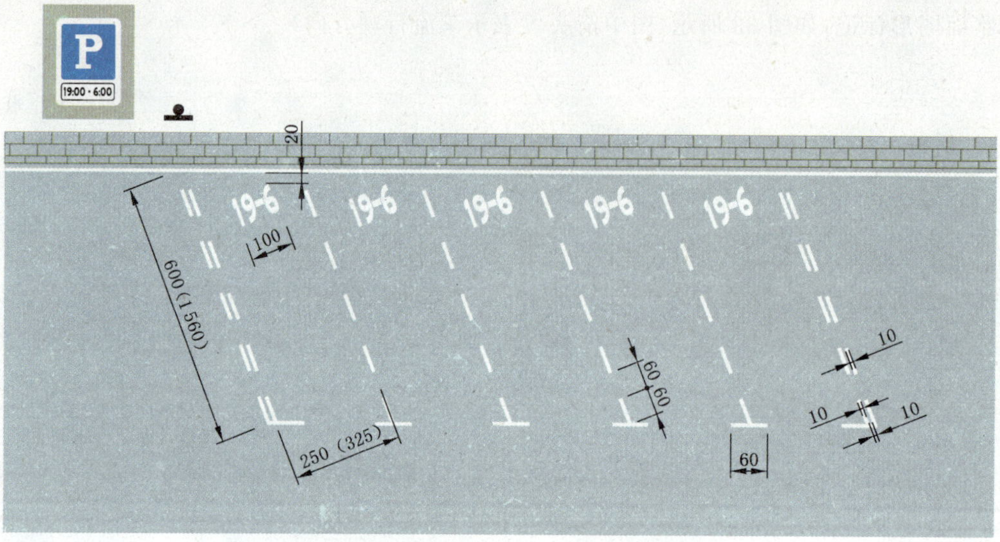

图 34 线 28 倾斜式机动车限时停车位标线

单位为厘米

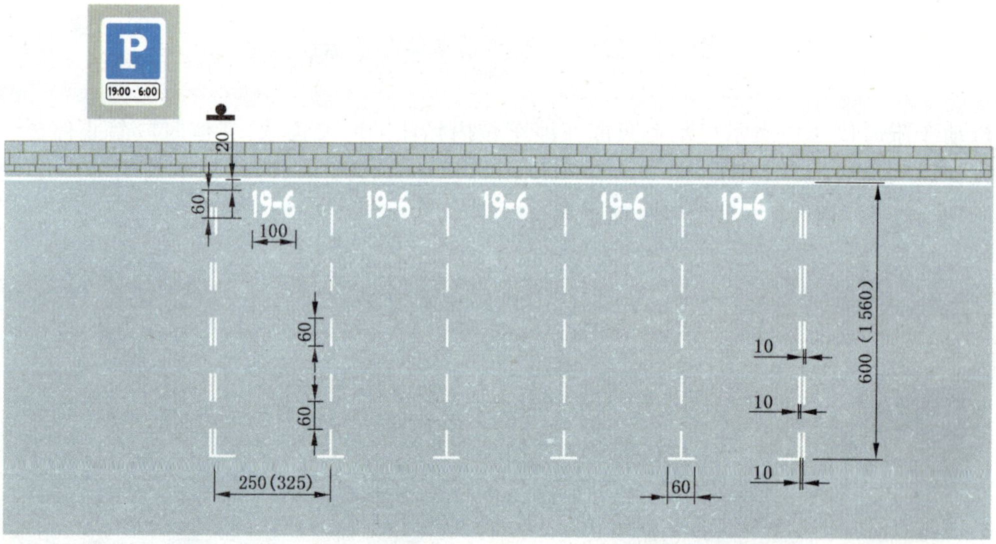

图 35 线 29 垂直式机动车限时停车位标线

4.13 停靠站标线

停靠站标线包括港湾式停靠站标线和路边式停靠站标线两种：

a) 港湾式停靠站标线：标示车辆通向专门的分离引道的路径和停靠位置，由渐变段引道白色虚线、正常段外边缘白色实线或白色填充线组成。港湾式停靠站正常段的长度一般不小于30 m，两侧渐变段引道的长度一般不小于25 m。标线具体尺寸如图36所示（图中箭头仅表示车流行驶方向），其中图36b）标线形式一般用于停靠站较宽的情况，以保证停靠区域宽度处于合适的范围。当专用于公交车、校车等特定车辆停靠时，应在停靠站中间标注停靠车辆的类型文字，并以黄色实折线填充停靠站正常段其他区域，指示除特定车辆外，其他车辆不得在此区域停留，标线尺寸如图37所示（图中箭头仅表示车流行驶方向）。

单位为厘米

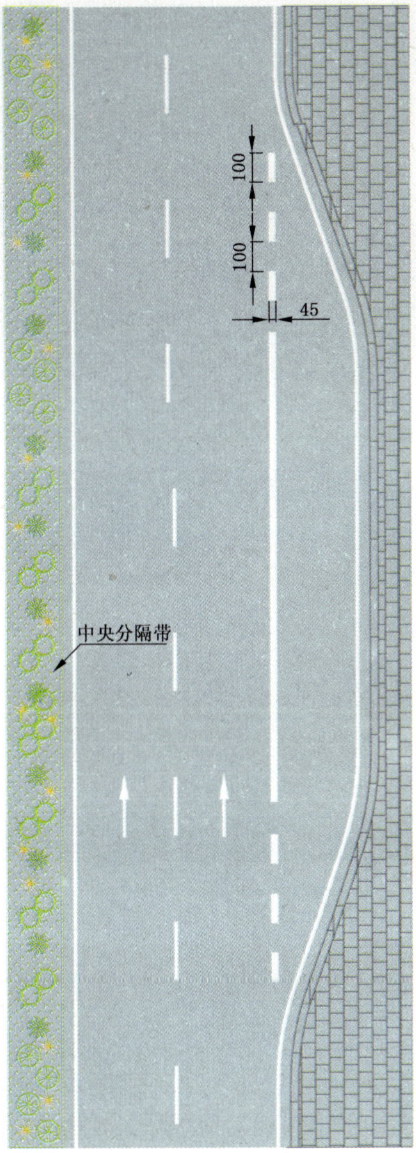

a)

图 36　线 30　港湾式停靠站标线

单位为厘米

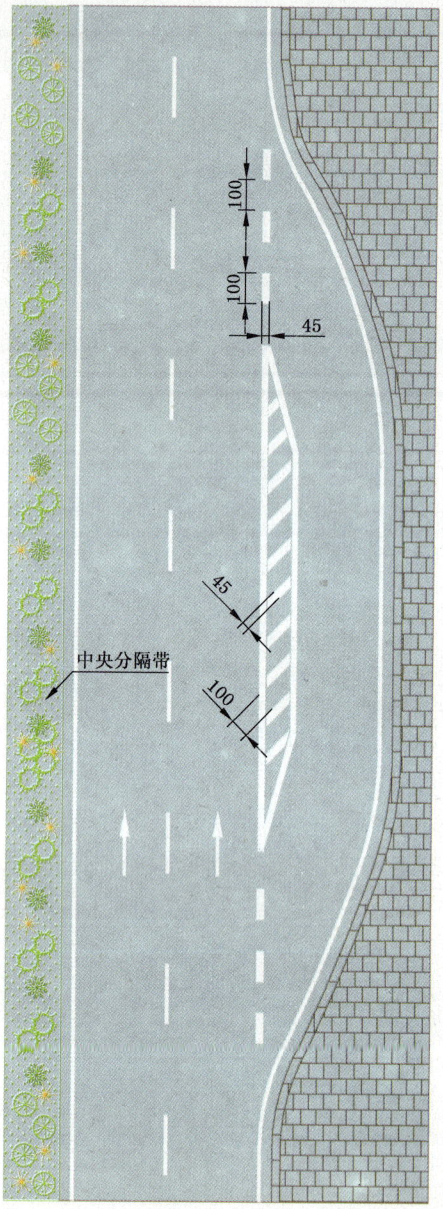

b)

图 36（续）

单位为厘米

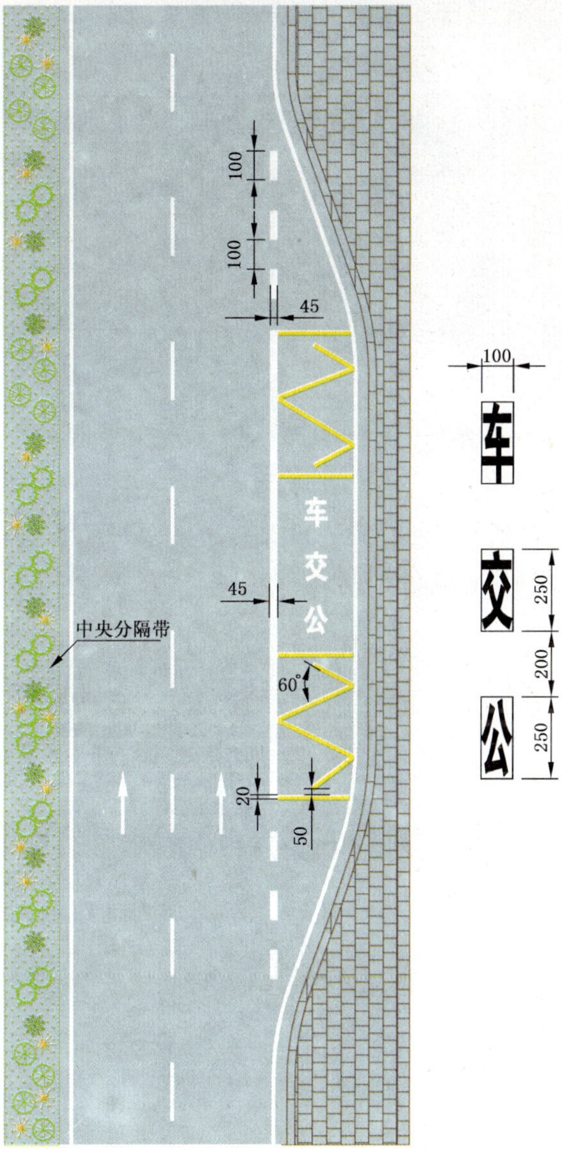

a)

图 37　线 31　车种专用港湾式停靠站标线

单位为厘米

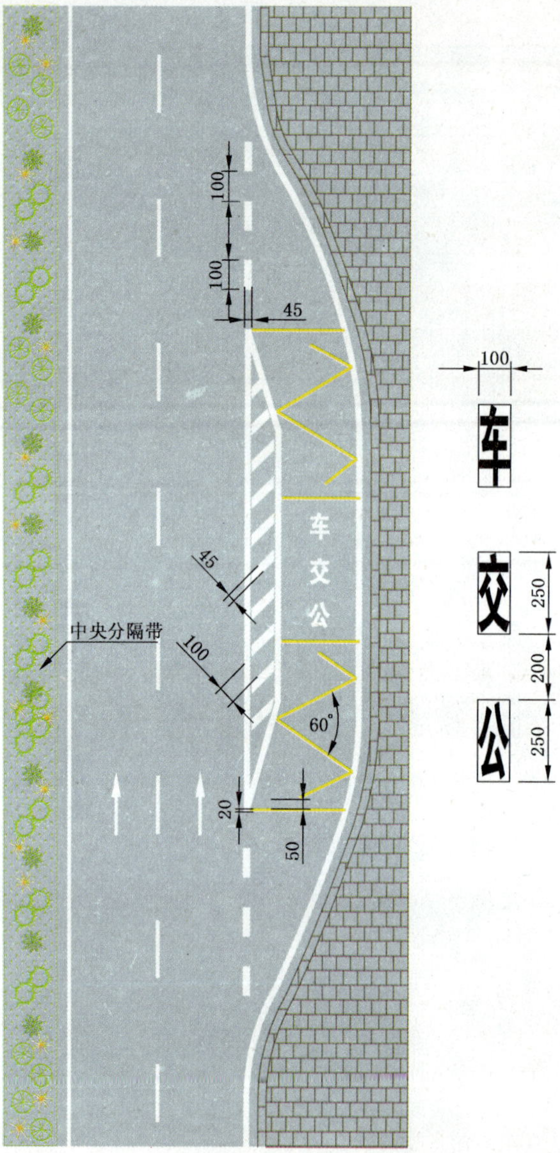

b)

图 37(续)

b) 路边式停靠站标线:当公共汽车线路客流量较少、道路条件受限制或用于校车停靠时,可在路边施划路边式停靠站标线,指示公共汽车或校车停靠站的位置,并指示除公共汽车或校车外,其他车辆不得在此区域停留。

路边式停靠站标线的外围为黄色实线,内部填充黄色实折线,并在中间位置标注停靠车辆的类型文字,如图 38 所示(图中箭头仅表示车流行驶方向)。路边式停靠站的尺寸需考虑客流量大小、停靠站公共汽车线路数量等因素确定,长度一般不小于 25 m。

单位为厘米

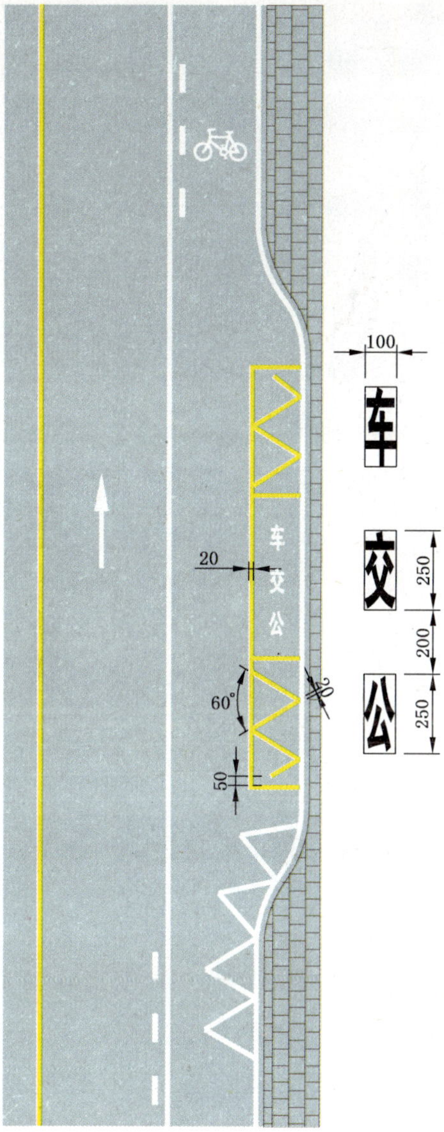

a）

图 38 线 32 路边式停靠站标线

单位为厘米

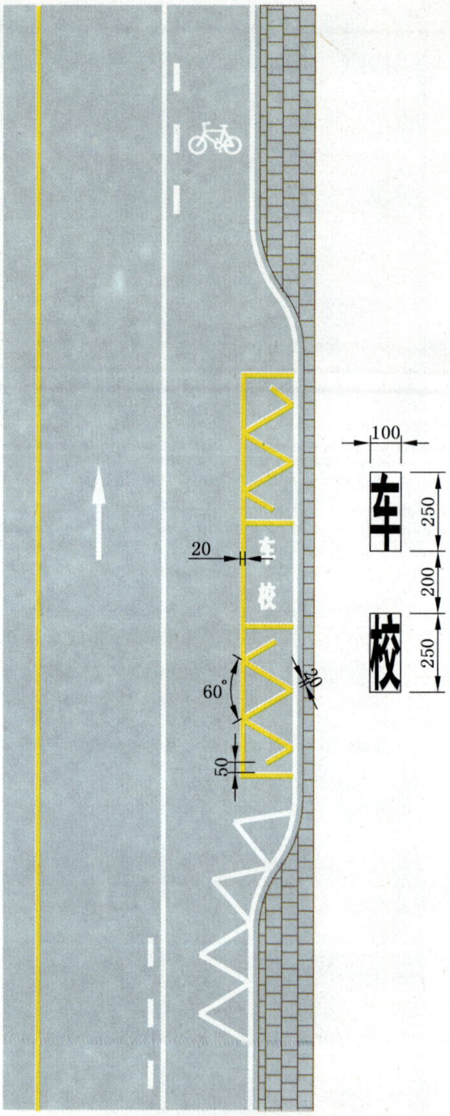

b)

图 38（续）

4.14 减速丘标线

布置减速丘的路段，应在减速丘前设置减速丘标线，以提前告知道路使用者。减速丘标线由设置在减速丘上的标记和设置在减速丘上游的前置标线组成。减速丘标线应采用反光标线。大型减速丘标线设置如图 39 所示（图中箭头仅表示车流行驶方向），小型减速丘标线设置如图 40 所示（图中箭头仅表示车流行驶方向），标线尺寸如图 41 所示。减速丘与人行横道联合设置时，可省略减速丘上的标记部分，但应标示出减速丘的边缘，示例如图 42 所示（图中箭头仅表示车流行驶方向）。

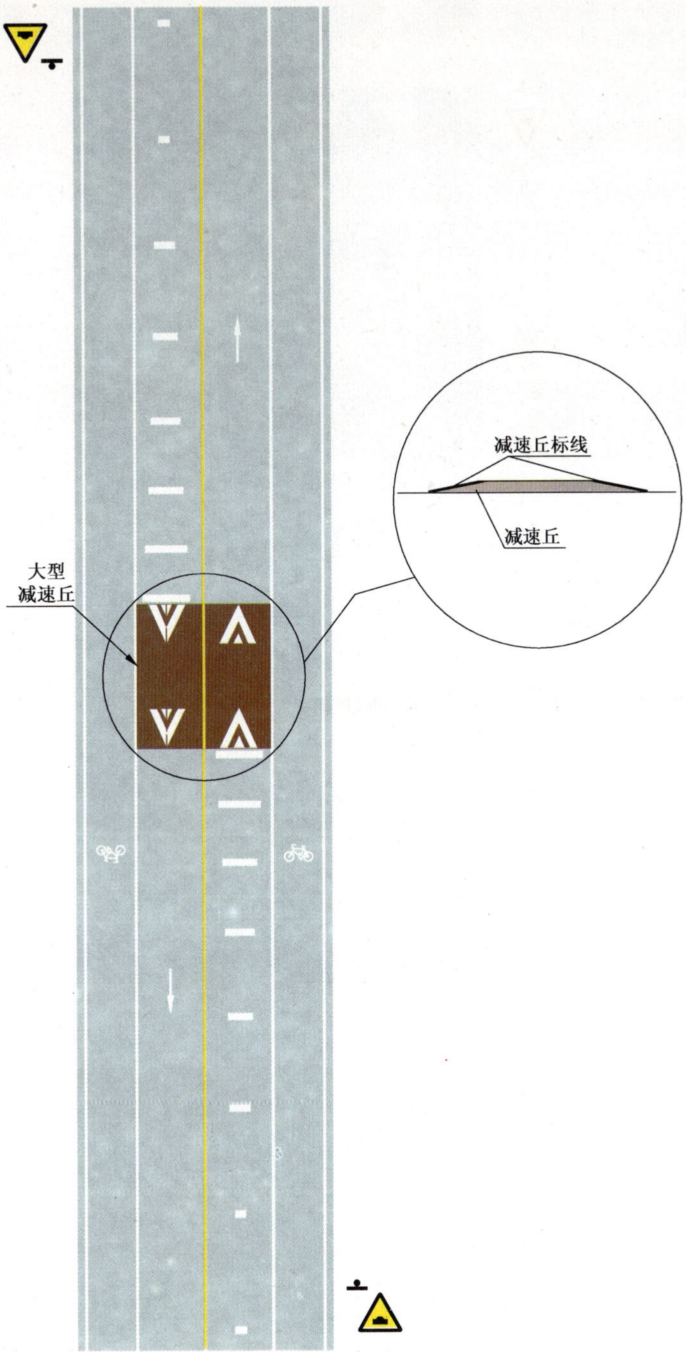

图 39　大型减速丘标线设置示例

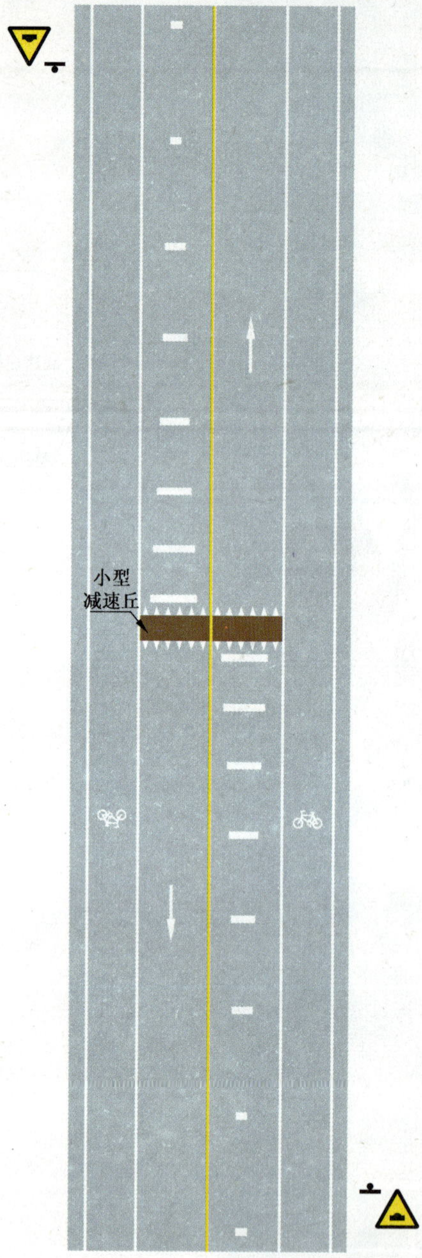

图 40　小型减速丘标线设置示例

单位为厘米

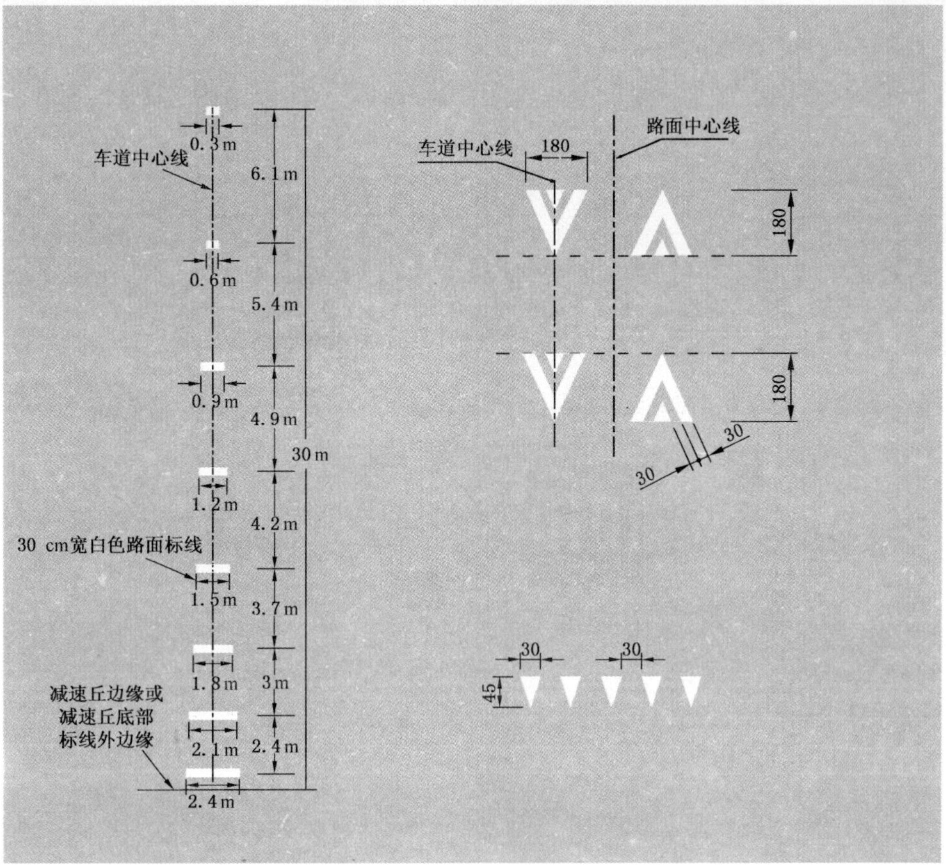

图 41 线 33 减速丘标线

单位为厘米

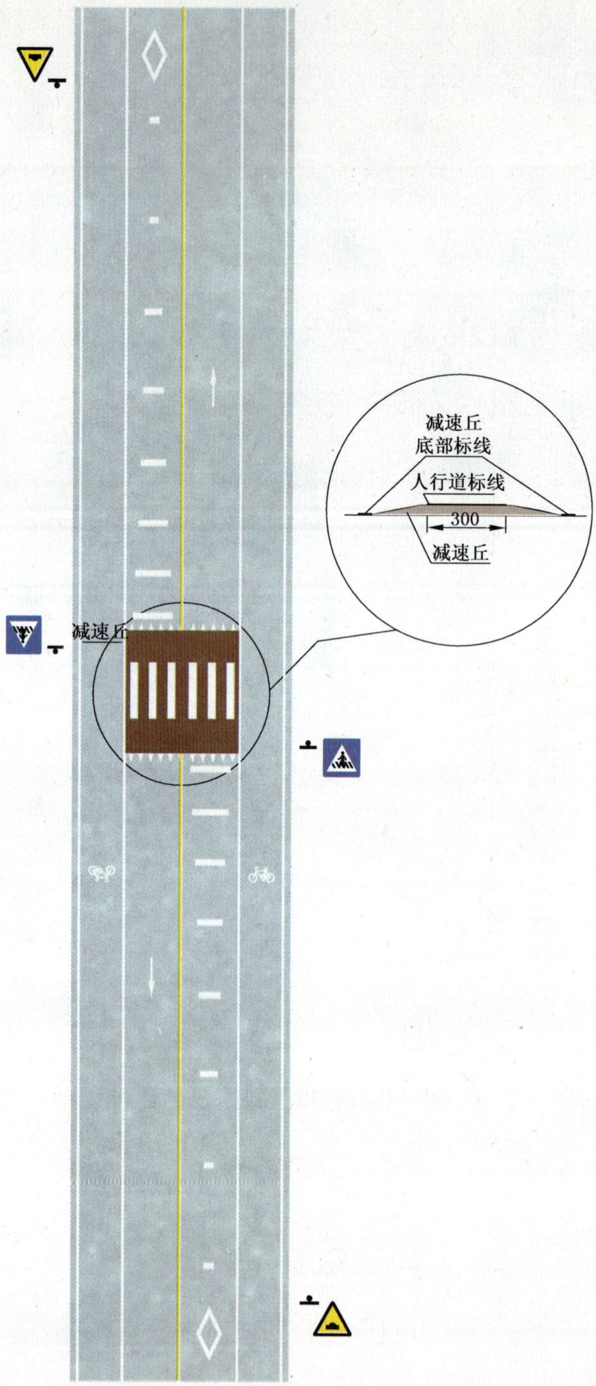

图 42　减速丘与人行横道合设时标线的设置示例

4.15　导向箭头

4.15.1　导向箭头用以指示车辆的行驶方向。

4.15.2　在行驶方向受限制的交叉入口车道内，车道数减少路段的缩减车道内，设有专用车道的交叉口或路段，畸形、复杂的交叉口，渠化后的车道内应设置导向箭头。

4.15.3　导向箭头的基本形状及含义如表 2 所示。

表 2　导向箭头的基本形状及含义

导向箭头	含　义
	指示直行
	指示前方可直行或左转
	指示前方左转
	指示前方右转
	指示前方可直行或右转
	指示前方掉头
	指示前方可直行或掉头
	指示前方可左转或掉头
	指示前方道路仅可左右转弯

表 2（续）

导向箭头	含　　义
	提示前方道路有左弯或需向左合流
	提示前方道路有右弯或需向右合流

4.15.4　设计速度不大于 40 km/h 的道路，导向箭头尺寸如图 43 所示；设计速度大于 40 km/h 而小于 100 km/h 的道路，导向箭头尺寸如图 44 所示；设计速度大于等于 100 km/h 的道路，导向箭头尺寸如图 45 所示；城市道路设计速度大于 40 km/h 而小于等于 60 km/h 时，也可采用图 46 所示的导向箭头尺寸。

单位为厘米

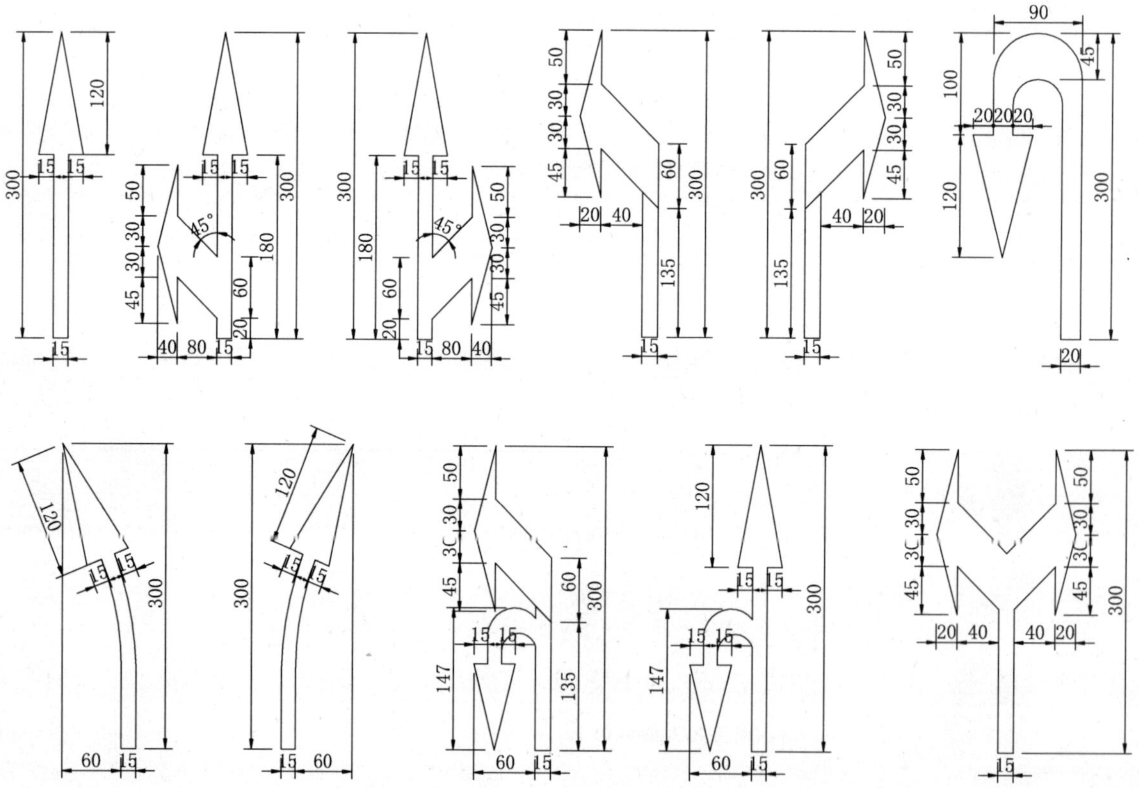

图 43　线 34　导向箭头一

单位为厘米

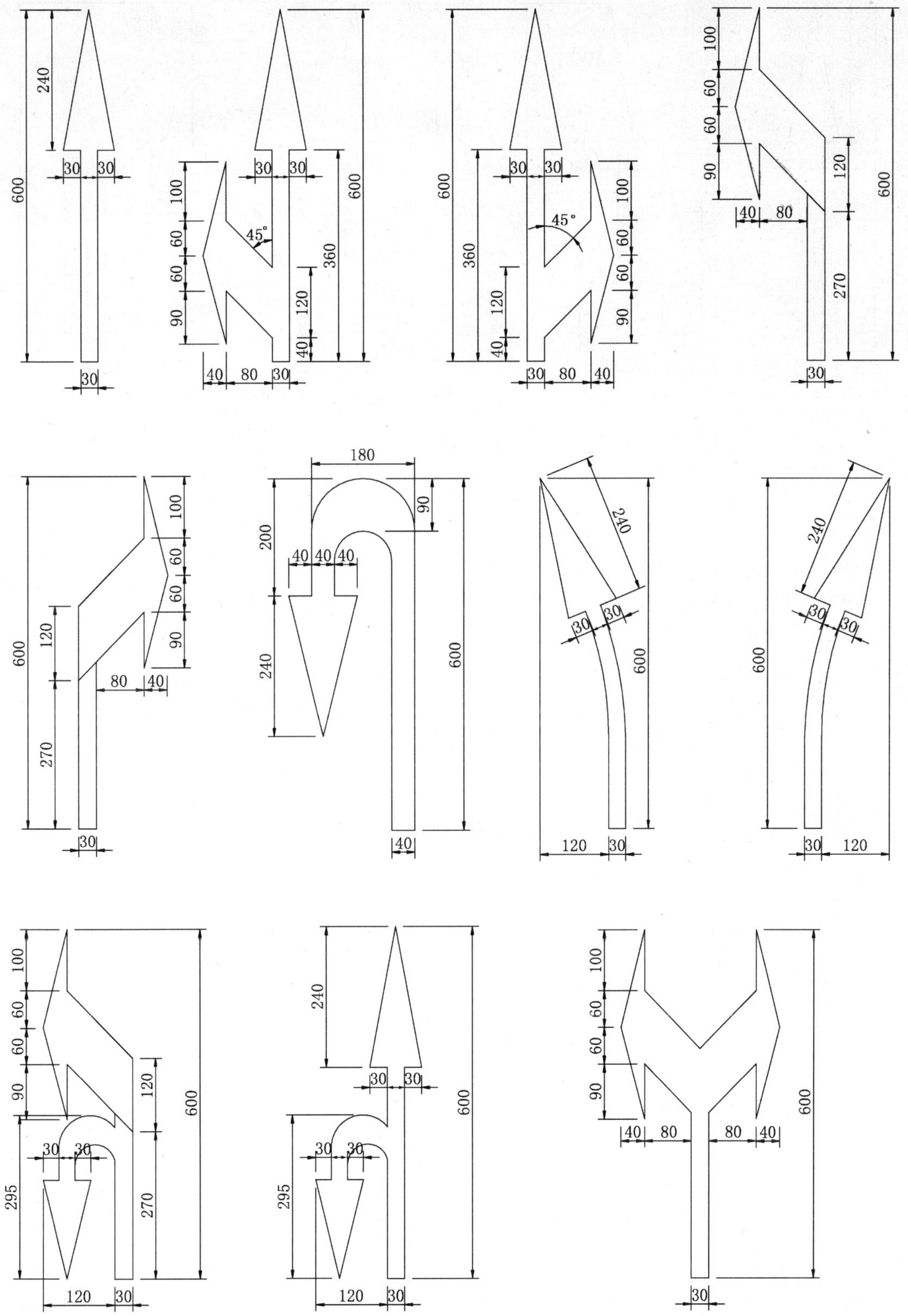

图 44　线 35　导向箭头二

单位为厘米

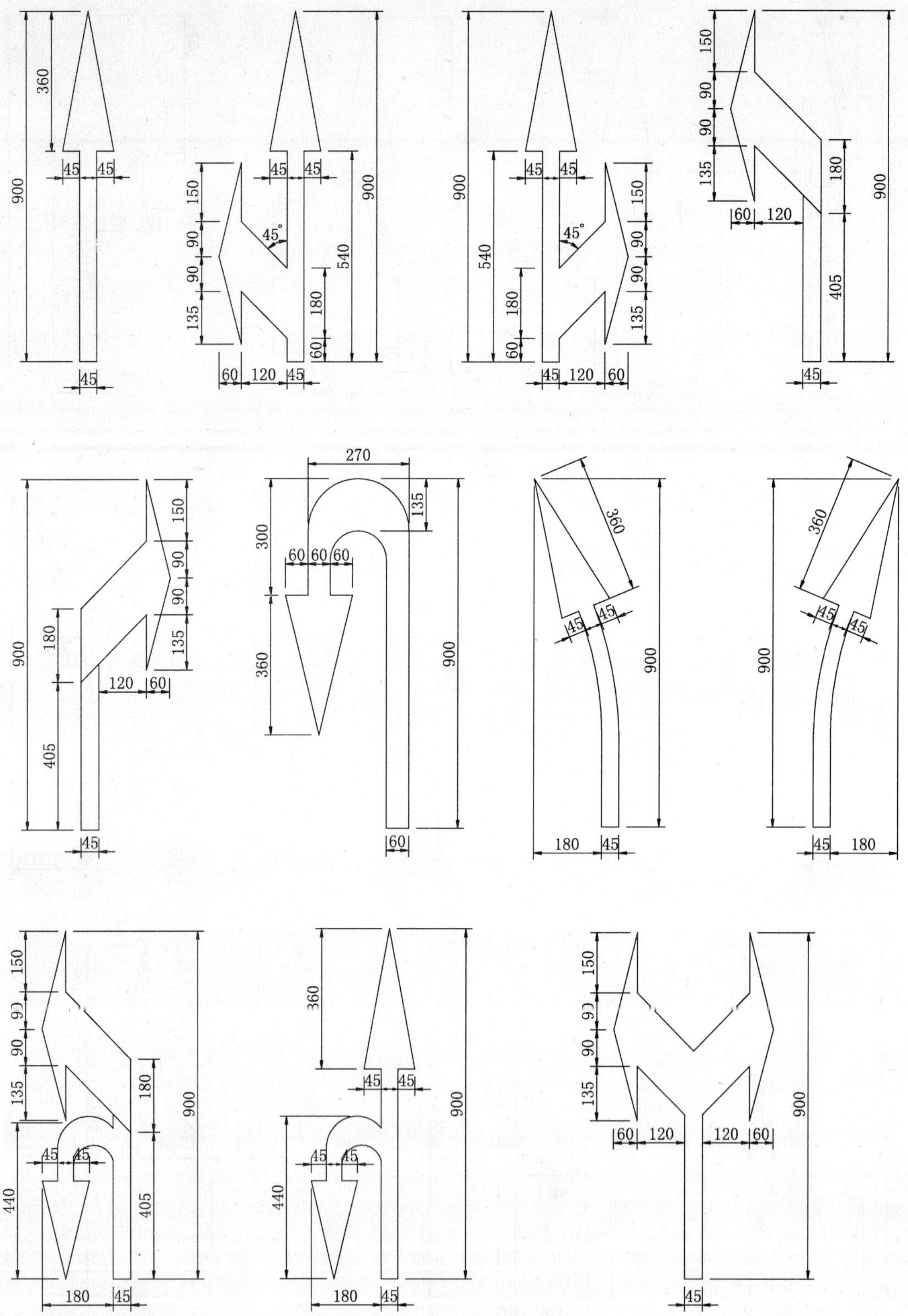

图 45　线 36　导向箭头三

单位为厘米

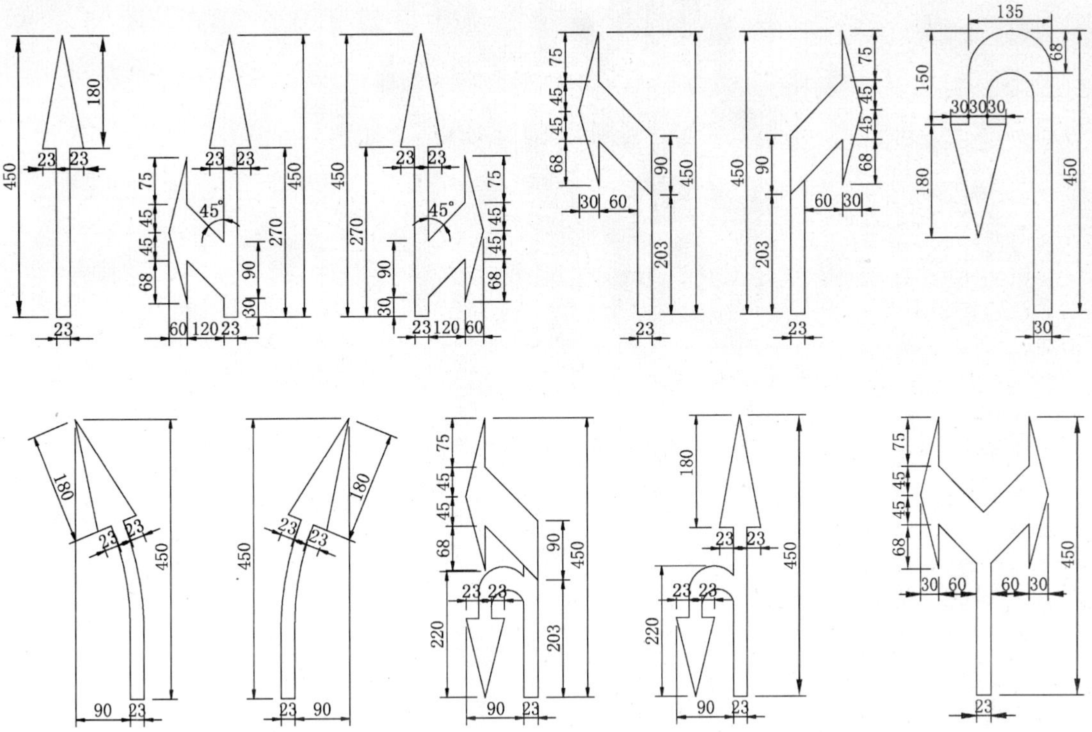

图 46　线 37　导向箭头四

4.15.5　导向箭头的颜色为白色，可根据实际车道导向需要设置，组合使用时不宜超过 2 种方向。

4.15.6　除掉头车辆外，其他车辆的行驶方向均应遵循导向箭头的指示。机动车在有禁止掉头或者禁止左转弯标志、标线的地点以及在铁路道口、人行横道、桥梁、急弯、陡坡、隧道或者容易发生危险的路段，不得掉头，在没有禁止掉头或者没有禁止左转弯标志、标线且道路条件允许的地点可以掉头，但不得妨碍正常行驶的其他车辆和行人的通行。

导向箭头应用示例如图 47 所示。

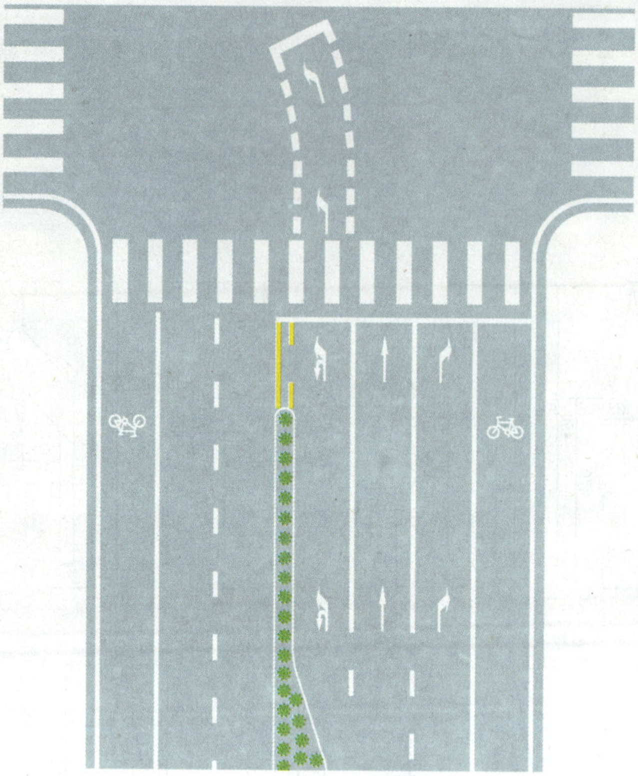

a)

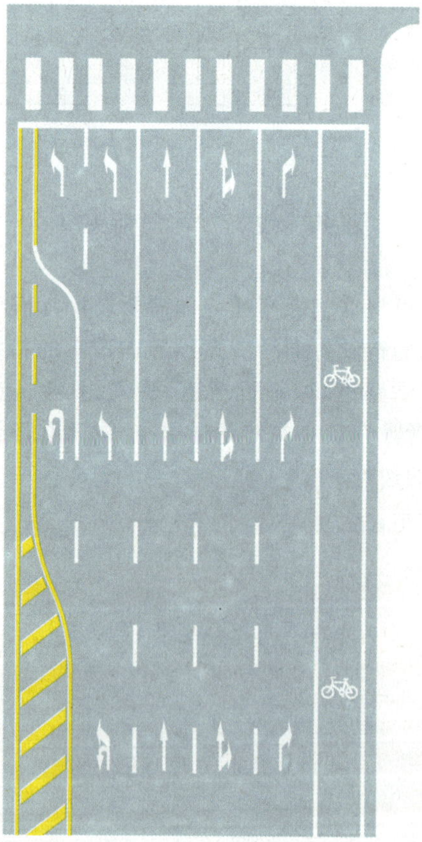

b)

图 47　导向箭头应用示例

单位为米

c)

图 47（续）

单位为米

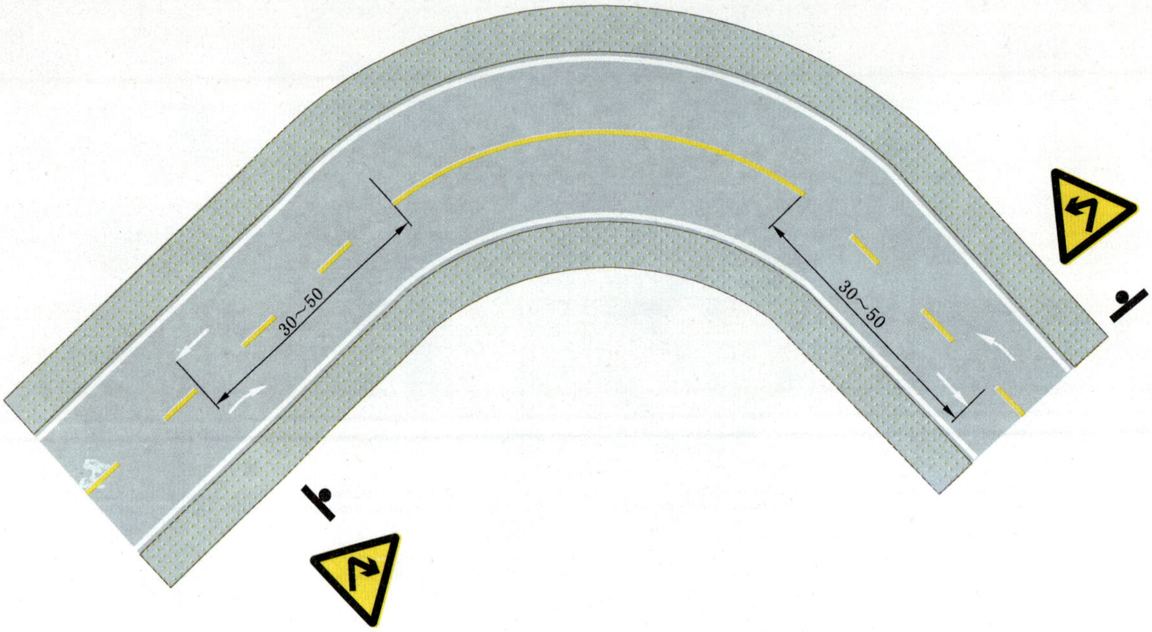

d)

图 47（续）

4.15.7 交叉路口驶入段的导向车道内应有导向箭头标明各车道的行驶方向。距路口最近的第一组导向箭头在距停止线 3 m～5 m 处设置；第二组在导向车道的起始位置设置，箭头起始端部与导向车道线起始端部平齐；第三组及其他作为预告箭头，在距第二组箭头前 30 m～50 m 间隔设置，预告箭头指示方向应与前方导向车道允许行驶方向保持一致。设置示例如图 48 所示。

单位为米

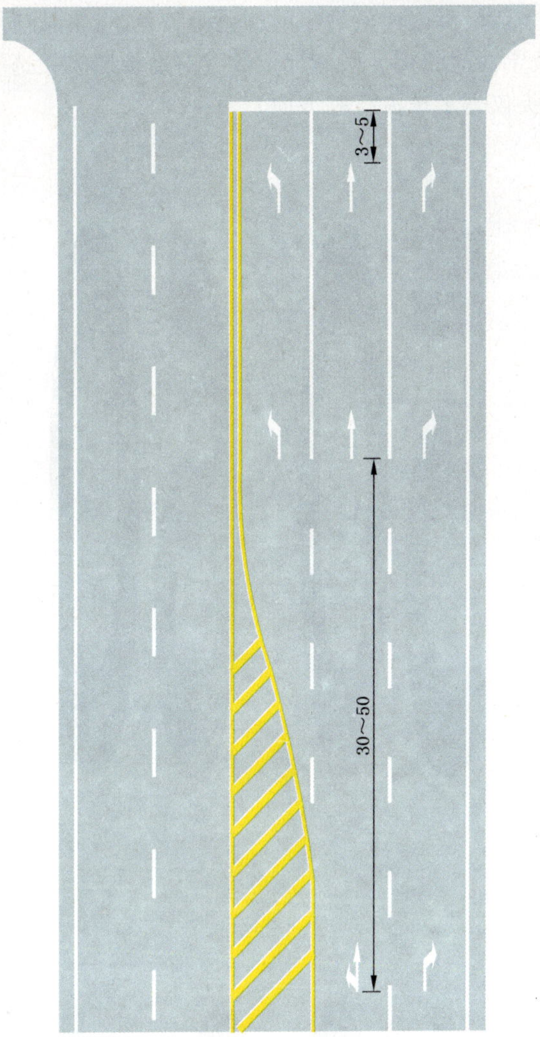

图 48　导向箭头布设示例

出入口导向箭头的设置次数如表 3 所示。

表 3　导向箭头的设置次数

道路设计速度/(km/h)	≥100	40~100	≤40
导向箭头设置次数/次	≥3	3	≥2

4.16　路面文字标记

4.16.1　路面文字标记是利用路面文字指示或限制车辆行驶的标记。路面文字标记的高度应根据道路设计速度确定，除特殊规定外，路面文字标记的规格应符合表 4 的规定。

表 4　路面文字标记规格

设计速度/(km/h)	公路			城市道路
	字高[a]/cm	字宽/cm	纵向间距[a]/cm	
≥100	900	300	600	可取公路相应值的0.5~0.7 倍。
40~100	600	200	400	
≤40	300	100	200	

[a] 表示专用时间段的数字，相应值可取正常值的一半，字宽及横向间距视路面情况可适当调整。

4.16.2 速度限制标记表示车辆行驶的限制车速，用于需要限制车辆最高行驶速度或最低行驶速度的车道起点和其他适当位置。表示最高限速值数字的颜色为黄色，可单独使用；表示最低限速值数字的颜色为白色，应和最高限速值数字同时使用。限速标记数字高度按照表4选取，标记字符如图49所示，设置示例如图50所示（图中箭头仅表示车流行驶方向）。

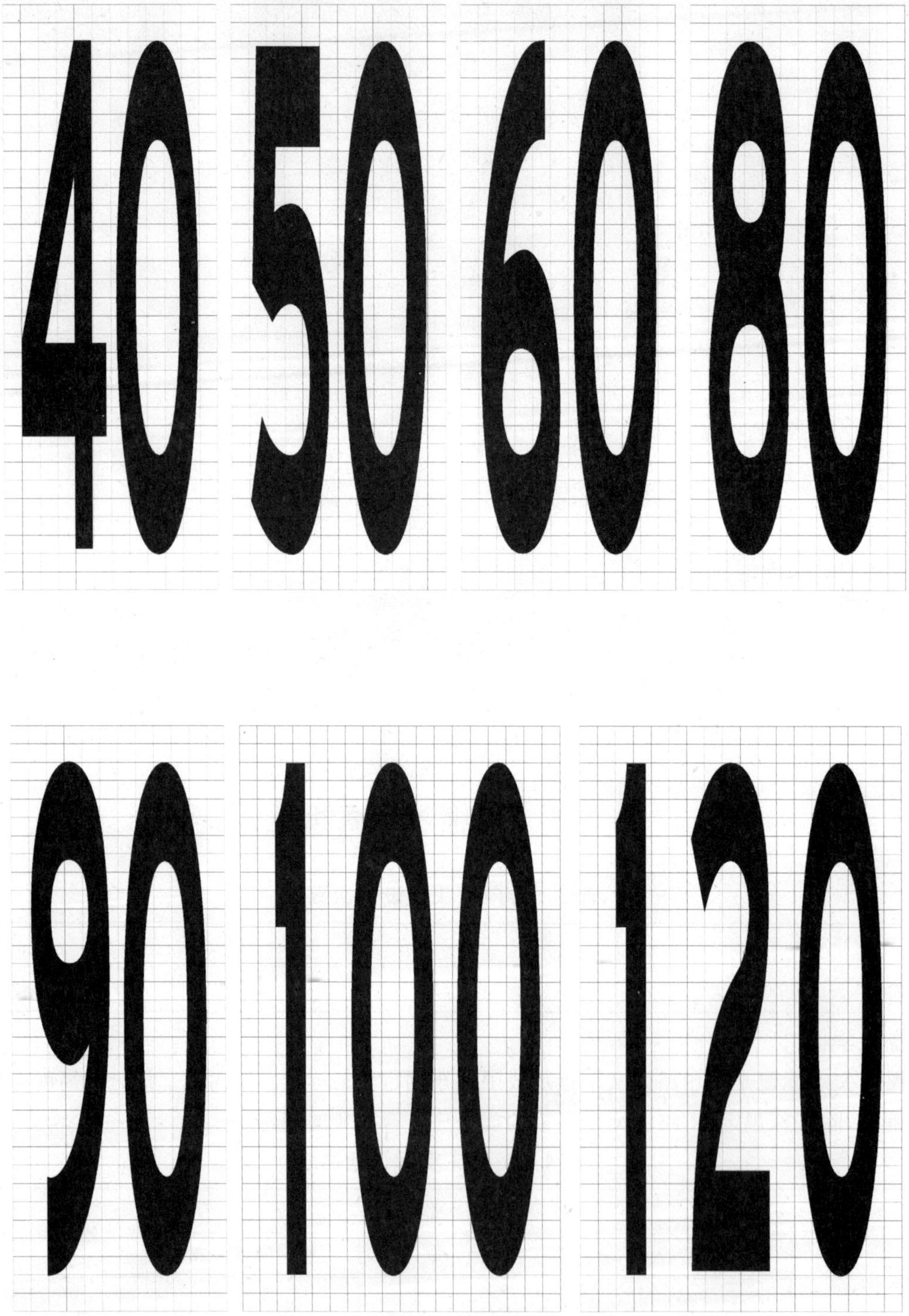

图49 线38 路面限速标记字符

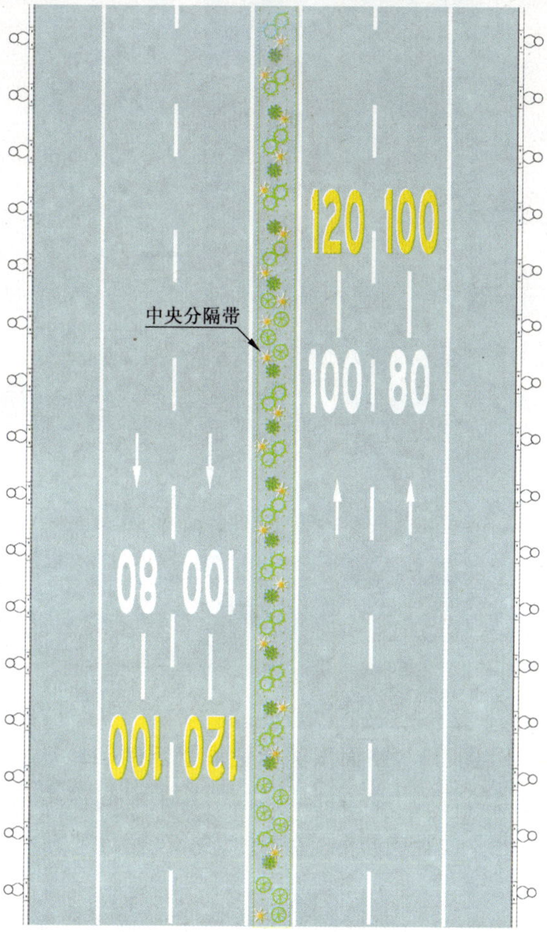

图 50 路面限速标记设置示例(一)

4.16.3 需要设置路面限速标记且易发生事故的地点,也可将最高限速的标志版面图形施划于路面作为路面限速提示用标记,该标记应为反光标记且应与限速标志配合使用,并应注意应用抗滑的标线材料。施划于路面的限速标志版面图形为长短轴之比为 2.5∶1 的椭圆,长轴与行车方向平行,长轴最长不超过 6 m,其他尺寸按照 4.16.1 的规定选择。示例如图 51 所示(图中箭头仅表示车流行驶方向)。

图 51　路面限速标记设置示例(二)

4.16.4　路面文字标记可包括道路行驶方向的指示信息、特定时间段指示信息、出口提示信息等内容。汉字标记应沿车辆行驶方向由近及远竖向排列,数字标记沿车辆行驶方向横向排列。

4.17　**路面图形标记**

4.17.1　设置于车道或停车位内的路面图形标记宽度应为车道或停车位宽度的一半,并四舍五入取 10 cm 的整倍数。

4.17.2　非机动车路面标记:施划于车道起点或车道中,表示该车道为非机动车道,如图 52 所示。

图 52　线 39　非机动车道路面标记

4.17.3　残疾人专用停车位路面标记:施划于残疾人专用停车位内,表示此车位为残疾人专用车或载有残疾人的车辆专用的停车位，其他车辆不得占用，如图 53 所示。

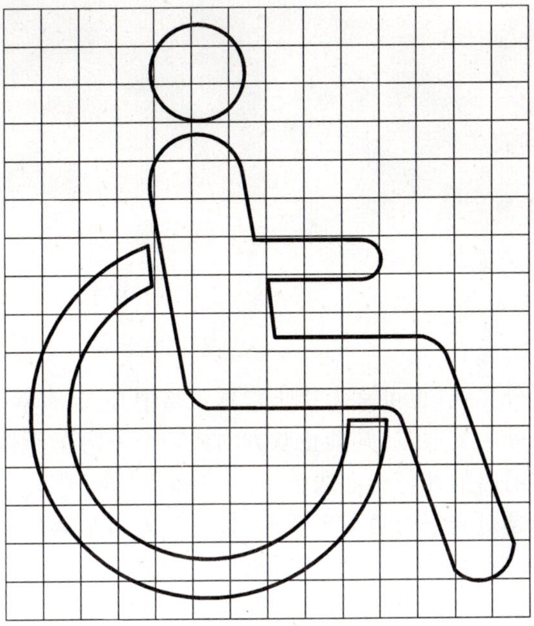

图 53　线 40　残疾人专用停车位路面标记

4.17.4　注意前方路面状况标记：在不易发现前方路面状况发生变化的路段，需要提醒驾驶人注意以尽早采取措施，可设置注意前方路面状况标记。本标记为白色实折线，线宽 20 cm，顶角为 60°，设置高度及设置范围视实际需要而定，如图 54 所示（图中箭头仅表示车流行驶方向）。

单位为厘米

图 54　线 41　注意前方路面状况标记

5　禁止标线

5.1　禁止标线的分类

5.1.1　纵向禁止标线包括：

a）禁止跨越对向车行道分界线；

b）禁止跨越同向车行道分界线；

c）禁止停车线。

5.1.2　横向禁止标线包括：

a) 停止线；

b) 停车让行线；

c) 减速让行线。

5.1.3 其他禁止标线包括：

a) 非机动车禁驶区标线；

b) 导流线；

c) 网状线；

d) 专用车道线；

e) 禁止掉头(转弯)线。

5.2 禁止跨越对向车行道分界线

5.2.1 禁止跨越对向车行道分界线(也可称为禁止跨越道路中心线)有双黄实线、黄色虚实线和单黄实线三种类型,用于分隔对向行驶的交通流,并禁止双方向或一个方向车辆越线或压线行驶。一般设在道路中线上,但不限于一定设在道路的几何中心线上。

5.2.2 双黄实线作为禁止跨越对向车行道分界线时,禁止双方向车辆越线或压线行驶。一般施划于单方向有两条或两条以上机动车道而没有设置实体中央分隔带的道路上,除交叉路口或允许车辆左转弯(或掉头)路段外,均应连续设置,可采用振动标线的形式。

黄色实线线宽一般为 15 cm,特殊情况下可降低至 10 cm,两标线的间隔一般为 10 cm～30 cm,如图 55 所示(图中箭头仅表示车流行驶方向)。

单位为厘米

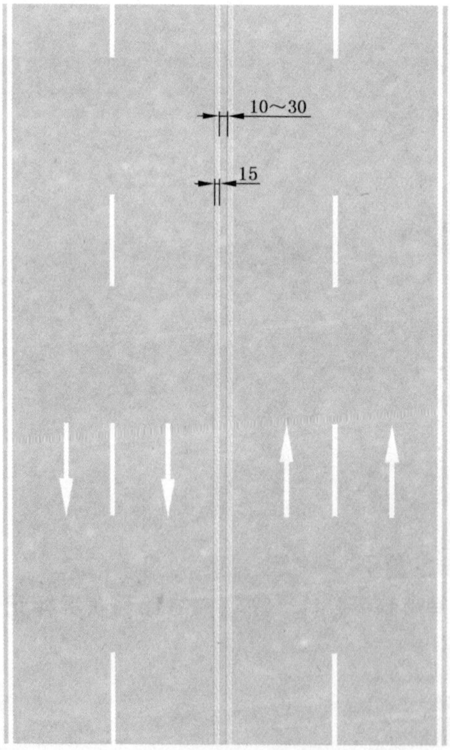

图 55 线 42 双黄实线禁止跨越对向车行道分界线

在路面较宽时,为保证车行道宽度不大于 3.75 m,双黄线间距可以适当调整。在双黄线间距大于 50 cm 时应用黄色斜线或其他设施填充两条黄实线间的部分,禁止车辆压线或进入该区域。黄色斜线填充线线宽 45 cm,间隔 100 cm,倾斜角度为 45°,设置示例如图 56 所示(图中箭头仅表示车流行驶方向)。

单位为厘米

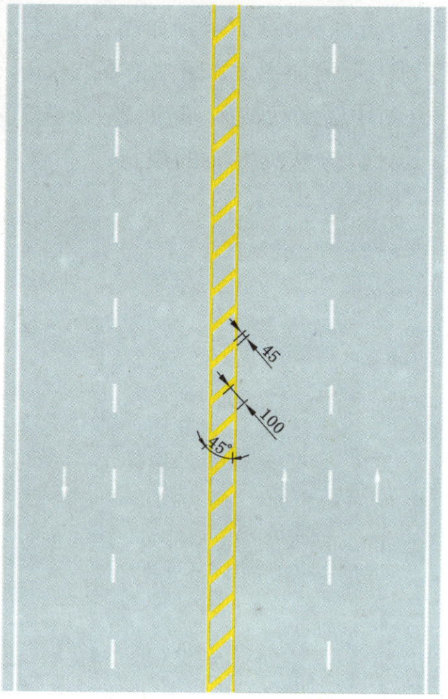

图 56　黄色斜线填充双黄实线禁止跨越对向车行道分界线示例

5.2.3　黄色虚实线作为禁止跨越对向车行道分界线时，实线一侧禁止车辆越线或压线行驶，虚线一侧准许车辆暂时越线或转弯。越线行驶的车辆应避让正常行驶的车辆。

中心黄色虚实线可用作双向通行的三条机动车道道路的对向车行道分界线以及需要实行单侧禁止超车的其他道路的对向车行道分界线。标线线宽一般为 15 cm，特殊情况下可降低至 10 cm，两标线的间隔一般为 10 cm～30 cm，虚线段与间隔长分别为 400 cm 和 600 cm，如图 57 所示(图中箭头仅表示车流行驶方向)。

单位为厘米

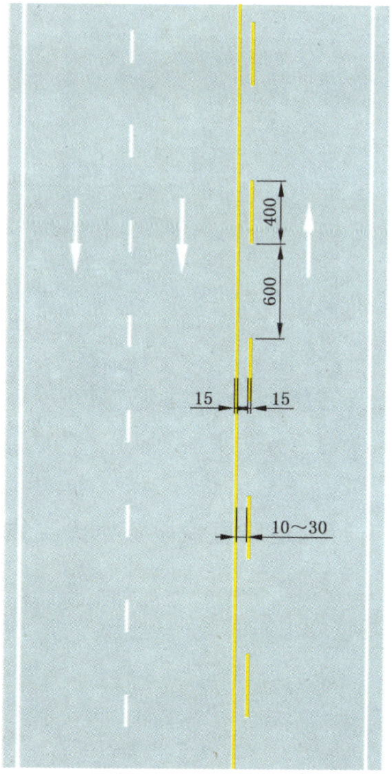

图 57　线 43　黄色虚实线禁止跨越对向车行道分界线

施划中心黄色虚实线的三机动车道道路直线段，一个方向车行道数从两车行道改变为一车行道(或从一车行道改变为两车行道)时采用过渡标线，设置示例如图 58 所示(图中箭头仅表示车流行驶方向)；视距受限的平曲线路段黄色虚实线划法示例如图 59(图中箭头仅表示车流行驶方向)；视距受限的竖曲线路段黄色虚实线划法示例如图 60(图中箭头仅表示车流行驶方向)。图中 M_3 为超车视距，其取值见附录 A，L 为渐变段(过渡段)长度，其计算方法见 6.2 的规定。

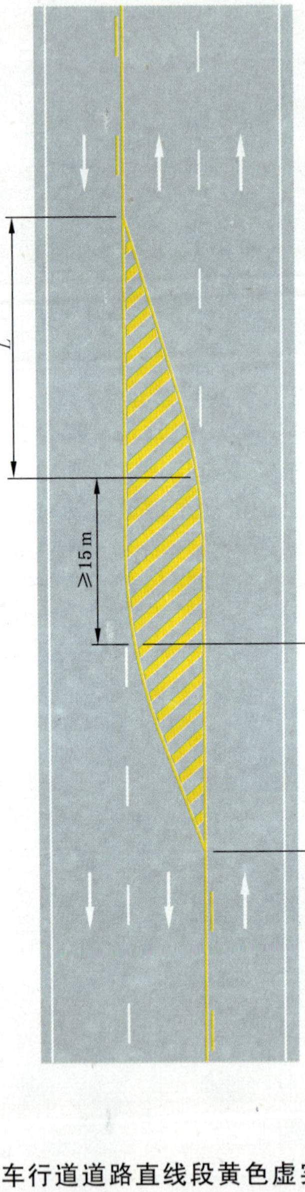

图 58　三车行道道路直线段黄色虚实线划法示例

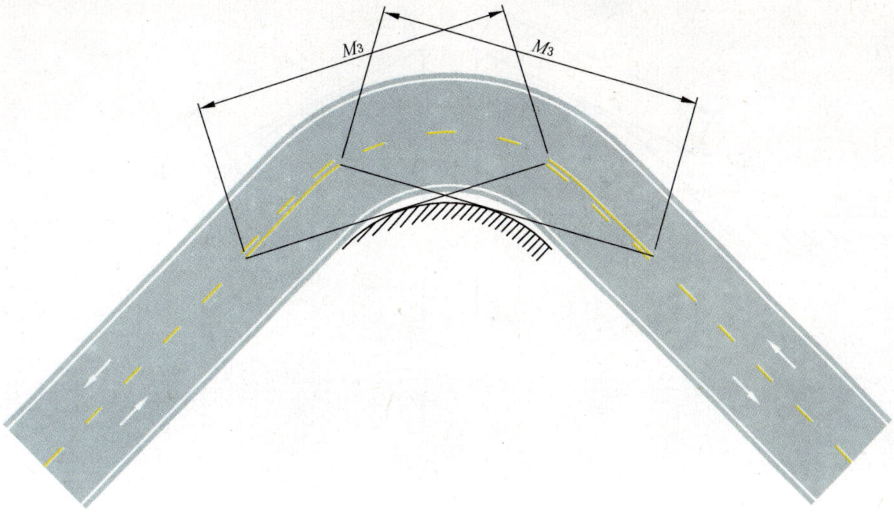

a)

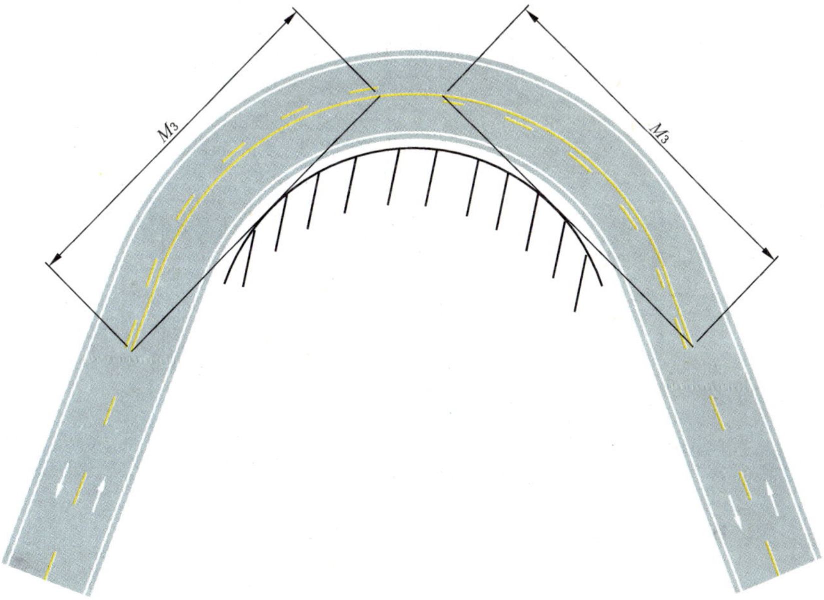

b)

图 59　视距受限平曲线路段黄色虚实线划法示例

单位为厘米

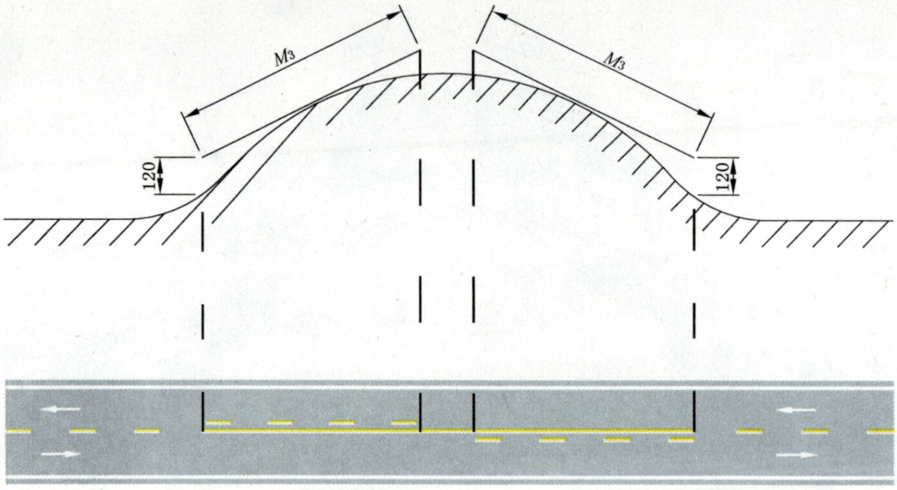

a)

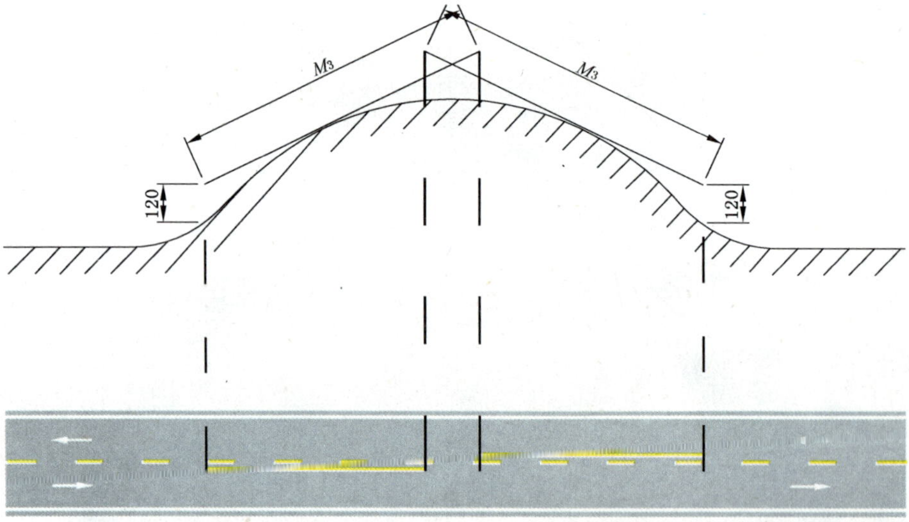

b)

图 60 视距受限竖曲线路段黄色虚实线划法示例

5.2.4 黄色单实线作为禁止跨越对向车行道分界线时，禁止双方向车辆越线或压线行驶。一般施划于单方向只有一条车道或一条机动车道和一条非机动车道道路、视距受限制的竖曲线、平曲线路段及有其他危险需要禁止超车的路段，可采用振动标线的形式。

标线线宽 15 cm，在路面较宽时，为保证车行道宽度不大于 3.75 m，黄色单实线线宽可以适当增加，最大为 30 cm，如图 61 所示（图中箭头仅表示车流行驶方向）。

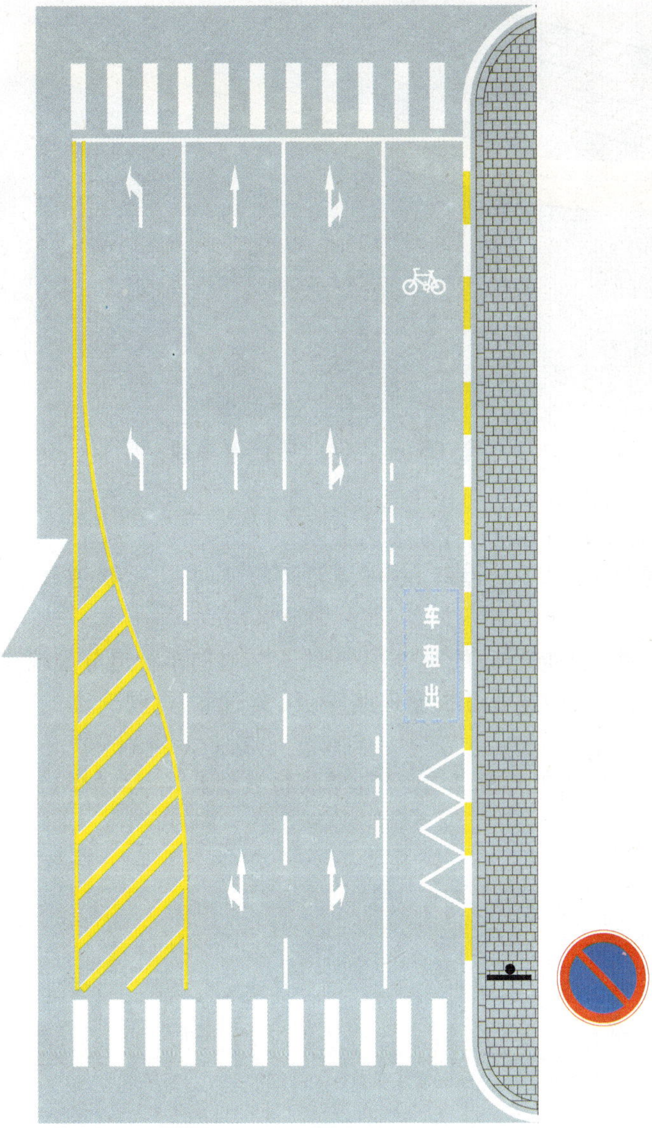

图 64　禁止长时停车线设置示例

5.4.2　禁止停车线：用以指示禁止路边停、放车辆。

本标线为黄色实线，施划于道路缘石正面及顶面，无缘石的道路可施划于路面上，距路面边缘 30 cm。黄色实线的宽度为 15 cm，或与缘石宽度相同，施划的长度表示禁停的范围。

本标线可配合“禁止停放”路面文字和禁止停放标志一并使用，并可根据需要在辅助标志上标明禁止路边停放车辆的时间或区间。标线的划法如图 65 所示。

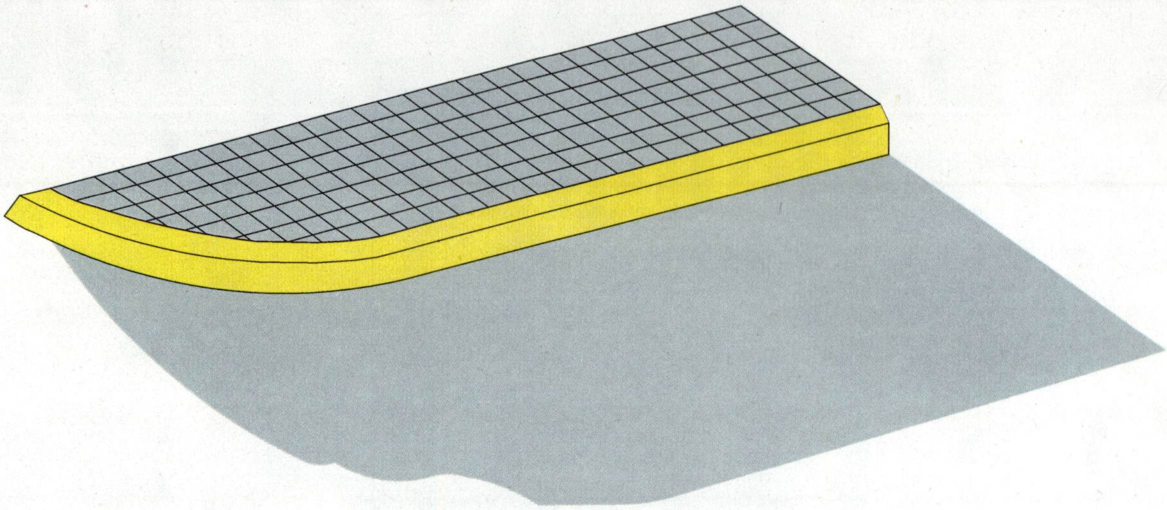

图 65　线 47　禁止停车线

5.5　停止线

5.5.1　表示车辆让行、等候放行等情况下的停车位置。

5.5.2　可施划于交叉路口、铁路平交道口、左弯待转区的前端、人行横道线前及其他需要车辆停止的位置。

5.5.3　停止线为白色实线。双向行驶的路口，停止线应与对向车行道分界线连接；单向行驶的路口，其长度应横跨整个路面。停止线的宽度可根据道路等级、交通量、行驶速度的不同选用 20 cm、30 cm 或 40 cm。

5.5.4　停止线应设置在有利于驾驶人观察路况的位置。设有人行横道时，停止线应距人行横道 100 cm～300 cm，如图 66 所示。

单位为厘米

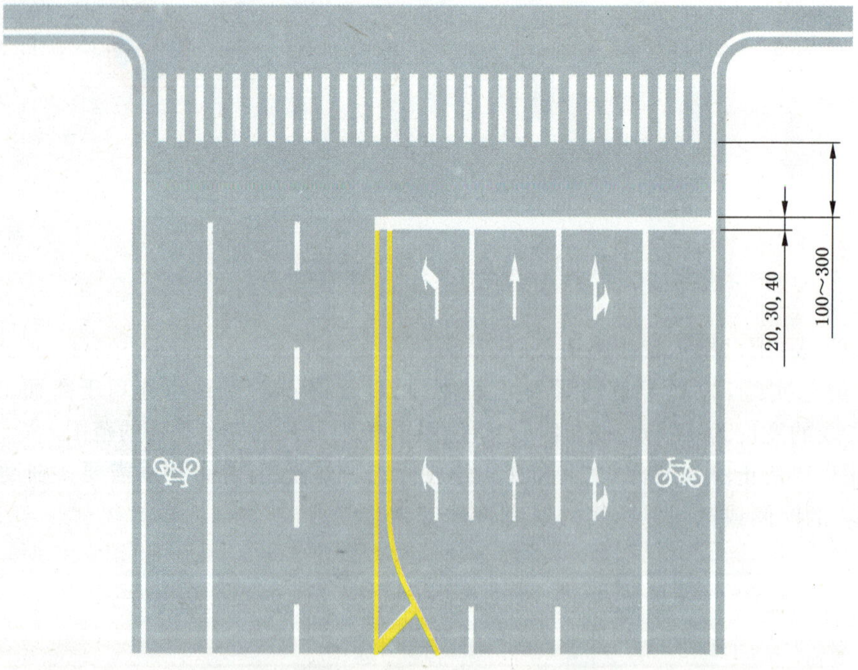

图 66　线 48　停止线

5.5.5 停止线对横向道路左转弯机动车正常通行有影响的，可适当后移，或部分车道的停止线作适当后移，后移距离可以根据实际情况决定，一般在 100 cm～300 cm 之间，如图 67 所示。

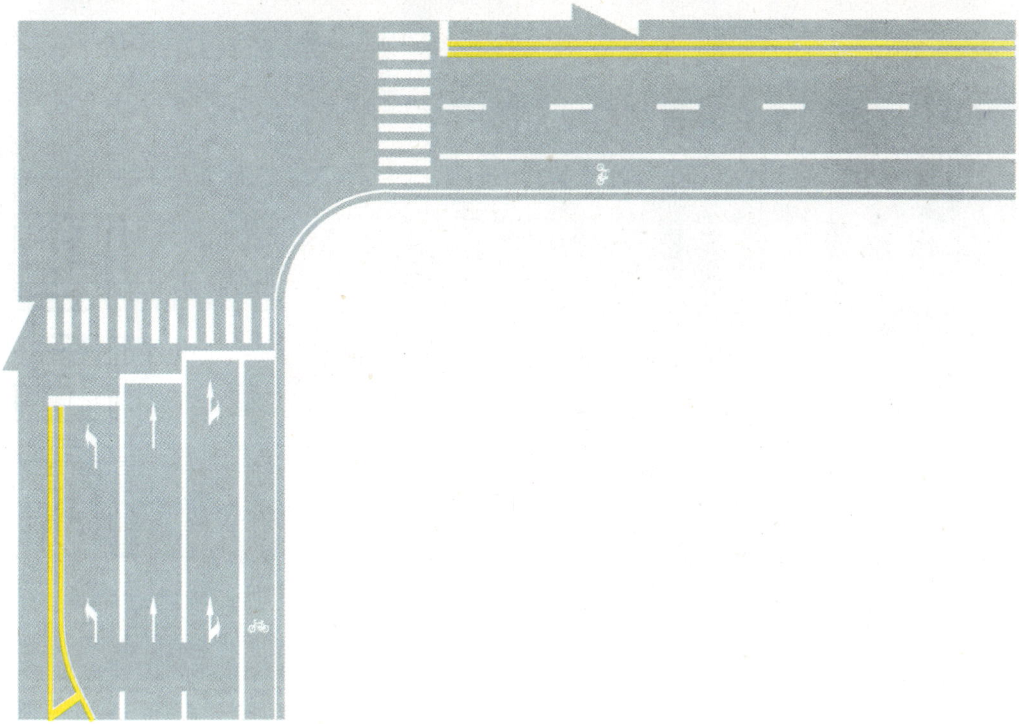

图 67 停止线错位设置示例

5.6 让行线

5.6.1 停车让行线表示车辆在此路口应停车让干道车辆先行，设有“停车让行”标志的路口，除路面条件无法施划标线外均应设置停车让行标线。

停车让行线为两条平行白色实线和一个白色“停”字。双向行驶的路口，白色双实线长度应与对向车行道分界线连接；单向行驶的路口，白色双实线长度应横跨整个路面。白色实线宽度 20 cm，间隔 20 cm，“停”字宽 100 cm，高 250 cm。

停车让行标线应设在有利于驾驶人观察路况的位置。如有人行横道线时，停车让行线应距人行横道线 100 cm～300 cm，如图 68 所示。

单位为厘米

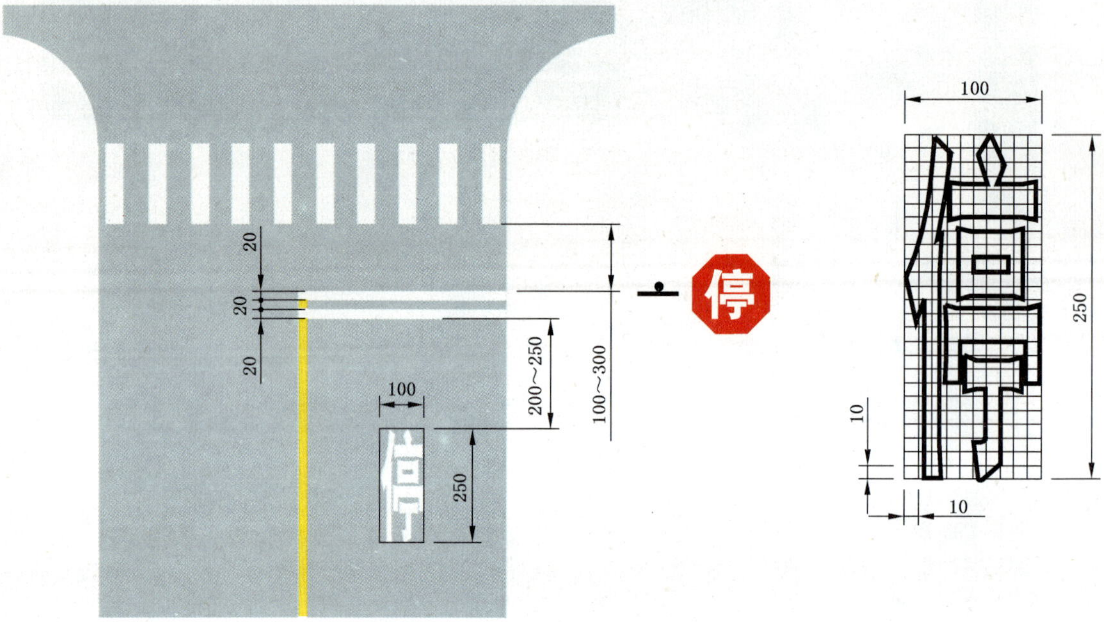

图 68 线 49 停车让行线

5.6.2 减速让行线表示车辆在此路口应减速让干道车辆先行。设有“减速让行”标志的路口，除路面条件无法施划标线外均应设置减速让行标线。

减速让行线为两条平行的虚线和一个倒三角形，颜色为白色。双向行驶的路口，白色虚线长度应与对向车行道分界线连接，单向行驶的路口，白色虚线长度应横跨整个路面。虚线宽 20 cm，两条虚线间隔 20 cm。倒三角形底宽 120 cm，高 300 cm。

减速让行标线应设在有利于驾驶人观察路况的位置。如有人行横道线时，减速让行线应距人行横道线 100 cm～300 cm，如图 69 所示。

单位为厘米

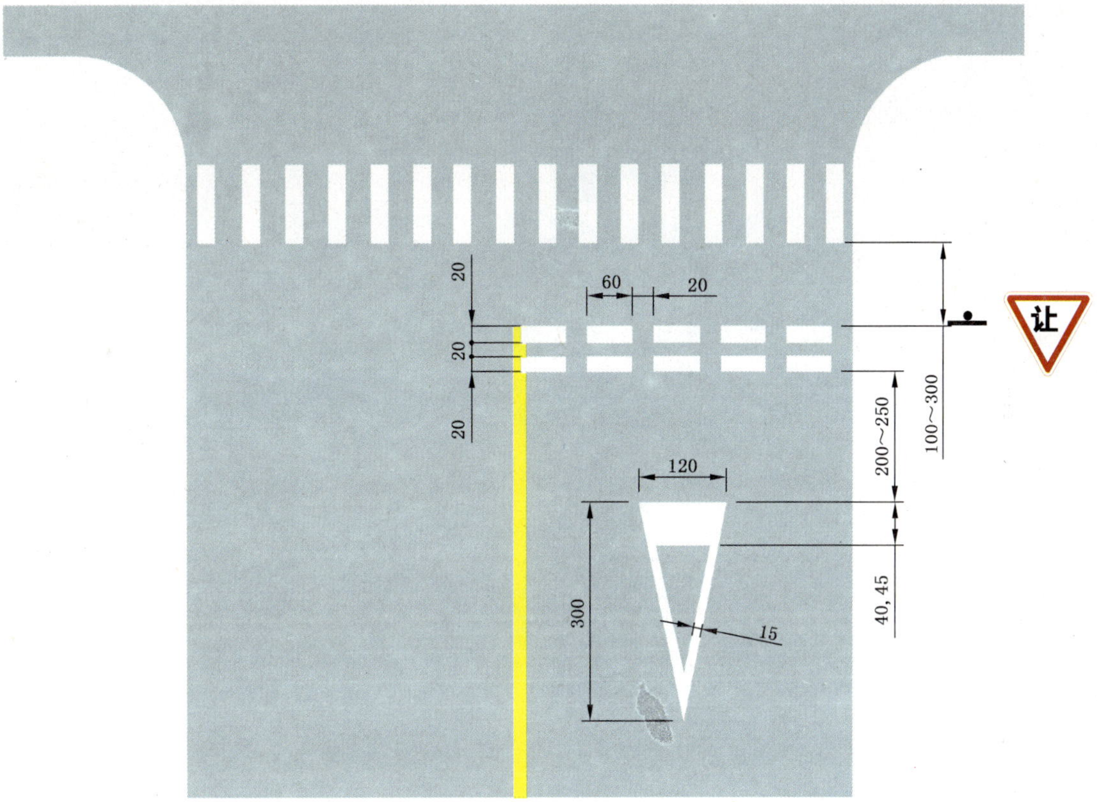

图 69　线 50　减速让行线

5.7　非机动车禁驶区标线

在无专用左转弯相位信号控制的较大路口或其他需要规范非机动车行驶轨迹的路口内，可设非机动车禁驶区标线，用以告示非机动车使用者在路口内禁止驶入的范围。非机动车禁驶区范围以机动车道外侧边缘为界，可配合设置中心圈。左转弯非机动车应沿禁驶区范围外绕行，且两次停车，其停止线长度不应小于相应非机动车道宽度，如图 70 所示。

单位为厘米

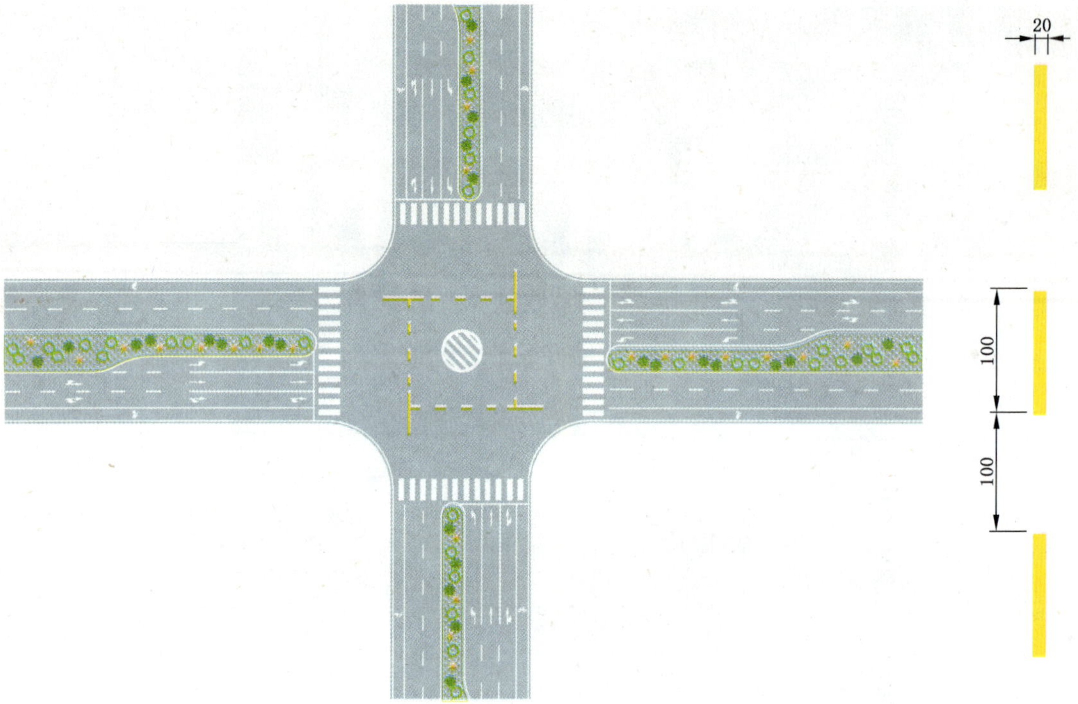

图 70　线 51　非机动车禁驶区标线

5.8　导流线

5.8.1　表示车辆需按规定的路线行驶，不得压线或越线行驶。

5.8.2　主要用于过宽、不规则或行驶条件比较复杂的交叉路口，立体交叉的匝道口或其他特殊地点。导流线应根据交叉路口的地形和交通流量、流向情况进行设计。

5.8.3　导流线的颜色为白色，与道路中心线相连时，也可用黄色。标线形式可分为单实线、V 型线和斜纹线三种。外围线宽 15 cm 或 20 cm，内部填充线宽为 40 cm 或 45 cm，间隔 100 cm，倾斜角为 45°。导流线设置示例如图 71、图 72、图 73 所示。

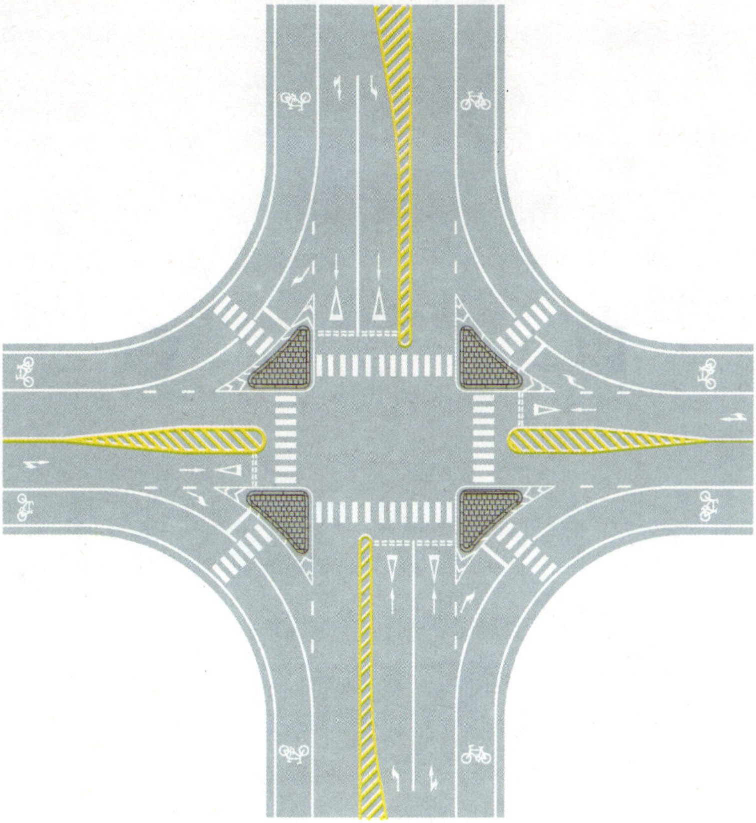

图 71　十字交叉口导流线设置示例

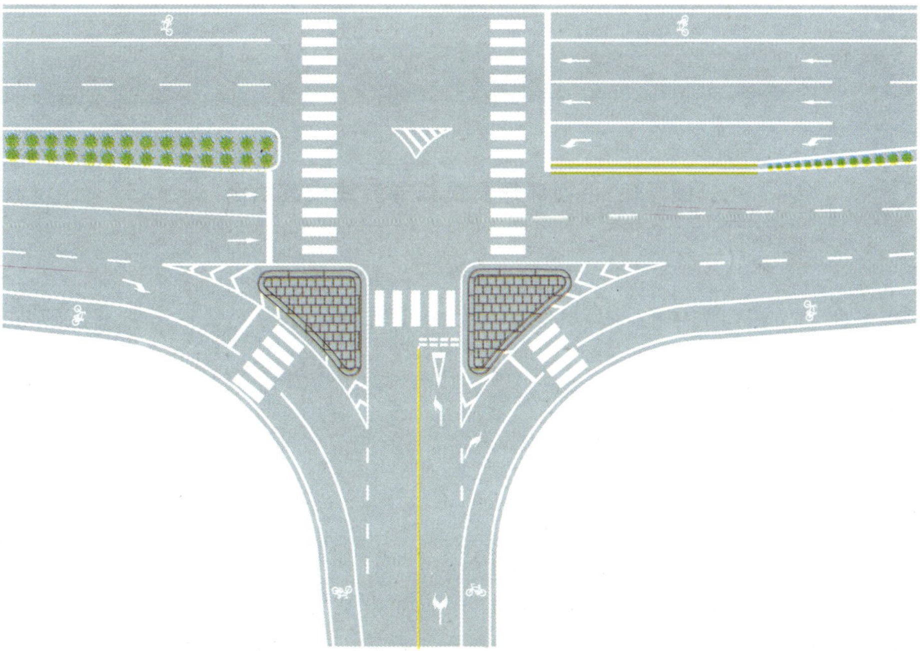

图 72　T 型交叉口导流线设置示例

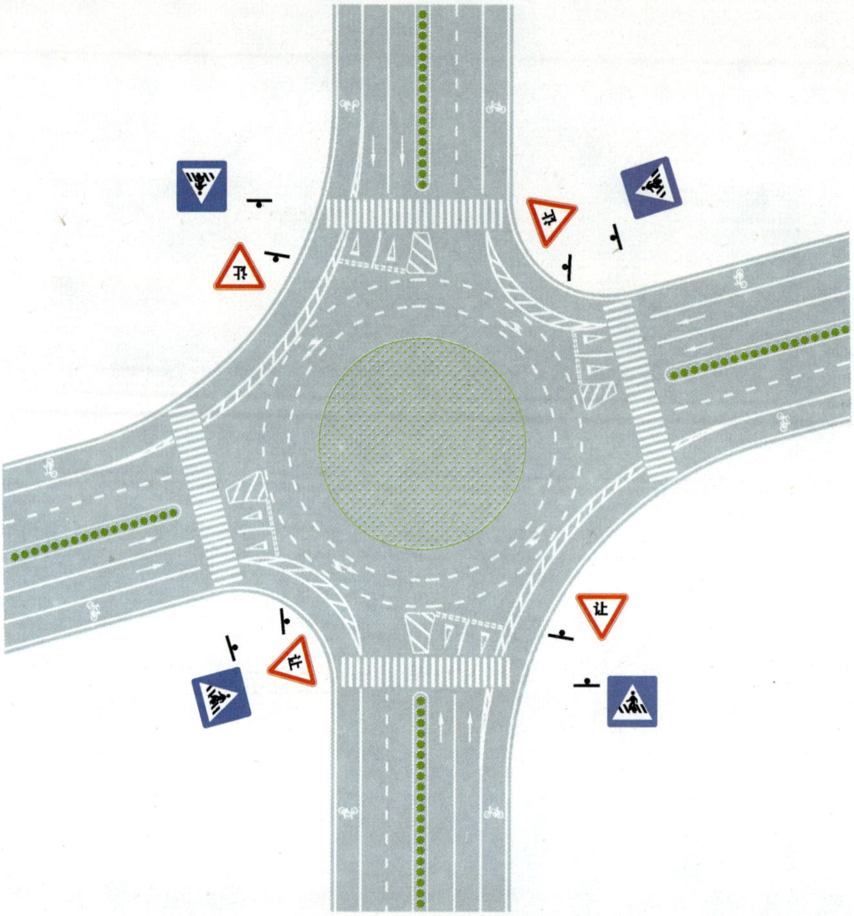

图 73　平面环形交叉口导流线设置示例

5.9　中心圈

5.9.1　可设在平面交叉路口的中心，用以区分车辆大、小转弯或作为交叉口车辆左右转弯的指示，车辆不得压线行驶。

5.9.2　中心圈有圆形和菱形两种形式，颜色为白色。

5.9.3　中心圈直径及形状应根据交叉路口大小确定，圆形的直径不小于 120 cm，菱形的对角线长度不小于 150 cm。尺寸及形状如图 74、图 75 所示。

单位为厘米

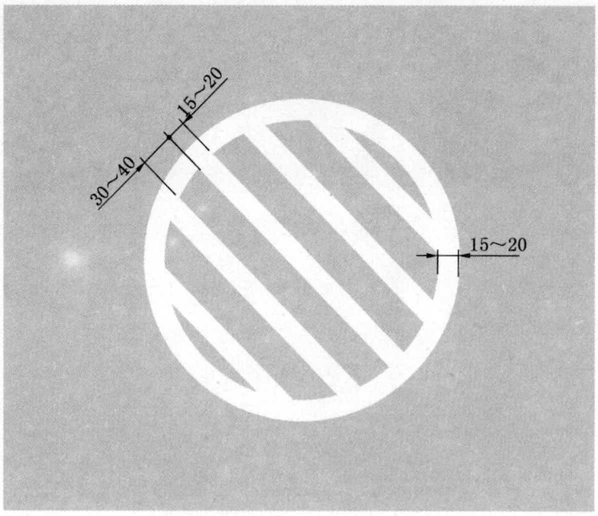

图 74　线 53　圆形中心圈

单位为厘米

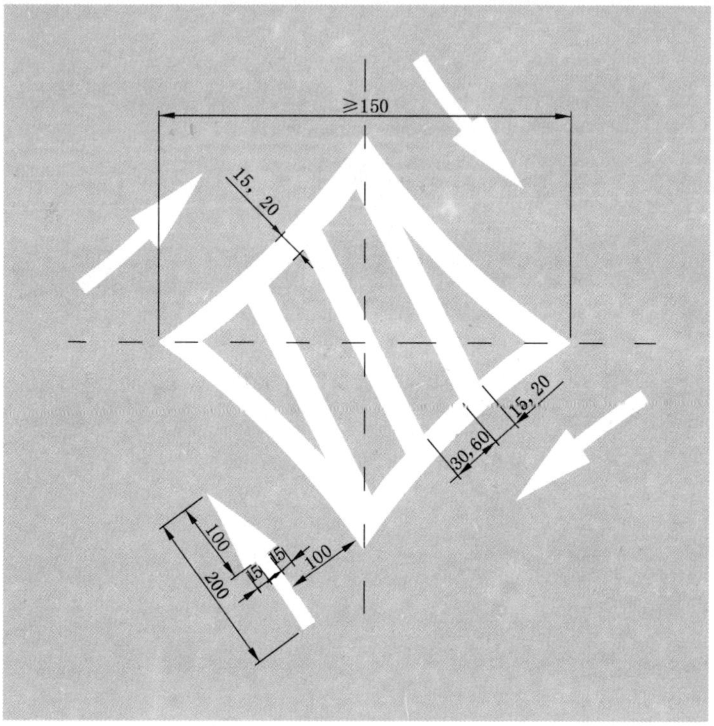

图 75　线 54　菱形中心圈

5.10　网状线

5.10.1　用以标示禁止以任何原因停车的区域，视需要划设于易发生临时停车造成堵塞的交叉路口、出入口及其他需要设置的位置。

5.10.2　标线颜色为黄色，外围线宽 20 cm，内部网格线与外边框夹角为 45°，内部网格线宽 10 cm，斜线间隔 100 cm～500 cm，如图 76 所示。设置示例如图 77 所示。

单位为厘米

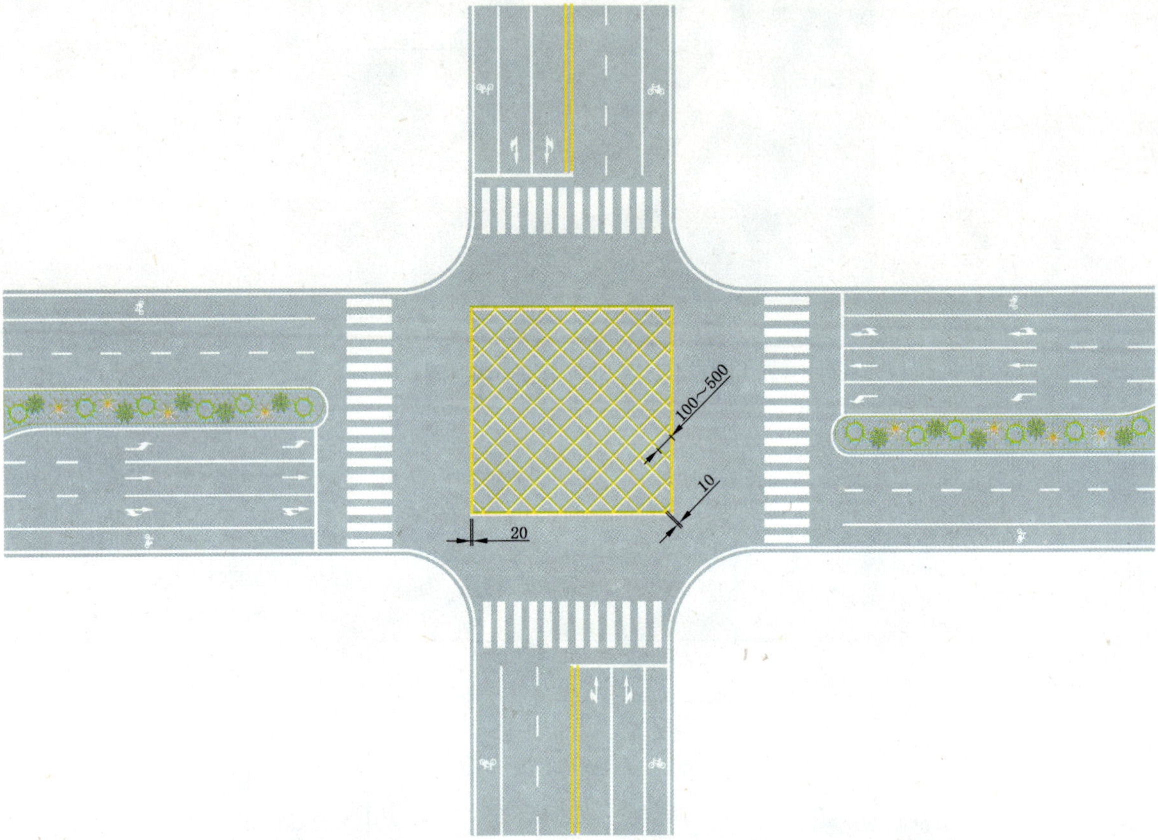

图 76　线 55　网状线

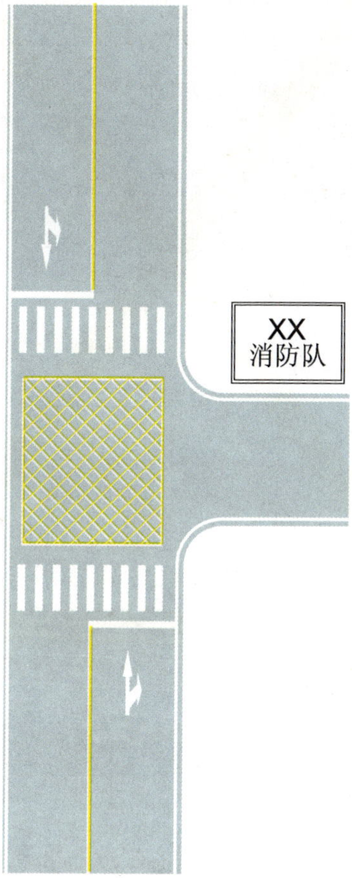

图 77 网状线设置示例

5.10.3 在交通量较小的交叉口或其他出入口处，网状线可简化成如图 78 所示的形状，即在方框中加叉。网状线为黄色，线宽为 40 cm 或 45 cm。简化网状线最大边长应不大于 12 m，否则应用图 76 所示形式的网状线。

单位为厘米

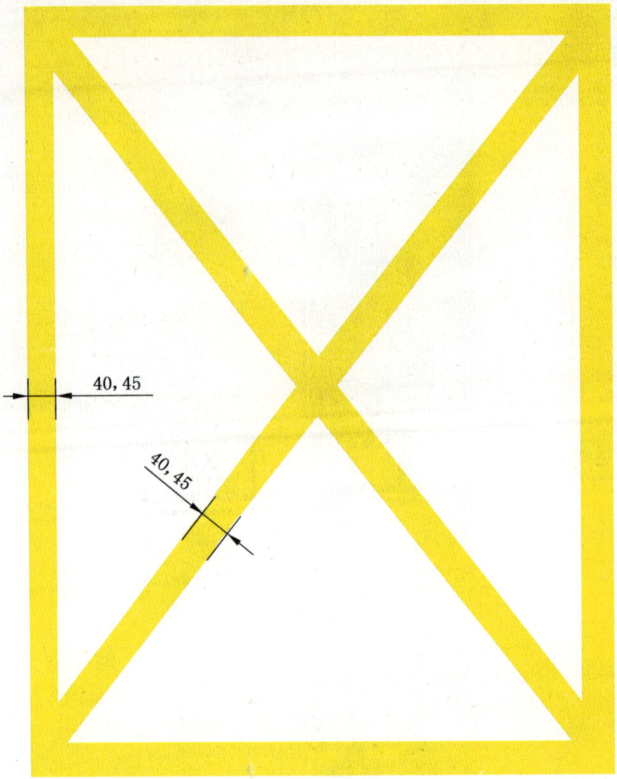

图 78　线 56　简化网状线

5.11　车种专用车道线

5.11.1　公交专用车道线：由黄色虚线及白色文字组成，表示除公交车外，其他车辆及行人不得进入该车道。

黄色虚线的线段长和间隔均为 400 cm，线宽为 20 cm 或 25 cm。标写的文字为：公交专用或 BRT 专用。如该车道为分时专用车道，可在文字下加标公交车专用的时间。汉字及数字字高、高宽比例、排列方式按 4.16 的规定确定。

公交专用车道线从起点开始施划，每经过一个交叉口重复出现一次字符。如交叉口间隔距离较长，也可在中间适当地点增加施划字符。

公交专用车道与非机动车道临近设置，且无机非隔离带时，应配合设置机非分道线，如图 79 所示（图中箭头仅表示车流行驶方向）。

公交专用车道线应与公交专用车道标志配合设置。

单位为厘米

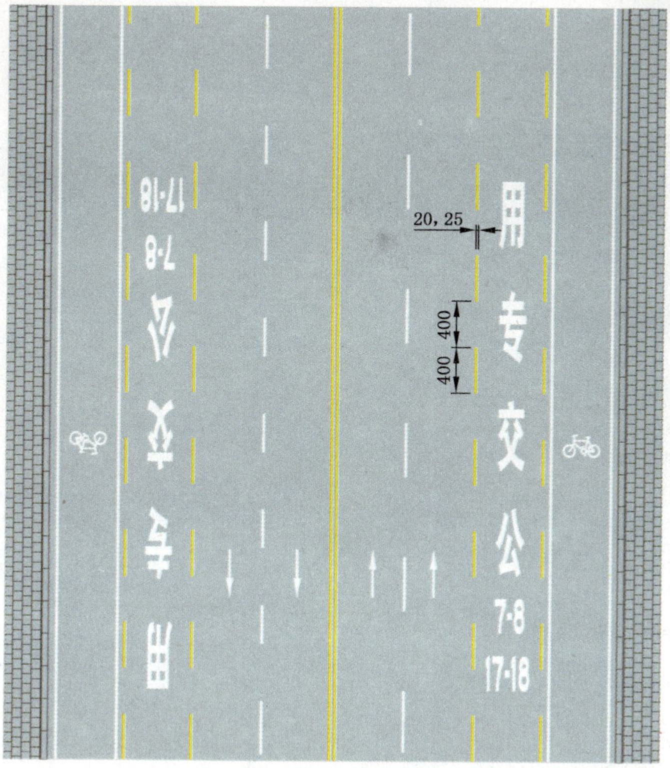

a)

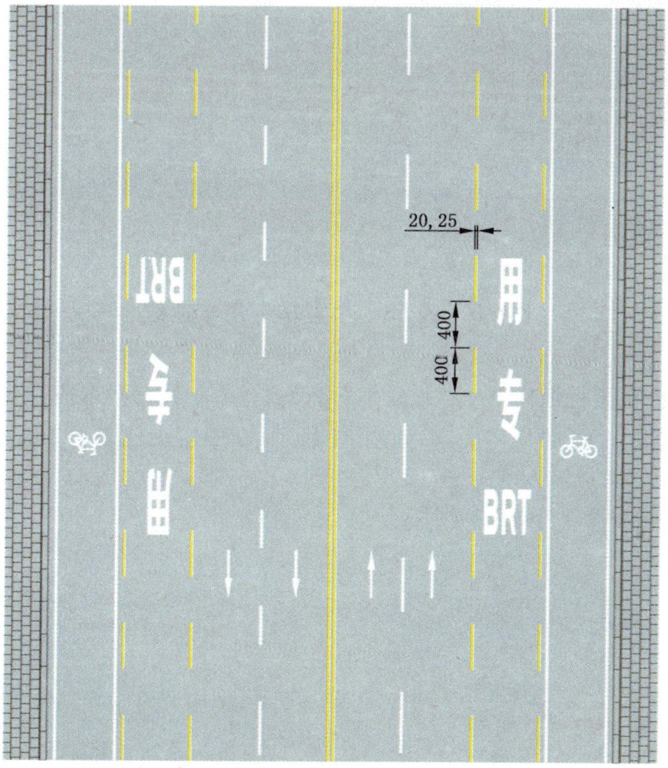

b)

图 79 线 57 公交专用车道线

5.11.2 小型车专用车道线:在车行道内施划“小型车”路面文字,表示该车行道为小型车专用车道。汉字字高、高宽比例、排列方式按 4.16 的规定确定,如图 80 所示(图中箭头仅表示车流行驶方向)。

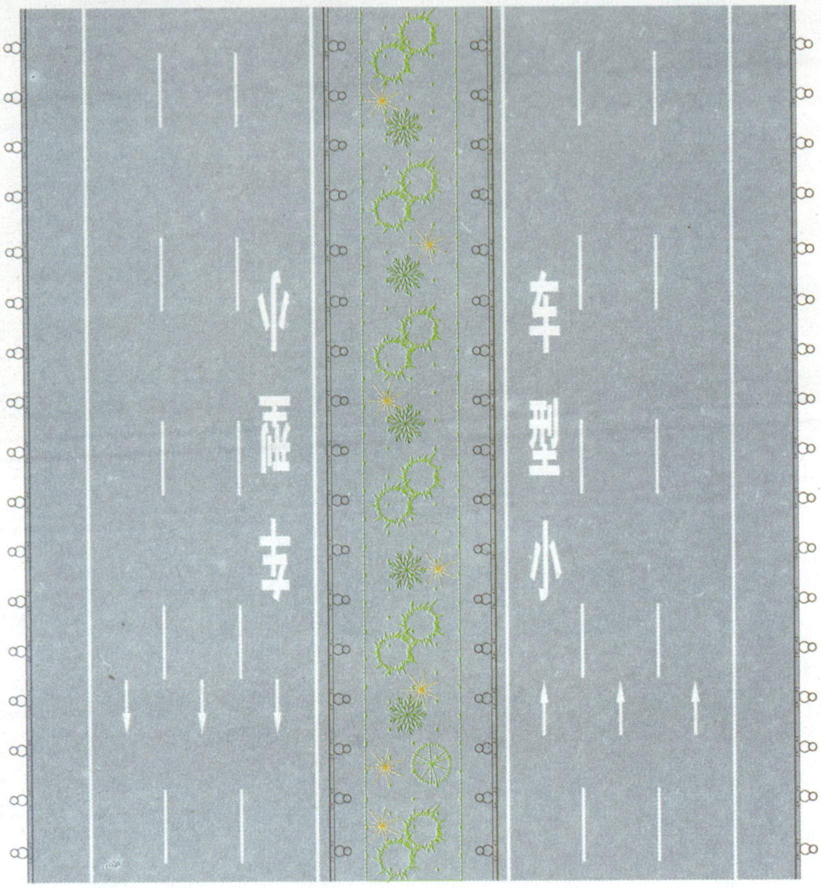

图 80 线 58 小型车专用车道线

5.11.3 大型车道标线:在车行道内施划“大型车”路面文字,表示大型车应在该车道内行驶。汉字字高、高宽比例、排列方式按 4.16 的规定确定,如图 81 所示(图中箭头仅表示车流行驶方向)。

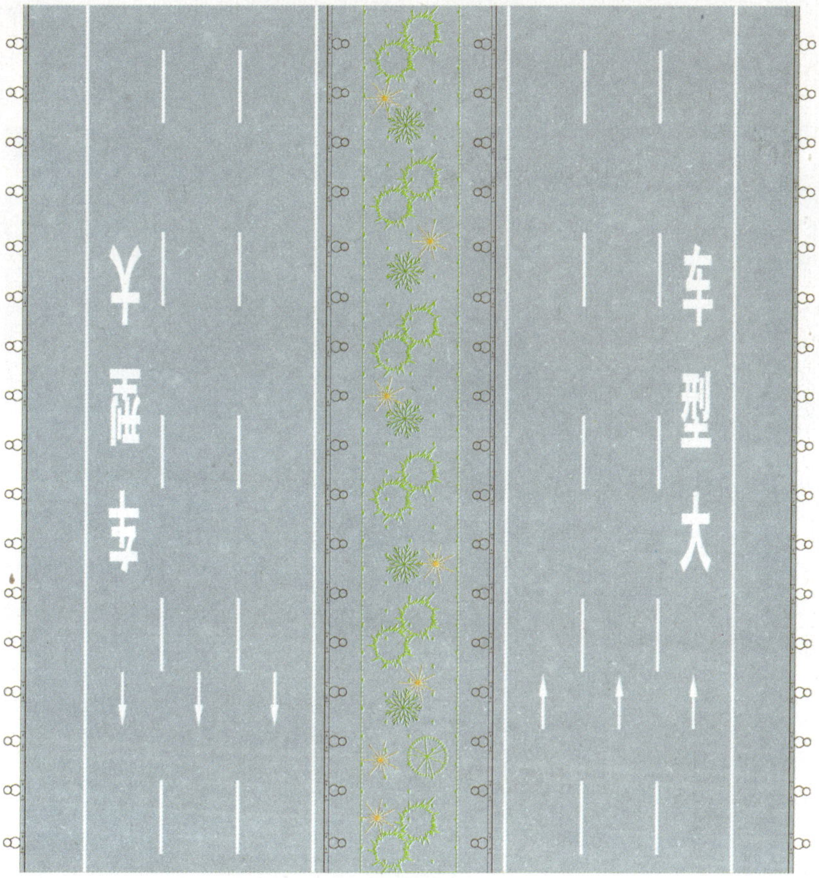

图 81　线 59　大型车道线

5.11.4　多乘员车辆专用车道线：由白色虚线及白色文字组成，表示该车行道为有多个乘车人的多乘员车辆专用的车道，未载乘客或乘员数未达规定的车辆不得入内行驶。白色虚线的线段长度和间隔均为 400 cm，线宽为 20 cm 或 25 cm。标写的文字为：多乘员专用。如该车道为分时专用车道，可在文字下加标专用的时间。汉字及数字字高、高宽比例、排列方式按 4.16 的规定确定，如图 82 所示(图中箭头仅表示车流行驶方向)。多乘员车辆专用车道线应与多乘员车辆专用车道标志配合设置。

单位为厘米

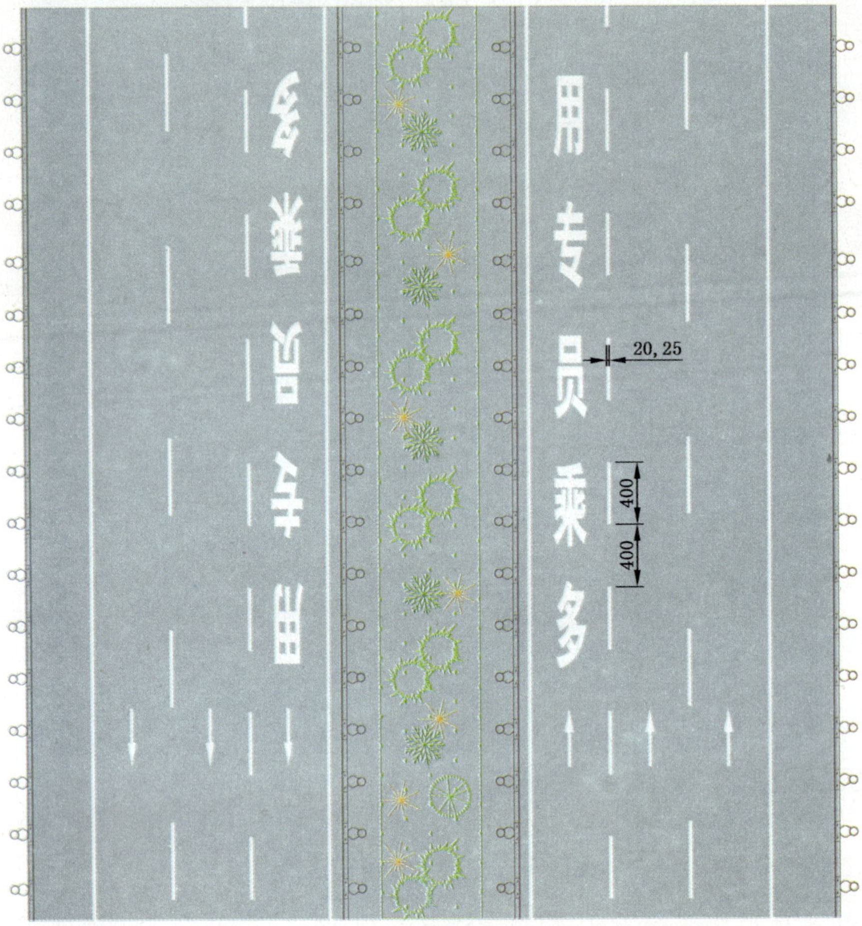

图 82 线 60 多乘员车辆专用车道线

5.11.5 非机动车道线由车道线、非机动车标记图案和"非机动车"文字组成，一般情况下可仅采用非机动车标记图案而不标文字标记，如图 83 所示(图中箭头仅表示车流行驶方向)。除特殊点段外，该车道为非机动车道，机动车不得进入。

非机动车道标线颜色为蓝色时，表示此车道仅供非机动车行驶，行人及其他车辆不得进入。

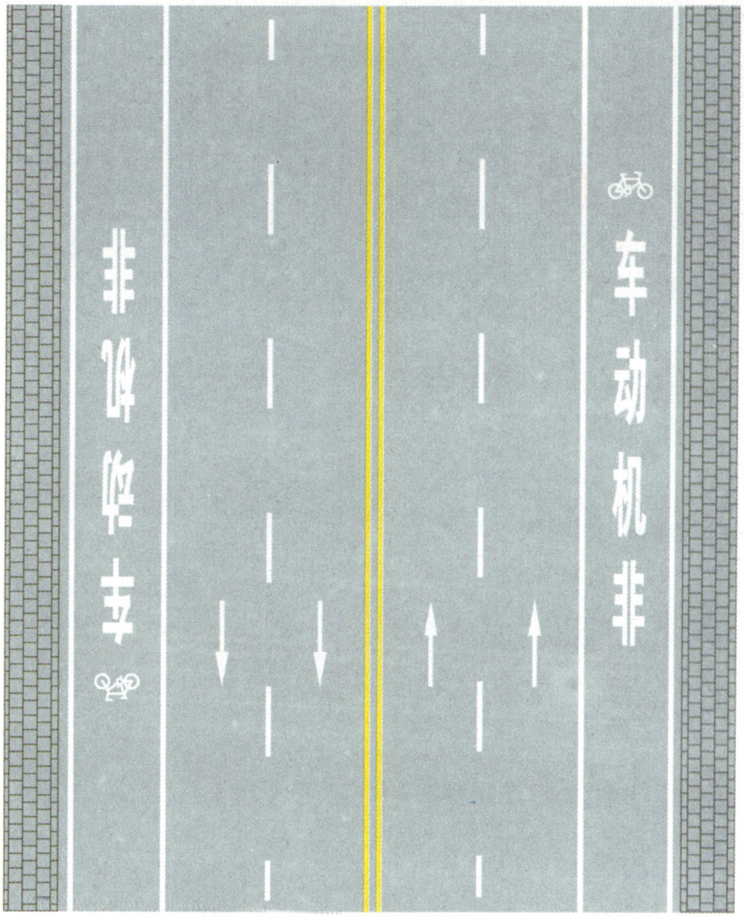

图 83　线 61　非机动车道线

5.12　禁止掉头(转弯)标记

用于禁止车辆掉头或转弯的路口或区间。禁止掉头(转弯)标记由黄色导向箭头和黄色叉形标记左右组合而成,黄色叉形标记位于左侧,如本车道为限时禁止掉头(转弯)车道,应在禁止掉头(转弯)标记下附加禁止掉头(转弯)时间段的黄色文字。黄色导向箭头的尺寸按 4.15 的规定确定,叉形标记与导向箭头宽度及长度相同,两者之间间隔 50 cm,路面文字尺寸按 4.16 的规定确定,如图 84、图 85 所示。禁止掉头(转弯)标记应与禁止掉头(转弯)标志配合设置。

单位为厘米

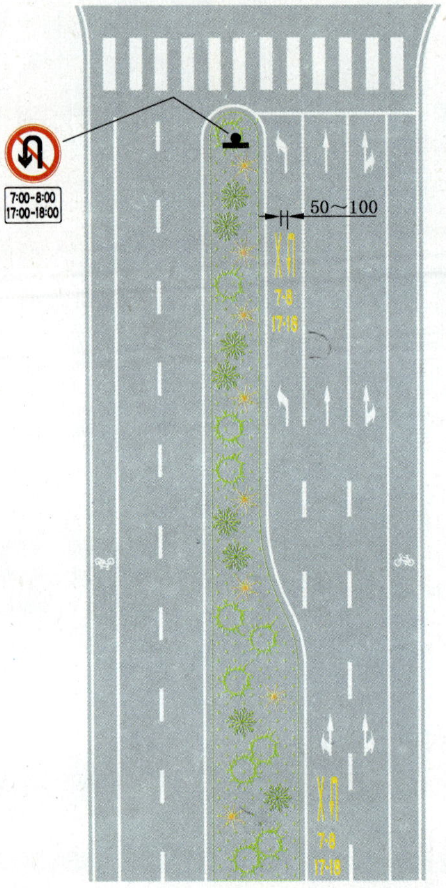

图 84 线 62 禁止掉头标记

单位为厘米

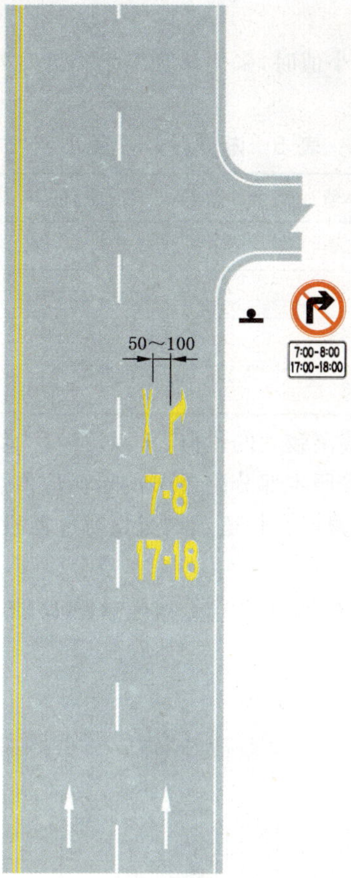

图 85　线 63　禁止转弯标记

6　警告标线

6.1　警告标线的分类

6.1.1　纵向标线包括：

a)　路面(车行道)宽度渐变段标线；

b)　接近障碍物标线；

c)　铁路平交道口标线。

6.1.2　横向标线包括：

减速标线。

6.1.3　其他标线包括：

a)　立面标记；

b)　实体标记。

6.2　路面(车行道)宽度渐变段标线

6.2.1　用以警告车辆驾驶人路宽或车道数变化，应谨慎行车，并禁止超车。标线颜色为黄色。

6.2.2　渐变段的长度 L 按式(1)确定。

$$L=\begin{cases}\dfrac{V^2W}{155} & (V\leqslant 60\ \mathrm{km/h})\\ 0.625\times V\cdot W & (V>60\ \mathrm{km/h})\end{cases}\qquad\cdots\cdots(1)$$

式中：

L——渐变段的长度，单位为米(m)；

V——设计速度，单位为千米每小时(km/h)；

W——变化宽度，单位为米(m)。

式(1)计算结果大于表5所示最小值时，采用计算结果作为实际渐变段长度，反之采用表5所示最小值作为实际渐变段长度。

表5 渐变段长度最小值

设计速度 V/(km/h)	最小值/m	设计速度 V/(km/h)	最小值/m
20	20	60	40
30	25	70	70
40	30	80	85
50	35	>80	100

对于设计速度与实际运行速度偏离较大的道路，可以用实际运行速度值代替设计速度值确定渐变段长度。交叉路口渐变段标线也可参照本部分附录B的示例取值。

6.2.3 图86、图87、图88为路宽缩减或车行道数量变化时过渡段标线的划法示例。图中 L 为渐变段长度，按6.2.2的规定取值；M_1 为安全停车视距，参考本部分附录A取值；D 为路宽缩减终点标线延长距离，设计速度不小于60 km/h的道路 D 取40 m，其他道路 D 取20 m。在路宽缩窄的一侧应划车行道边缘线，并应配合设置窄路标志。

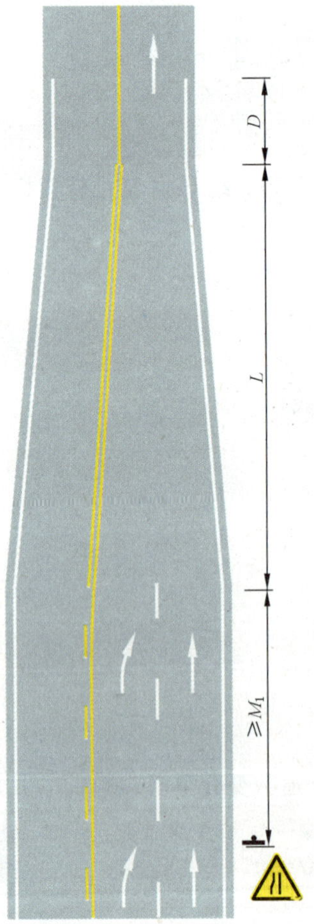

图86 三车行道变为双车行道渐变段标线设置示例

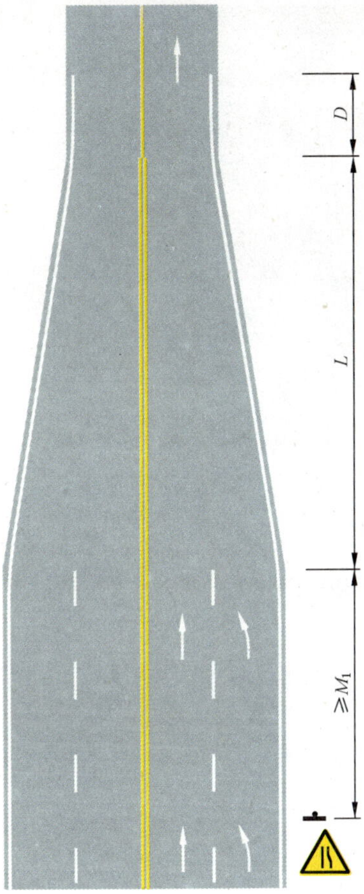

图 87　四车行道变为双车行道渐变段标线设置示例

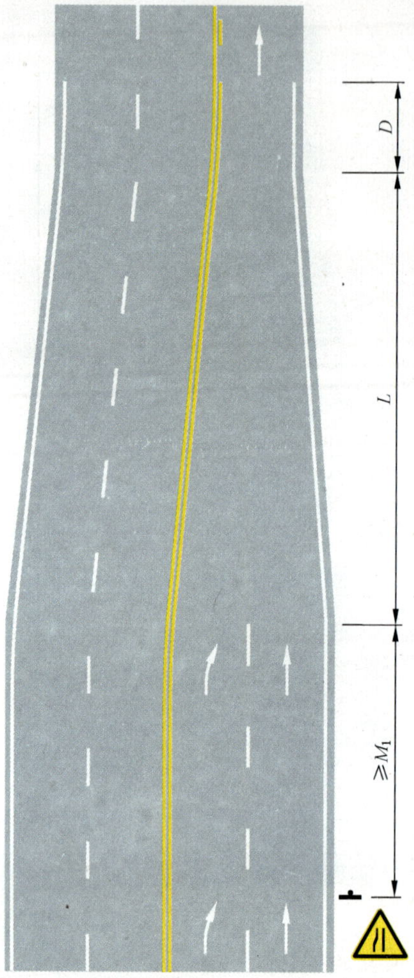

图 88　四车行道变为三车行道渐变段标线设置示例

6.2.4　路面(车行道)宽度渐变段标线可用填充线形式，填充线为倾斜的平行粗实线。线宽 45 cm，间隔 100 cm，倾斜角度为 45°，图 89、图 90 为应用示例。

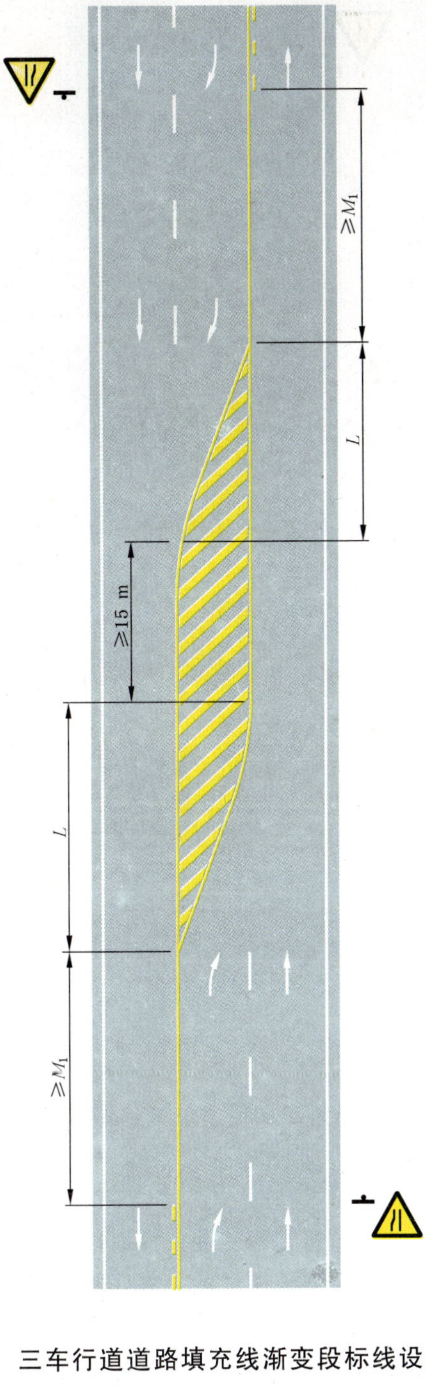

图 89　三车行道道路填充线渐变段标线设置示例

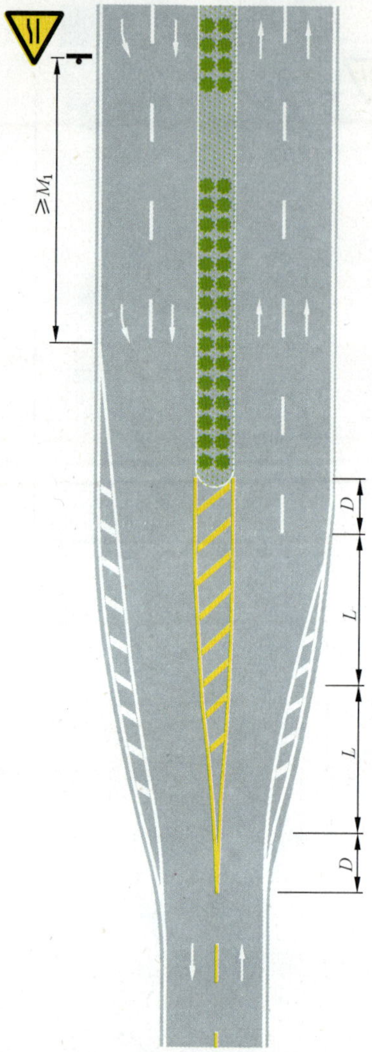

图 90　两车行道变为四车行道填充线渐变段标线设置示例

6.3　接近障碍物标线

6.3.1　用以指示路面有固定性障碍物，警告车辆驾驶人谨慎行车，引导交通流顺畅驶离障碍物区域。

6.3.2　接近障碍物标线的颜色，应根据障碍物所在的位置，与对向车行道分界线或同向车行道分界线的颜色一致。标线外廓为实线，内部以填充线填充，外廓实线宽度原则上与相接的对向车行道分界线或同向车行道分界线相同，填充线为倾斜的平行粗实线，线宽 45 cm，间隔 100 cm，倾斜角度为 45°。

6.3.3　当道路中心或车道中有上跨桥梁的桥墩、中央分隔带端头、标志杆柱及其他可能对行车安全构成威胁的障碍物时，应设置接近障碍物标线来指引驾驶人顺利地绕过障碍物。设置示例如图 91～图 94 所示(图中箭头仅表示车流行驶方向)。图中 L 为渐变段长度，按 6.2.2 的规定取值；D 为标线延长距离，设计速度不小于 60 km/h 的道路 D 取 40 m，其他道路 D 取 20 m。

单位为厘米

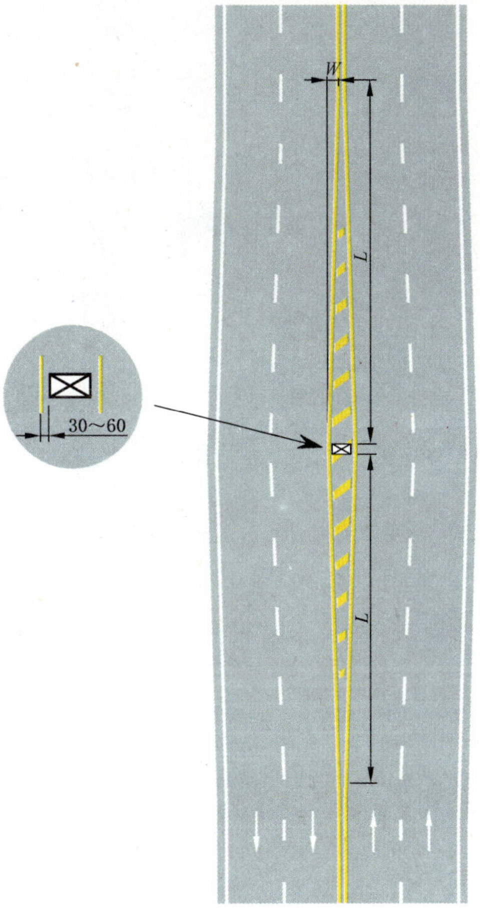

图 91　双向四车行道道路接近道路中心障碍物标线设置示例

单位为厘米

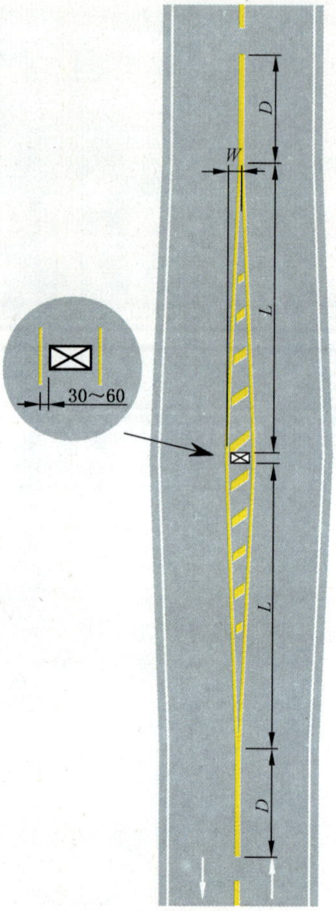

图 92　双向两车行道道路接近道路中心障碍物标线设置示例

单位为厘米

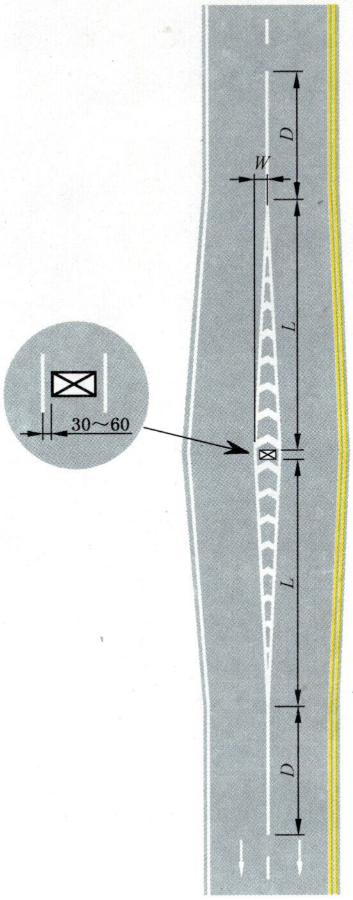

图 93　接近车行道中障碍物标线设置示例

图 94 接近实体中央分隔带标线设置示例

6.3.4 收费岛迎车流方向地面标线用以标示收费车道的位置，为通过车辆提供清晰标记。收费岛头地面标线的颜色为白色，线宽 45 cm，间隔 100 cm，倾斜角度为 45°，外围标线宽 20 cm。标线应划在迎车行方向，长 1 500 cm，如图 95 所示（图中箭头仅表示车流行驶方向）。

单位为厘米

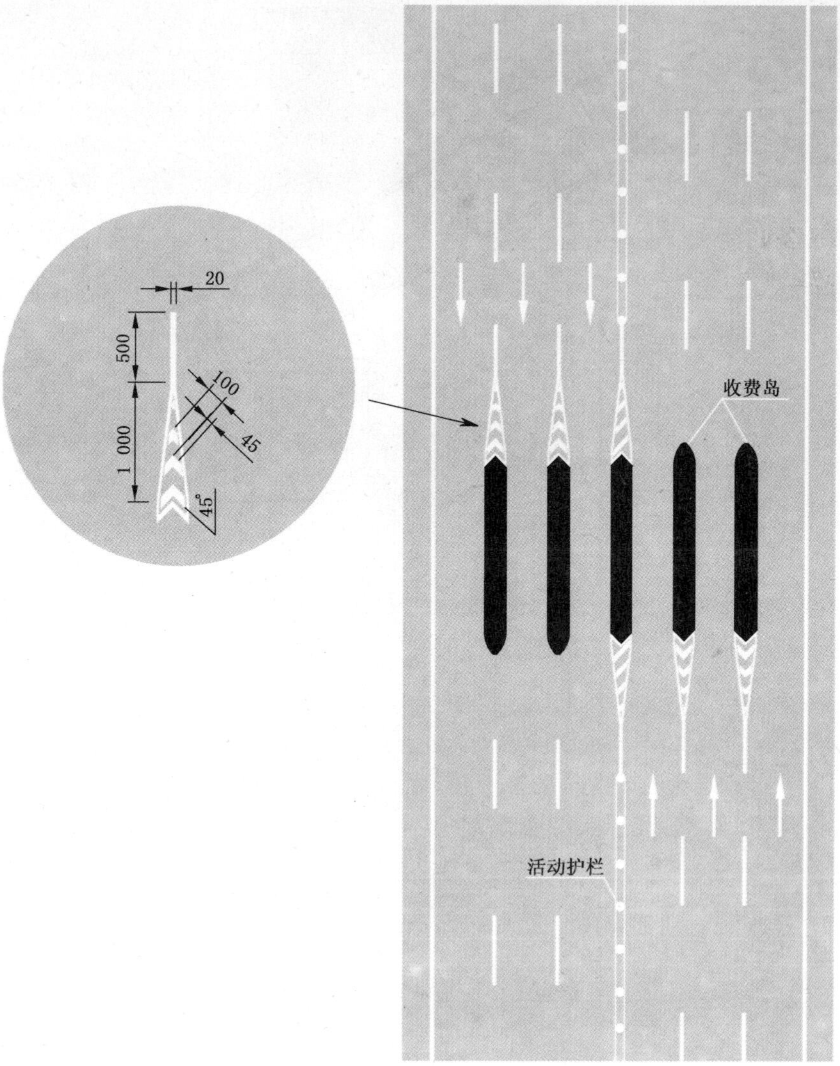

图 95　线 66　收费岛地面标线

6.3.5　当障碍物为中央分隔墩、隧道洞口、收费岛、实体安全岛或导流岛、灯座、标志基座等立体实物时，在实体立面上应设置立面或实体标记，地面标线处可配合设置防撞设施。标线距离实体障碍物的最小偏移距离为 30 cm，从标线中间计算到障碍物表面。

6.4　铁路平交道口标线

6.4.1　用以指示前方有铁路平交道口，警告车辆驾驶人应在停车线处停车，在确认安全情况下或信号灯放行时，才可通过。线条及标字规定如下：

a)　交叉线为白色反光标线，线宽 40 cm，长 600 cm，宽 300 cm；

b)　"铁路"标字，白色反光，标写于交叉线的左右部位，单个字高 200 cm，宽 70 cm；

c)　横向虚线，白色反光，线宽 40 cm，线段长 60 cm，间隔 60 cm；

d)　禁止超车线，黄色反光，与对向车行道分界线标线宽度一致，每侧长度应大于 30 m；

e)　停止线，白色反光，线宽 40 cm。

6.4.2　铁路平交道口标线应与铁路道口警告标志及停车让行标志配合设置，有关设施的设置应符合 GB 6389 的规定。铁路平交道口标线设置及铁路标字如图 96 所示(图中箭头仅表示车流行驶方向)。

单位为厘米

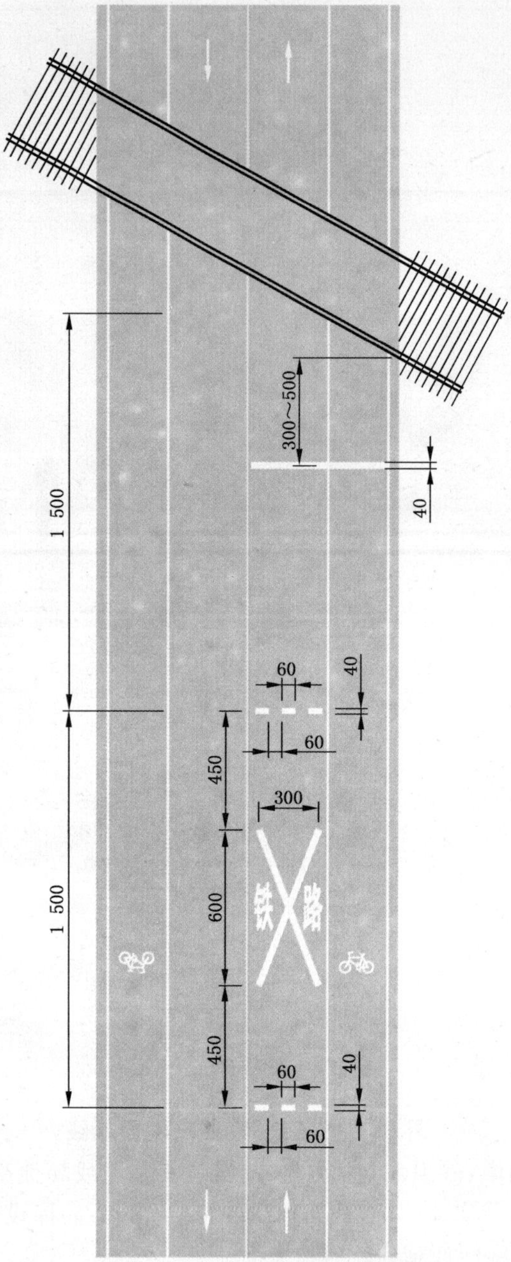

图 96　线 67　铁路平交道口标线

6.5　减速标线

6.5.1　用于警告车辆驾驶人前方应减速慢行。

6.5.2　收费广场减速标线设于收费广场及其前部适当位置，为白色反光虚线，根据设置位置的不同，可以是单虚线、双虚线或三虚线，垂直于行车方向设置。收费广场减速标线应按以下原则配置：使驶向收费车道的车辆通过各标线间隔的时间大致相等，以利于行驶速度逐步降低，减速度一般设计为 1.8 m/s^2。

减速标线尺寸如图 97 所示。收费广场减速标线设置示例如图 98 所示。第一道减速标线设置于距广场中心线 50 m 的地方，其余标线按表 6 的规定设置。视收费广场长度、景观及管理需求，收费广场减速标线设置数量以 5 道(最少)至 12 道(最多)为宜。

表 6　收费广场减速标线设置参数

减速标线	第一道	第二道	第三道	第四道	第五道	第六道	第七道	第八道	第九道	第十道	第十一道	第十二道及以上
间隔/m	$L_1=5$	$L_2=9$	$L_3=13$	$L_4=17$	$L_5=20$	$L_6=23$	$L_7=26$	$L_8=28$	$L_9=30$	$L_{10}=32$	$L_{11}=32$	32
标线虚线重复次数/次	1	1	2	2	2	2	3	3	3	3	3	3

单位为厘米

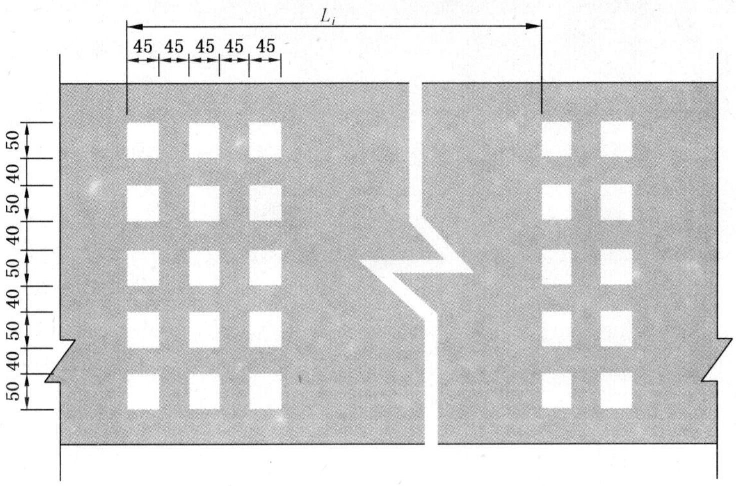

图 97　线 68　收费广场减速标线

单位为米

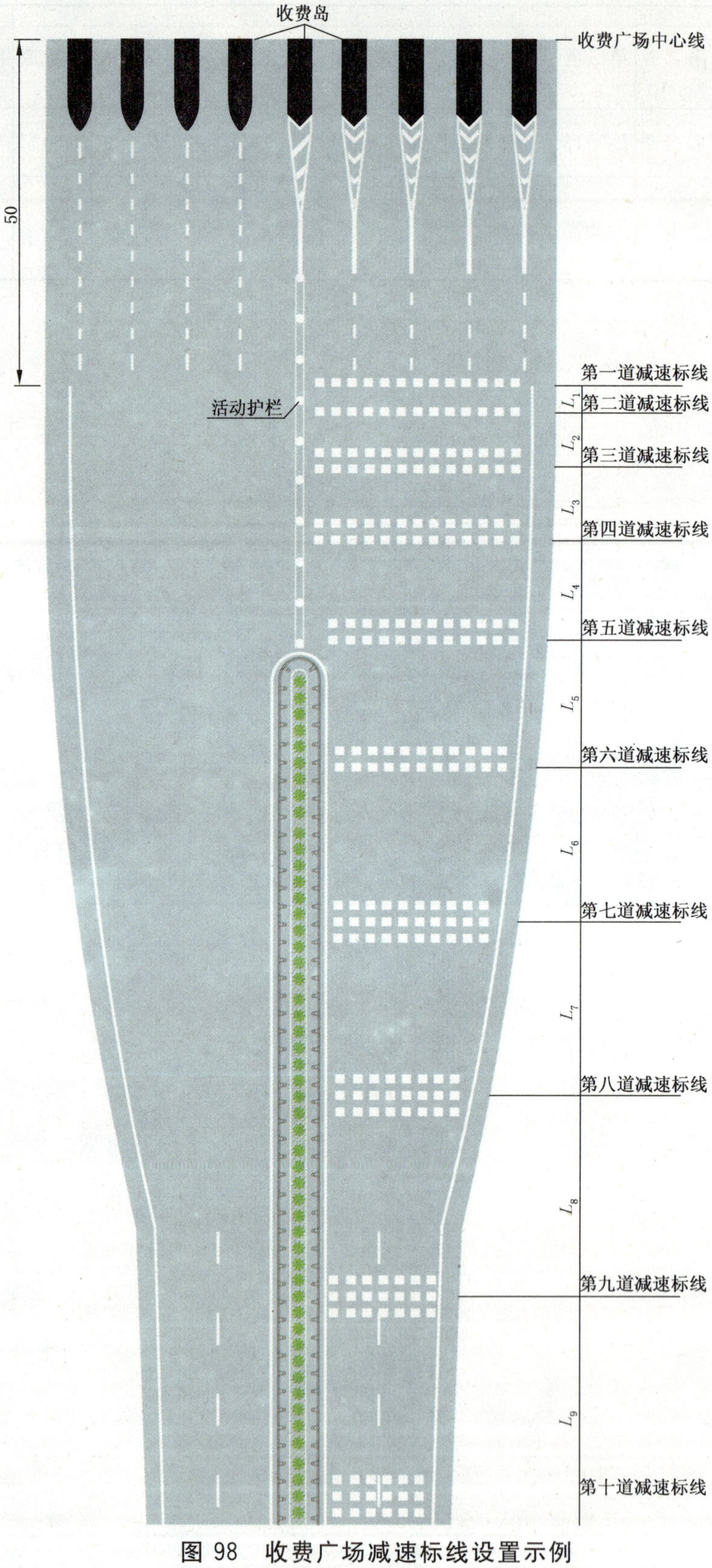

图 98 收费广场减速标线设置示例

6.5.3 车行道减速标线设置于弯路、坡路、隧道洞口前、长下坡路段及其他需要减速的路段前或路段中的机动车行车道内，分为车行道横向减速标线和车行道纵向减速标线，可用振动标线的形式。

车行道横向减速标线为一组垂直于车道中心线的白色标线，线宽 45 cm，线与线间距 45 cm，如图 99 所示。车行道横向减速标线的设置间隔应使车辆通过各标线间隔的时间大致相等，以利于行驶速度逐步降低，减速度一般设计为 1.8 m/s²，可按表 7 的规定设置。车行道横向减速标线的设置示例如图 100 所示(图中箭头仅表示车流行驶方向)。

单位为厘米

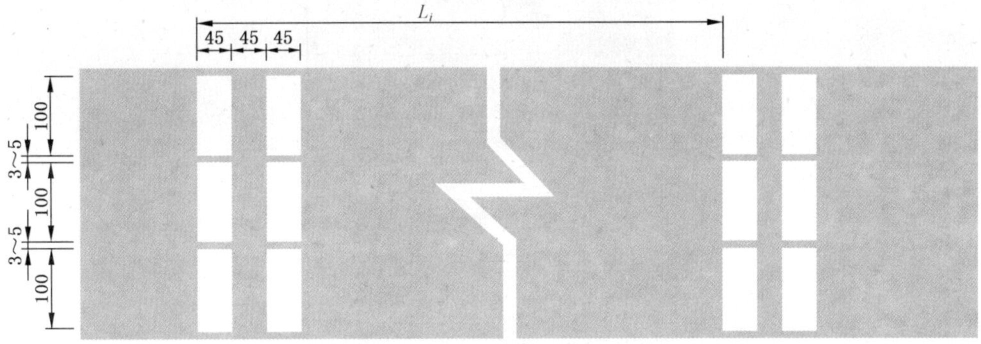

图 99　线 69　车行道横向减速标线

表 7　车道横向减速标线的设置参数

减速标线	第二道	第三道	第四道	第五道	第六道	第七道	第八道	第九道	第十道及以上
间隔/m	$L_1=17$	$L_2=20$	$L_3=23$	$L_4=26$	$L_5=28$	$L_6=30$	$L_7=32$	$L_8=32$	32
标线条数/条	2	2	2	2	2	3	3	3	3

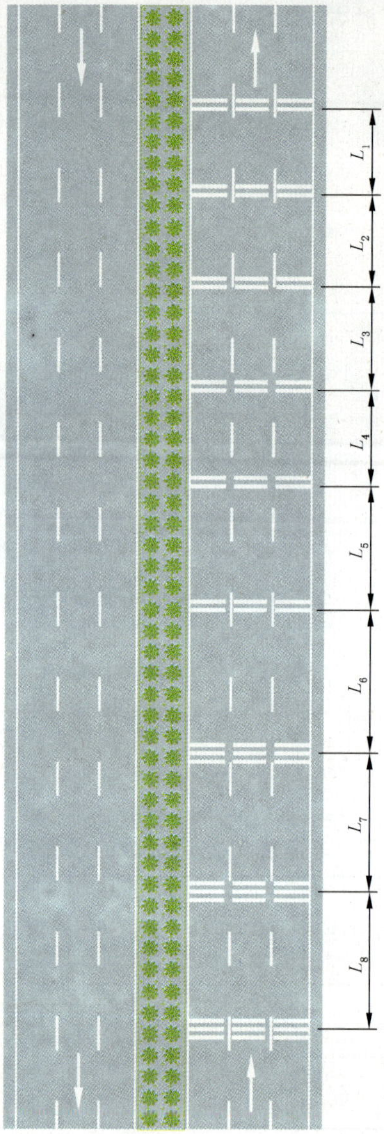

图 100　车行道横向减速标线设置例

车行道纵向减速标线为一组平行于车行道分界线的菱形块虚线，尺寸如图 101 所示。在车行道纵向减速标线的起始位置，设置 30 m 的渐变段，菱形块虚线由窄变宽，渐变段尺寸如图 102 所示。车行道纵向减速标线设置示例如图 103 所示（图中箭头仅表示车流行驶方向）。

单位为厘米

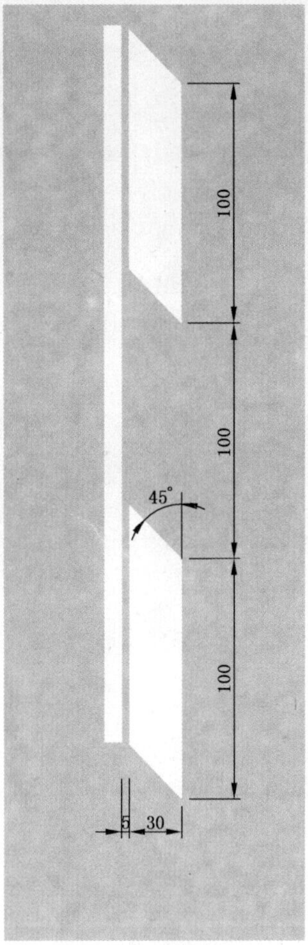

图 101　线 70　车行道纵向减速标线

单位为厘米

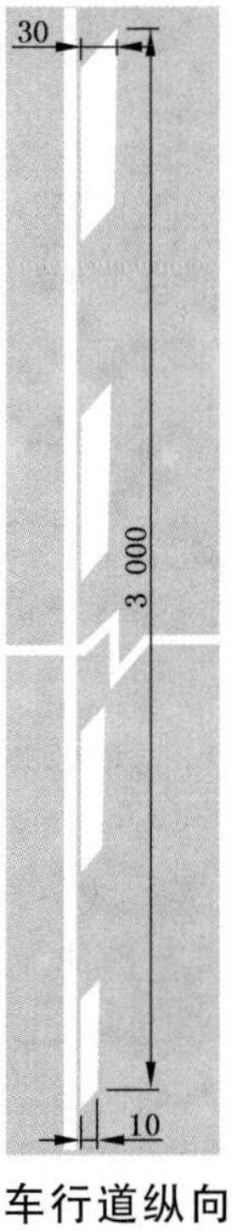

图 102　线 71　车行道纵向减速标线渐变段

图 103　车行道纵向减速标线设置例

6.6　立面标记

立面标记用以提醒驾驶人注意，在车行道或近旁有高出路面的构造物。可设在靠近道路净空范围的跨线桥、渡槽等的墩柱立面、隧道洞口侧墙端面及其他障碍物立面上，一般应涂至距路面 2.5 m 以上的高度。标线为黄黑相间的倾斜线条，斜线倾角为 45°，线宽均为 15 cm。设置时应把向下倾斜的一边朝向车行道，如图 104 所示。

单位为厘米

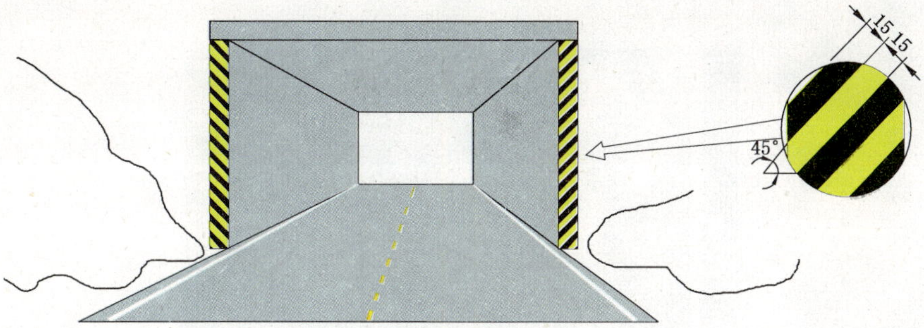

图 104　线 72　立面标记

6.7　实体标记

实体标记用以给出道路净空范围内实体构造物的轮廓，提醒驾驶人注意。可设在靠近道路净空范围的上跨桥梁的桥墩、中央分隔墩、收费岛、实体安全岛或导流岛、灯座、标志基座及其他可能对行车安全构成威胁的立体实物表面上，一般应涂至距路面 2.5 m 以上的高度。标线为黄黑相间的倾斜线条，线宽均为 15 cm，由实体中间以 45°角向两边施划，向下倾斜的一边朝向车行道。

7　其他

7.1　突起路标

7.1.1　突起路标是固定于路面上起标线作用的突起标记块，可用来标记对向车行道分界线、同向车行道分界线、车行道边缘线等，也可用来标记弯道、进出口匝道、导流标线、道路变窄、路面障碍物等危险路段。

7.1.2　突起路标有多种形状，典型示例如图 105 所示。

单位为厘米

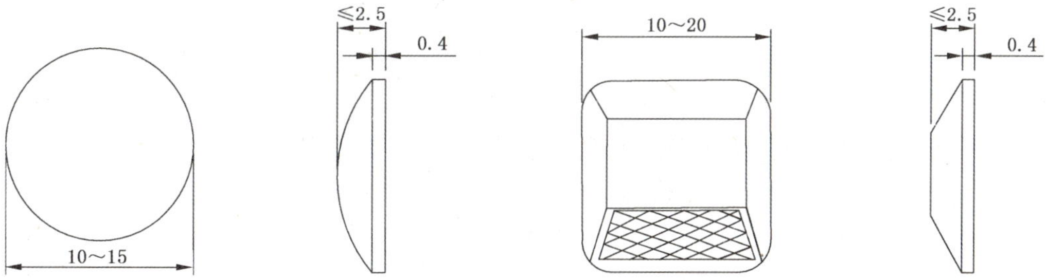

图 105　突起路标的形状示例

7.1.3　突起路标的布设规定如下：

a)　突起路标与标线配合使用时，应选用主动发光型或定向反光型，其颜色与标线颜色一致，布设间隔为 6 m～15 m，一般设置在标线的空当中，也可依据实际情况适当加密。与边缘线和中心单实线配合使用时，突起路标应设置在标线的一侧，其间隔应与在车行道分界线设置的间隔相同，设置示例如图 106 所示(图中箭头仅表示车流行驶方向)。

单位为米

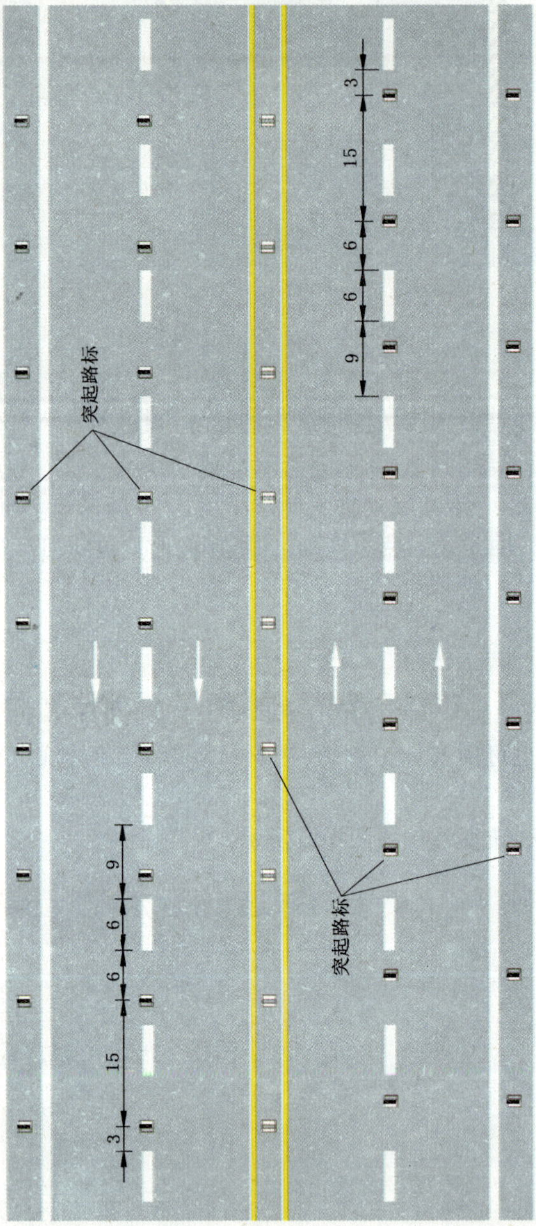

图 106　突起路标与标线配合设置示例

b) 突起路标与进出口匝道标线、导流标线、路面宽度渐变段标线、路面障碍物标线等配合使用时，应根据实际线形进行布设，力求夜间轮廓分明，清晰可见，设置示例如图 107 所示（图中箭头仅表示车流行驶方向）。

单位为米

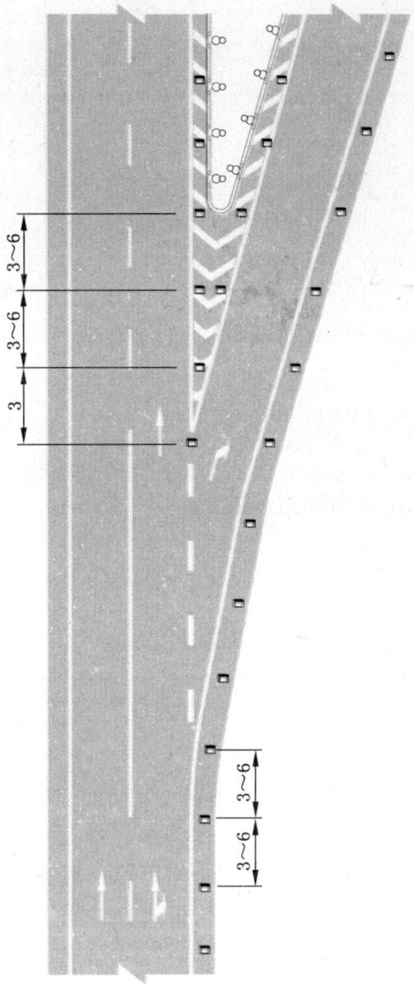

图 107 出口匝道突起路标布设示例

c) 突起路标单独用作车行道分界线时，其布设间距推荐值为 1 m～1.2 m，也可依据实际情况适当加密。壳体颜色应与标线颜色一致，并应使突起路标表面具有足够的抗滑性能，示例如图 108、图 109、图 110 所示。

单位为米

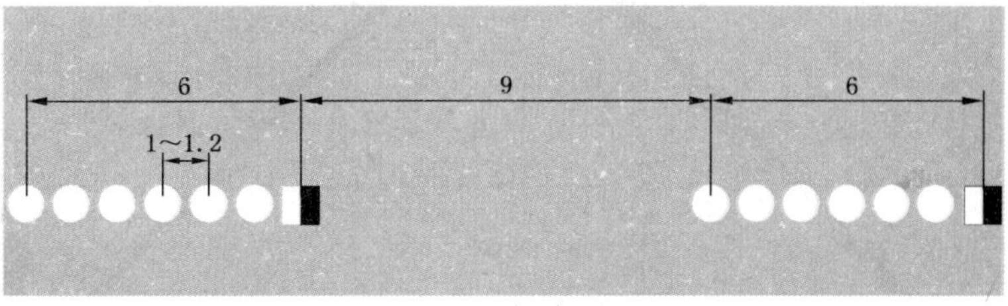

图 108 突起路标组成的虚线标线示例

单位为米

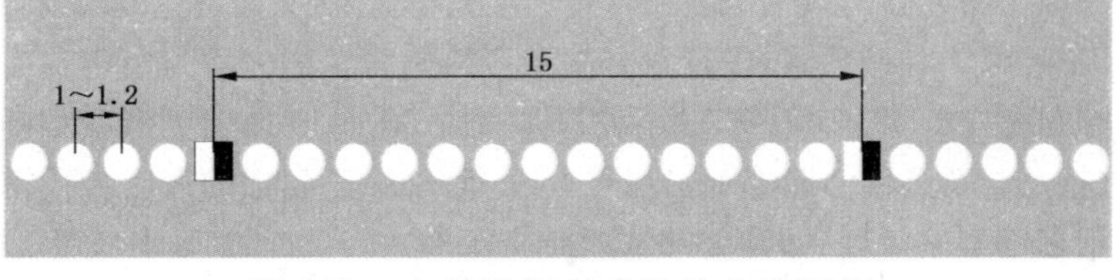

图 109 突起路标组成的单实线示例

单位为米

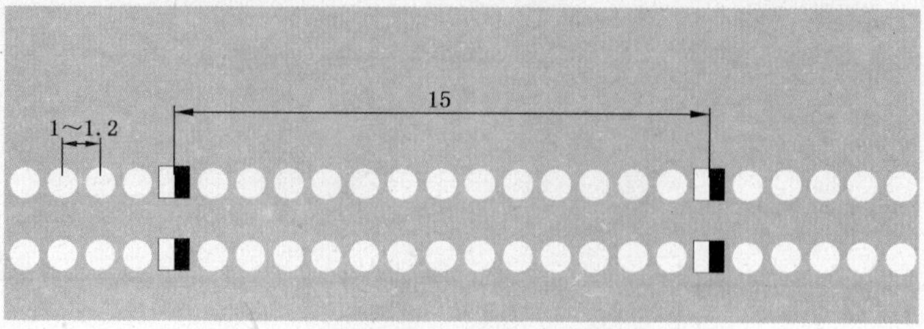

图 110　突起路标组成的双实线示例

d）突起路标单独用作减速标线时，其布设间距推荐值为 30 cm～50 cm，并应使突起路标表面具有足够的抗滑性能。

7.1.4　突起路标的其他性能应满足 JT/T 390 的要求。

7.2　轮廓标

7.2.1　轮廓标用以指示道路的前进方向和边缘轮廓。

7.2.2　轮廓标设置规定如下：

a）高速公路、一级公路和城市快速干道的主线，以及其互通立交、服务区、停车场的进出匝道或连接道，应连续设置轮廓标。

b）二级公路、三级公路、其他道路和路段视需要可沿主线两侧连续设置轮廓标；在小半径弯道、连续转弯、视距不良、易发生冲出路侧事故和事故多发等路段，宜结合其他安全处置措施沿主线两侧连续设置轮廓标。

c）高速公路的主线直线段，轮廓标设置间隔一般为 50 m；附设于护栏上时，其设置间隔可为 48 m。一级公路和城市快速干道的主线直线段，轮廓标设置间隔一般为 40 m。二级公路、三级公路和其他道路的主线直线段，轮廓标设置间隔一般为 30 m。

d）曲线段轮廓标设置间隔可按表 8 规定选用，也可适当加密。在曲线段外侧的起止路段设置间隔如图 111 所示，如果两倍或三倍的间距大于 50 m 则取为 50 m。

表 8　曲线段轮廓标的设置间隔

曲线半径 R/m	＜30	30～89	90～179	180～274	275～374	375～999	1 000～1 999	2 000 及以上
设置间隔 S/m	4	8	12	16	24	32	40	48

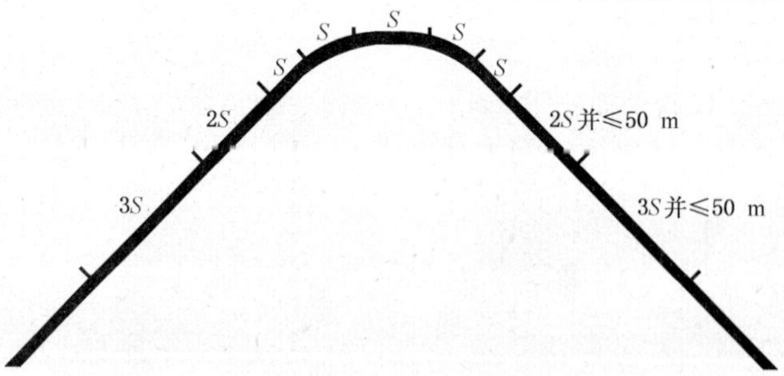

图 111　曲线段轮廓标设置间隔示例

e）轮廓标在道路左、右侧对称设置。轮廓标反射器分白色和黄色两种，高速公路、设中央分隔带的整体式一级公路或分离式一级公路，按行车方向，左侧设置黄色轮廓标，右侧设置白色轮廓标；二级及二级以下等级公路，按行车方向左右两侧的轮廓标均为白色。

f）轮廓标的标准设置高度为 70 cm，最小设置高度为 60 cm。设置于混凝土基础中的轮廓标，其设置高度（指反射器的中心距路面的高度）应与附着式轮廓标的高度大致相同。

g）轮廓标反射器的安装角度，无论在直线段或在曲线段上，应尽可能与司机视线方向垂直。

7.2.3　轮廓标的其他性能应满足 JT/T 388 的要求。

附 录 A
(资料性附录)
建 议 视 距 值

表 A.1 建议视距值

速度/(km/h)	停车视距 M_1/m	会车视距 M_2/m	超车视距 M_3/m
120	210	420	—
100	160	320	—
80	110	220	550
60	75	150	350
50	55	110	325
40	40	80	200
30	30	60	150
注：表中没有包括的速度的视距值，可用内插或外插法求算。			

附 录 B
（资料性附录）
交叉路口标线设置

B.1 一般原则

a) 交叉口标线的设置以保障交叉口交通的安全、有序、高效为目标，应结合交叉口实际情况和交通流实际特点进行设计和设置；

b) 应积极开辟左右转弯专用车道；

c) 为开辟交叉口专用车道，应首先考虑适当的路口加宽与适当的路口车道宽度缩减，上述措施无法满足要求或受条件限制无法实施时，按优先次序可依次采用缩小中央分隔带的宽度、缩小中央分隔带宽度并缩小车行道宽度、偏移道路中心线并缩小车行道宽度、缩小路肩或非机动车道的宽度等方法开辟交叉口专用车道。

B.2 交叉路口标线分类

交叉口标线按设置位置分为如下两类：

a) 交叉路口出入部分的路面标线：在交叉路口出入部分，按需要设置车行道分界线，导向车道线，车行道导向箭头，左(右)转弯导向线等各种路面标线，以明确指示驶入和驶出交叉路口交通流的行驶位置和前进方向。

b) 交叉路口内的路面标线：交叉路口内是指停止线内侧的交叉口区域。在交叉路口内可以按需要设置停止线、停车让行线、减速让行线、人行横道线、非机动车禁驶区线、中心圈等标线，以指示车辆的停止位置和行人及非机动车的通过位置，还可按需要设置左弯待转区、导流线等标线，以指示交叉口内机动车的行驶轨迹，从而引导交通流顺利、平稳地通过交叉口。

B.3 交叉路口出入部分的路面标线

B.3.1 左转弯专用道标线

B.3.1.1 除左转弯交通量非常小的情况外，应积极开辟左转弯专用车道。

B.3.1.2 可以通过减小中央分隔带宽度开辟左转弯专用道，如图 B.1 所示，其中 V 为速度，单位为千米每小时(km/h)，W 为中央分隔带宽度缩减值，单位为米(m)。左转弯专用道开辟完成后，可保留中央分隔带剩余的面积，但如果剩余的部分宽度不足 50 cm 且中央分隔带本身未被加高，可以仅设置路面标线。

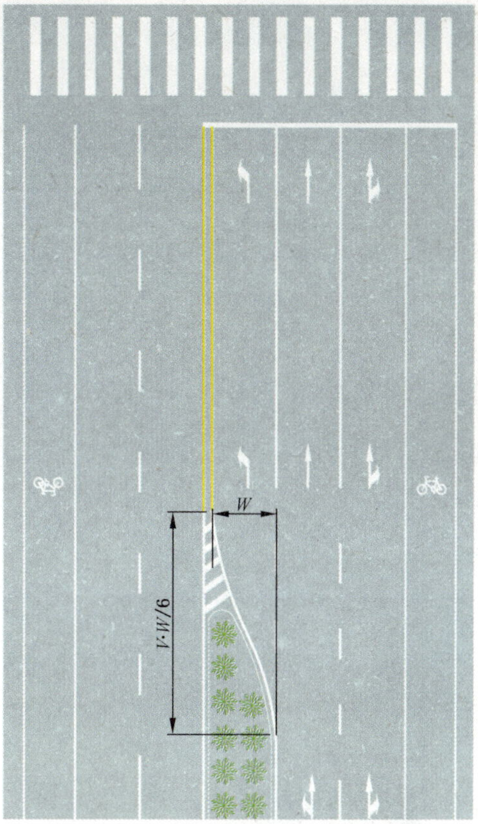

图 B.1　缩小中央分隔带宽度开辟左转弯专用道示例

B.3.1.3　在中央分隔带宽度较小，仅靠缩小中央分隔带宽度不足以开辟左转弯专用车道时，可采用缩小中央分隔带和缩减车行道宽度相结合的方法开辟左转弯专用道，如图 B.2 所示。其中 V 为速度，单位为千米每小时(km/h)；渐变段长度 L 按 6.2 的规定确定，单位为米(m)；W_1、W_2 含义如图 B.2 所示：W_1 为车行道分界线偏移的距离，单位为米(m)，W_2 为中央分隔带宽度缩小的距离，单位为米(m)。计算 L 所用的 W 取 W_1 和 W_2 中的大者。由三角几何关系可以得到[单位为米(m)]：

$$S = \frac{6L(W_1 + W_2)}{6L + VW_1} \qquad \text{(B.1)}$$

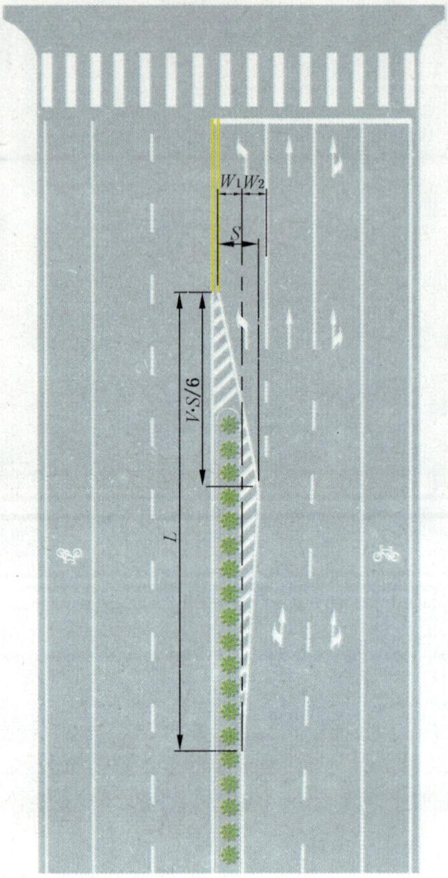

图 B.2 消减中央分隔带和缩减车行道宽度相结合开辟左转弯专用道示例

B.3.1.4 在无法利用减小中央分离带宽度确保左转弯专用道宽度的情况下，可以偏移道路中心线并缩小交叉口驶入处的车行道宽度，以开辟左转弯专用车道，如图 B.3 所示。其中 V 为速度，单位为千米每小时(km/h)；渐变段长度 L 按 6.2 的规定确定，单位为米(m)；W_1、W_2 含义如图 B.3 所示：W_1 为车行道分界线偏移的距离，单位为米(m)；W_2 为道路中心线偏移的距离，单位为米(m)。计算 L 所用的 W 取 W_1 和 W_2 中的大者。S 按式(B.1)取值，单位为米(m)。

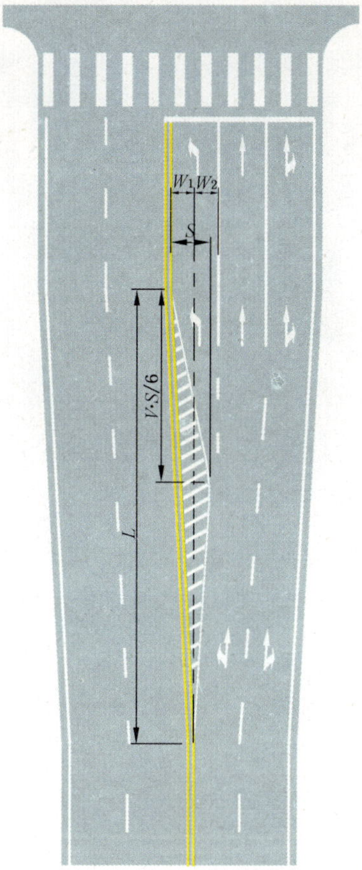

图 B.3 偏移道路中心线并缩小车行道宽度以开辟左转弯专用道示例

B.3.1.5 缩小路肩或非机动车道的宽度开辟左转弯专用道：在设置了硬路肩或非机动车道的道路，可在交叉路口附近缩小路肩或非机动车道的宽度以开辟左转弯专用道。仅靠缩减路肩或非机动车道宽度不能确保左转弯专用道的宽度时，路口其他车行道的宽度可进行适当的缩减，如图 B.4 所示。其中 V 为速度，单位为千米每小时（km/h）；渐变段长度 L 按 6.2 的规定确定，单位为米（m）；W_1、W_2 含义如图 B.4 所示：W_1 为车行道分界线偏移的距离，单位为米（m）；W_2 为道路中心线偏移的距离，单位为米（m）。计算 L 所用的 W 取 W_1 和 W_2 中的大者。S 按式（B.1）取值，单位为米（m）。

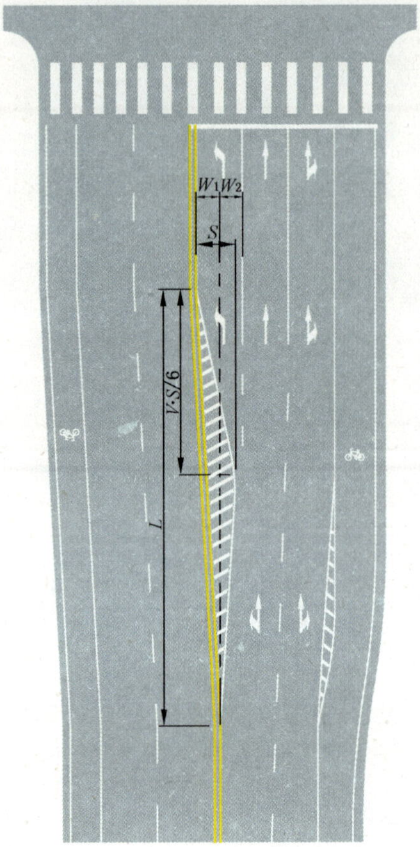

图 B.4　缩小路肩或非机动车道的宽度以开辟左转弯专用道示例

B.3.1.6　如设置左转专用道的交叉路口在较短的间隔内连续出现，且车行道宽度允许的情况下，可将中间车道设计为双向左转车道，标线设置示例如图 B.5 所示。

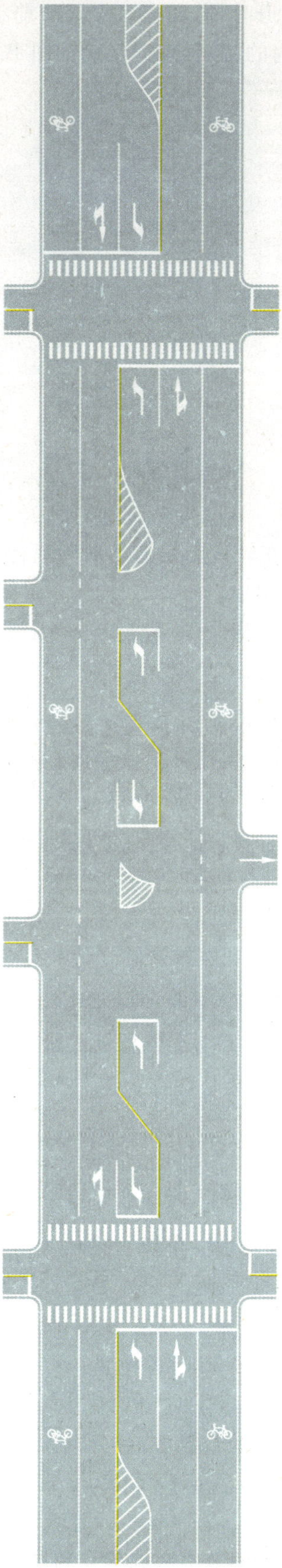

图 B.5　双向左转车道标线设置示例

B.3.1.7 T型交叉口设置左转弯专用道时，需在进入交叉口前将对向直行车辆行驶路线进行偏移，以降低直行车辆与左转弯车辆在交叉口内的相互影响，示例如图B.6所示。

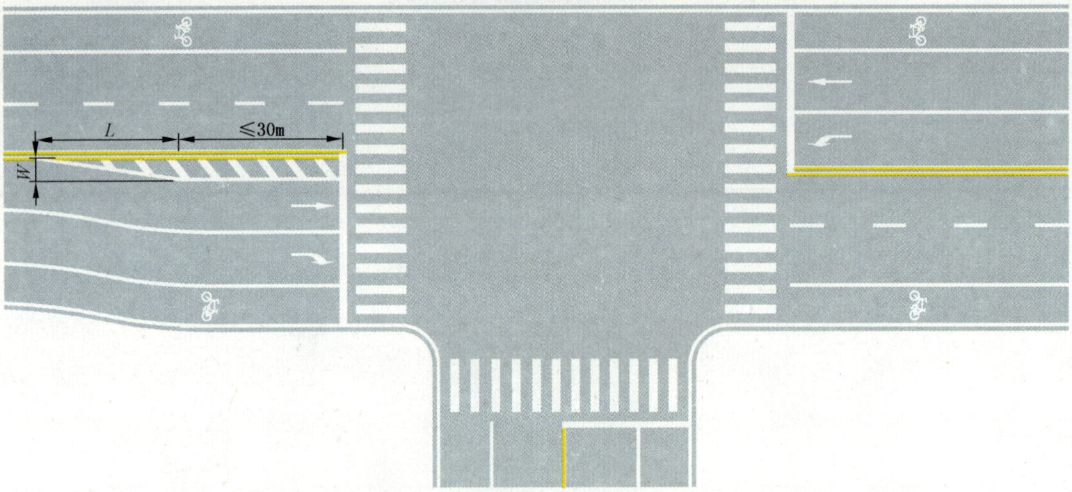

图B.6 T型交叉口左转弯专用道与对向直行车道的相对位置示例

B.3.1.8 左转弯专用道由以下几部分组成：

a) 将左转弯车辆引导到左转弯专用道上的渐变段区间；

b) 左转弯车辆减速时必要的区间；

c) 左转弯车辆排队所必需的区间。

这些区间长度的累加即为左转弯专用道长度。为避免左转弯专用道过长，实际设置困难，可将渐变段区间作为减速区间使用。左转弯专用道的长度 L_t 按式(B.2)计算：

$$L_t = L_d + L_s \quad \cdots\cdots (B.2)$$

式中：

L_t——左转弯专用道长度，单位为米(m)；

L_d——减速所必需的最小长度(L_{dmin})和左转弯渐变段长度(L)中数值较大的一个，单位为米(m)；

L_s——左转弯排队长度，单位为米(m)。

为尽量消除或减小左转弯车辆对其他方向车辆行驶的影响，左转弯车辆排队所需长度 L_s 最小值应取为30 m，大于30 m时按式(B.3)或式(B.4)计算：

信号灯控制交叉口：

$$L_s = 1.5 \times N \times s \quad \cdots\cdots (B.3)$$

式中：

N——1个周期内平均左转弯车辆的台数，单位为辆；

s——平均车头间隔，单位为米(m)。

无信号控制交叉口：

$$L_s = 2 \times M \times s \quad \cdots\cdots (B.4)$$

式中：

M——1 min时间内平均左转弯车辆的台数，单位为辆。

左转弯车辆排队时的平均车头间隔 s，小型车可取为6 m，大型车可取为12 m。如无法得出大型车混入率，则可取 s 为7 m统一计算。

城市道路环境时，应在所有条件许可的范围内确保获得最大的左转弯专用道长度。可缩小渐变段区间的长度以尽可能增加排队区间的长度。公路环境时，需要在保证充分的渐变段区间长度的基础上设置必要的左转弯专用道。

B.3.2　右转弯专用道

B.3.2.1　一般在以下情况下设置右转弯专用道：

a)　交角是锐角的交叉口；

b)　右转弯交通量非常大时；

c)　右转弯车辆的速度非常高时；

d)　右转弯车辆和人行横道行人都很多，等待右转弯的车辆严重影响直行车辆时。

B.3.2.2　右转弯专用道设置参数示例如图 B.7 所示。

单位为厘米

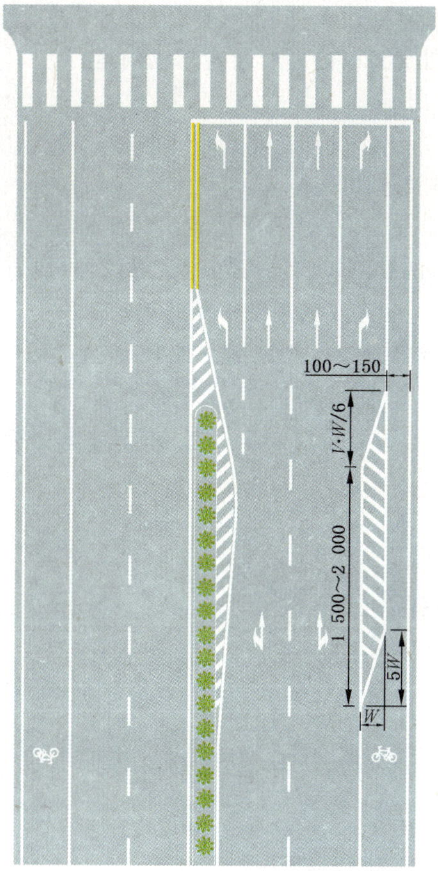

图 B.7　开辟右转弯专用道示例

B.3.2.3　右转弯专用道的长度确定方法可参照左转弯专用道的长度确定方法，但应考虑行人对右转弯车辆的影响，对长度进行适当调整。

B.3.3　出入口导向车道线及导向箭头

B.3.3.1　出入口导向车道线的长度应根据路口的几何线形确定，其最短长度为 30 m。导向车道线应划白色单实线，表示禁止车辆变更车道。

B.3.3.2　平交路口驶入段的车道内，除可变导向车道外，应有导向箭头标明各车道的行驶方向，具体设置见 4.15 的规定。

B.4　交叉路口内的路面标线

B.4.1　人行横道

B.4.1.1　行人一次横穿马路的距离应控制在 18 m 以下，如果在 18 m 以上，则应在合适位置设置安全岛。

B.4.1.2　干线道路交叉路口人行横道的最小宽度应为 4 m，在相对较窄的公路交叉路口，人行横道的最小宽度为 3 m，根据具体情况可做 1 m 为单位的增加。

B.4.1.3 需要预告前方有人行横道时，应在人行横道前的车行道中央设置人行横道预告路面标识。设置位置应综合考虑车辆的停车距离和夜间行驶时的可视性，一般在距离人行横道前 30 m～50 m 的地方设置一个，在其前 10 m～20 m 间隔的地方设置一个。根据具体的道路状况，可以再重复设置一个。人行横道位于曲线转弯部分的前方或其他视距不良处时，应设置预告标识。

B.4.2 停止线

B.4.2.1 停止线原则上应与道路中心线垂直。

B.4.2.2 有人行横道时，应设置在人行横道前 1 m～3 m 的位置。

B.4.2.3 设置位置应能够被交叉口周边行驶的车辆明确认知。

B.4.2.4 停止线的设置不应妨碍交叉口内左右转弯车辆的运行。

B.4.3 让行线

交叉路口内的让行线包括停车让行线和减速让行线两种。停车让行线和减速让行线的设置参数见 5.6 的规定，设置原则见 GB 5768.2—2009。

B.4.4 导向线和导流线

B.4.4.1 左转弯导向线：为适当诱导路口内的左转弯交通流，可设置左转弯导向线。交叉口空间及控制允许时，应积极设置左弯待转区，设置方法参见 4.6 的规定。

B.4.4.2 交通流在交叉路口内需要曲线行驶或相对路口有一定错位时，需设置路口导向线以引导交叉口内车辆的行驶。

B.4.4.3 右转弯导流线：有导流岛的右转弯专用道上，为使一般车辆行驶顺畅，可设置右转弯导流线，示例如图 B.8 所示。

图 B.8 右转弯导流线示例

B.4.5 非机动车专用道

B.4.5.1 非机动车专用道标线颜色为蓝色，表示此车道仅供非机动车行驶，行人及其他车辆不得进入，交叉口内非机动车专用道的宽度宜根据非机动车流量确定，一般不小于 1.5 m。

B.4.5.2 设置有人行横道时，非机动车专用道应与人行横道平行，边缘线与人行横道线间隔 5 cm，位于交叉路口内侧；未设置人行横道时，非机动车专用道的设置可参照人行横道的设置要点。

交通标线中文名称索引

序号	标线编号	标 线 名 称	条 号
1	线 1	可跨越对向车行道分界线	4.2
2	线 2	可跨越同向车行道分界线一	4.3
3	线 3	可跨越同向车行道分界线二	4.3
4	线 4	潮汐车道线	4.4
5	线 5	车行道边缘白色实线	4.5
6	线 6	车行道边缘白色虚线	4.5
7	线 7	车行道边缘白色虚实线	4.5
8	线 8	黄色单实线车行道边缘线	4.5
9	线 9	左弯待转区线	4.6
10	线 10	路口导向线	4.7
11	线 11	导向车道线(图略)	4.8
12	线 12	可变导向车道标线	4.8
13	线 13	人行横道线	4.9
14	线 14	人行横道预告标识线	4.9
15	线 15	行人左右分道的人行横道线	4.9
16	线 16	白色折线车距确认标线	4.10
17	线 17	白色半圆状车距确认线	4.10
18	线 18	出入口标线	4.11
19	线 19	平行式停车位标线	4.12
20	线 20	倾斜式停车位标线	4.12
21	线 21	垂直式停车位标线	4.12
22	线 22	固定停车方向停车位标线	4.12
23	线 23	出租车专用待客停车位标线	4.12
24	线 24	出租车专用上下客停车位标线	4.12
25	线 25	残疾人专用停车位标线	4.12
26	线 26	非机动车停车位标线	4.12
27	线 27	平行式机动车限时停车位标线	4.12
28	线 28	倾斜式机动车限时停车位标线	4.12

序号	标线编号	标 线 名 称	条 号
29	线 29	垂直式机动车限时停车位标线	4.12
30	线 30	港湾式停靠站标线	4.13
31	线 31	车种专用港湾式停靠站标线	4.13
32	线 32	路边式停靠站标线	4.13
33	线 33	减速丘标线	4.14
34	线 34	导向箭头一	4.15
35	线 35	导向箭头二	4.15
36	线 36	导向箭头三	4.15
37	线 37	导向箭头四	4.15
38	线 38	路面限速标记字符	4.16
39	线 39	非机动车道路面标记	4.17
40	线 40	残疾人专用停车位路面标记	4.17
41	线 41	注意前方路面状况标记	4.17
42	线 42	双黄实线禁止跨越对向车行道分界线	5.2
43	线 43	黄色虚实线禁止跨越对向车行道分界线	5.2
44	线 44	黄色单实线禁止跨越对向车行道分界线	5.2
45	线 45	禁止跨越同向车行道分界线	5.3
46	线 46	禁止长时停车线	5.4
47	线 47	禁止停车线	5.4
48	线 48	停止线	5.5
49	线 49	停车让行线	5.6
50	线 50	减速让行线	5.6
51	线 51	非机动车禁驶区标线	5.7
52	线 52	导流线	5.8
53	线 53	圆形中心圈	5.9
54	线 54	菱形中心圈	5.9
55	线 55	网状线	5.10
56	线 56	简化网状线	5.10
57	线 57	公交车专用车道线	5.11
58	线 58	小型车专用车道线	5.11
59	线 59	大型车道线	5.11

序号	标线编号	标 线 名 称	条 号
60	线 60	多乘员车辆专用车道线	5.11
61	线 61	非机动车道线	5.11
62	线 62	禁止掉头标记	5.12
63	线 63	禁止转弯标记	5.12
64	线 64	路面(车行道)宽度渐变段标线(图略)	6.2
65	线 65	接近障碍物标线(图略)	6.3
66	线 66	收费岛地面标线	6.3
67	线 67	铁路平交道口标线	6.4
68	线 68	收费广场减速标线	6.5
69	线 69	车行道横向减速标线	6.5
70	线 70	车行道纵向减速标线	6.5
71	线 71	车行道纵向减速标线渐变段	6.5
72	线 72	立面标记	6.6
73	线 73	立体标记(图略)	6.7
74	线 74	突起路标(图略)	7.1
75	线 75	轮廓标(图略)	7.2

ICS 13.040.30
C 70

中华人民共和国国家标准

GB/T 5817—2009
代替 GB 5817—1986

粉尘作业场所危害程度分级

Hazardous degree classification of workplace with dust

2009-03-31 发布　　2009-12-01 实施

中华人民共和国国家质量监督检验检疫总局
中国国家标准化管理委员会　发布

前言

本标准修订并代替国家标准 GB 5817—1986《生产性粉尘作业危害程度分级》。

本次修订与前一版本相比的主要技术变化：

——对标准 GB 5817—1986《生产性粉尘作业危害程度分级》标题进行了修订。

——对部分术语和定义进行修订，增加了术语的英文翻译。

——对分级指标进行了删减和修订。

——对等级进行了调整。

本标准由国家安全生产监督管理总局提出。

本标准由全国安全生产标准化技术委员会(SAC/TC 288)归口。

本标准起草单位：中国安全生产科学研究院。

本标准主要起草人：周建新、刘功智、任智刚、苏宏杰、王善文、何川、刘铁民。

本标准所代替标准的历次版本发布情况为：

——GB 5817—1986。

粉尘作业场所危害程度分级

1 范围

本标准规定了粉尘作业场所的危害程度。

本标准适用于对粉尘作业场所危害程度进行分级，可作为实施粉尘作业场所职业卫生安全监督检查的主要依据。

放射性粉尘与引起化学中毒的危害性粉尘不适用于本标准。

2 术语和定义

术列术语和定义适用于本标准。

2.1

粉尘 dust

悬浮于作业场所空气中的固体微粒。

2.2

呼吸性粉尘 respirable dust

按照呼吸性粉尘标准测定方法所采集的可进入肺泡的粉尘粒子，其空气动力学直径均在 7.07 μm 以下，空气动力学直径 5 μm 粉尘粒子的采样效率为 50%。

2.3

总粉尘 total dust

可进入整个呼吸道（鼻、咽和喉、胸腔支气管、细支气管和肺泡）的粉尘。技术上系用总粉尘采样器按标准方法在呼吸带测得的所有粉尘。

2.4

作业场所 work place

指劳动者从事职业活动而需要经常或定时停留的地点。

2.5

时间加权平均容许浓度 permissible concentration-time weighted average, PC TWA

以时间为权数规定的 8 h 工作日、40 h 工作周的平均容许接触浓度。

2.6

时间加权平均浓度 concentration-time weighted average, TWA

以时间为权数规定的 8 h 工作日、40 h 工作周的平均接触浓度。

2.7

超标倍数 excess multiple

作业场所粉尘时间加权平均浓度超过粉尘职业卫生标准的倍数。

3 分级指标

3.1 采用超标倍数作为粉尘作业场所危害程度的分级指标。

3.2 超标倍数的计算公式：

$$B = \frac{c_{\text{TWA}}}{c_{\text{PC-TWA}}} - 1 \qquad \cdots\cdots(1)$$

式中：

B——超标倍数；

c_{TWA}——8 h工作日接触粉尘的时间加权平均浓度，单位为毫克每立方米（mg/m^3）；

c_{PC-TWA}——作业场所空气中粉尘容许浓度值，单位为毫克每立方米（mg/m^3）。

4 计算要求

4.1 对规定了呼吸性粉尘容许浓度的粉尘，使用粉尘的呼吸性粉尘时间加权平均浓度计算 B 值。

4.2 对只规定了总粉尘容许浓度的粉尘，使用粉尘的总粉尘时间加权平均浓度计算 B 值。

4.3 采用个体采样方法，采样仪器能够满足全工作日连续一次性采样时，c_{TWA} 按照下式计算：

$$c_{TWA}=\frac{m_2-m_1}{F\cdot 480}\times 1\,000 \qquad \cdots\cdots(2)$$

式中：

m_2——采样后的滤膜质量数值，单位为毫克（mg）；

m_1——采样前的滤膜质量数量，单位为毫克（mg）；

F——采样流量数值，单位为升每分（L/min）；

480——为时间加权平均容许浓度规定的以 8 h 计，单位为分（min）。

4.4 采用定点采样方法，c_{TWA} 按照下式计算：

$$c_{TWA}=(c_1T_1+c_2T_2+\cdots+c_nT_n)/8 \qquad \cdots\cdots(3)$$

式中：

8——一个工作日的工作时间（h），工作时间不足 8 h 者，仍以 8 h 计；

$c_1,c_2,\cdots,c_n$——$T_1,T_2,\cdots,T_n$ 时间段接触的相应浓度；

$T_1,T_2,\cdots,T_n$——$c_1,c_2,\cdots,c_n$ 浓度下相应的持续时间。

5 粉尘作业场所危害程度等级与分级方法

5.1 粉尘作业场所危害程度等级

粉尘作业场所危害程度共分为 0 级、Ⅰ级和Ⅱ级三个等级。

5.2 分级方法

根据作业场所粉尘的超标倍数，按表 1 划分粉尘作业场所危害程度等级。

表 1 粉尘作业场所危害程度分级表

超标倍数	危害程度等级	备注
$B\leqslant 0$	0	达标
$0<B\leqslant 3$	Ⅰ	超标
$B>3$	Ⅱ	严重超标

6 管理

6.1 本标准由国家安全生产监督管理部门负责监督执行。

6.2 作业场所粉尘时间加权平均浓度主要以有资质的职业危害检测检验机构的检测数据为依据。

ICS 67.080.10
B 31

GB

中华人民共和国国家标准

GB/T 5835—2009
代替 GB/T 5835—1986

干制红枣

Dried Chinese jujubes

2009-03-28 发布　　2009-08-01 实施

中华人民共和国国家质量监督检验检疫总局
中国国家标准化管理委员会　发布

前言

本标准代替 GB/T 5835—1986《红枣》。

本标准与 GB/T 5835—1986 相比主要变化如下：

——修改了 GB/T 5835—1986 中的术语；

——修改了 GB/T 5835—1986 中的检验规则；

——修改了 GB/T 5835—1986 中的标志、标签与包装。

本标准的附录 A 为资料性附录。

本标准由中华全国供销合作总社提出。

本标准由中华全国供销合作总社济南果品研究院归口。

本标准主要起草单位：中华全国供销合作总社济南果品研究院。

本标准主要起草人：解维域、丁辰、宋烨。

本标准所代替标准的历次版本发布情况为：

——GB/T 5835—1986。

干 制 红 枣

1 范围

本标准规定了干制红枣的相关术语和定义、分类、技术要求、检验方法、检验规则、包装、标志、标签、运输和贮存。

本标准适用于干制红枣的外观质量分级、检验、包装和贮运。

2 规范性引用文件

下列文件中的条款通过本标准的引用而成为本标准的条款。凡是注日期的引用文件，其随后所有的修改单（不包括勘误的内容）或修订版均不适用于本标准，然而，鼓励根据本标准达成协议的各方研究是否可使用这些文件的最新版本。凡是不注日期的引用文件，其最新版本适用于本标准。

GB/T 191 包装储运图示标志（GB/T 191—2008，ISO 780:1997，MOD）

GB 2762 食品中污染物限量

GB 2763 食品中农药最大残留限量

GB/T 5009.3 食品中水分的测定

GB/T 8855 新鲜水果和蔬菜 取样方法

GB/T 10782 蜜饯通则

SB/T 10093 红枣贮存

3 术语和定义

下列术语和定义适用于本标准。

3.1

干制红枣 dried Chinese jujubes

用充分成熟的鲜枣，经晾干、晒干或烘烤干制而成，果皮红色至紫红色。

3.2 外观质量

3.2.1

品种特征 cultivar characters

不同品种的红枣干制后的外观特征，如果实形状、果实大小、色泽浓淡、果皮厚薄、皱纹深浅、果肉和果核的比例以及肉质风味等。

3.2.2

果实大小均匀 fruit uniform size

同一批次、同一等级规格的干制红枣果实大小基本一致。

3.2.3

肉质肥厚 plump flesh

干制红枣可食部分的百分率超过一定的数值为肉质肥厚。鸡心枣可食部分不低于84%为肉质肥厚，其他品种可食部分达到90%以上者为肉质肥厚。

3.2.4

身干 dryness

干制红枣果肉的干燥程度。以红枣含水率的高低表示。

3.2.5

色泽　colour and lustre

干制红枣果皮颜色深浅和光泽。

3.3　杂质

3.3.1

一般杂质　general impurity

混入干制红枣中的枣枝、叶、微量泥沙及灰尘。

3.3.2

有害杂质　harmful impurity

混入干制红枣中的各种有毒、有害及其他有碍食品卫生安全的物质。如玻璃碎片、瓷片、沥青、水泥块、煤屑、毛发、昆虫尸体、塑料及其他有害杂质。

3.4

缺陷果　defect fruit

鲜枣在生长发育和采摘过程中受病虫危害、机械损伤和化学品作用造成损伤的果实。

3.5

干条　dried immature fruit

由不成熟的鲜枣干制而成，果实干硬瘦小，果肉不饱满，质地坚硬，果皮颜色淡偏黄，无光泽。

3.6

浆头果　starch head fruit

红枣在生长期或干制过程中因受雨水影响，枣的两头或局部未达到适当干燥，含水率高，色泽灰暗，进一步发展即成霉烂枣。浆头枣已裂口属于烂枣，不作浆头果处理。

3.7

破头果　skin crack fruit

破损果

红枣在生长期间因自然裂果或机械损伤而造成果皮出现长达1/10以上的破口，且破口不变色、不霉烂的果实。

3.8

油头果　dark or oiled skin spot fruit

鲜枣在干制过程中翻动不匀，枣上有的部位受温过高，引起多酚类物质氧化，使外皮变黑，肉色加深的果实。

3.9

病果　diseased fruit

带有病斑的干制红枣。

3.10

虫蛀果　wormy fruit

果实受害虫危害，伤及果肉，或在果核外围留有虫絮、虫体、排泄物的果实。

3.11

霉变果　mildewed fruit

果实受微生物侵害，果肉部分变色变质，或果皮表面留有明显发霉危害痕迹的果实。

3.12　内在品质

3.12.1

含水量　moisture content

干制红枣中水分的含量，以百分率表示。

3.12.2

总糖 total sugar

干制红枣中总糖的含量，以百分率表示。

3.12.3

可食率 edible rate

可食用部分重量与整果重之比，以百分率表示。

3.13

容许度 tolerance

某一等级果中允许不符合本等级要求的干制红枣所占的比例。

4 分类

干制红枣分为干制小红枣和干制大红枣两类。

4.1 干制小红枣

用金丝小枣、鸡心枣、无核小枣等品种和类似品种干制而成。

4.2 干制大红枣

用灰枣、板枣、郎枣、圆铃枣(核桃纹枣、紫枣)、长红枣、赞皇大枣、灵宝大枣(屯屯枣)、壶瓶枣、相枣、骏枣、扁核酸枣、婆枣、山西(陕西)木枣、大荔圆枣、晋枣、油枣、大马牙、圆木枣等品种和类似品种干制而成。

5 技术要求

5.1 干制小红枣等级规格要求

干制小红枣分为特等果、一等果、二等果和三等果(见表1)。

表1 干制小红枣等级规格要求

项目	果形和果实大小	品 质	损伤和缺陷	含水率/%	容许度/%	总不合格果百分率/%
特等	果形饱满，具有本品种应有的特征，果大均匀	肉质肥厚，具有本品种应有的色泽，身干，手握不粘个，总糖含量≥75%，一般杂质不超过0.5%	无霉变、浆头、不熟果和病虫果。允许破头、油头果两项不超过3%	不高于28	不超过5	不超过3
一等	果形饱满，具有本品种应有的特征，果实大小均匀	肉质肥厚，具有本品种应有的色泽，身干，手握不粘个，总糖含量≥70%，一般杂质不超过0.5%，鸡心枣允许肉质肥厚度较低	无霉变、浆头、不熟果和病果。允许虫果、破头、油头果三项不超过5%	不高于28	不超过5	不超过5
二等	果形良好，具有本品种应有的特征，果实大小均匀	肉质较肥厚，具有本品种应有的色泽，身干，手握不粘个，总糖含量≥65%，一般杂质不超过0.5%	无霉变、浆头果。允许病虫果、破头、油头果和干条四项不超过10%(其中病虫果不得超过5%)	不高于28	不超过10	不超过10

表 1（续）

项目	果形和果实大小	品　质	损伤和缺陷	含水率/%	容许度/%	总不合格果百分率/%
三等	果形正常，具有本品种应有的特征，果实大小较均匀	肉质肥瘦不均，允许有不超过10%的果实色泽稍浅，身干，手握不粘个，总糖含量≥60%，一般杂质不超过0.5%	无霉变果。允许浆头、病虫果、破头、油头果和干条五项不超过15%（其中病虫果不得超过5%）	不高于28	不超过15	不超过15

5.2　干制大红枣等级规格要求

干制大红枣分为一等果、二等果和三等果（见表2）。

表 2　干制大红枣等级规格要求

项目	果形和果实大小	品　质	损伤和缺陷	含水率/%	容许度/%	总不合格果百分率/%
一等	果形饱满，具有本品种应有的特征，果大均匀	肉质肥厚，具有本品种应有的色泽，身干，手握不粘个，总糖含量≥70%，一般杂质不超过0.5%	无霉变、浆头、不熟果和病果。虫果、破头果两项不超过5%	不高于25	不超过5	不超过5
二等	果形良好，具有本品种应有的特征，果实大小均匀	肉质较肥厚，具有本品种应有的色泽，身干，手握不粘个，总糖含量≥65%，一般杂质不超过0.5%	无霉变果。允许浆头不超过2%，不熟果不超过3%，病虫果、破头果两项不超过5%	不高于25	不超过10	不超过10
三等	果形正常，果实大小较均匀	肉质肥瘦不均，允许有不超过10%的果实色泽稍浅，身干，手握不粘个，总糖含量≥60%，一般杂质不超过0.5%	无霉变果。允许浆头不超过5%，不熟果不超过5%，病虫果、破头果两项不超过10%（其中病虫果不得超过5%）	不高于25	不超过15	不超过20
注：干制红枣品种繁多，各品种果实大小差异较大，本标准对干制红枣每千克果数不作统一规定，产地可根据当地品种特性，按等级要求自行规定。主要品种干制红枣的果实大小分级标准可参见附录A。						

5.3　卫生指标

按照 GB 2762 和 GB 2763 有关规定执行。

6　检验方法

6.1　取样方法

按 GB/T 8855 规定执行。

6.2　等级规格检验

6.2.1　标准样品的制备

干制红枣产地在开始收购以前，可根据本标准规定的等级质量指标制备各品种干制红枣等级规格标准样品，以便于市场交易的直观判断。

6.2.2 果形及色泽

将抽取的样枣，铺放在洁净的平面上，对照标准样品，按标准规定目测观察样枣的形状和色泽，记录观察结果。

6.2.3 果实大小

样枣按四分法取样 1 000 g，观察枣粒大小及其均匀程度。

6.2.4 肉质

以制备的标准样品为比照依据，确定干制红枣果肉的干湿和肥瘦程度。如双方对检验结果存在分歧时，可按本标准规定的含水率和可食率指标实际测定。

6.2.5 杂质

原包装检验，检验时将干制红枣倒在洁净的板或布上，用目测检查杂质，连同袋底存有的沙土一起称重。按式(1)计算其百分率，结果保留一位小数。

$$\text{杂质} = (\text{杂质重量} / \text{样枣重量}) \times 100\% \quad \cdots\cdots (1)$$

6.2.6 不合格果

将干制红枣样品混合均匀，随机取样 1 000 g，用目测检查，依据标准规定分别拣出不熟果、病虫果、霉变及浆头果、破头果、油头果以及其他损伤果并称重。按式(2)计算各项不合格果的百分率，结果保留一位小数。

$$\text{单项不合格果百分率} = (\text{单项不合格果重量} / \text{试样重量}) \times 100\% \quad \cdots\cdots (2)$$

同一果实有多项缺陷时，只记录其中最主要的一项缺陷。

各单项不合格果百分率的总和即为该批干制红枣的总不合格果百分率。

6.3 理化检验

6.3.1 含水率测定

6.3.1.1 样品制备

称取去核干制红枣 250 g，带果皮纵切成条，然后横切成碎片(每片厚约 0.5 mm)，混合均匀，放入磨口瓶中，作为含水率的测试样品。

6.3.1.2 测定

按 GB/T 5009.3 中蒸馏法的规定测定含水率。

6.3.2 总糖测定

按 GB/T 10782 中总糖的规定执行。

6.3.3 可食率测定

称取具有代表性的样枣 200 g～300 g，逐个切开将枣肉与枣核分离，称量果肉重量，然后按式(3)计算。

$$\text{可食率} = (\text{果肉重量} / \text{全果重量}) \times 100\% \quad \cdots\cdots (3)$$

6.4 卫生指标检测

污染物、农药残留量分别按 GB 2762 和 GB 2763 规定的相应检验方法和标准执行。

7 检验规则

7.1 组批规则

同一生产单位、同品种、同等级、同一贮运条件、同一包装日期的干制红枣作为一个检验批次。

7.2 型式检验

型式检验是对第 5 章技术要求规定的全部指标进行检验。有下列情形之一者，应进行型式检验：

a) 前后两次检验，结果差异较大；

b) 生产或贮藏环境发生较大变化；

c) 国家质量监督机构或主管部门提出型式检验要求。

7.3 交收检验

7.3.1 每批产品交收前，生产单位都应进行交收检验，其内容包括等级规格、容许度、净含量、包装、标志的检验。检验的期限，货到产地站台 24 h 内检验，货到目的地 48 h 内检验。检验合格并附合格证的产品方可交收。

7.3.2 双方交接时，每个包装件的净重应和规定重量相符。

7.4 判定规则

7.4.1 等级规格要求的总不合格果百分率符合等级要求，理化指标和卫生指标均为合格，则该批产品判为合格。

7.4.2 当一个果实的等级规格质量要求有多项不合格时，只记录其中最主要的一项。

7.4.3 等级规格要求的总不合格果百分率不符合等级要求，或有一项理化指标不合格，或卫生指标有一项不合格，或标志不合格，则该批产品判为不合格。

7.4.4 卫生指标出现不合格时，允许另取一份样品复检，若仍不合格，则判该项指标不合格；若复检合格，则需再取一份样品作第二次复检，以第二次复检结果为准。

7.4.5 在取样的同时对包装进行检查，不符合规定的包装容器和包装方法，应局部或全部予以整理。不合格的产品，允许生产单位进行整改后申请复检。

8 包装与标志、标签

8.1 包装

8.1.1 每一包装容器只能装同一品种、同一等级的干制红枣，不得混淆不清。

8.1.2 麻袋、尼龙袋装果后，应用拉力强的麻绳或其他封包绳封合严密，搬动时不能使红枣从缝隙中漏出。

8.1.3 包装容器和材料

8.1.3.1 干制红枣可用麻袋、尼龙袋、纸箱或塑料箱等包装。麻袋、尼龙袋应编织紧密，纸箱或塑料箱应具有较强的抗压强度。同一批货物各件包装的净重应完全一致。

8.1.3.2 麻袋、尼龙袋的封包绳可用麻绳等，封包绳应具有较强拉力。

8.1.3.3 包装干制红枣的容器和材料，要求清洁卫生、干燥完整、无毒性、无异味、无虫蛀、无腐蚀、无霉变等现象。

8.2 标志、标签

8.2.1 包装容器上应系挂或粘贴标有品名、品种、等级、产地、执行标准编号、毛重(kg)、净含量(kg)、包装日期、封装人员或代号的标签和符合 GB/T 191 规定的防雨、防压等相关储运图示的标记，标志字迹应清晰无误。

8.2.2 采用不同颜色的标识或封包绳作为等级的辨识标志，特等为蓝色、一等为红色、二等为绿色、三等为白色。

9 运输与贮存

9.1 运输

9.1.1 不同型号包装容器分开装运。运输工具应清洁、干燥。

9.1.2 装卸、搬运时要轻拿轻放，严禁乱丢乱掷。堆码高度应充分考虑干制红枣和容器的抗压能力。

9.1.3 交运手续力求简便、迅速，运输时严禁日晒、雨淋。不得与有毒有害物品混运。

9.2 **贮存**

9.2.1 红枣干制后应挑选分级，按品种、等级分别包装、分别堆存。批次应分明，堆码整齐。

9.2.2 干制红枣在存放过程中，严禁与其他有毒、有异味、发霉以及其他易于传播病虫的物品混合存放。严禁雨淋，注意防潮、防虫、防鼠。

9.2.3 堆放干制红枣的仓库地面应铺设木条或格板，使通风良好。

9.2.4 贮存技术：按 SB/T 10093 规定执行。

附 录 A

（资料性附录）

干制红枣主要品种果实大小分级标准

干制红枣主要品种各等级果实大小分级标准见表 A.1。

表 A.1　干制红枣主要品种果实大小分级标准

品　种	每千克果粒数/(个/千克)				
	特级	一级	二级	三级	等外果
金丝小枣	＜260	260～300	301～350	351～420	＞420
无核小枣	＜400	400～510	511～670	671～900	＞900
婆　枣	＜125	125～140	141～165	166～190	＞190
圆铃枣	＜120	120～140	141～160	161～180	＞180
扁核酸	＜180	180～240	241～300	301～360	＞360
灰　枣	＜120	120～145	146～170	171～200	＞200
赞皇大枣	＜100	100～110	111～130	131～150	＞150

ICS 43.040.50
T 22

中华人民共和国国家标准

GB/T 5909—2009
代替 GB/T 5909—1995

商用车辆车轮性能要求和试验方法

Performance requirements and test methods of commercial vehicles wheels

(ISO 3894:2005, Road vehicles—wheels/rims for commercial vehicles—Test methods, NEQ)

2009-10-30 发布　　2010-07-01 实施

中华人民共和国国家质量监督检验检疫总局
中国国家标准化管理委员会　发布

前言

本标准对应于ISO 3894:2005《道路车辆　商用车车轮/轮辋　试验方法》(英文版)，与ISO 3894:2005的一致性程度为非等效。

本标准代替GB/T 5909—1995《载货汽车车轮性能要求和试验方法》。

本标准与GB/T 5909—1995相比主要变化如下：

——修改了标准名称；

——增加了标准前言；

——增加了对轻合金商用车辆车轮的试验方法和性能要求(本版的3.4、4.4)；

——增加了可拆卸式轮辋的车轮的试验方法和性能要求(本版的第5章)；

——修改了部分性能要求指标(1995版的4.3、5.3，本版的3.4、4.4)。

本标准由国家发展和改革委员会提出。

本标准由全国汽车标准化技术委员会归口。

本标准起草单位：山东济宁车轮厂。

本标准主要起草人：周明、李玉荣。

本标准所代替标准的历次版本发布情况为：

——GB 5909—1986、GB/T 5909—1995。

商用车辆车轮性能要求和试验方法

1 范围

本标准规定了商用车辆车轮的试验方法和性能要求。

本标准适用于商用车辆辐板式车轮、辐条式车轮和可拆卸式轮辋的车轮。

2 试验样品

试验用的车轮应是经完整工序加工而成的、可供车辆装用的具有代表性的新车轮。每个车轮只能用于一次试验。

3 辐板式车轮的动态弯曲疲劳试验

3.1 试验设备

试验机应有一个被驱动的旋转装置，车轮在一固定的弯矩作用下旋转，或使车轮静止不动，而承受一个旋转的弯矩作用。见图 1。

3.2 试验程序

3.2.1 准备工作

按图 1a)或图 1b)将车轮轮辋牢固地夹紧到试验夹具上。试验机的连接面应与车辆上通常采用的连接件具有相同的安装尺寸特性。试验台连接面和车轮的安装面应无划痕和磨损，应去除多余的漆瘤、灰尘或异物。

空载时，车轮的最终夹紧位置的偏心量不应超过 0.30 mm。

加载臂和连接件用无润滑的螺柱或螺栓和螺母可靠地连接到车轮安装面上，安装状况应与在车辆上实际使用的工况相当。开始试验时，按车辆或车轮制造商规定的扭矩安装和紧固车轮。车轮螺栓或螺母在试验过程中可能需要再次紧固。

3.2.2 弯矩应用

为给车轮施加弯矩，应在一规定距离处（力臂）施加一平行于车轮安装面的力。如图 1a)或图 1b)所示。

弯矩误差应保持在计算值的±5%范围内。

3.3 试验载荷和弯矩的确定

按下列公式确定弯矩 M（力×力臂）：

$$M = (\mu R + d)F_v S$$

式中：

M——弯矩，单位为牛顿米（N·m）。

μ——轮胎和路面间设定的摩擦系数（见表 1）。

R——车辆或车轮制造商规定的该车轮配用的最大轮胎的静态负载半径，单位为米（m）。

d——车轮的内偏距或外偏距（内偏距为正，外偏距为负），单位为米（m）。如果车轮可使用内偏距也可使用外偏距，那么应用内偏距。

F_v——车辆或车轮制造商规定的车轮额定负载值，单位为牛顿（N）。

S——强化试验系数（见表 1）。

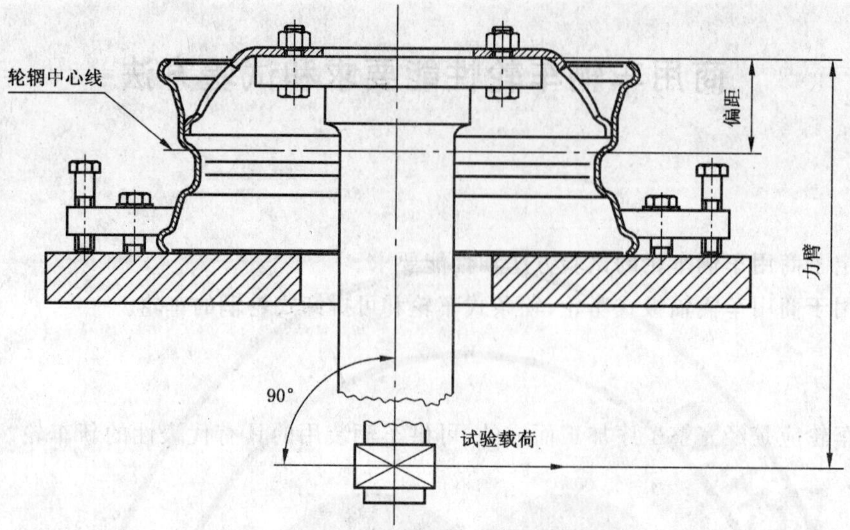

a) 90°加载法(底部夹紧方式)

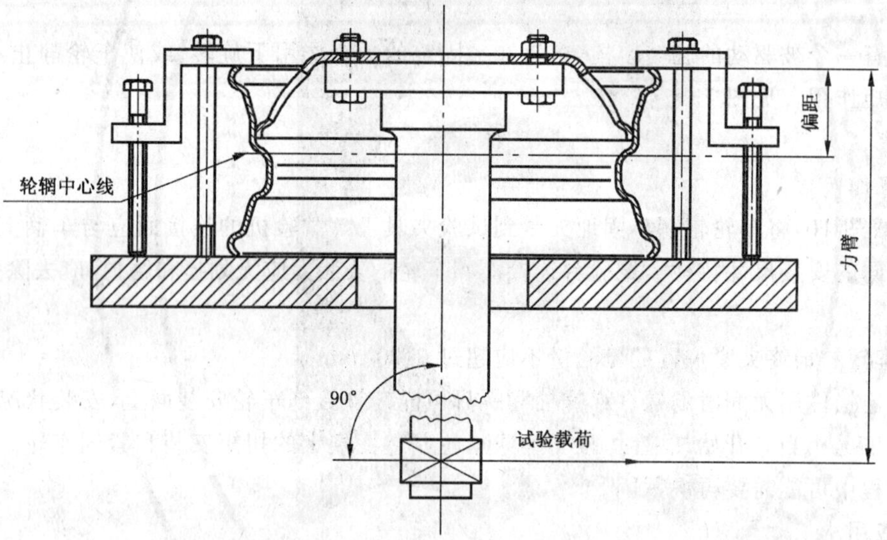

b) 90°加载法(顶部夹紧方式)

图 1 动态弯曲疲劳试验——90°加载法

3.4 强化试验系数 *S* 和最低循环次数

强化试验系数 *S* 和最低循环次数见表 1。

表 1 动态弯曲疲劳试验(90°加载法)的强化试验系数和最低循环次数要求

辐板式车轮参数(所有装配)			摩擦系数 μ	性能要求	
材料	轮辋直径代号	内偏距或外偏距/mm		强化试验系数 *S*	最低循环次数
钢	13、14、15 16 和更大[a]	小于 101.6	0.7	1.6	60 000
	所有	101.6 或更大		1.10	300 000
轻合金	16	127 或更大		1.35	300 000
				1.63	120 000
	17.5 和更大[a]	所有		1.35	300 000

[a] 不包括轮辋直径 17.5 和 17.5 以上、宽度 266.7 mm(10.5 in)和更宽的轮辋(宽轮辋车轮)。

3.5 试验判定

如试验车轮按表1中规定的最低循环次数完成试验后出现下列情形之一，应判定该试验车轮失效：

a) 车轮无力承受负载；

b) 试验前原有的裂纹扩大，或出现新的可见裂纹；

c) 自动传感装置偏移增量超过15%。

试验固定装置及其他部件的损坏可能导致车轮的损坏和试验无效，但不能据此判定试验车轮失效。

4 辐板式车轮和可拆卸式轮辋的车轮动态径向疲劳试验

4.1 试验设备

试验机应装有在车轮旋转时能施加一恒定径向负载的装置，如图2所示。应装有一个被驱动的可旋转的鼓型，转鼓具有比承载试验轮胎断面要宽的光滑表面，所推荐的最小转鼓外径为1 700 mm。车轮（单轮）和轮胎试验装置应使加载方向垂直于转鼓外表面，并且径向与试验车轮和转鼓的中心成一直线。转鼓和试验车轮的轴线应平行。

4.2 试验程序

试验采用的轮胎应为车辆或车轮制造商规定的最大负载能力的典型轮胎，或满足车轮的额定负载值 F_v 的要求，取二者中的较大值。

对于辐板式车轮，应采用与车轮在成品轮毂上实际连接相当的方式，用无润滑的螺柱或螺栓和螺母按车轮的规定连接。对于可拆卸式轮辋的车轮，应采用与车轮在成品轮毂上实际连接相当的方式，用无润滑螺栓、螺母和夹紧块按轮辋的规定连接。车轮螺母应拧紧到由车轮或车辆制造商根据所使用的螺栓大小和螺母型式而规定的扭矩极限值。在试验过程中，应周期性地检查和重新调整螺母的扭矩值，以补偿螺母和螺栓孔配合面的磨损。

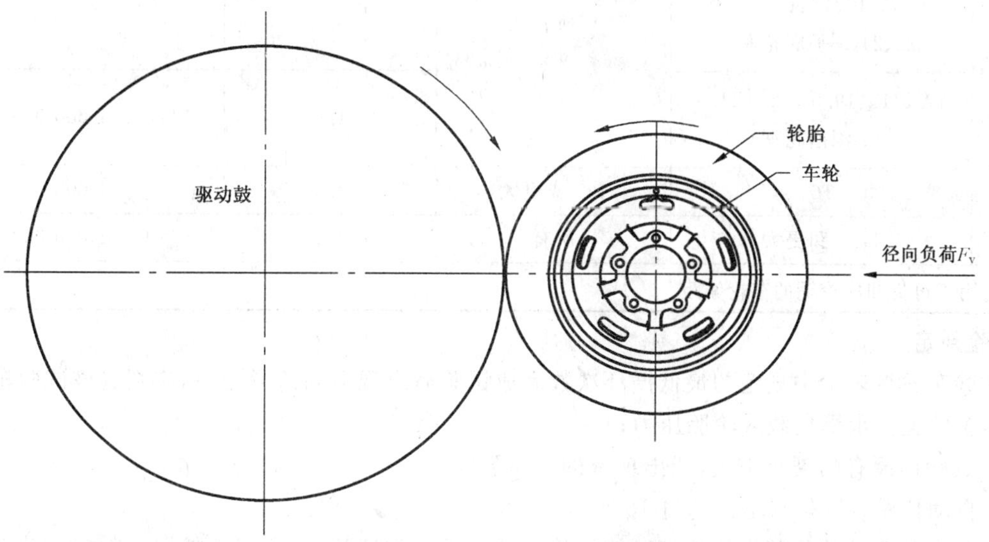

图2 动态径向疲劳试验

试验载荷和充气压力应根据车轮的额定值确定。表2所示的试验充气压力仅供参考。所选择的常温试验充气压力误差应保持在±5%范围内。载荷误差应保持在计算值的±5%范围内。

表 2 试验充气压力

在使用载荷下的充气压力/kPa[a]	轮胎试验压力/kPa[a]
达 310	450
320 至 450	550
460 至 580	690
590 至 720	900
730 至 830	1 000

a 100 kPa=1 bar。

4.3 径向载荷的确定

按下列公式来确定径向载荷 F_r：

$$F_r = F_v K$$

式中：

F_r——径向载荷，单位为牛顿(N)；

F_v——由车辆或车轮制造商规定的车轮额定负载值，单位为牛顿(N)；

K——强化试验系数(见表 3)。

4.4 强化试验系数和最低循环次数

强化试验系数和最低循环次数见表 3。

表 3 动态径向疲劳试验的强化试验系数和最低循环次数要求

材料	辐板式车轮参数(所有装配)		性能要求	
	轮辋直径代号	内偏距或外偏距[a]/mm	强化试验系数 K	最低循环次数
钢	13、14、15、16、17 (5°深槽轮辋)	所有	2.2	500 000
	15、16、17、18、20 22、24(5°平底轮辋)		2.0	500 000
	17.5HC、19.5、22.5、24.5 (15°深槽轮辋)		1.6	1 000 000
轻合金	16	127 或更大	2.0	1 000 000
	17.5 和更大	所有	2.0	1 000 000

a 适用于可拆卸式轮辋的车轮偏距。

4.5 试验判定

如试验车轮按表 1 中规定的最低循环次数完成试验后出现下列情形之一，应判定该试验车轮失效：

a) 车轮无力承受负载或轮胎压力；

b) 试验前原有的裂纹扩大，或出现新的可见裂纹；

c) 自动传感装置偏移增量超过 15%。

试验固定装置及其他部件的损坏可能导致车轮的损坏和试验无效，但不能据此判定试验车轮失效。

5 可拆卸式轮辋的车轮动态弯曲疲劳试验

5.1 试验设备

试验机应有一个被驱动的旋转装置，车轮在一固定的弯矩作用下旋转，或使车轮静止不动，而承受一个旋转的弯矩作用。

5.2 试验程序

5.2.1 准备工作

将车轮牢固地夹紧到试验夹具上，按车辆或车轮制造商规定的程序，在试验开始时固定和安装车轮，将一个带有试验轮毂连接件的刚性负载臂安装到车轮的轮毂上，试验台连接件和车轮的安装面应无多余的漆瘤、尘埃或异物。螺柱和螺母不应润滑。见图3。

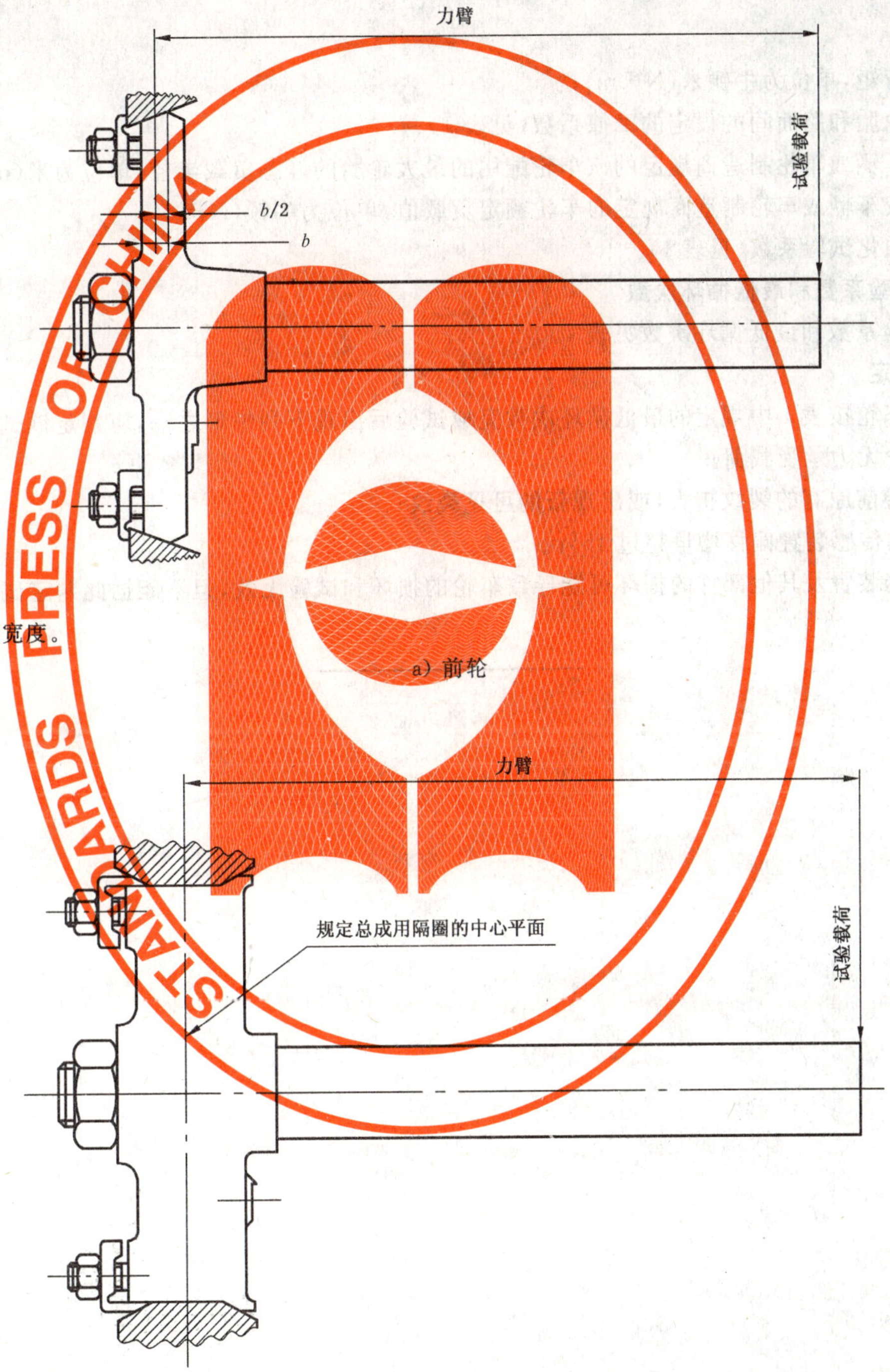

b——斜面宽度。

a) 前轮

b) 后轮

图3 可拆卸式轮辋的车轮动态弯曲疲劳试验

如车轮始终与制动鼓一起使用，车轮可以和制动鼓安装在一起试验。如车轮可不与制动鼓一起使用，则车轮应不带制动鼓进行试验。

5.2.2 弯矩应用

为给车轮施加弯矩，应在一规定距离(力臂)处施加一个平行于车轮安装面的力。载荷误差应保持在计算值±5%误差范围内。

5.3 弯矩的确定

按下列公式确定弯矩 M(力×力臂)：

$$M = \mu R F_v S$$

式中：

M——弯矩，单位为牛顿米(N·m)；

μ——轮胎和路面间的设定的摩擦系数(见表1)；

R——车辆或车轮制造商规定的该车轮配用的最大轮胎的静态负载半径，单位为米(m)；

F_v——按车辆或车轮制造商规定的车轮额定负载值，单位为牛顿(N)；

S——强化试验系数(见表1)。

5.4 强化试验系数和最低循环次数

强化试验系数和最低循环次数见表1。

5.5 试验判定

如试验车轮按表1中规定的最低循环次数完成试验后出现下列情形之一，应判定该试验车轮失效：

a) 车轮无力承受载荷；

b) 试验前原有的裂纹扩大，或出现新的可见裂纹；

c) 自动传感装置偏移增量超过15%。

试验固定装置及其他部件的损坏可能导致车轮的损坏和试验无效，但不能据此判定试验车轮失效。

ICS 77.140.65
H 49

中华人民共和国国家标准

GB/T 5953.1—2009
部分代替 GB/T 5953—1999

冷镦钢丝
第 1 部分：热处理型冷镦钢丝

Steel wire for cold heading and cold forging—
Part 1:Intended for heat treatment

2009-07-08 发布 2010-04-01 实施

中华人民共和国国家质量监督检验检疫总局
中国国家标准化管理委员会 发布

前　言

GB/T 5953《冷镦钢丝》分为三个部分：

——第1部分：热处理型冷镦钢丝；

——第2部分：非热处理型冷镦钢丝；

——第3部分：非调质型冷镦钢丝。

本部分为GB/T 5953的第1部分，修改采用JIS G 3508-2:2005《冷顶锻用硼钢丝》(英文版)和JIS G 3509-2:2003《冷顶锻用低合金钢丝》(英文版)。

本部分根据JIS G 3508-2:2005和JIS G 3509-2:2003重新起草。为了便于比较，在资料性附录A中列出了本部分中条款和JIS G 3508-2:2005和JIS G 3509-2:2003条款的技术差异及其原因一览表。

本部分和第2部分共同代替GB/T 5953—1999《冷镦钢丝》。

本部分与GB/T 5953—1999相比主要变化如下：

——增加了按紧固件和冷成型件热处理状态分类；

——修改了交货状态；

——增加了订货内容；

——钢丝的直径范围由(1.00～16.0)mm扩大到(1.00～45.0)mm；

——加严了尺寸精度及平直度；

——提高了盘重；

——取消了标记示例；

——取消了化学成分、冶炼方法、低倍组织和晶粒度要求的规定；

——修改了力学性能指标；

——加严了脱碳层指标；

——增加了“增碳要求”；

——拉伸等取样数量由5%盘修改为3盘。

本部分附录A为资料性附录。

本部分由中国钢铁工业协会提出。

本部分由全国钢标准化技术委员会归口。

本部分主要起草单位：东北特殊钢集团有限责任公司、南京宝日钢丝制品有限公司、冶金工业信息标准研究院、邢台钢铁有限责任公司。

本部分主要起草人：徐效谦、真娟、韩畴、王正茂、王玲君、戴石锋、赵保民。

本部分所代替标准的历次版本发布情况为：

——GB/T 5953—1986、GB/T 5954—1986，GB/T 5953—1999。

冷镦钢丝
第1部分：热处理型冷镦钢丝

1 范围

本部分规定了热处理型冷镦钢丝的分类及代号、订货内容、尺寸、外形、重量及允许偏差、技术要求、试验方法、检验规则、包装、标志及质量证明书。

本部分适用于制造铆钉、螺栓、螺钉和螺柱等紧固件及冷成型件用优质碳素结构钢丝和合金结构钢丝(以下简称钢丝)。紧固件或冷成型件经冷镦或冷挤压成型后，需要进行表面渗碳、渗氮、调质等热处理。

2 规范性引用文件

下列文件中的条款通过本部分的引用而成为本部分的条款。凡是注日期的引用文件，其随后所有的修改单(不包括勘误的内容)或修订版均不适用于本部分，然而，鼓励根据本部分达成协议的各方研究是否可使用这些文件的最新版本。凡是不注日期的引用文件，其最新版本适用于本部分。

GB/T 222 钢的成品化学成分允许偏差

GB/T 223.3 钢铁及合金化学分析方法 二安替比林甲烷磷钼酸重量法测定磷量

GB/T 223.5 钢铁 酸溶硅和全硅含量的测定 还原型硅钼酸盐分光光度法

GB/T 223.9 钢铁及合金 铝含量的测定 铬天青S分光光度法

GB/T 223.11 钢铁及合金 铬含量的测定 可视滴定或电位滴定法

GB/T 223.12 钢铁及合金化学分析方法 碳酸钠分离-二苯碳酰二肼光度法测定铬量

GB/T 223.13 钢铁及合金化学分析方法 硫酸亚铁铵滴定法测定钒含量

GB/T 223.14 钢铁及合金化学分析方法 钽试剂萃取光度法测定钒含量

GB/T 223.16 钢铁及合金化学分析方法 变色酸光度法测定钛量

GB/T 223.18 钢铁及合金化学分析方法 硫代硫酸钠分离-碘量法测定铜量

GB/T 223.23 钢铁及合金 镍含量的测定 丁二酮肟分光光度法

GB/T 223.26 钢铁及合金 钼含量的测定 硫氰酸盐分光光度法

GB/T 223.53 钢铁及合金化学分析方法 火焰原子吸收分光光度法测定铜量

GB/T 223.54 钢铁及合金化学分析方法 火焰原子吸收分光光度法测定镍量

GB/T 223.58 钢铁及合金化学分析方法 亚砷酸钠-亚硝酸钠滴定法测定锰量

GB/T 223.59 钢铁及合金 磷含量的测定 铋磷钼蓝分光光度法和锑磷钼蓝分光光度法

GB/T 223.60 钢铁及合金化学分析方法 高氯酸脱水重量法测定硅含量

GB/T 223.61 钢铁及合金化学分析方法 磷钼酸铵容量法测定磷量

GB/T 223.62 钢铁及合金化学分析方法 乙酸丁酯萃取光度法测定磷量

GB/T 223.63 钢铁及合金化学分析方法 高碘酸钠(钾)光度法测定锰量

GB/T 223.64 钢铁及合金 锰含量的测定 火焰原子吸收光谱法

GB/T 223.67 钢铁及合金 硫含量的测定 次甲基蓝分光光度法

GB/T 223.68 钢铁及合金化学分析方法 管式炉内燃烧后碘酸钾滴定法测定硫含量

GB/T 223.69 钢铁及合金 碳含量的测定 管式炉内燃烧后气体容量法

GB/T 223.71 钢铁及合金化学分析方法 管式炉内燃烧后重量法测定碳含量

GB/T 223.72　钢铁及合金　硫含量的测定　重量法

GB/T 223.75　钢铁及合金　硼含量的测定　甲醇蒸馏-姜黄素光度法

GB/T 223.76　钢铁及合金化学分析方法　火焰原子吸收光谱法测定钒量

GB/T 224　钢的脱碳层深度测定法

GB/T 228　金属材料　室温拉伸试验方法

GB/T 230.1　金属材料　洛氏硬度试验　第1部分：试验方法（A、B、C、D、E、F、G、H、K、N、T标尺）

GB/T 342—1997　冷拉圆钢丝、方钢丝、六角钢丝尺寸、外形、重量及允许偏差

GB/T 905—1994　冷拉圆钢、方钢、六角钢尺寸、外形、重量及允许偏差

GB/T 2103　钢丝验收、包装、标志及质量证明书的一般规定

GB/T 3207—2008　银亮钢

GB/T 4336　碳素钢和中低合金钢　火花源原子发射光谱分析方法（常规法）

GB/T 6478　冷镦和冷挤压用钢

GB/T 13298　金属显微组织检验方法

GB/T 20066　钢和铁　化学成分测定用试样的取样和制样方法

JB/T 5074—2007　低、中碳钢球化体评级

YB/T 5293　金属材料　顶锻试验方法

3　分类及代号

3.1　按紧固件和冷成型件热处理状态分类，冷镦钢丝用钢可分为：

表面硬化型：紧固件冷镦成形后需经表面渗碳（渗氮）处理，然后再进行淬火＋低温回火处理。

调质型（包括含硼钢）：紧固件冷镦成型后，先正火然后再经淬火＋高温回火处理，或直接进行淬火＋高温回火处理。

3.2　按钢丝生产工艺流程，可将冷镦钢丝交货状态分为：

冷拉（hard drawing）——HD

冷拉＋球化退火＋轻拉（spheroidizing annealing ＋light drawing）——SALD；

退火＋冷拉＋球化退火＋轻拉状态（annealing ＋spheroidizing annealing ＋light drawing）——ASALD；

冷拉＋球化退火状态（spheroidizing annealing）——SA。

4　订货内容

按本部分订货的合同或订单应包括下列内容：

a)　本标准号；

b)　产品名称；

c)　钢的牌号及成分要求；

d)　尺寸与外形（见第5章）；

e)　重量（或数量）；

f)　交货状态（见6.3）；

g)　其他要求。

5　尺寸、外形、重量及允许偏差

5.1　尺寸

5.1.1　钢丝的公称直径为1.00 mm～45.00 mm。

5.1.2 公称直径不大于16.00 mm的钢丝直径允许偏差应符合GB/T 342—1997表3中10级的规定；公称直径大于16.00 mm～25.00 mm的钢丝直径允许偏差应符合GB/T 905—1994表2中11级的规定；公称直径大于25.00 mm的钢丝精度由供需双方协商。

5.1.3 直径不大于16.00 mm的磨光钢丝尺寸允许偏差应符合GB/T 3207—2008的10级的规定；直径大于16.00 mm～25.00 mm的磨光钢丝尺寸允许偏差应符合GB/T 3207—2008的11级的规定；直径大于25.00 mm的钢丝精度由供需双方协商。

5.1.4 钢丝的不圆度应不大于直径公差之半。

5.1.5 根据需方要求，并在合同中注明，可提供特殊精度要求的钢丝。

5.2 外形

5.2.1 钢丝通常以盘卷状态交货，盘卷应规整，不得散乱、扭曲或呈"∞"字形。根据需方要求，并在合同注明，可提供直条钢丝和磨光钢丝。

5.2.2 直条钢丝和磨光钢丝的通常长度为2 000 mm～6 000 mm，其平直度应不大于2 mm/m。

5.3 重量

5.3.1 每盘钢丝应由一根钢丝组成，不允许任何形式的接头，最小盘重应符合表1规定。

5.3.2 经供需双方商定，并在合同中注明，可提供额定盘重的钢丝，盘重允许偏差为±15%。

表1 钢丝盘重

钢丝公称直径 d/mm	最小盘重/kg
1.00～2.00	10
>2.00～4.00	15
>4.00～9.00	30
>9.00	50

6 技术要求

6.1 牌号及化学成分

6.1.1 钢丝用钢的牌号及化学成分(熔炼分析)应符合合同注明的相关标准。

6.1.2 钢丝成品化学成分允许偏差应符合GB/T 222的规定。

6.2 交货状态

6.2.1 钢丝有HD、SALD、ASALD和SA四种交货状态，订货时应在合同中注明交货状态。

6.2.2 钢丝一般以盘卷状交货，根据需方要求并在合同中注明，也可以退火酸洗、直条和磨光状态交货。

6.3 力学性能

6.3.1 以HD状态交货的钢丝，其力学性能由供需双方协商确定。

6.3.2 表面硬化型钢丝交货状态的力学性能应符合表2的规定。

表2 表面硬化型钢丝力学性能

牌号[a]	钢丝公称直径/mm	SALD			SA		
		抗拉强度 R_m/MPa	断面收缩率 Z/%	洛氏硬度/HRB	抗拉强度 R_m/MPa	断面收缩率 Z/%	洛氏硬度/HRB
ML10	≤6.00	420～620	≥55	—	300～450	≥60	≤75
	>6.00～12.00	380～560	≥55	—			
	>12.00～25.00	350～500	≥50	≤81			

表 2（续）

牌号[a]	钢丝公称直径/mm	SALD 抗拉强度 R_m/MPa	SALD 断面收缩率 Z/%	SALD 洛氏硬度/HRB	SA 抗拉强度 R_m/MPa	SA 断面收缩率 Z/%	SA 洛氏硬度/HRB
ML15 ML15Mn ML18 ML18Mn ML20	≤6.00	440～640	≥55	—	350～500	≥60	≤80
	>6.00～12.00	400～580	≥55	—			
	>12.00～25.00	380～530	≥50	≤83			
ML20Mn ML16CrMn ML20MnA ML22Mn ML15Cr ML20Cr ML18CrMo	≤6.00	440～640	≥55	—	370～520	≥60	≤82
	>6.00～12.00	420～600	≥55	—			
	>12.00～25.00	400～550	≥50	≤85			
ML20CrMoA ML20CrNiMo	≤25.00	480～680	≥45	≤93	420～620	≥58	≤91

注：直径小于 3.00 mm 的钢丝断面收缩率仅供参考。

[a] 牌号的化学成分可参考 GB/T 6478。

6.3.3 调质型钢丝交货状态的力学性能应符合表 3 和表 4 的规定。

表 3 调质型碳素钢丝的力学性能

牌号[a]	钢丝公称直径/mm	SALD 抗拉强度 R_m/MPa	SALD 断面收缩率 Z/%	SALD 洛氏硬度/HRB	SA 抗拉强度 R_m/MPa	SA 断面收缩率 Z/%	SA 洛氏硬度/HRB
ML25 ML25Mn ML30Mn ML30 ML35	≤6.00	490～690	≥55	—	380～560	≥60	≤86
	>6.00～12.00	470～650	≥55	—			
	>12.00～25.00	450～600	≥50	≤89			
ML40 ML35Mn	≤6.00	550～730	≥55	—	430～580	≥60	≤87
	>6.00～12.00	500～670	≥55	—			
	>12.00～25.00	450～600	≥50	≤89			
ML45 ML42Mn	≤6.00	590～760	≥55	—	450～600	≥60	≤89
	>6.00～12.00	570～720	≥55	—			
	>12.00～25.00	470～620	≥50	≤96			

[a] 牌号的化学成分可参考 GB/T 6478。

表 4　调质型合金钢丝的力学性能

牌号[a]	钢丝公称直径/mm	SALD 抗拉强度 R_m/MPa	SALD 洛氏硬度/HRB	SALD 断面收缩率 Z/%	SA 抗拉强度 R_m/MPa	SA 断面收缩率 Z/%	SA 洛氏硬度/HRB
ML30CrMnSi	≤6.00	600～750	—	≥50	460～660	≥55	≤93
	＞6.00～12.00	580～730	—				
	＞12.00～25.00	550～700	≤95				
ML38CrA ML40Cr	≤6.00	530～730	—	≥50	430～600	≥55	≤89
	＞6.00～12.00	500～650	—				
	＞12.00～25.00	480～630	≤91				
ML30CrMo ML35CrMo	≤6.00	580～780	—	≥40	450～620	≥55	≤91
	＞6.00～12.00	540～700	—	≥35			
	＞12.00～25.00	500～650	≤92	≥35			
ML42CrMo ML40CrNiMo	≤6.00	590～790	—	≥50	480～730	≥55	≤97
	＞6.00～12.00	560～760	—				
	＞12.00～25.00	540～690	≤95				

注：直径小于 3.00 mm 的钢丝断面收缩率仅供参考。

[a] 牌号的化学成分可参考 GB/T 6478。

6.3.4　公称直径不大于 25.0 mm 的含硼钢丝交货状态的力学性能应符合表 5 的规定。

6.3.5　钢丝以直条或磨光状态交货时，力学性能允许有 10% 的波动。

表 5　含硼钢丝的力学性能

牌号[a]	SALD 抗拉强度 R_m/MPa	SALD 断面收缩率 Z/%	SALD 洛氏硬度/HRB	SA 抗拉强度 R_m/MPa	SA 断面收缩率 Z %	SA 洛氏硬度/HRB
ML20B	≤600	≥55	≤89	≤550	≥65	≤85
ML28B	≤620	≥55	≤90	≤570	≥65	≤87
ML35B	≤630	≥55	≤91	≤580	≥65	≤88
ML20MnB	≤630	≥55	≤91	≤580	≥65	≤88
ML30MnB	≤660	≥55	≤93	≤610	≥65	≤90
ML35MnB	≤680	≥55	≤94	≤630	≥65	≤91
ML40MnB	≤680	≥55	≤94	≤630	≥65	≤91
ML15MnVB	≤660	≥55	≤93	≤610	≥65	≤90
ML20MnVB	≤630	≥55	≤91	≤580	≥65	≤88
ML20MnTiB	≤630	≥55	≤91	≤580	≥65	≤88

注：直径小于 3.00 mm 的钢丝断面收缩率仅供参考。

[a] 牌号的化学成分可参考 GB/T 6478。

6.3.6　公称直径大于 25.0 mm 的钢丝力学性能由供需双方协商确定。

6.3.7　表中未列出牌号的力学性能由供需双方协商确定。

6.4 顶锻

钢丝试样冷顶锻至原试样高度的二分之一，表面不得有裂纹和裂口。经双方协议也可锻至原试样高度的三分之一或四分之一。

6.5 显微组织

经球化退火处理的钢丝，根据需方要求，并在合同注明，可检验球化组织，其合格级别和试验方法由供需双方协商。

6.6 脱碳层

根据需方要求并在合同注明，可检验钢丝表面的脱碳层，钢丝一边全脱碳层和总脱碳层(铁素体＋过渡层)深度允许范围应符合表6的规定。对脱碳层有特殊要求时，由供需双方协商确定。碳含量不大于0.30％牌号的钢丝，检验方法由供需双方协商。

表6　脱碳层深度允许范围　　单位为毫米

钢丝公称直径	全脱碳层深度	总脱碳层深度
≤8.00	≤0.02	≤0.10
＞8.00～15.0	≤0.02	≤0.15
＞15.0～25.0	≤0.03	≤0.20
＞25.0～45.0	协商	协商

6.7 增碳

钢丝表面不得有增碳。供方若能保证时可不做检验。

6.8 表面质量

6.8.1　钢丝表面应光滑，不得有裂纹、结疤、折叠、分层、拉痕和锈蚀。但允许有深度不超过直径公差之半的个别凹坑、凸面、压痕和划伤存在。退火状态交货的钢丝表面允许有氧化色。

6.8.2　钢丝表面涂层要求由供需双方协商确定。

7 试验方法

钢丝的检验项目、取样部位、取样数量和试验方法应符合表7的规定。

表7　检验项目、取样数量、取样部位和试验方法

序　号	检验项目	取样数量	取样部位	试验方法
1	化学成分	每炉1支	GB/T 20066	GB/T 4336，GB/T 223
2	拉伸试验	3支	3盘(支)一端	GB/T 228
3	顶锻试验		3盘(支)一端	YB/T 5293
4	洛氏硬度		3盘(支)一端	GB/T 230.1
5	显微组织	3支	3盘(支)一端	GB/T 13298　JB/T 5074—2007
6	脱碳层		3盘(支)一端	GB/T 224
7	增碳		3盘(支)一端	双方协商
8	尺寸	逐支	整支	适宜精度的量具
9	表面质量	逐支	整支	目视

化学成分仲裁分析采用GB/T 223规定的分析方法。

订货数量少于3盘时，逐盘取样。

8 检验规则

8.1　钢丝质量检查与验收由供方质量管理部门进行。

8.2 钢丝应成批验收，每批由同一炉号，同一牌号，同一尺寸和同一交货状态的钢丝组成。

8.3 钢丝的检查、验收执行 GB/T 2103 的规定。

8.4 复验

力学性能试验结果不合格，可按 GB/T 2103 的规定进行复验。此时应将钢丝盘两端去掉一定长度后再取双倍试样进行复验，其结果应符合本部分的规定。

9 包装、标志和质量证明书

需方如无特殊要求时，由供方从 GB/T 2103 中选择合适的包装方式。钢丝的标志和质量证明书应符合 GB/T 2103 的规定。

附　录　A
（资料性附录）
本部分与 JIS G 3508-2:2005 和 JIS G 3509-2:2003 的技术性差异及其原因

表 A.1 给出了本部分与 JIS G 3508-2:2005 和 JIS G 3509-2:2003 技术性差异及其原因。

表 A.1　本部分与 JIS G 3508-2:2005 和 JIS G 3509-2:2003 的技术性差异及其原因

本部分的章条编号	技术性差异	原　因
2	引用了我国相关标准，并增加引用了化学分析等检验标准	以适应我国引用标准的规定
3	增加“分类及代号”	适应我国实际需求
4	增加“订货内容”	适应我国标准版式
5	尺寸规格及精度不同	适合我国国情
6.1	牌号及化学成分不同	采用我国相应国家标准中的牌号
6.2	交货状态增加二种	适合我国国情
6.3	力学性能按规格细分	适合我国国情
6.4	增加“顶锻”性能要求	符合本产品的性能特点要求
6.6	对于公称直径小于 8.00 mm 的钢丝，加严了脱碳层深度要求	适合我国国情
6.7	增加“增碳”检查项目	根据用户的要求而增加的，符合我国实际生产情况

ICS 77.140.65
H 49

中华人民共和国国家标准

GB/T 5953.2—2009
部分代替 GB/T 5953—1999

冷镦钢丝
第2部分：非热处理型冷镦钢丝

**Steel wire for cold heading and cold forging—
Part 2: Not intended for heat treatment**

2009-07-08 发布　　　　2010-04-01 实施

中华人民共和国国家质量监督检验检疫总局
中国国家标准化管理委员会　发布

前　言

GB/T 5953《冷镦钢丝》分为三个部分：

——第1部分：热处理型冷镦钢丝；

——第2部分：非热处理型冷镦钢丝；

——第3部分：非调质型冷镦钢丝。

本部分为GB/T 5953的第2部分，修改采用JIS G 3507-2:2005《冷顶锻用碳素钢丝》(英文版)。

本部分根据JIS G 3507-2:2005重新起草。为了便于比较，在资料性附录A中列出了本部分中条款与JIS G 3507-2:2005条款的技术差异及其原因一览表。

本部分与JIS G 3507-2:2005相比，主要技术差异如下：

——增加"分类及代号"；

——增加了订货内容；

——牌号及化学成分不同；

——增加冷锻试验要求；

——力学按钢丝规格进行细分；

——增加"增碳"检查协议项目。

本部分和第1部分共同代替GB/T 5953—1999《冷镦钢丝》。

本部分与GB/T 5953—1999相比主要变化如下：

——修改了交货状态；

——增加了订货内容；

——扩大了钢丝的直径范围，由(1.00～16.00)mm扩大到(1.00～45.00)mm；

——提高了尺寸精度及平直度；

——提高了盘重；

——取消了标记示例；

——加严了脱碳层要求；

——增加了"增碳"要求。

本部分的附录A是资料性附录。

本部分由中国钢铁工业协会提出。

本部分由全国钢标准化技术委员会归口。

本部分主要起草单位：南京宝日钢丝制品有限公司、东北特殊钢集团有限公司、冶金工业信息标准研究院、邢台钢铁有限责任公司。

本部分主要起草人：韩畴、王正茂、徐效谦、真娟、王玲君、戴石锋、安敬涛。

本部分所代替标准的历次版本发布情况为：

——GB 5953—1986、GB/T 5954—1986，GB/T 5953—1999。

冷镦钢丝
第2部分:非热处理型冷镦钢丝

1 范围

本部分规定了非热处理型冷镦钢丝(以下简称钢丝)的分类及代号、订货内容、尺寸、外形、重量及允许偏差、技术要求、试验方法、检验规则、包装、标志、质量证明书。

本部分适用于制造普通铆钉和螺钉、螺栓和螺柱等紧固件和其他冷成型件用圆钢丝,紧固件和其他冷成型件冷镦、冷挤压成型后一般不需要进行热处理。

2 引用标准

下列文件中的条款通过本部分的引用而成为本部分的条款。凡是注日期的引用文件,其随后所有的修改单(不包括勘误的内容)或修订版均不适用于本部分,然而,鼓励根据本部分达成协议的各方研究是否可使用这些文件的最新版本。凡是不注日期的引用文件,其最新版本适用于本部分。

GB/T 222 钢的成品化学成分允许偏差

GB/T 223.3 钢铁及合金化学分析方法 二安替比林甲烷磷钼酸重量法测定磷量

GB/T 223.5 钢铁 酸溶硅和全硅含量的测定 还原型硅钼酸盐分光光度法

GB/T 223.9 钢铁及合金 铝含量的测定 铬天青S分光光度法

GB/T 223.58 钢铁及合金化学分析方法 亚砷酸钠-亚硝酸钠滴定法测定锰量

GB/T 223.59 钢铁及合金 磷含量的测定 铋磷钼蓝分光光度法和锑磷钼蓝分光光度法

GB/T 223.60 钢铁及合金化学分析方法 高氯酸脱水重量法测定硅含量

GB/T 223.61 钢铁及合金化学分析方法 磷钼酸铵容量法测定磷量

GB/T 223.62 钢铁及合金化学分析方法 乙酸丁酯萃取光度法测定磷量

GB/T 223.63 钢铁及合金化学分析方法 高碘酸钠(钾)光度法测定锰量

GB/T 223.64 钢铁及合金 锰含量的测定 火焰原子吸收光谱法

GB/T 223.67 钢铁及合金 硫含量的测定 次甲基蓝分光光度法

GB/T 223.68 钢铁及合金化学分析方法 管式炉内燃烧后碘酸钾滴定法测定硫含量

GB/T 223.69 钢铁及合金 碳含量的测定 管式炉内燃烧后气体容量法

GB/T 223.71 钢铁及合金化学分析方法 管式炉内燃烧后重量法测定碳含量

GB/T 223.72 钢铁及合金 硫含量的测定 重量法

GB/T 228 金属材料 室温拉伸试验方法

GB/T 230.1 金属材料 洛氏硬度试验 第1部分:试验方法(A、B、C、D、E、F、G、H、K、N、T标尺)

GB/T 342—1997 冷拉圆钢丝、方钢丝、六角钢丝尺寸、外形、重量及允许偏差

GB/T 905—1994 冷拉圆钢、方钢、六角钢尺寸、外形、重量及允许偏差

GB/T 2103 钢丝验收、包装、标志及质量证明书的一般规定

GB/T 4336 碳素钢和中低合金钢 火花源原子发射光谱分析方法(常规法)

GB/T 6478 冷镦和冷挤压用钢

GB/T 13298 金属显微组织检验方法

GB/T 20066 钢和铁 化学成分测定用试样的取样和制样方法

JB/T 5074　低、中碳钢球化体评级

YB/T 5293　金属材料　顶锻试验方法

3　分类及代号

冷镦钢丝按加工状态分为：

冷拉：(hard drawing)——HD

冷拉＋球化退火＋轻拉：(spheroidized annealing＋light drawing)——SALD

4　订货内容

按本部分订货的合同或订单应包括下列内容：

a)　本标准号；

b)　产品名称；

c)　钢的牌号；

d)　尺寸与外形；

e)　重量(或数量)；

f)　交货状态；

g)　其他要求。

5　尺寸、外形、重量及允许偏差

5.1　尺寸

5.1.1　钢丝的公称直径为1.00 mm～45.00 mm。

5.1.2　公称直径不大于16.00 mm的钢丝直径允许偏差应符合GB/T 342—1997表3中10级的规定；公称直径大于16.00 mm～25.00 mm的钢丝直径允许偏差应符合GB/T 905—1994表2中11级的规定；公称直径大于25.00 mm的钢丝直径允许偏差由供需双方协商确定。

5.1.3　钢丝的不圆度应不大于直径公差之半。

5.1.4　根据需方要求，并在合同中注明，可提供特殊精度要求的钢丝。

5.2　外形

5.2.1　钢丝通常以盘卷状交货，也可以直条状交货。

5.2.2　钢丝以盘卷状交货，盘卷应规整，不应散乱或成"∞"形；当解开捆扎带时，不应有影响使用的扭曲。

5.2.3　钢丝以直条状交货，通常长度为2 000 mm～6 000 mm，其平直度应不大于2 mm/m。

5.3　重量

5.3.1　每盘钢丝应由一根钢丝组成，不允许任何形式的接头，最小盘重应符合表1的规定。

5.3.2　经供需双方协商，并在合同中注明，可提供盘重为100 kg～2 500 kg各档次的额定盘重钢丝；当双方确定盘重时，盘重允许偏差为±15%。

表1　钢丝最小盘重

钢丝公称直径 d/mm	最小盘重/kg
1.00～2.00	20
＞2.00～5.00	30
＞5.00～6.50	50
＞6.50	100

6 技术要求

6.1 牌号及化学成分

6.1.1 钢丝用钢的牌号及化学成分(熔炼分析)应符合合同中注明的相关标准的要求。

6.1.2 钢丝成品化学成分允许偏差应符合 GB/T 222 的规定。

6.2 表面质量

6.2.1 钢丝表面应光滑,不应有裂纹、折叠、结疤、分层、拉痕、发纹和锈蚀等影响冷镦或冷成型的表面缺陷;但深度不超过 1/2 直径公差的个别凹坑和凹面以及深度不超过 1/4 直径公差的不影响使用的个别压痕和划痕允许存在。

6.2.2 钢丝表面涂层要求由供需双方协商确定。

6.3 力学性能

6.3.1 以 HD 工艺生产的冷镦钢丝,抗拉强度、断面收缩率应符合表 2 的规定。

表 2 HD 工艺钢丝的抗拉强度、断面收缩率、硬度

牌号[a]	钢丝公称直径 d/mm	抗拉强度 R_m/(N/mm²)	断面收缩率 Z/%	洛氏硬度[b]/HRB
ML04Al ML08Al ML10Al	≤3.00	≥460	≥50	—
	>3.00~4.00	≥360	≥50	—
	>4.00~5.00	≥330	≥50	—
	>5.00~25.00	≥280	≥50	≤85
ML15Al ML15	≤3.00	≥590	≥50	—
	>3.00~4.00	≥490	≥50	—
	>4.00~5.00	≥420	≥50	—
	>5.00~25.00	≥400	≥50	≤89
ML18MnAl ML20Al ML20 ML22MnAl	≤3.00	≥850	≥35	—
	>3.00~4.00	≥690	≥40	—
	>4.00~5.00	≥570	≥45	—
	>5.00~25.00	≥480	≥45	≤97
注:钢丝公称直径大于 20 mm 时,断面收缩率可以降低 5%。				
a 牌号的化学成分可参考 GB/T 6478。 b 硬度值仅供参考。				

6.3.2 以 SALD 工艺生产的冷镦钢丝,抗拉强度、断面收缩率应符合表 3 的规定。

表 3 SALD 工艺钢丝的抗拉强度、断面收缩率、硬度

牌号[a]	抗拉强度 R_m/(N/mm²)	断面收缩率 Z/%	洛氏硬度[b]/HRB
ML04Al ML08Al ML10Al	300~450	≥70	≤76
ML15Al ML15	340~500	≥65	≤81

表 3（续）

牌号[a]	抗拉强度 R_m/(N/mm²)	断面收缩率 Z/%	洛氏硬度[b]/HRB
ML18Mn ML20Al ML20 ML22Mn	450～570	≥65	≤90
注：钢丝公称直径大于 20 mm 时，断面收缩率可以降低 5%。			
a 牌号的化学成分可参考 GB/T 6478。 b 硬度值仅供参考。			

6.3.3 公称直径大于 25.00 mm 的钢丝力学性能由供需双方协商确定。

6.3.4 表中未列出牌号的钢丝力学性能由供需双方协商确定。

6.4 顶锻

以 HD 工艺生产的冷镦钢丝，钢丝试样经冷镦至试样原高度的二分之一，应不产生裂缝或裂口；

以 SALD 工艺生产的冷镦钢丝，钢丝试样经冷镦至试样原高度的三分之一，应不产生裂缝或裂口；

直径≤5.0 mm 的钢丝，不做顶锻试验。

6.5 显微组织

以 SALD 工艺生产的钢丝，显微组织应为球化组织；球化级别由供需双方协商，球化级别按 JB/T 5074的规定进行评定；脱碳层检验方法由供需双方协商确定。

6.6 脱碳层深度

以 SALD 工艺生产的钢丝，应进行脱碳层检验，钢丝一边全脱碳层深度、总脱碳层深度（铁素体＋过渡层）允许范围应符合表 4 的规定；脱碳层检验方法由供需双方协商确定。

表 4 脱碳层深度允许范围

单位为毫米

钢丝公称直径/d	全脱碳层深度	总脱碳层深度
<10.00	≤0.02	≤0.01 d
≥10.00～15.00	≤0.02	≤0.15
≥15.00～25.00	≤0.03	≤0.20
注：当钢丝公称直径大于 25.00 mm 时，脱碳层深度允许范围由供需双方协商确定。		

6.7 增碳

以 SALD 工艺生产的钢丝，钢丝表面不允许有增碳；若供方能够保证，可不检验。

7 试验方法

每批钢丝的检验项目、取样数量、取样部位和试验方法应符合表 5 的规定。如供需双方对取样数量及取样部位有其他要求，可按双方协议进行。

表 5 检验项目、取样数量、取样部位和试验方法

序号	检验项目	取样数量	取样部位	试验方法
1	化学成分	每炉 1 盘（支）	GB/T 20066	GB/T 4336，GB/T 223
2	拉伸试验	3 盘（支）	3 盘（支）一端	GB/T 228
3	顶锻试验		3 盘（支）一端	YB/T 5293

表 5（续）

序号	检验项目	取样数量	取样部位	试验方法
4	硬 度	3 盘(支)	3 盘(支)一端	GB/T 230.1
5	显微组织	3 盘(支)	3 盘(支)一端	GB/T 13298 JB/T 5074
6	脱碳层		3 盘(支)一端	供需双方协商
7	尺寸	逐盘(支)	整盘(支)	适宜精度的量具
8	表面质量	逐盘(支)	整盘(支)	目视

化学成分仲裁分析采用 GB/T 223 规定的分析方法。

订货数量少于 3 盘时，逐盘取样。

8 检验规则

8.1 钢丝质量检查与验收由供方质量管理部门进行。

8.2 钢丝应按批检查和验收，每批由同一炉号、同一尺寸、同一热处理状态、同一交货状态的钢丝组成。

8.3 钢丝的检查和验收按 GB/T 2103 的规定执行。

8.4 力学性能试验结果不合格，可按 GB/T 2103 的规定进行复验。

9 包装、标志和质量证明书

需方无特殊要求，由供方从 GB/T 2103 中选择合适的包装方式。钢丝的包装、标志和质量证明书应符合 GB/T 2103 的规定。

附 录 A
（资料性附录）
本部分与 JIS G 3507-2:2005 的技术性差异及其原因

表 A.1 给出了本部分与 JIS G 3507-2:2005 技术性差异及其原因的一览表。

表 A.1 本部分与 JIS G 3507-2:2005 的技术性差异及其原因

本部分的章条编号	技术性差异	原 因
2	引用了我国相关标准，并增加引用了化学分析等检验标准	以适应我国引用标准的规定
3	增加“分类及代号”的术语及定义	适应我国实际需求
4	增加“订货内容”	适应我国标准版式
5	尺寸规格及精度不同	适合我国国情
6.3	力学性能按规格细分	适合我国国情
6.4	增加“顶锻”性能要求	符合本产品的性能特点要求
6.6	对于公称直径小于 8.00 mm 的钢丝，加严了脱碳层深度要求	适合我国国情
6.7	增加“增碳”检查项目	根据用户的要求而增加的，符合我国实际生产情况

ICS 53.020.30
J 80

中华人民共和国国家标准

GB/T 5972—2009/ISO 4309:2004
代替 GB/T 5972—2006

起重机　钢丝绳
保养、维护、安装、检验和报废

Cranes—Wire ropes—Care, maintenance, installation, examination and discard

(ISO 4309:2004, IDT)

2009-12-15 发布　　2010-07-01 实施

中华人民共和国国家质量监督检验检疫总局
中国国家标准化管理委员会　发布

前　言

本标准是对 GB/T 5972—2006《起重机用钢丝绳检验和报废实用规范》的修订。

本标准等同采用 ISO 4309:2004《起重机　钢丝绳　保养、维护、安装、检验和报废》(英文版),包括其修正案 ISO 4309:2004/Amd 1:2008。

本标准等同翻译 ISO 4309:2004。

为了便于使用,本标准还作了下列编辑性修改:

——“本国际标准”一词改为“本标准”;

——删除 ISO 4309:2004 的前言;

——按照 ISO 4309:2004 的修改件(ISO 4309:2004/Amd 1:2008)对表 1 和表 2 作了修改,并将改动的内容在正文中的页边空白处用垂直双线(‖)标识。

本标准与 GB/T 5972—2006 相比主要变化如下:

——根据 ISO 4309:2004,将标准名称由《起重机用钢丝绳检验和报废实用规范》改为《起重机　钢丝绳　保养、维护、安装、检验和报废》;

——增减了第 2 章“术语和定义”的个别术语;

——增加了对钢丝绳置换和安装方法的图示(图 1～图 4);

——调整和补充了关于钢丝绳的保养、维护、安装及检验等方面的内容;

——在附录中增加了钢丝绳截面示例及种类编号,删除了钢丝绳检验频度,在“检验记录示例”中增加了使用检验记录,并对钢丝绳可能出现的缺陷以及内部检验等内容作了较大修改和补充。

本标准的附录 A、附录 B、附录 C、附录 D 和附录 E 为资料性附录。

本标准由中国机械工业联合会提出。

本标准由全国起重机械标准化技术委员会(SAC/TC 227)归口。

本标准起草单位:大连重工·起重集团有限公司。

本标准主要起草人:桂佩康、李秀苇、银长海。

本标准所代替标准的历次版本发布情况为:

——GB/T 5972—1986、GB/T 5972—2006。

引　　言

起重机用钢丝绳应视为易损件，当检验表明其强度已降低到继续使用有危险时即应更换。

钢丝绳的工作寿命是随起重机的特性、工作条件和用途而变化的。凡要求钢丝绳寿命长的场合，均应采用较大的安全系数和弯曲比（D/d 卷筒或滑轮直径与钢丝绳直径之比）。但工作循环次数较少、设计要求轻巧和紧凑的场合，这些数值可以适当降低。

要想在各种情况下正确操作起重机，安全地搬运货物，就需要定期检查钢丝绳，以便在问题发生之前适时更换。

某些起重机的作业条件使钢丝绳极容易受到意外的损伤，因此在初选钢丝绳时就应考虑这一因素。在此情况下对钢丝绳的检验必须特别仔细，一旦发现钢丝绳的损坏达到了危险程度便应立即更换。

在各种使用条件下，可直接采用有关断丝、磨损、腐蚀和变形等报废标准。本标准已考虑了这些因素，其意图是给从事起重机维护和检验的主管人员作指导。

制定本标准的目的是使起重机用钢丝绳在未报废前搬运货物时，始终有足够的安全裕度。不重视本标准的规定是危险的。

本标准包含了钢丝绳的保养和维护，包括安装固定的注意事项。这些增加的内容确保用户和主管人员有了可靠的涵盖起重机上使用的钢丝绳从新绳的接收直至报废的全过程所有方面的专一的指令性文件。

本标准的机构工作级别遵守 GB/T 20863.1 的规定。

起重机 钢丝绳 保养、维护、安装、检验和报废

1 范围

本标准对在起重机上使用的钢丝绳的保养、维护、安装和检验规定了详细的实施准则，而且列举了实用的报废标准，以促进安全使用起重机。

本标准适用于GB/T 6974.1—2008所定义的下列类型的起重机：

——缆索及门式缆索起重机；

——悬臂起重机（柱式、壁上或自行车式）；

——甲板起重机；

——桅杆及牵索式桅杆起重机；

——斜撑式桅杆起重机；

——浮式起重机；

——流动式起重机；

——桥式起重机；

——门式起重机或半门式起重机；

——门座起重机或半门座起重机；

——铁路起重机；

——塔式起重机。

本标准可以应用在无论用手动，还是机械、电力或液力驱动的使用吊钩、抓斗、电磁铁、钢包的起重机、挖掘机或堆垛机。

本标准也可以应用在使用钢丝绳的起重葫芦和起重滑车。

2 术语和定义

下列术语和定义适用于本标准。

2.1

钢丝绳实际直径 actual rope diameter

在同一截面相互垂直的方向上测量钢丝绳直径，取得的两次测量的平均值，单位为毫米。

2.2

间隙 clearance

钢丝绳股的任意层中各钢丝之间或在同层中任意绳股之间的间隙。

2.3

卷筒上跃层部分钢丝绳 cross-over of rope on a drum

由于卷筒槽型或下层钢丝绳结构的影响，钢丝绳从一圈绕到另一圈时改变其常规路径的绳段。

2.4

同向捻 lang lay

外层股中钢丝的捻向与外层绳股在钢丝绳中的捻向相同。

2.5

缠绕 wrap

钢丝绳绕卷筒一圈。

2.6

捻距　lay length

螺线形钢丝绳外部钢丝和外部绳股围绕绳芯旋转一整圈(或一个螺旋)，沿钢丝绳轴向测得的距离。

2.7

钢丝绳公称直径　nominal rope diameter

钢丝绳直径的标称值,单位为毫米。

2.8

交互捻　ordinary lay;regular lay

钢丝绳中绳股的捻向与其外层股中钢丝的捻向相反。

2.9

卷盘　reel

缠绕钢丝绳的带凸缘的卷盘,用于钢丝绳的装船发运或贮存。

注:卷盘可以是木制或钢制的,取决于缠绕钢丝绳的质量。

2.10

钢丝绳芯　rope core

支撑外部绳股的钢丝绳的中心组件。

2.11

钢丝绳检验记录　rope examination record

检验后的钢丝绳的历史记录和现状记录。

2.12

单层股钢丝绳　single-layer rope

由单层股绕一个芯螺旋捻制而成的多股钢丝绳。

2.13

平行捻密实钢丝绳　parallel-closed rope

至少由两层平行捻股围绕一个芯螺旋捻制而成的多股钢丝绳。

2.14

阻旋转钢丝绳　rotation-resistant rope

承载时能减小扭矩和旋转程度的多股钢丝绳。

注1:阻旋转钢丝绳通常由两层或更多层股围绕一个芯螺旋捻制而成,外层股与相邻内层股捻向相反。

注2:由三支或四支股组成的钢丝绳也具有阻旋转的特性。

注3:阻旋转钢丝绳曾被称为反向捻钢丝绳、多层股钢丝绳和不旋转钢丝绳。

2.15

多股钢丝绳　stranded rope

通常由多个股围绕一个绳芯或一个中心螺旋捻制一层或多层的钢丝绳。

注:由三支或四支外层股组成的多股钢丝绳可能没有绳芯。

3　钢丝绳

3.1　安装前的状况

3.1.1　钢丝绳的置换

起重机上只应安装由起重机制造商指定的具有标准长度、直径、结构和破断拉力的钢丝绳,除非经起重机设计人员、钢丝绳制造商或有资格人员的准许,才能选择其他钢丝绳。

钢丝绳与卷筒、吊钩滑轮组或起重机结构的连接只应采用起重机制造商规定的钢丝绳端接装置或同样应经批准的供选方案。

3.1.2 钢丝绳长度

所用钢丝绳的长度应充分满足起重机的使用要求，并且在卷筒上的终端位置应至少保留两圈钢丝绳。根据使用情况，如需从较长的钢丝绳上截取一段时，应对两端断头进行处理；或在切断时，采用适当的方法来防止钢丝绳松散（见图1）。

3.1.3 起重机和钢丝绳制造商的使用说明书

应遵守在起重机手册和由钢丝绳制造商给出的使用说明书中的规定。

在起重机上重新安装钢丝绳之前，应检查卷筒和滑轮上的所有绳槽，确保其完全适合替换的钢丝绳（见第5章）。

3.1.4 卸货和储存

为了避免意外事故，钢丝绳应谨慎小心地卸货。卷盘或绳卷既不允许坠落，也不允许用金属吊钩或叉车的货叉插入钢丝绳。

钢丝绳应储存在凉爽、干燥的仓库内，且不应与地面接触。钢丝绳绝不允许储存在易受化学烟雾、蒸汽或其他腐蚀剂侵袭的场所。储藏的钢丝绳应定期检查，且如有必要，应对钢丝绳包扎。如果户外储藏不可避免，则钢丝绳应加以覆盖以免湿气导致锈蚀。

从起重机上卸下的待用的钢丝绳应进行彻底的清洁，在储存之前对每一根钢丝绳进行包扎。

长度超过30 m的钢丝绳应在卷盘上储存。

3.2 安装

3.2.1 展开和安装

当钢丝绳从卷盘或绳卷展开时，应采取各种措施避免绳的扭转或降低钢丝绳扭转的程度。因为钢丝绳扭转可能会在绳内产生结环、扭结或弯曲的状况。为避免发生这种状况，对钢丝绳应采取保持张紧呈直线状态的措施（见图2）。

因旋转中的钢丝绳卷盘具有很大的惯性，故对此需要进行控制，使钢丝绳按顺序缓慢地释放出来。

绳卷中的钢丝绳应从一个卷盘中放出。作为一种选择，在较短长度的绳卷的外部绳端可能呈自由状态而剩余绳段则沿着地面向前滚动（见图3）。为搬运方便，内部绳端应首先被固定到邻近的外圈。切勿由平放在地面的绳卷或卷盘释放钢丝绳（见图4）。

钢丝绳在释放过程中应尽可能保持清洁。钢丝绳截断时，应按制造厂商的说明书进行（见图1）。

为确保阻旋转钢丝绳的安装无旋紧或旋松现象，应对其给予特别关注，且任何切断是安全可靠和防止松散的。

注1：如果绳股被弄乱，很可能在后来的使用期间发生钢丝绳的变形，而且可能降低其使用寿命。

注2：钢丝绳安装期间旋紧或旋松现象可导致吊钩组的附加扭转。

钢丝绳在安装时不应随意乱放，亦即转动既不应使之绕进也不应使之绕出。在安装的时候，钢丝绳应总是同向弯曲，亦即从卷盘顶端到卷筒顶端，或从卷盘底部到卷筒底部处释放均应同向（见图2）。

终端固定应特别小心确保安全可靠且应符合起重机手册的规定。

如果在安装期间起重机的任何部分对钢丝绳产生摩擦，则接触部位应采取有效的保护措施。

3.2.2 使用前试运转

钢丝绳在起重机上投入使用之前，用户应确保与钢丝绳运行关联的所有装置运转正常。为使钢丝绳及其附件调整到适应实际使用状态，应对机构在低速和大约10% 左右的额定工作载荷（WLL）的状态下进行多次操作循环运转操作。

3.3 维护

对钢丝绳所进行的维护应与起重机、起重机的使用、环境以及所涉及的钢丝绳类型有关。除非起重机或钢丝绳制造商另有指示，否则钢丝绳在安装时应涂以润滑脂或润滑油。以后，钢丝绳应在必要的部位作清洗工作，而对在有规则的时间间隔内重复使用的钢丝绳，特别是绕过滑轮的长度范围内的钢丝绳在显示干燥或锈蚀迹象之前，均应使其保持良好的润滑状态。

钢丝绳的润滑油(脂)应与钢丝绳制造商使用的原始润滑油(脂)一致，且具有渗透力强的特性。如果钢丝绳润滑在起重机手册中不能确定，则用户应征询钢丝绳制造商的建议。

钢丝绳较短的使用寿命源于缺乏维护，尤其是起重机在有腐蚀性的环境中使用，以及由于与操作有关的各种原因，例如在禁止使用钢丝绳润滑剂的特定场合下使用。针对这种情况，钢丝绳检验的周期应相应缩短。

3.4 检验

3.4.1 周期

3.4.1.1 日常外观检验

每个工作日都应尽可能对任何钢丝绳的所有可见部位进行观察，目的是发现一般的损坏和变形。应特别注意钢丝绳在起重机上的连接部位(见图 A.1)，钢丝绳状态的任何可疑变化情况都应报告，并由主管人员按照 3.4.2 的规定进行检查。

3.4.1.2 定期检验

定期检验应由主管人员按照 3.4.2 的规定进行。为了确定定期检验的周期，应考虑如下各点：

——国家对应用钢丝绳的法规要求；

——起重机的类型及使用地的工作环境；

——起重机的工作级别；

——前期的检验结果；

——钢丝绳已使用的时间。

流动式起重机和塔式起重机用钢丝绳至少应按主管人员的决定每月检查一次或更多次。

注：根据钢丝绳的使用情况，主管人员有权决定缩短检查的时间间隔。

3.4.1.3 专项检验

专项检验应按照 3.4.2 的规定进行。

在钢丝绳和/或其固定端的损坏而引发事故的情况下，或钢丝绳经拆卸又重新安装投入使用前，均应对钢丝绳进行一次检查。

如起重机停止工作达 3 个月以上，在重新使用之前应对钢丝绳预先进行检查。

注：根据钢丝绳的使用情况，主管人员有权决定缩短检查的时间间隔。

3.4.1.4 在合成材料滑轮或带合成材料衬套的金属滑轮上使用的钢丝绳的检验

在纯合成材料或部分采用合成材料制成的或带有合成材料轮衬的金属滑轮上使用的钢丝绳，其外层发现有明显可见的断丝或磨损痕迹时，其内部可能早已产生了大量的断丝。在这些情况下，应根据以往的钢丝绳使用记录制定钢丝绳专项检验进度表，其中既要考虑使用中的常规检查结果，又要考虑从使用中撤下的钢丝绳的详细检验记录。

应特别注意已出现干燥或润滑剂变质的局部区域。

对专用起重设备用钢丝绳的报废标准，应以起重机制造商和钢丝绳制造商之间交换的资料为基础。

注：根据钢丝绳的使用情况，主管人员有权决定缩短检查的时间间隔。

3.4.2 检验部位

3.4.2.1 通则

钢丝绳应作全长检查，还应特别注意下列各部位：

——运动绳和固定绳两者的始末端；

——通过滑轮组或绕过滑轮的绳段；

——在起重机重复作业情况下，当起重机在受载状态时的绕过滑轮的钢丝绳任何部位(见附录 A)；

——位于平衡滑轮的钢丝绳段；

——由于外部因素(例如舱口栏板)可能引起磨损的钢丝绳任何部位；

——产生锈蚀和疲劳的钢丝绳内部(见附录 C);

——处于热环境的绳段。

检验的结果应记录在起重机检验的记录本中(典型示例见第 6 章和附录 B)。

3.4.2.2 **索具除外的绳端部位**

应对从固定端引出的钢丝绳段作检查,这个部位是发生疲劳(断丝)和锈蚀的危险点。对固定装置本身也应作变形或磨损检验。

对于采用压制或锻造绳箍的绳端固定装置应进行类似的检验,并检验绳箍材料是否有裂纹以及绳箍和钢丝绳之间可能的滑移。

可拆卸的装置(例如楔形接头、钢丝绳夹)应检验其内部绳段和绳端内的断丝情况,并确保楔形接头、钢丝绳夹的紧固性,检验内容还包括绳端装置是否完全符合相关标准和操作规程的要求。

对手工编织的环状插扣式绳头应只使用在接头的尾部(目的是为了防止绳端突出的钢丝伤手)。而接头的其余部位应随时用肉眼检查其断丝的情况。

若断丝明显发生在绳端装置附近或绳端装置内,可将钢丝绳截短再重新装到绳端固定装置上使用,然而,钢丝绳最终的长度应充分满足在卷筒上缠绕最少圈数的要求。

3.4.3 **无损检测**

借助电磁技术的无损检测可作为对外观检验的辅助检验,用以确定钢丝绳损坏的区域和程度。

拟采用电磁方法以 NDT(无损检测)作为对外观检验的辅助检验时,应在钢丝绳安装之后尽快地进行初始的电磁 NDT(无损检测)。

3.5 **报废标准**

3.5.1 **总则**

钢丝绳的安全使用由下列各项标准来判定(见 3.5.2~3.5.12):

——断丝的性质和数量;

——绳端断丝;

——断丝的局部聚集;

——断丝的增加率;

——绳股断裂;

——绳径减小,包括从绳芯损坏所致的情况;

——弹性降低;

——外部和内部磨损;

——外部和内部锈蚀;

——变形;

——由于受热或电弧的作用引起的损坏;

——永久伸长率。

所有的检验均应考虑上述各项因素,作为公认的特定标准。但钢丝绳的损坏通常是由多种综合因素造成的,主管人员应根据其累积效应判断原因并作出钢丝绳是报废还是继续使用的决定。

在所有的情况下,检验人员应调查研究是否因起重机工作异常引起钢丝绳损坏;如果是,则应在安装新钢丝绳之前,推荐采取消除导致工作异常的措施。

单项损坏程度应作评定,并以专项报废标准的百分比表示。钢丝绳在任何的给定部位损坏的累积程度应将该部位记录的单项值相加来确定。当在任何的部位累积值达到 100%时,该钢丝绳应报废。

3.5.2 **断丝的性质和数量**

起重机的总体设计不允许钢丝绳有无限长的使用寿命。

对于 6 股和 8 股的钢丝绳,断丝通常发生在外表面。对于阻旋转钢丝绳,断丝大多发生在内部因而是“非可见的”的断丝。表 1 和表 2 是把 3.5.3~3.5.12 中各种因素进行综合考虑后的断丝控制标准。

谷部断丝可能指示钢丝绳内部的损坏,需要对该区段钢丝绳作更周密的检验。当在一个捻距内发现两处或多处的谷部断丝时,钢丝绳应考虑报废。

当制定阻旋转钢丝绳报废标准时,应考虑钢丝绳结构、使用长度和钢丝绳使用方式。有关钢丝绳的可见断丝数及其报废标准在表 2 中给出。

应特别注意出现润滑油发干或变质现象的局部区域。

表 1　钢制滑轮上使用的单层股钢丝绳和平行捻密实钢丝绳中达到或超过报废标准的可见断丝数

钢丝绳类别号 RCN (参见附录 E)	外层股中承载钢丝的总数[a] n	可见断丝的数量[b]					
		在钢制滑轮和/或单层缠绕在卷筒上工作的钢丝绳区段(钢丝断裂随机分布)				多层缠绕在卷筒上工作的钢丝绳区段[c]	
		工作级别 M1～M4 或未知级别[d]				所有工作级别	
		交互捻		同向捻		交互捻和同向捻	
		长度范围大于 $6d$[e]	长度范围大于 $30d$[e]	长度范围大于 $6d$[e]	长度范围大于 $30d$[e]	长度范围大于 $6d$[e]	长度范围大于 $30d$[e]
01	$n \leqslant 50$	2	4	1	2	4	8
02	$51 \leqslant n \leqslant 75$	3	6	2	3	6	12
03	$76 \leqslant n \leqslant 100$	4	8	2	4	8	16
04	$101 \leqslant n \leqslant 120$	5	10	2	5	10	20
05	$121 \leqslant n \leqslant 140$	6	11	3	6	12	22
06	$141 \leqslant n \leqslant 160$	6	13	3	6	12	26
07	$161 \leqslant n \leqslant 180$	7	14	4	7	14	28
08	$181 \leqslant n \leqslant 200$	8	16	4	8	16	32
09	$201 \leqslant n \leqslant 220$	9	18	4	9	18	36
10	$221 \leqslant n \leqslant 240$	10	19	5	10	20	38
11	$241 \leqslant n \leqslant 260$	10	21	5	10	20	42
12	$261 \leqslant n \leqslant 280$	11	22	6	11	22	44
13	$281 \leqslant n \leqslant 300$	12	24	6	12	24	48
	$n > 300$	$0.04n$	$0.08n$	$0.02n$	$0.04n$	$0.08n$	$0.16n$

注 1：具有外层股且每股钢丝数≤19 根的西鲁型(Seale)钢丝绳(例如 6×19 西鲁型),在表中被分列于两行,上面一行构成为正常放置的外层股承载钢丝的数目。

注 2：在多层缠绕卷筒区段上述数值也可适用于在滑轮工作的钢丝绳的其他区段,该滑轮是用合成材料制成的或具有合成材料轮衬。但不适用于在专门用合成材料制成的或以由合成材料轮衬组合的单层卷绕的滑轮工作的钢丝绳。

[a] 本标准中的填充钢丝未被视为承载钢丝,因而不包含在 n 值中。

[b] 一根断丝会有两个断头(按一根钢丝计数)。

[c] 这些数值适用于在跃层区和由于缠入角影响重叠层之间产生干涉而损坏的区段(且并非仅在滑轮工作和不缠绕在卷筒上的钢丝绳的那些区段)。

[d] 可将以上所列断丝数的两倍数值用于已知其工作级别为 M5～M8 的机构。参见 GB/T 24811.1—2009。

[e] d——钢丝绳公称直径。

3.5.3 绳端断丝

绳端或其邻近的断丝，尽管数量很少但表明该处的应力很大，可能是绳端不正确的安装所致，应查明损坏的原因。为了继续使用，若剩余的长度足够，应将钢丝绳截短(截去绳端断丝部位)再造终端。否则，钢丝绳应报废。

3.5.4 断丝的局部聚集

如断丝紧靠在一起形成局部聚集，则钢丝绳应报废。如这种断丝聚集在小于 $6d$ 的绳长范围内，或者集中在任一支绳股里，那么，即使断丝数比表1或表2列出的最大值少，钢丝绳也应予以报废。

表2 在阻旋转钢丝绳中达到或超过报废标准的可见断丝数

钢丝绳类别号 RCN (见附录 E)	钢丝绳外层股数和在外层股中承载钢丝总数[a] n	可见断丝数量[b]			
		在钢制滑轮和/或单层缠绕在卷筒上工作的钢丝绳区段		多层缠绕在卷筒上工作的钢丝绳区段[c]	
		长度范围大于 $6d$[d]	长度范围大于 $30d$[d]	长度范围大于 $6d$[d]	长度范围大于 $30d$[d]
21	4股 $n\leqslant 100$	2	4	2	4
	3股或4股 $n\geqslant 100$	2	4	4	8
	至少11个外层股				
23-1	$76\leqslant n\leqslant 100$	2	4	4	8
23-2	$101\leqslant n\leqslant 120$	2	4	5	10
23-3	$121\leqslant n\leqslant 140$	2	4	6	11
24	$141\leqslant n\leqslant 160$	3	6	6	13
25	$161\leqslant n\leqslant 180$	4	7	7	14
26	$181\leqslant n\leqslant 200$	4	8	8	16
27	$201\leqslant n\leqslant 220$	4	9	9	18
28	$221\leqslant n\leqslant 240$	5	10	10	19
29	$241\leqslant n\leqslant 260$	5	10	10	21
30	$261\leqslant n\leqslant 280$	6	11	11	22
31	$281\leqslant n\leqslant 300$	6	12	12	24
	$n>300$	6	12	12	24

注1：具有外层股的每股钢丝数≤19根的西鲁型(Seale)钢丝绳(例如18×19西鲁型-WSC型)在表中被放置在两行内，上面一行构成为正常放置的外层股承载钢丝的数目。

注2：在多层缠绕卷筒区段上述数值也可适用于在滑轮工作的钢丝绳的其他区段，该滑轮是用合成材料制成的或具有合成材料轮衬。它们不适用于在专门用合成材料制成的或以由合成材料内层组合的单层卷绕的滑轮工作的钢丝绳。

a 本标准中的填充钢丝未被视为承载钢丝，因而不包含在 n 值中。

b 一根断丝会有两个端头(计算时只算一根钢丝)。

c 这些数值适用于在跃层区和由于缠入角影响重叠层之间产生干涉而损坏的区段(且并非仅在滑轮工作和不缠绕在卷筒上的钢丝绳的那些区段)。

d d——钢丝绳名义直径。

3.5.5 断丝的增加率

在某些使用场合,疲劳是引起钢丝绳损坏的主要原因,钢丝绳在使用一个时期之后才会出现断丝,而且断丝数将会随着时间的推移逐渐增加。在这种情况下,为了确定断丝的增加率,建议定期仔细检验并记录断丝数,以此为据可用以推定钢丝绳未来报废的日期。

3.5.6 绳股断裂

如果整支绳股发生断裂,钢丝绳应立即报废。

3.5.7 绳径因绳芯损坏而减小

由于绳芯的损坏引起钢丝绳直径减小的主要原因如下:

——内部的磨损和钢丝压痕;

——钢丝绳中各绳股和钢丝之间的摩擦引起的内部磨损,特别是当其受弯曲时尤甚;

——纤维绳芯的损坏;

——钢芯的断裂;

——阻旋转钢丝绳中内层股的断裂。

如果这些因素引起阻旋转钢丝绳实测直径比钢丝绳公称直径减小3%,或其他类型的钢丝绳减小10%,即使没有可见断丝,钢丝绳也应报废。

注:通常新的钢丝绳实际直径大于钢丝绳公称直径。

微小的损坏,特别当钢丝绳应力在各绳股中始终得以良好的平衡时,从通常的检验中不可能如此明显检出。然而,此种情况可能造成钢丝绳强度大大降低。因此,对任何细微的内部损坏均应采用内部检验程序查证(见附录C或采用无损检测)。如果此种损坏被证实,钢丝绳应报废。

3.5.8 外部磨损

钢丝绳外层绳股的钢丝表面的磨损,是由于其在压力作用下与滑轮和卷筒的绳槽接触摩擦造成的。这种现象在吊运载荷加速或减速运动时,在钢丝绳与滑轮接触部位特别明显。而且表现为外部钢丝被磨成平面状。

润滑不足或不正确的润滑以及灰尘和砂砾促使磨损加剧。

磨损使钢丝绳股的横截面积减少从而降低钢丝绳的强度。如果由于外部的磨损使钢丝绳实际直径比其公称直径减少7%或更多时,即使无可见断丝,钢丝绳也应报废。

3.5.9 弹性降低

在某些情况下,通常与工作环境有关,钢丝绳的实际弹性显著降低,继续使用是不安全的。

弹性降低较难发现,如果检验人员有任何怀疑,应征询钢丝绳专家的意见。然而,弹性降低通常还与下列各项有关:

——绳径的减小;

——钢丝绳捻距的伸长;

——由于各部分彼此压紧,引起钢丝之间和绳股之间缺乏空隙;

——在绳股之间或绳股内部,出现细微的褐色粉末;

——韧性降低。

虽未发现可见断丝,但钢丝绳手感会明显僵硬且直径减小,比单纯由于钢丝磨损使直径减小要更严重,这种状态会导致钢丝绳在动载作用下突然断裂,是钢丝绳立即报废的充分理由。

3.5.10 外部和内部腐蚀

3.5.10.1 一般情况

腐蚀在海洋和工业污染的大气中特别容易发生。它不仅会由于钢丝绳金属断面减小导致钢丝绳的破断强度降低,而且严重破裂的不规则表面还会促使疲劳加速。严重的腐蚀能引起钢丝绳的弹性降低。

3.5.10.2 外部腐蚀

外部钢丝的锈蚀通常可用目测发现。

由于腐蚀侵袭及钢材损失而引起的钢丝松弛，是钢丝绳立即报废的充分理由。

3.5.10.3　内部腐蚀

这种情况比时常伴随它发生的外部腐蚀更难发现，但是下列现象可供识别(见附录 D)：

——钢丝绳直径的变化：

钢丝绳在绕过滑轮的弯曲部位，通常会发生直径减小。但静止段的钢丝绳由于外层绳股锈蚀而引起绳径增加并非罕见。

——钢丝绳的外层绳股间的空隙减小，还经常伴随出现绳股之间或绳股内部的断丝。

如果有任何内部腐蚀的迹象，应按附录 C 的说明由主管人员对钢丝绳作内部检验。一经确认有严重的内部腐蚀，钢丝绳应立即报废。

3.5.11　变形

3.5.11.1　一般情况

钢丝绳失去它的正常形状而产生可见的畸形称为“变形”，这种变形会导致钢丝绳内部应力分布不均匀。

3.5.11.2　波浪形

波浪形是一种变形，它使钢丝绳无论在承载还是在卸载状态下，其纵向轴线呈螺旋线形状。这种变形不一定导致强度的损失，但变形严重时，可能产生跳动造成钢丝绳传动不规则。长期工作之后，会引起磨损加剧和断丝。

在出现波浪形(见图 5)的情况下，如果绕过滑轮或卷筒的钢丝绳在任何载荷状态下不弯曲的直线部分满足以下条件：

$$d_1 > 4d/3$$

或如果绕过滑轮或卷筒的钢丝绳的弯曲部分满足以下条件：

$$d_1 > 1.1d$$

则钢丝绳均应予以报废。

式中：

d——为钢丝绳公称直径；

d_1——为钢丝绳变形后相应的包络直径。

3.5.11.3　笼状畸变

篮形或笼状畸变也称“灯笼形”，是由于绳芯和外层绳股的长度不同产生的结果。不同的机构均能产生这种畸变。

例如当钢丝绳以很大的偏角绕入滑轮或者卷筒时，它首先接触滑轮的轮缘或卷筒绳槽尖，然后向下滚动落入绳槽的底部。这个特性导致对外层绳股的散开程度大于绳芯，因而使钢丝绳股和绳芯间产生长度差。

钢丝绳绕过“致密滑轮”即绳槽半径太小的滑轮时，钢丝绳被压缩使绳径减小，同时造成钢丝绳长度增加。如绳股的外层被压缩和拉长的长度大于钢丝绳绳芯被压缩和拉长的长度，这种情况就会再次形成钢丝绳绳股与绳芯间的长度差。

在这两种情况下，滑轮和卷筒均能使松散的外层股移位，并使长度差集中在钢丝绳缠绕系统内某个位置上出现篮形或笼状畸变。

有笼状畸变的钢丝绳应立即报废。

3.5.11.4　绳芯或绳股挤出/扭曲

这一钢丝绳失衡现象表现为外层绳股之间的绳芯(对阻旋转钢丝绳而言则为钢丝绳中心)挤出(隆起)，或钢丝绳外层股或绳股有绳芯挤出(隆起)的一种篮形或笼状畸变的特殊型式。

有绳芯或绳股挤出(隆起)或扭曲的钢丝绳应立即报废。

3.5.11.5 钢丝挤出

钢丝挤出是一些钢丝或钢丝束在钢丝绳背对滑轮槽的一侧拱起形成环状的变形。有钢丝挤出的钢丝绳应立即报废。

3.5.11.6 绳径局部增大

钢丝绳直径发生局部增大,并能波及相当长的一段钢丝绳,这种情况通常与绳芯的畸变有关(在特殊环境中,纤维芯由于受潮而膨胀),结果使外层绳股受力不均衡,造成绳股错位。

如果这种情况使钢丝绳实际直径增加5%以上,钢丝绳应立即报废。

3.5.11.7 局部压扁

通过滑轮部分压扁的钢丝绳将会很快损坏,表现为断丝并可能损坏滑轮,如此情况的钢丝绳应立即报废。

位于固定索具中的钢丝绳压扁部位会加速腐蚀,如果继续使用,应按规定的缩短周期对其进行检查。

3.5.11.8 扭结

扭结是由于钢丝绳成环状在不允许绕其轴线转动的情况下被绷紧造成的一种变形。其结果是出现捻距不均而引起过度磨损,严重时钢丝绳将产生扭曲,以致仅存极小的强度。

有扭结的钢丝绳应立即报废。

3.5.11.9 弯折

弯折是由外界影响因素引起的钢丝绳的角度变形。

有严重弯折的钢丝绳类似钢丝绳的局部压扁,应按3.5.11.7的要求处理。

3.5.12 受热或电弧引起的损坏

钢丝绳因异常的热影响作用在外表出现可识别的颜色变化时,应立即报废。

4 钢丝绳的使用情况记录

检验人员准确记录的资料可用于预测在起重机上的特种钢丝绳的使用性能。这些资料在调整维护程序以及调控钢丝绳更换件的库存量方面都是有用的。如果采用这些预测,则不应因此而放松检验或延长本标准前述条款中规定的使用期限。

5 与钢丝绳有关的设备情况

缠绕钢丝绳的卷筒和滑轮应作定期检查,以确保这些部件的正常运转。

不灵活或被卡住的滑轮或导轮急剧且不均衡的磨损,导致配用钢丝绳的严重磨损。滑轮的无效补偿可能会引起钢丝绳缠绕时受力不均匀。

所有滑轮槽底半径应与钢丝绳公称直径相匹配(详见GB/T 24811.1—2009)。若槽底半径太大或太小,应重新加工绳槽或更换滑轮。

6 钢丝绳检验记录

对于每一次定期或专项检验,检验者应提供与检验有关的数据记录本。典型的检验记录实例见附录B。

7 钢丝绳的贮存和鉴别

应提供清洁、干燥和无污染的仓库储藏钢丝绳,以避免备用钢丝绳的损坏。

应根据钢丝绳的检验记录提供明确的鉴别方法。

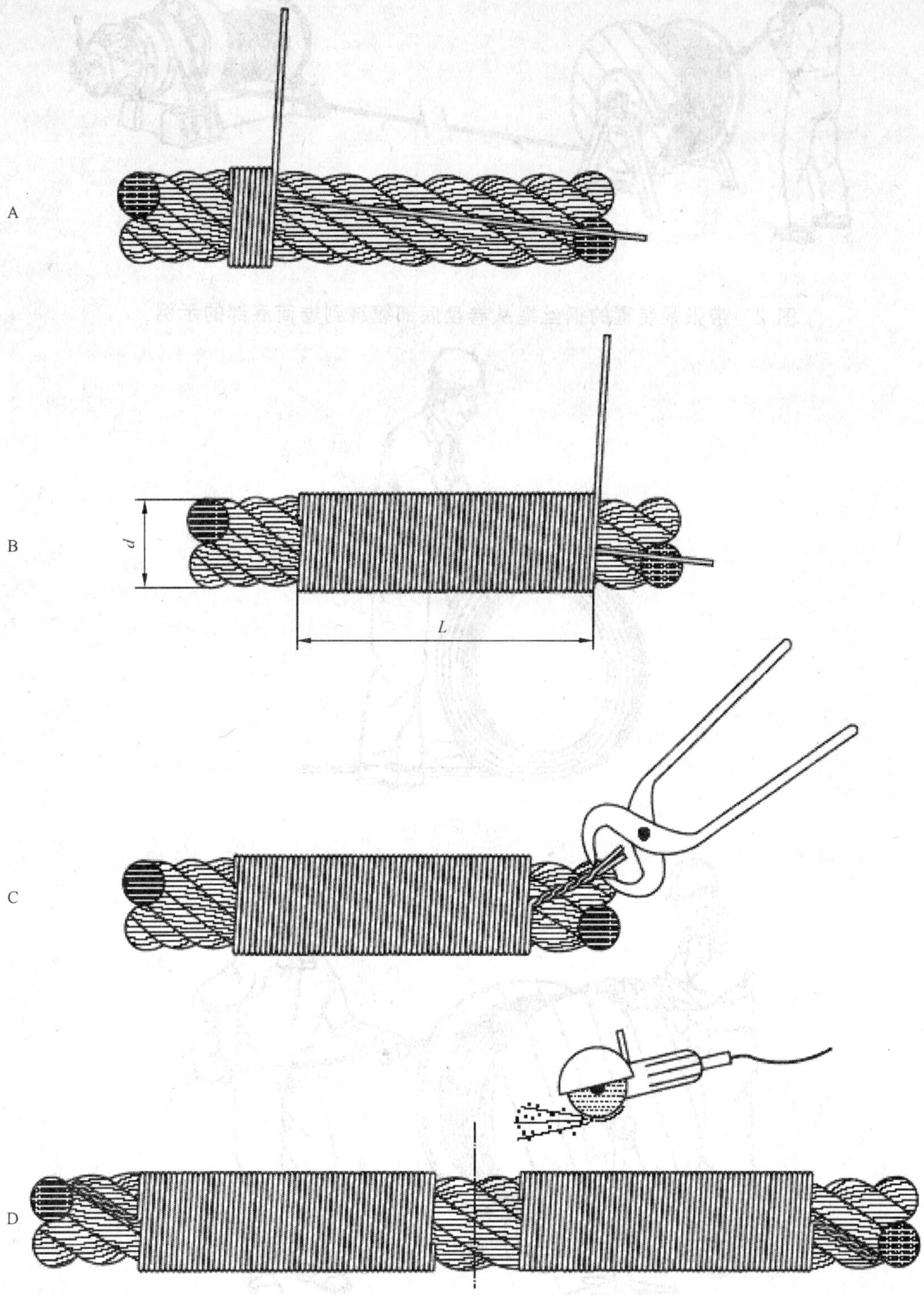

注：$L \geqslant 2d$。

图 1　钢丝绳切断之前的施工准备

图 2　带张紧装置的钢丝绳从卷盘底部缠绕到卷筒底部的示例

a) 从绳卷解开

b) 从卷盘上解开

图 3　解开钢丝绳的正确方法

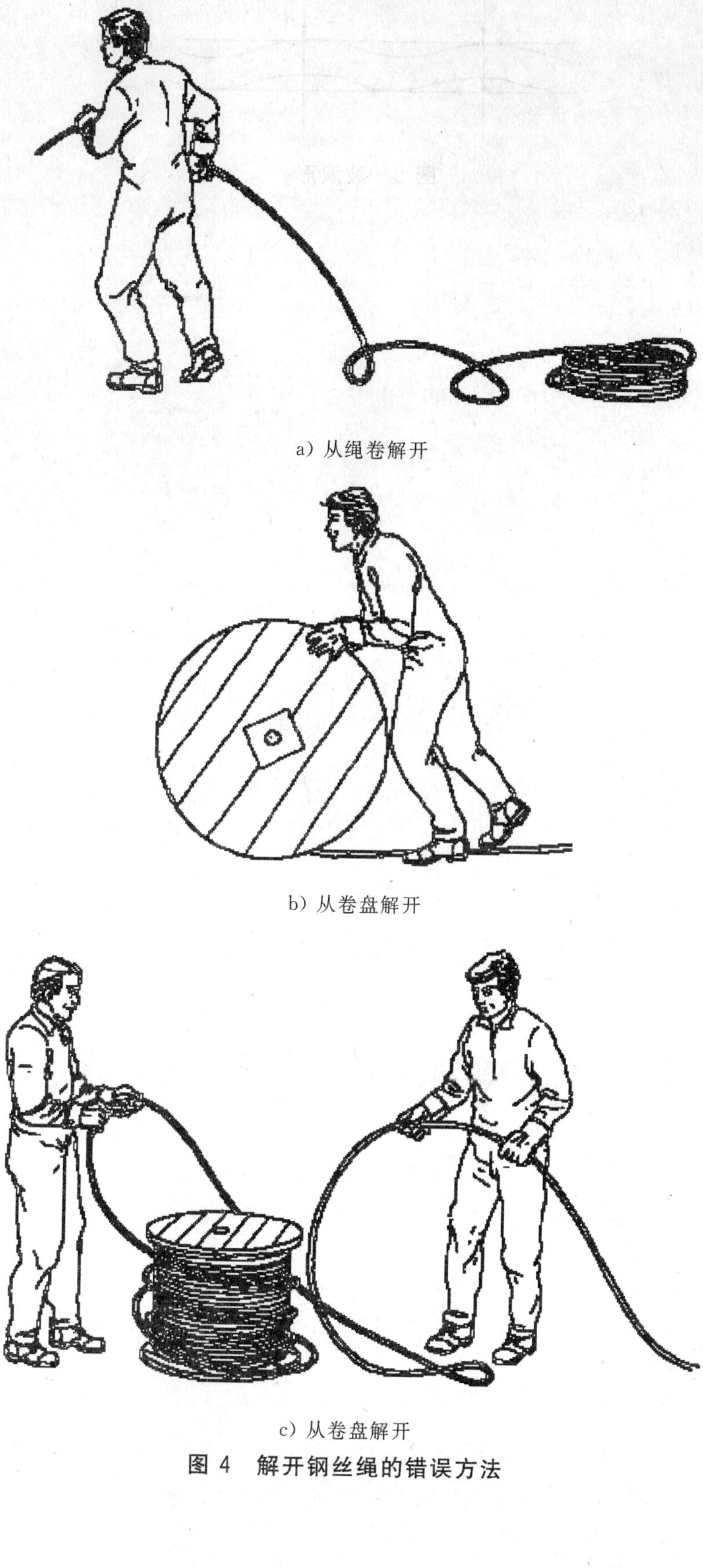

a) 从绳卷解开

b) 从卷盘解开

c) 从卷盘解开

图 4　解开钢丝绳的错误方法

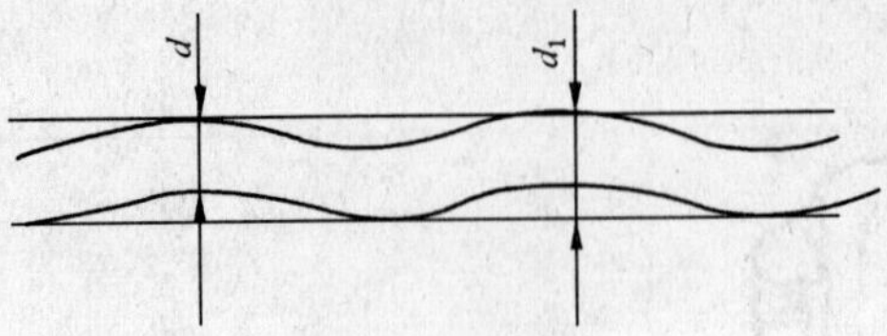

图 5　波浪形

附　录　A
（资料性附录）
检验鉴定部位及相关缺陷

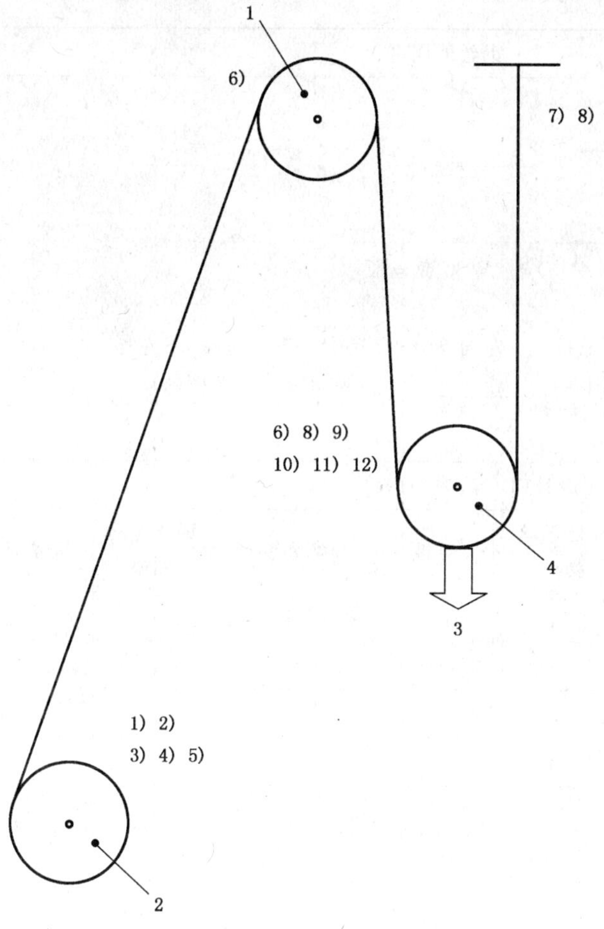

图中位置	检验类别
1)	检查卷筒上钢丝绳的终端
2)	检查由于不当卷绕引起的变形(部分压扁)和在跃层部位可能的严重磨损
3)	检查断丝
4)	检查腐蚀情况
5)	查找突然加载引起的变形
6)	检查绕在滑轮部位钢丝绳的断丝和磨损
7)	固定装置点处： 检查断丝和腐蚀；同样地检查补偿滑轮或邻近的钢丝绳区段
8)	查看变形情况
9)	检查钢丝绳直径
10)	仔细检查绕过滑轮组区段的长度，特别是在受载状态时通过滑轮区段的长度
11)	检查断丝和表面磨损
12)	检查腐蚀情况

图中：
1——定滑轮；
2——卷筒；
3——载荷；
4——动滑轮组。

图 A.1　钢丝绳系统检验鉴定部位的示例和相关缺陷

附　录　B
（资料性附录）
钢丝绳检验记录的典型示例

B.1　单式记录

起重机概况：……………………………………　　钢丝绳用途：……………………………

钢丝绳详细资料：……………………………………………………………………………

商标品牌（若已知）：…………………………………………………………………………

公称直径……………mm

结构：…………………………………………………………………………………………

绳芯[a]：IWRC 独立钢丝绳　/　FC 纤维（天然或合成织物）/　WSC 钢丝股

钢丝表面[a]：无镀层　　镀锌

捻制方向和类型[a]：右向：　sZ 交互捻　zZ 同向捻　Z 右捻　　左向：　zS 交互捻　sS 同向捻　S 左捻

允许可见断丝数量：……………………（在 $6d$ 长度范围内）……………………（在 $30d$ 长度范围内）

允许的绳径减小量：10%或 3%

安装日期（年/月/日）：……………………………　　报废日期（年/月/日）：……………………………

可见断丝数		绳径减小		外层钢丝磨损	腐蚀	损坏和变形	钢丝绳的部位	全面评价
所在长度范围		实际直径	比公称直径的减小量/%	程度[b]	程度[b]	程度[b] 和类型		程度[b]
$6d$	$30d$							

其他观察值/意见：

履行日期（周期/小时/天/月/其他）：……………………………………………………………

检验日期：　　　年　　月　　日　　　盖章：……………………………　签名：……………………………

[a] 可用打勾标记。

[b] 描述损坏的程度如：轻微、中等、严重、非常严重或报废。

B.2 使用记录

<table>
<tr><td rowspan="2">起重机概况</td><td rowspan="2">钢丝绳
安装日期</td><td colspan="6">钢丝绳详细资料(钢丝绳名称见 GB/T 8706—2006)</td></tr>
<tr><td rowspan="2">RCN[a]</td><td rowspan="2">钢丝绳
公称直径/mm</td><td>商标名称</td><td rowspan="2">绳芯[b]
钢芯
IWRC
纤维芯
FC
混合芯
WSC</td><td rowspan="2">钢丝表面状况[b]
无镀层
镀锌</td><td rowspan="2">捻制方向及型式[b]
右向：sZ
zZ Z
左向：zS
sS S</td></tr>
<tr><td rowspan="2">钢丝绳用途：

钢丝绳终端固定装置：</td><td rowspan="2">钢丝绳
报废日期</td><td>结构</td></tr>
<tr><td colspan="5">外层钢丝允许断丝数
在 6d 范围内________ 在 30d 范围内________</td><td>绳径允许的减少量 10%或 3%</td></tr>
</table>

检验日期	可见外部断丝				绳径减小				腐蚀		损坏和变形		累积损坏程度[c](备注)
	在以下长度范围的断丝数		钢丝绳的部位	程度[c]	实际绳径	比公称直径的减小量/%	钢丝绳的部位	程度[c]	钢丝绳的部位	程度[c]	钢丝绳的部位	程度[c]	
	6d	30d											
检验人员的签名和盖章													

[a] RCN 是钢丝绳类型号码(见表 1、表 2 和附录 E)。

[b] 可用打勾表示。

[c] 损坏程度的表示：20%——轻微；40%——中等；60%——严重；80%——非常严重；100%——报废。

附　录　C
（资料性附录）
钢丝绳的内部检验

C.1　概述

从检验钢丝绳和将其从使用中报废所获得的经验表明，内部损伤是许多钢丝绳失效的首要原因，主要是由于腐蚀和正常疲劳的扩展所致。常规的外部检验可能发现不了内部损坏的程度，甚至到了濒临断裂的危险来临时也是如此。

内部检验应由主管人员进行。

各种股型的钢丝绳均能充分松开并允许对其内部情况作评估，但对粗钢丝绳的评估有困难。然而，配用于起重机的多数钢丝绳在零张力状态下就能进行内部检查。

正如本附录所推荐，钢丝绳的外观检验只能在钢丝绳有限的部位进行；全长检验应考虑采用经批准的无损检测。

C.2　程序

C.2.1　钢丝绳的一般检验

将两个适当尺寸的夹钳以一定的间隔距离牢固地夹到钢丝绳上，朝着与钢丝绳捻向相反的方向对夹钳施加一个力，外层的绳股就会散开并脱离绳芯[见图 C.1a)]。

在打开过程中要特别注意不要使夹钳绕钢丝绳外围打滑，各绳股的位移也不宜太大。

当钢丝绳稍微拧开的时候，可用一个小试探物，例如一把螺丝刀清除可能防碍钢丝绳的内部观测的油脂或碎片。

应观测下列各项：

——内部润滑状态；

——腐蚀程度；

——由于挤压或磨损引起的钢丝损坏的痕迹；

——有无断丝（这些不一定容易发现）。

检验之后，在拧开部位放入一些维修油膏，以适度的力量转动夹钳，确保绳股在绳芯周围准确复位。

移去夹钳并在钢丝绳外表面涂以润滑脂。

C.2.2　对邻近绳端的钢丝绳段的检验

检查钢丝绳的这些部位，只要使用单个夹钳就足够了。因用接头锚固装置或用销轴适当地穿过绳端尾部就能保证第二端不动[见图 C.1 b]。实施检验按 C.2.1。

C.3　应检验的部位

由于对钢丝绳全长都作内部检验是不切实际的，所以应选择适当的绳段进行检验。

对于缠绕在卷筒或绕过滑轮或导轮的钢丝绳，建议在起重机处于承载状态时检验与滑轮绳槽啮合的绳段。应检验冲击力集中的那些局部区域（即靠近卷筒和臂架导向滑轮的区域），特别是长期暴露在露天中的那些绳段。

应注意靠近绳端的区域，特别重要的是固定钢丝绳的情况，例如支持绳或悬挂绳。

a）钢丝绳的连续绳段（零张力）

b）紧靠终端固定装置的钢丝绳绳端（零张力）

图 C.1 内部检验

附　录　D
（资料性附录）
钢丝绳可能出现的缺陷

表 D.1 列出了钢丝绳可能出现的缺陷以及相应的报废标准。图 D.1～图 D.20 展示了每种缺陷的典型示例。

表 D.1　可能出现的缺陷和相应的报废标准

缺陷照片号	缺　陷	对应本标准的章条
D.1	钢丝挤出	3.5.11.5
D.2	单层股钢丝绳绳芯挤出	3.5.11.4
D.3	钢丝绳直径的局部减小（绳股凹陷）	3.5.7
D.4	绳股挤出/扭曲	3.5.11.4
D.5	局部压扁	3.5.11.7
D.6	扭结（正向）	3.5.11.8
D.7	扭结（逆向）	3.5.11.8
D.8	波浪形	3.5.11.2
D.9	笼状畸变	3.5.11.3
D.10	外部磨损	3.5.8
D.11	外部磨损放大图	3.5.8
D.12	外部腐蚀	3.5.10.2
D.13	外部腐蚀放大图	3.5.10.2
D.14	表面断丝	3.5.2
D.15	谷部断丝	3.5.2
D.16	阻旋转钢丝绳内部的绳股突出	3.5.11.4
D.17	由于绳芯扭曲变形使局部的钢丝绳直径增大	3.5.11.6
D.18	扭结	3.5.11.8
D.19	局部压扁	3.5.11.7
D.20	内部腐蚀	3.5.10.3

图 D.1 钢丝挤出

图 D.2 单层股钢丝绳绳芯挤出

图 D.3 钢丝绳直径局部减小(绳股凹陷)

图 D.4　绳股挤出/扭曲

图 D.5　局部压扁

图 D.6　扭结(正向)

图 D.7 扭结(逆向)

图 D.8 波浪形

图 D.9 笼状畸变

图 D.10 外部磨损

图 D.11 外部磨损放大图

图 D.12 外部腐蚀

图 D.13　外部腐蚀放大图

图 D.14　表面断丝

图 D.15　谷部断丝

图 D.16　阻旋转钢丝绳内部的绳股突出

图 D.17　由于绳芯扭曲变形使局部的钢丝绳直径增大

图 D.18　扭结

图 D.19 局部压扁

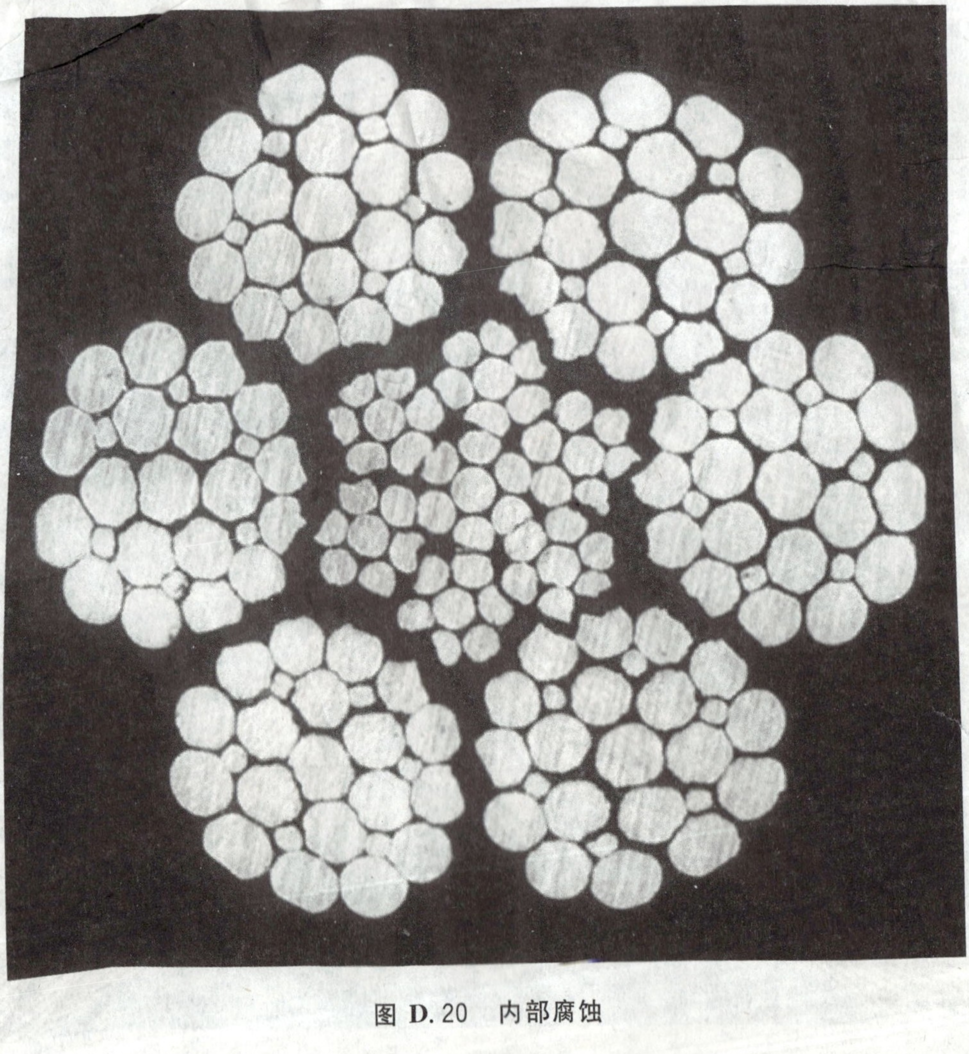

图 D.20 内部腐蚀

附 录 E
（资料性附录）
钢丝绳横截面示例及相应的种类编号（RCN）

结构： 6×7-FC 单层股钢丝绳

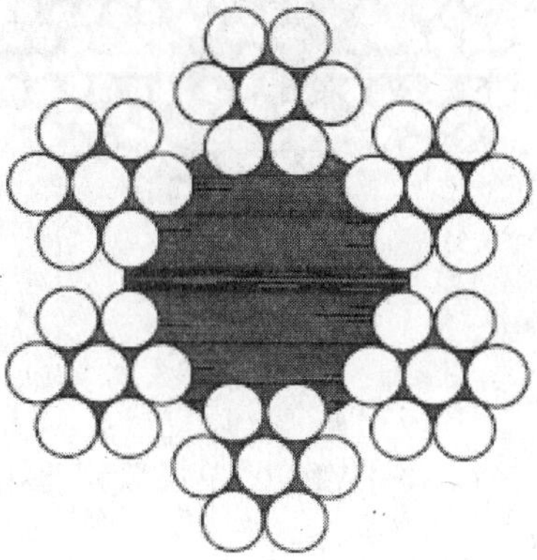

RCN. 01

结构： 6×19S-IWRC 单层股钢丝绳

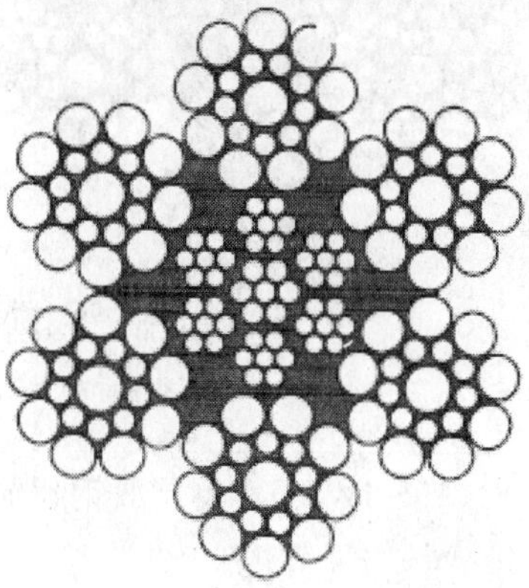

RCN. 02

结构： 6×19M-WSC 单层股钢丝绳

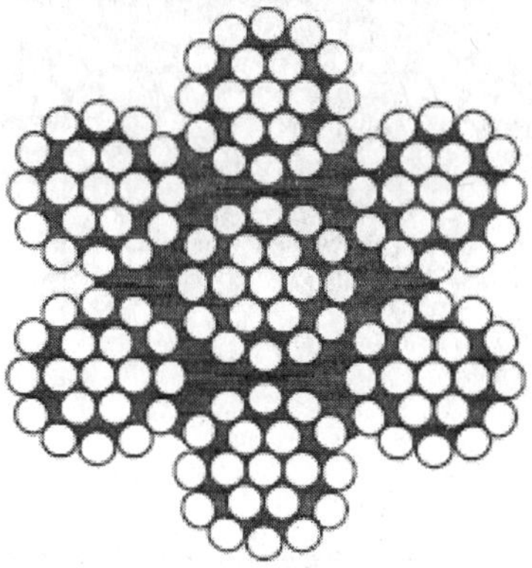

RCN. 04

结构： 6×25F-IWRC 单层股钢丝绳

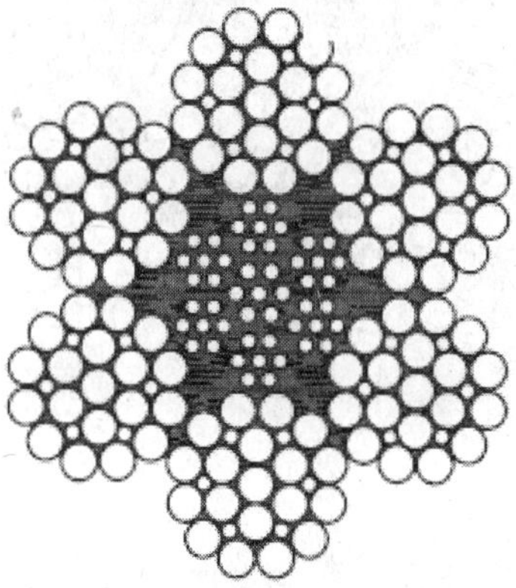

RCN. 04

结构： 6×25TS-IWRC 单层股钢丝绳

RCN. 04

结构： 6×36WS-IWRC 单层股钢丝绳

RCN. 09

结构： 6×41WS-IWRC 单层股钢丝绳

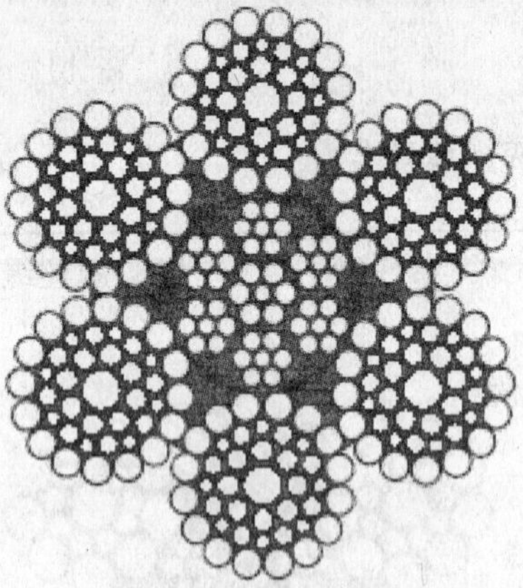

RCN. 11

结构： 6×37M-IWRC 单层股钢丝绳

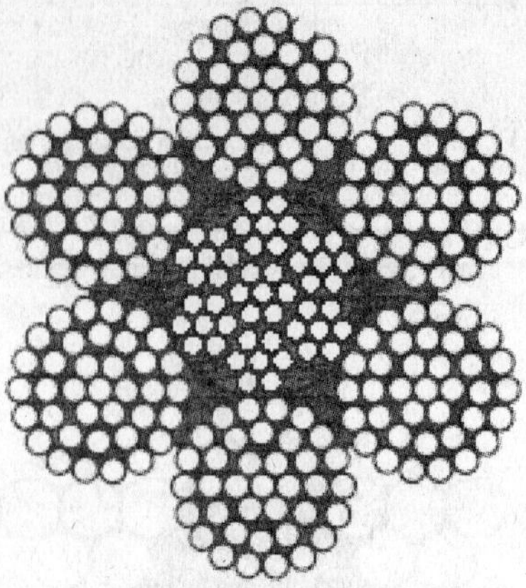

RCN. 10

结构： 8×19S-IWRC 单层股钢丝绳

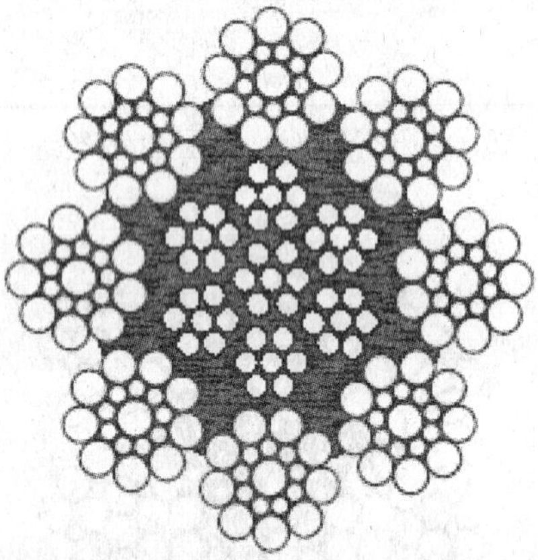

RCN. 04

结构： 8×25F-IWRC 单层股钢丝绳

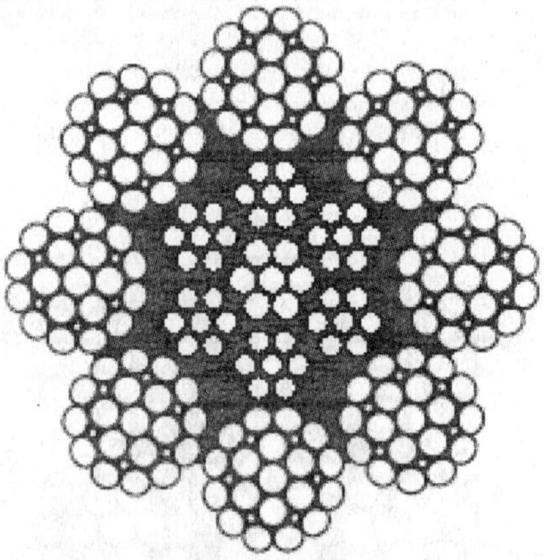

RCN. 06

结构：8×19S-PWRC 平行捻密实钢丝绳

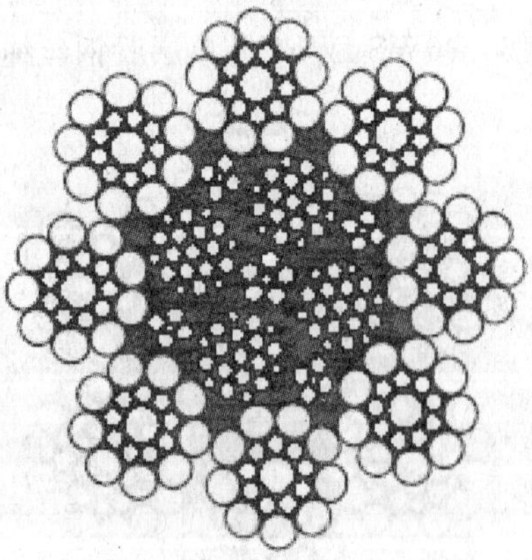

RCN. 04

结构：8×K26WS-IWRC 单层压实股钢丝绳

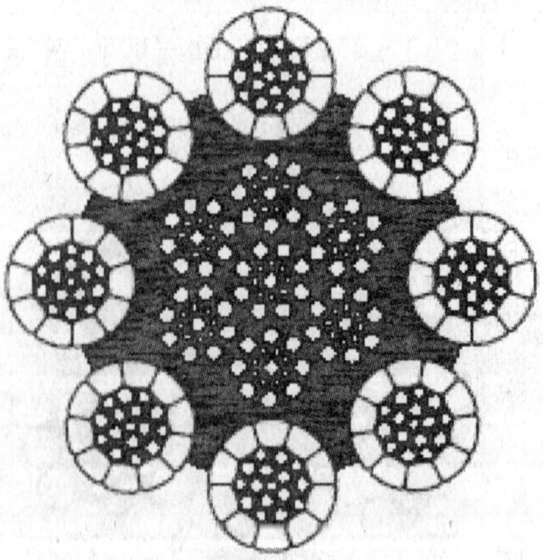

RCN. 09

结构：　4×K26WS

单层/阻旋转压实股钢丝绳

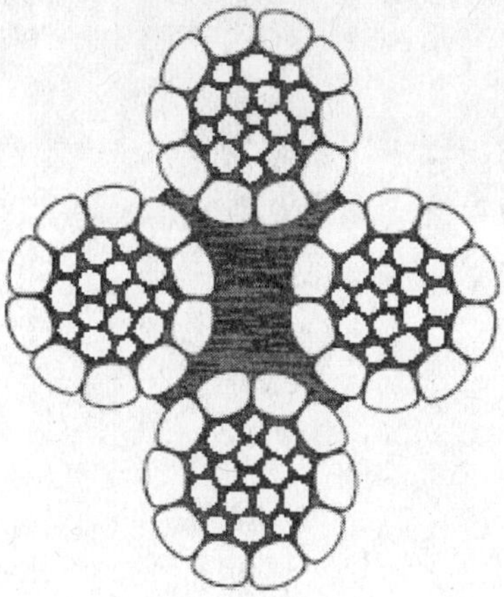

RCN. 22

结构：　6×K26WS-IWRC

单层压实股钢丝绳

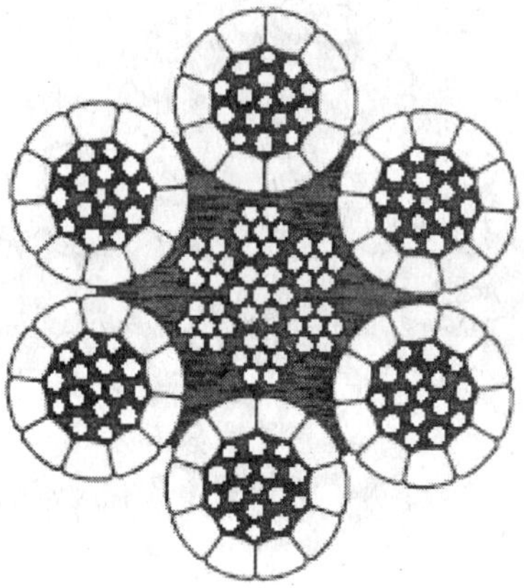

RCN. 06

结构：　6×K36WS-IWRC

单层压实股钢丝绳

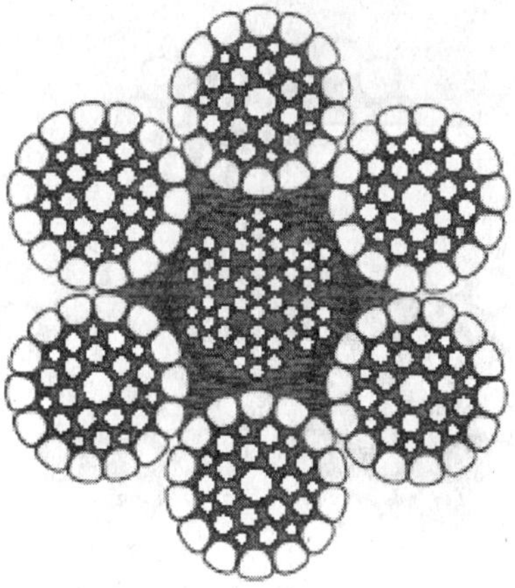

RCN. 09

结构：　8×K26WS-PWRC

平行捻密实压实股钢丝绳

RCN. 09

结构：　18×K19S-WSC 或 19×K19S

阻旋转压实股钢丝绳

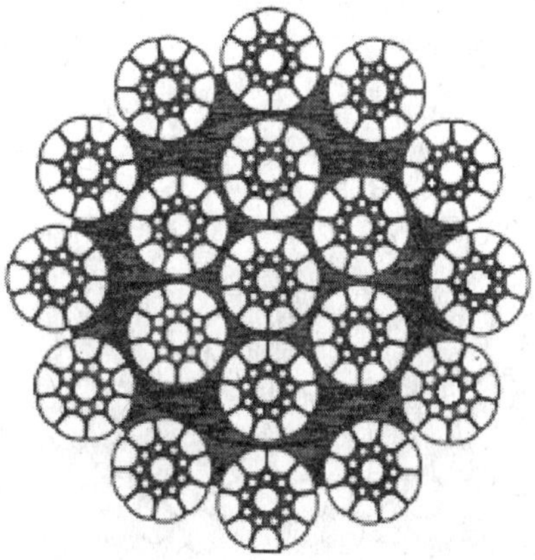

RCN. 23

结构： 4×29F
单层股钢丝绳/阻旋转钢丝绳

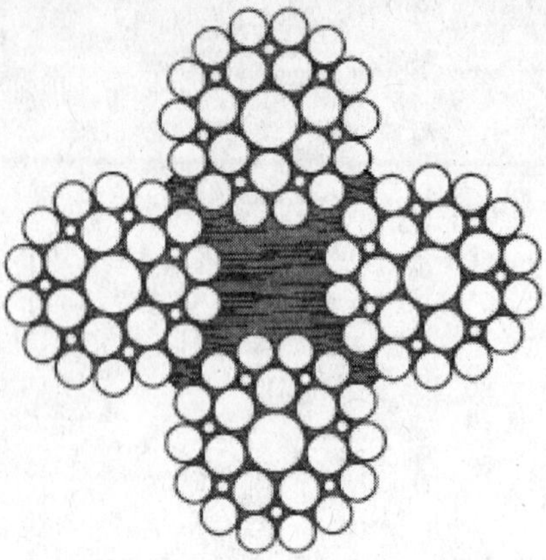

RCN. 21

结构： K3×40
单层压实(锻打)钢丝绳/阻旋转压实(锻打)钢丝绳

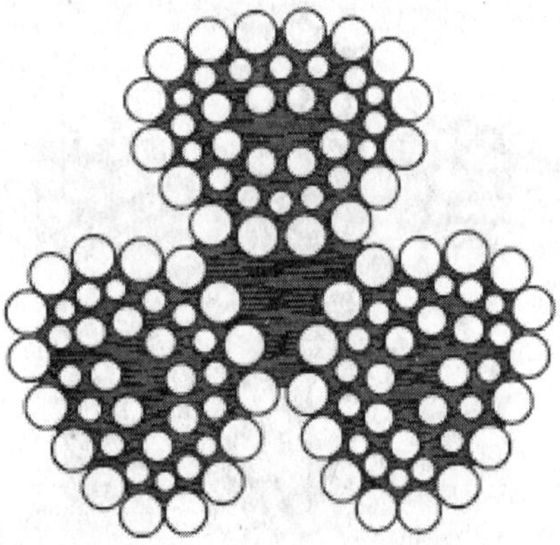

RCN. 22

结构： K4×40
单层压实(锻打)钢丝绳/阻旋转压实(锻打)钢丝绳

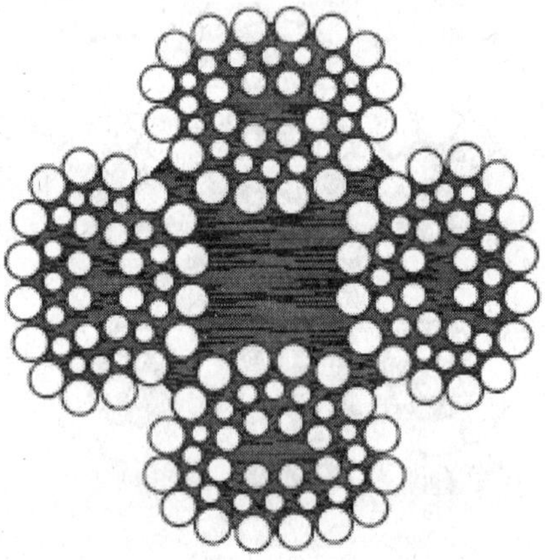

RCN. 22

结构： K3×48
单层压实(锻打)钢丝绳/阻旋转压实(锻打)钢丝绳

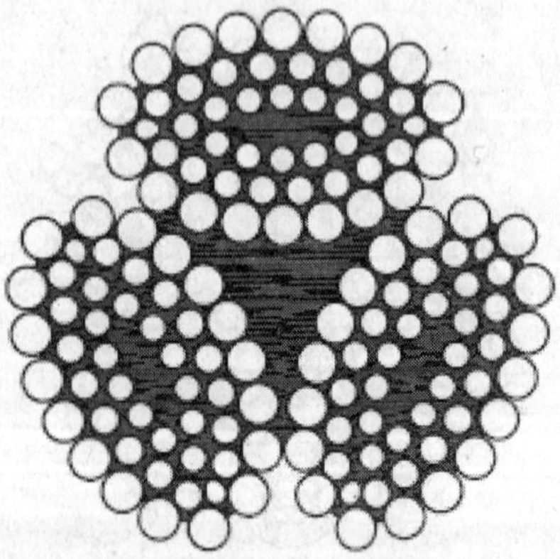

RCN. 22

结构： K4×48
单层压实(锻打)钢丝绳/阻旋转压实(锻打)钢丝绳

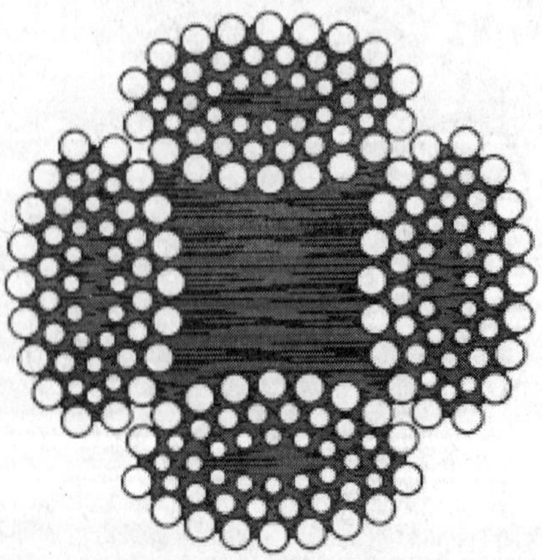

RCN. 22

结构： 17×7-FC 阻旋转钢丝绳 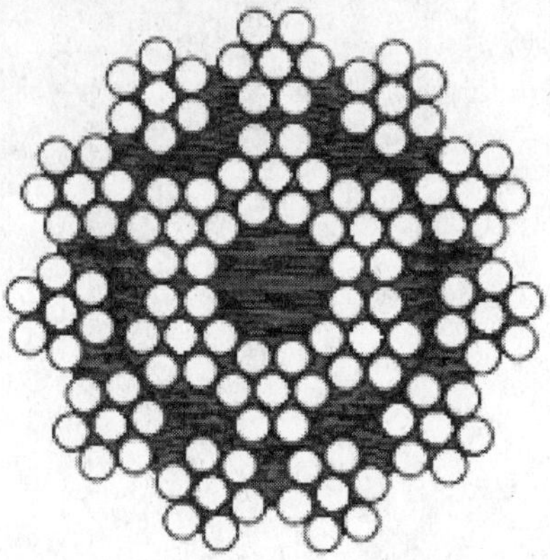 RCN. 23	结构： 18×7-WSC 或 19×7 阻旋转钢丝绳 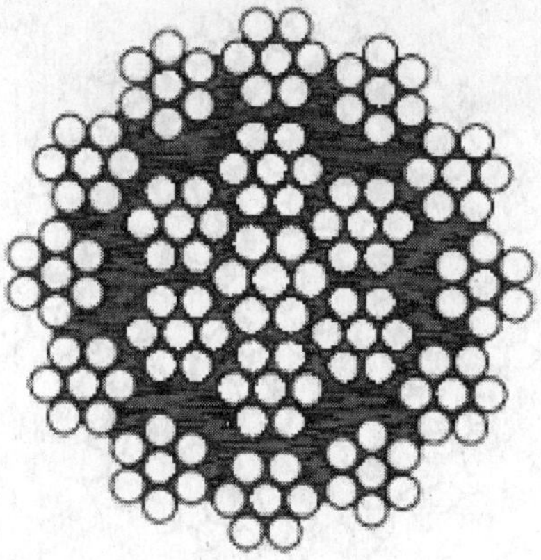 RCN. 23
结构： 34(W)×7-WSC 或 35(W)×7 阻旋转钢丝绳 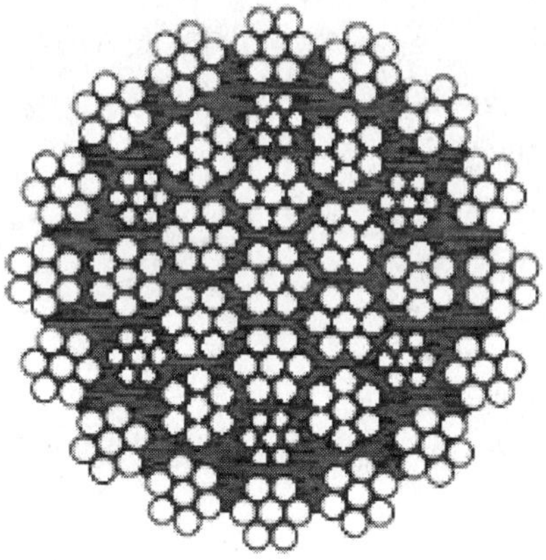 RCN. 23	结构： 12×P6：3×Q24 阻旋转钢丝绳(典型) 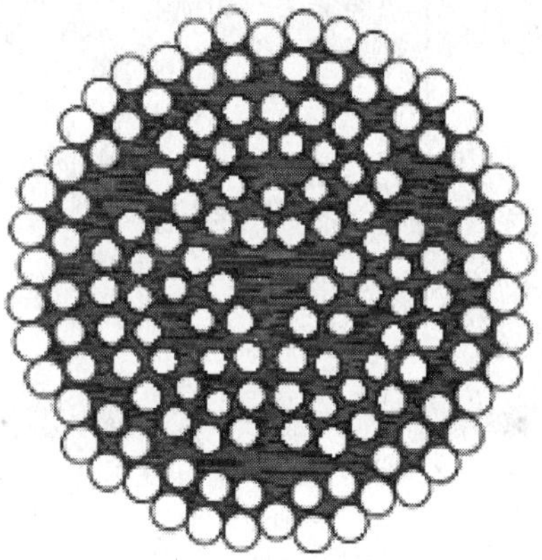 RCN. 23
结构： 39(W)×7-WSC 阻旋转钢丝绳 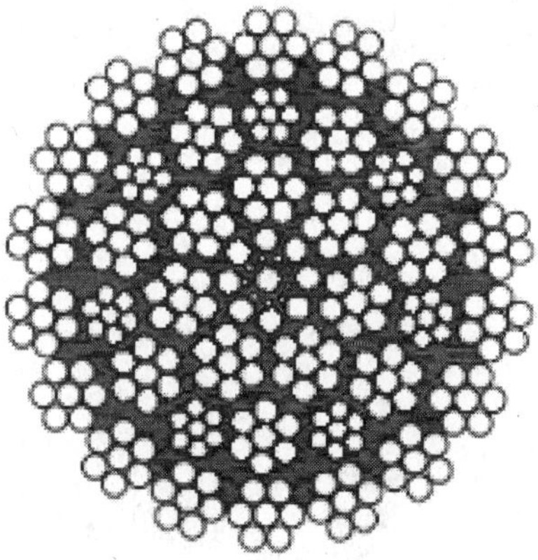 RCN. 23	结构： 34(W)×K7-WSC 阻旋转压实股钢丝绳  RCN. 23

结构：　　39(W)×K7-KWSC 阻旋转压实股钢丝绳  RCN. 23	

参 考 文 献

[1] GB/T 6974.1—2008 起重机 术语 第1部分:通用术语(ISO 4306-1:2007,IDT).

[2] GB/T 8706—2006 钢丝绳 术语、标记和分类(ISO 17983:2004,IDT).

[3] GB/T 20863.1—2007 起重机械 分级 第1部分:总则(ISO 4301-1:1986,Cranes and lifting appliances—Classification—Part 1:General,IDT).

[4] GB/T 24811.1—2009 起重机和起重机械 钢丝绳的选择 第1部分:总则(ISO 4308-1:2003,IDT).

[5] GB/T 24811.2—2009 起重机和起重机械 钢丝绳的选择 第2部分:流动式起重机 利用系数(ISO 4308-2:1988,IDT).